全国煤炭企业优秀“五小”技术创新成果精选（2021）

中国煤炭工业协会　编

应急管理出版社
·北　京·

图书在版编目（CIP）数据

全国煤炭企业优秀“五小”技术创新成果精选．2021/中国煤炭工业协会编．--北京：应急管理出版社，2023

ISBN 978-7-5020-9761-5

Ⅰ．①全… Ⅱ．①中… Ⅲ．①煤炭工业—技术发展—科技成果—汇编—中国 Ⅳ．①TD82

中国版本图书馆 CIP 数据核字（2022）第 256331 号

全国煤炭企业优秀“五小”技术创新成果精选（2021）

编　　者 中国煤炭工业协会
责任编辑 赵金园
责任校对 孔青青
封面设计 解雅欣

出版发行 应急管理出版社（北京市朝阳区芍药居 35 号 100029）
电　　话 010-84657898（总编室） 010-84657880（读者服务部）
网　　址 www. cciph. com. cn
印　　刷 北京建宏印刷有限公司
经　　销 全国新华书店

开　　本 787mm×1092mm $^{1}/_{16}$ **印张** $24^{3}/_{4}$ **字数** 663 千字
版　　次 2023 年 4 月第 1 版 2023 年 4 月第 1 次印刷
社内编号 20221799 **定价** 128.00 元

编　委　会

中国煤炭工业协会关于公布 2021 年度煤炭企业优秀“五小”技术创新成果的通知

中煤协会咨询函〔2022〕22 号

各有关单位：

为贯彻落实《国务院关于强化实施创新驱动发展战略　进一步推进大众创业万众创新深入发展的意见》（国发〔2017〕37 号）精神，充分激发广大一线职工创新热情，推动煤炭企业完善全维度、多层次技术人才培养体系，我会在行业开展了 2021 年度“五小”（小发明、小改造、小革新、小设计、小建议）技术创新成果征集活动。

本次活动得到了各大煤炭企业的积极响应，共征集到符合申报条件的“五小”技术成果 1800 余项，经专家多轮评审，共评选出一等奖 87 项，二等奖 769 项，三等奖 477 项，现予以公布。

请各单位在深入贯彻党的“二十大”精神基础上，坚持创造性转化、创造性发展，积极推动“五小”技术创新成果的交流推广与应用，打造具有本单位特色的职工创新平台，进一步完善创新体制机制，弘扬爱岗敬业的大国工匠精神，为新时代煤炭工业高质量发展作出贡献。

附件：2021 年度煤炭企业“五小”技术创新成果获奖项目（略）

中国煤炭工业协会

2022 年 12 月 30 日

前　　言

国务院《关于强化实施创新驱动发展战略　进一步推进大众创业万众创新深入发展的意见》（国发〔2017〕37号）（以下简称《意见》）要求，进一步优化创新创业环境，充分激发人才创新创业活力、释放全社会创新创业潜能，推进大众创业、万众创新深入发展，加快培育和壮大新动能、改造提升传统动能。各煤炭企业深刻领会《意见》精神，持续开展“五小”（小发明、小改造、小革新、小设计、小建议）创新活动，涌现出一批批喜人成果，为推动新时代煤炭企业高质量发展奠定了坚实基础。

为及时总结先进“五小”成果，实现煤炭行业共享共赢，中国煤炭工业协会对2021年度创新成果进行了征集，共征集到“五小”技术成果1800余项。经专家评审，共评选出一等奖87项，二等奖769项，三等奖477项，并于12月30日以中煤协会咨询函〔2022〕22号向社会发布了评审结果。

为便于各单位广大职工学习借鉴，中国煤炭工业协会委托应急管理出版社将本次获奖的优秀成果汇编成集，出版发行。受篇幅限制，本书主要收录了荣获一等奖的“五小”成果，对二等奖、三等奖获奖项目仅作简要收录。由于时间仓促，加之编者水平有限，书中缺漏和错误在所难免，敬请读者批评指正。

编　者

2022年12月

目　　录

第一部分　地　质　勘　探

萤石云无线视频监控系统
　　新汶矿业集团地质勘探有限责任公司 …… 3
安全定位管控软件
　　新汶矿业集团地质勘探有限责任公司 …… 6
一种钻孔除尘装置
　　平顶山煤业集团有限责任公司 …… 8
一种矿用钻孔防瓦斯喷孔装置
　　平顶山煤业集团有限责任公司 …… 10
一种用于地质环境勘测的检验仪
　　平顶山煤业集团有限责任公司 …… 12
一种用于地质勘查的岩土类试样钻取装置
　　平顶山煤业集团有限责任公司 …… 15
井下不规则工作面瞬变电磁富水性探测数据处理方法的探究
　　国能宁夏煤业能源工程有限公司 …… 17
地面钻探大孔径扩孔钻头改造应用
　　国能宁夏煤业能源工程有限公司 …… 20

第二部分　井　工　开　采

新集二矿A组煤突出煤层穿层消突钻孔施工工艺研究
　　中煤新集能源股份有限公司地勘公司 …… 25
主井提升机传动装置改造
　　铁法煤业（集团）有限责任公司晓南矿 …… 27
一种基于液压支架的破顶装置
　　中国华能集团华亭煤业公司 …… 29
半自动刷缸机研制与应用
　　中煤新集能源股份有限公司设备维修公司 …… 32
快速掘进工作面综合除尘系统应用
　　鄂尔多斯市伊化矿业资源有限责任公司 …… 34

一种组合式加强型沿空护巷柔性掩护支架
四川川煤石洞沟煤业有限责任公司 …… 35
掘进机机载支护装置的研制与应用
铁法煤业（集团）有限责任公司晓南矿 …… 39
煤矿智能通风模拟系统的研制
中煤集团上海大屯能源股份有限公司中煤职院 …… 42
一种蛇形机器人在煤矿井下自动清理浮煤及淤泥中的设计与应用
中煤晋中能化山西兴县华润联盛车家庄煤业有限公司 …… 44
老巷修复临时支护装置
中煤集团山西华昱能源有限公司 …… 46
基于图像识别的煤矿工作面水文监测报警系统
中煤陕西榆林能源化工有限公司大海则煤矿 …… 48
乳化泵泵头螺堵拆卸机研制
中煤新集能源股份有限公司设备维修公司 …… 50
探索创新首个极薄煤层工作面安全、智能、高效开采
新汶矿业集团有限责任公司孙村煤矿 …… 51
井下煤层瓦斯含量快速测定仪
中国煤炭科工集团沈阳研究院有限公司 …… 53

第三部分　露　天　开　采

一种胶带机洗带抑尘装置
新疆天池能源有限责任公司 …… 59
配电室智能巡检机器人的研发与应用
神华北电胜利能源有限公司储运中心 …… 60
立井井底堆煤智能分析监测预警系统
中煤西北能源有限公司乌审旗蒙大矿业有限责任公司 …… 63
地面生产系统储煤仓上有毒有害气体智能排放系统
神华北电胜利能源有限公司储运中心 …… 66
基于 PLC 控制的声光报警系统的设计与应用
中煤西北能源有限公司乌审旗蒙大矿业有限责任公司 …… 68
设备液压泵实验平台设计使用
神华北电胜利能源有限公司设备维修中心 …… 71
低压停送电机器人研发与应用
神华北电胜利能源有限公司储运中心 …… 74
开关柜智能操作机器人
神华北电胜利能源有限公司储运中心 …… 76
筒仓火灾智能化管控系统

新疆天池能源有限责任公司 …… 78

第四部分　煤　炭　化　工

变配电区智能机器人巡检系统应用
陕西煤业化工集团神木能源发展有限公司 …… 85
高效煤泥重介分选系统的研究与实施
中煤集团上海大屯能源股份有限公司选煤中心 …… 87
锅炉烟气脱硝实现精准喷氨技术
国能榆林化工有限公司 …… 91
MTO 装置水洗水塔底泵结构优化改造与创新节能改造成果
国能包头煤化工有限责任公司 …… 93
料仓总成及粉料输送系统优化
国能新疆化工有限公司 …… 96
刮板输送机加装断链保护装置
国能乌海能源黄白茨矿业有限责任公司 …… 98
切眼双错吊顶支护
冀中能源峰峰集团有限公司大社矿 …… 100
一种雪橇式刮板保护装置
山东能源集团枣矿集团柴里煤矿 …… 102
一种管状带式输送机涨肚预警装置
山东能源集团枣矿集团柴里煤矿 …… 104
建立精己二酸中钙含量的分析方法
开滦集团唐山中浩化工有限公司 …… 105
配煤技术优化提质增效的应用
内蒙古恒坤化工有限责任公司 …… 108
300 MW 循环流化床锅炉流化风系统优化调整
辽宁调兵山煤矸石发电有限责任公司 …… 110
静电除尘器电控系统的改进
铁法煤业（集团）有限责任公司热电厂 …… 111
加氢稳定装置催化剂卸剂退油系统优化
中国神华煤制油化工有限公司鄂尔多斯煤制油分公司 …… 114
低温高压密封水与次高压锅炉给水互备技术改造
国能榆林化工有限公司 …… 115
干熄焦放散气 SDS 法脱硫废气采集点位的创新
开滦集团唐山中润煤化工有限公司 …… 118
一种新型多功能燃料气混合器
开滦集团唐山中润煤化工有限公司 …… 120

氯乙烯切水管线的优化改造
山东泰汶盐化工有限责任公司……121
一种焦煤生产炭化室烟尘收集装置
河南中鸿集团煤化有限公司……124
煤气鼓风机控制系统升级改造
河南中鸿集团煤化有限公司……126
双层钢带成型机在煤直接液化油渣成型装置的应用
中国神华煤制油化工有限公司鄂尔多斯煤制油分公司……127
脱硫塔二级循环系统改造及工艺优化
国能榆林化工有限公司……129
一种烟气再循环耦合 SNCR 脱硝系统
煤科院节能技术有限公司……133
破碎筛分系统优化研究与应用
内蒙古恒坤化工有限公司……135
循环水系统优化研究与应用
内蒙古恒坤化工有限公司……138
焦炉上升管余热回收与利用
内蒙古恒坤化工有限公司……141
一种浮选尾矿煤泥梯次减量系统
平顶山天安煤业八矿选煤厂……145
PE 装置共聚单体、异戊烷脱气塔节能改造
国能宁夏煤业有限责任公司烯烃二分公司……148
烯烃分离丙烯保护床 D610A/B 再生过程优化
国能榆林化工有限公司……150
高流动、超高抗冲聚丙烯 K9928H 试生产
国能榆林化工有限公司……152
干法制浆系统在煤直接液化催化剂制备装置的应用
中国神华煤制油化工有限公司鄂尔多斯煤制油分公司……155
一种焦炉烟气源头控硫控硝综合技术方法
开滦集团唐山中润煤化工有限公司……156
缩短低温甲醇洗净化气合格时间
国能榆林化工有限公司……159
利民洗煤厂重介系统高灰细泥脱除工艺研究与应用
内蒙古利民煤焦有限责任公司洗煤厂……161
关于“粒度分离筛”在煤泥回收系统中的应用
国能乌海能源五虎山矿业有限责任公司……163
煤直接液化项目开工工艺优化
中国神华煤制油化工有限公司鄂尔多斯煤制油分公司……164

第五部分　制　造　维　修

智能型蓄电池电机车综合安全运行监护装置研究及应用
国能宁夏煤业有限责任公司灵新煤矿 …… 169
便携式多功能液压系统处理装置
陕煤集团神南产业发展有限公司 …… 172
围岩移动传感器测量回弹装置改进及应用成果
中国煤炭科工集团开采研究院有限公司 …… 173
全自动绕线机的研发及应用
枣庄矿业（集团）付村煤业有限公司 …… 175
斜井轨道运输系统跑车防护装置定期维护、故障排查控制操作方式的改造
国能宁夏煤业有限责任公司灵新煤矿 …… 177
矿用支架搬运车液力变速箱试验装置
中国煤炭科工集团太原研究院有限公司 …… 179
矿用锚盘旋转式收集装置研发
山东焱鑫矿用材料加工有限公司 …… 182
济柴 500 kW 燃气发电机组保护联跳电磁阀改造
晋中市阳煤扬德煤层气发电有限公司 …… 185
迈步式整体移动机尾的研发与制造
新泰惠众经贸有限公司修理厂 …… 188

第六部分　其他（煤炭销售、企业管理、设计研究、铁路运输）

煤泥深度回收末精煤系统工艺改造
山东能源枣矿集团滨湖煤矿 …… 193
动力煤脱粉入洗工艺优化改造
新汶矿业集团有限责任公司洗煤分公司 …… 195
机电设备二维码管理技术应用
陕煤集团神南产业发展有限公司 …… 198
CCTD 数字煤市一体机
北京中煤时代科技发展有限公司 …… 200
筒仓结构中筒壁与漏斗递进同步施工工艺的研究及应用
山西宏厦建筑工程第三有限公司第九项目部 …… 202
循环流化床锅炉机组深度滑参数停机方法
辽宁调兵山煤矸石发电有限责任公司 …… 204
二氧化碳在有机硅催化利用技术

潞安化工集团（山西潞安工程有限公司）…… 207
内燃机车微机控制系统线路改造
潞安化工集团铁路运营公司…… 209
K18 型铁路货车车轴轴承拆装小车自制
铁法煤业（集团）有限责任公司铁路运输部…… 215
DF7C 内燃机车车载安全防护系统
陕西彬长矿业集团铁路运输分公司…… 217
煤炭输送防冻剂融冰性能检测与防冻验证新方法的开发
煤炭科学技术研究院有限公司北京煤化工分院研发中心…… 219

附录一　2021 年度煤炭企业“五小”技术创新成果二等奖获奖项目（排名不分先后）…… 223
附录二　2021 年度煤炭企业“五小”技术创新成果三等奖获奖项目（排名不分先后）…… 355

第一部分

地　质　勘　探

萤石云无线视频监控系统

王 芳 牛淑敏 高 端

新汶矿业集团地质勘探有限责任公司

一、创新成果的背景与问题描述

萤石开放平台通过视频采集、传输、存储、预览、回放、智能分析等功能的开放，帮助报警安防等行业开发者快速构建垂直化的行业应用。可实现以下功能：

（1）视频点播。通过点播摄像机可以轻松查看用户所关注场所的实时视频，在查看视频时，可以对视频进行抓拍和录像，以备后续查看。

（2）历史录像查看。可以通过“萤石云”查看过去一段时间内的历史视频，不遗失任何片段或线索。

（3）事件消息提醒。“萤石云”可以将企业里的异常事件第一时间发送到用户的手机上，免除牵挂。

（4）视频画面分享。通过“萤石云”随时随地分享画面。

二、创新思路与创新方案介绍

1. 基本原理

（1）自己改进的原创技术。原有设备视频监控只能通过电脑端观看实时画面，内存储量小，视频保存不完整，不能进行回放等操作。接入“萤石云”系统后不仅满足电脑端与移动端同时观看视频监控，而且内存储量可以实时更新，不受设备限制，同时可以根据需要及时查看回放信息。查看视频监控的时间、地点不受限制。

（2）引进“四新”技术或合作开发的技术。企业“萤石云”致力于连接各场景智能终端，构建高效的商业设施管理系统。在满足快速部署、相对低成本投入的同时，为企业提供安全智能的工作生活环境，也能为企业创造价值，助力企业的经营发展。

2. 关键技术

（1）大数据。电脑端通过大数据技术实现数据信息的获取、存储、管理、分析等；大数据技术的战略意义不在于掌握庞大的数据信息，而在于对这些含有意义的数据进行专业化处理，以进行有效的管理。通过该技术实现电脑端人员管理、设备管理、视频管理等，电脑端视频管理界面如图 1 所示。

（2）人工智能。智能监测设备实现智能联动服务。

（3）传感技术。计算机应用中的关键技术。

3. 系统构成

系统界面由四个模块构成，分别为工作台、设备管理、通讯录、我的。其中，工作台

图 1　电脑端视频管理

模块是系统的主要应用区域，设备管理包括视频监控、智能控制、智能传感、设备分组和授权管理模块；通讯录模块针对企业员工信息进行部门和成员的增删改查；我的模块针对注册企业信息的录入。

4. 系统流程

企业“萤石云”由终端接入、SaaS 组件、核心服务、开发者场景方案等组成。在终端接入方面，除了萤石的各类终端，还接入了消防、视频会议行业终端并根据场景需求逐步接入生态智能终端。

在每个终端平台配置相应的 SaaS 组件，每个组件包括可在场景方案中直接使用的 IOT 管理应用和 API 集成接口。同时，又实现了企业管理、应用市场、开发者服务后台等核心服务，利用核心服务和 SaaS 组件便可轻松建设场景解决方案。

“萤石云”流程如图 2 所示。

三、创新成果的适用范围

成果适用于远程钻机摄像头的实时监控。

四、创新成果的应用效果对比分析

成果使用前后各指标对比见表 1。

五、创新成果在行业的推广价值

通过萤石云无线视频监控系统的开发精准地把握野外钻机工人的动作动态，满足视频无地域和时间限制的要求，电脑端的视频管理、设备管理、人员管理等模块根据需要实时进行增删改查，符合企业自身需求，体现该系统的专业化和企业化的特点，这也是萤石系统的价值所在。后期不论在监控还是其他领域都可满足企业需要，因此具有较高的推广价值。

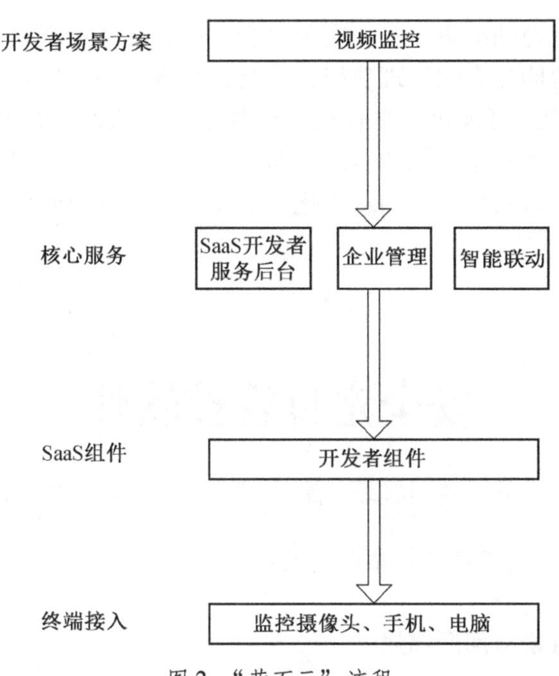

图2 “萤石云”流程

表1 成果使用前后各指标对比

参数指标	成果使用前	成果使用后
移动设备登录数量/个	10	50
摄像头绑定数量/个	10	50
实时对讲（是/否）	否	是
电脑端操作权限（有/无）	无	根据职工对软件需求不同设置不同的权限模板，如初始观看者模板、实时观看者模板、管理员模板
设备授权管理（有/无）	无	有
能否录像（是/否）	否	旋转/放大/缩小/上传
管理者视频操作权限/能否录像（是/否）	无	50

六、其他需要说明的内容

该系统还可实现以下方面的管理：

（1）生产设备管理。基于工业互联网平台，将工厂、人员、机器和生产资料通过网络技术高度结合，打造全厂级可视化管理系统，使管理者从宏观角度了解各个生产环节的设备、工艺等情况，从而找到生产过程中的弱点，以便有针对性地提高生产效率。

（2）运输车辆管理。基于物联网及高精准定位技术，积极建设一个“全面感知、全面覆盖、全面可视、全面可控”的智能运输车辆管理系统，有效监管运输车辆的实时位置及运输状况，实现精细化的运输车辆管理。

（3）仓储智能管理。蜂鸟视图提供的仓储管理系统，采用高精度的定位技术，通过自有知识产权的可视化地图编辑工具，实现对仓库信息可视化规划、库房物资的出入库管理、自动生成报表等智能化仓储管理功能，提高库房管理的工作效率，降低人员成本。

（4）安全应急管理。可视化安全管理平台基于“一张图”的理念，结合物联网与定位技术，实现生产状态和安全信息的实时数据采集、风险分析、智能推演、应急处置、辅助决策等功能，提升厂区安全管理的现代化、信息化水平及智能化建设，展现企业安全管理新形象。

安全定位管控软件

王　芳　牛淑敏　高　瑞　张　滨　邱德水

新汶矿业集团地质勘探有限责任公司

一、创新成果的背景与问题描述

地质勘探工作的特点决定了从业人员需要长期野外作业，而野外作业的管理性和掌控性均较低，一旦事故发生很难及时采取应急救援措施，因此开发可靠实用的野外钻机人员定位管控软件，对改善钻机作业的安全生产管理有着重要的现实意义。

基于上述需求，开发针对野外钻机作业人员的终端定位管控软件尤为重要，通过设置打卡中心点，以钻机为圆心，方圆 n 米范围作为打卡中心点，超出该区域打卡失效；利用百度地图记录运动轨迹，上传至存储终端，进行信息的记录和保存。

二、创新思路与创新方案的介绍

1. 基本原理

该系统是一个以人员安全定位为核心的定位管理软件，将人员基础信息、所在部门、钻井信息录入系统，再通过百度地图设置打卡中心点的经纬度，规定人员的打卡半径。作业人员通过手机 App 在系统规定的打卡半径内打卡，并通过对打卡记录的统计和分析，得到作业人员打卡的轨迹。

2. 关键技术

系统整体采用 B/S 模式，架构上符合 SOA 架构，具有很好的可移植性、可扩展性，能够跨平台使用。技术上遵循以下原则：

（1）基于 B/S 模式的开发。客户端基于浏览器的信息管理系统已成为业界趋势，采用 B/S 架构大大提高了系统的实施速度，降低管理维护的难度。

（2）基于 XML 的数据交换标准。XML 作为开放性数据描述语言被大量应用在因特网技术及文档描述中，XML 是一个被应用广泛的数据交换格式。企业信息系统以 XML 为主要格式与其他系统做数据交换，给系统的实现带来极大的灵活性。

（3）模块化组件技术的实现。系统采用组件开发技术，各接口模块可实现“热插拔”，提供开放的标准接口，使后续的业务系统经过扩展后较容易被集成进来，保证了系统的可扩展性。

3. 系统构成

软件系统包括 PC 端和手机端 App。

（1）系统 PC 端共有打卡记录、人员点位轨迹、组织架构、打卡位置、打卡半径设置、资料库、通知公告七大模块。打卡记录查看每天人员打卡记录及详情；人员点位轨迹查看人员打卡历史点位及轨迹；组织架构包含部门管理及钻机管理两个模块，录入部门、钻机及人员信息，为系统提供基础业务；打卡位置，根据钻机位置设置打卡中心点，为打卡半径提供基础；打卡半径设置，根据打卡中心点设置打卡半径，规定人员打卡范围；资料库包含规章制度、党建学习、安全保障 3 个模块，可在 PC 端发布学习资料供人员手机端学习；通知公告，在 PC 端进行通知公告的发布。

（2）手机端 App 共有安全打卡、资料库、通知公告、我的轨迹、其他人员轨迹、设置打卡位置、我的七大模块。安全打卡，人员在手机端进行安全打卡并将打卡信息上传至 PC 端；资料库，在手机端查看、学习规章制度及党建学习、安全保障资料；通知公告，在手机端查看通知公告信息；我的轨迹，在手机端查看我的打卡轨迹地图；其他人员轨迹，在手机端查看其他人员轨迹地图；设置打卡位置，在手机端设置打卡中心点位置；我的，查看人员的个人信息，人员可进行修改密码、退出登录等操作。

4. 工艺流程（开发流程）

（1）需求沟通。该系统的建设涉及工作的多个环节和多方人员，为了对该系统的需求进行全面的对接，在项目立项阶段做的调研资料的基础上，与软件开发公司沟通交流，对于该系统的要求进行深入沟通，综合该类项目建设的经验和案例参考，最终形成该系统建设的需求方案。

（2）软件设计开发。根据系统建设需求方案，由软件公司进行系统组成以及功能模块的设计，再由系统开发人员根据设计报告进行代码编写，实现各个模块功能，最后完善系统功能。

（3）平台系统部署安装及测试。在系统设计开发完成后，经过系统开发测试，系统功能符合需求调研方案以及设计，系统功能满足业务处理需求后，对系统进行安装部署。

将系统运行所需要的网络设备、服务器、计算机终端以及其他辅助硬件设备等根据系统设计要求和用户实际应用以及安装部署的需要，进行软硬件以及系统环境的部署和安装，并调试各设备正常运行；对系统应用软件进行安装部署，对其进行调试和测试，完成系统的运行测试，使系统运行应用所需要的软硬件设备全面完成，为系统软硬件的集成及调试准备条件，确保系统运行软硬件环境及系统正常。

（4）系统初始化及数据入库。对系统进行运行初始化工作，对系统账户以及基本配置参数根据用户使用需要进行配置；审核审查各类事项目录、内容，组织人员对基础数据进行录入，形成系统运行所需要的基础数据，对系统运行进行数据与设置的初始化。

三、创新成果的适用范围

该系统相较于其他办公系统专业性更强，系统采用组件开发技术，各接口模块可以实现“热插拔”，提供开放的标准接口，使后续的业务系统经过扩展后较容易被集成进来，软件系统适应新矿集团地质勘探公司多点打卡统计、多点位置管理，可对打卡人员及地点进行灵活扩展，非常适用于工作地点不定的地质勘探行业。

四、创新成果的应用效果对比分析

系统通过收集打卡信息，实现人员打卡记录统计。在系统应用之前，人员打卡信息不能够及时收集，各钻机人员打卡记录管理繁杂。应用该系统后，对人员打卡进行规范化管理，通过手机 App 打卡定位，实时获取人员打卡信息，并对当日打卡信息根据人员、钻机进行统计，同时能够获取到每人、每天人员打卡信息的人员轨迹，将原来的线下考勤转至线上运行。解决考勤问题的同时，通过数据分析进行辅助决策与管理。

五、创新成果在行业推广的价值

地质勘测行业是一个比较特殊的行业，它的特殊性在于工作地点多并且不固定，而随之而来的问题就是人员考勤管理工作繁杂。该软件可通过经纬度对地质勘测地点进行多点设置，以适应地质勘测中的多地点、不固定地点的特殊条件，同时对打卡范围进行规范，保证人员在规定范围内进行打卡。

同时，该系统拥有资料库功能，通过对资料库的规章制度、党建学习、安全保障内容的上传，每个人在手机端能够实现上述内容的学习，值得在行业进行推广。

六、其他需要说明的内容

安全管控定位系统是一款集办公打卡、员工学习、考勤管理的平台，该平台的所有业务活动都是围绕安全打卡展开的，把企业各个业务部门、钻机组织协调起来，随时掌握人员管理情况，及时解决工作过程打卡不及时、未在规定范围内打卡的问题。

系统以加强人员管理为主导思想，以人员安全打卡定位为主，通过学习提高员工素质为辅，是以数据统筹分析为手段的信息管理系统。

一种钻孔除尘装置

王子明　刘玉川　毋明明　赵　明　王路凯

平顶山煤业集团有限责任公司

一、创新成果的背景与问题描述

煤矿井下钻孔时，旋转的钻头剧烈地磨削岩石产生大量的煤尘，煤尘从钻孔的空口处冒出向周围扩散，煤尘难溶于水，大量扩散会导致作业场所环境变差，当无法有效除尘时，煤尘飞扬会损害作业人员的健康，同时容易发生煤尘爆炸事故，因此必须采取相应捕尘、除尘措施。为了清除因钻孔产生的煤尘，一般采用除尘器，除尘方法主要有水射流除尘、敷设拦尘网并接水源拦没有被除尘装置净化的空气、液压动力除尘。

以上三种方法各有不足：水射流需大量用水，需要挖排水沟、沉淀池，还需要人工抽水，使用成本高，费时费力；打钻巷道到处敷设除拦尘网并接有喷雾，容易回风不畅，除尘网需要和钻机保持 50 m 的距离，经常性移动需要大量的人力和财务支出；液压动力除尘装置体积大、重量大、移动困难，受巷道限制，使用范围受限。

二、创新思路与创新方案介绍

钻孔除尘装置由铁管、密封管、沉降管组成。铁管下方偏心设有排渣管，密封管一端与钻机连接管连接，钻机连接管通过埋吸管与铁管一端相连，密封管另一端通过端部密封圈安装密封板，密封管内有毛刷和环形密封圈；沉降管顶部一侧装有灰尘连接管，沉降管顶部中心位置设置喷管，喷管底端伸入沉降管内并安装喷头，沉降管底部开口且套装布筒，灰尘连接管通过埋吸管与排渣管相连接。

装置能够在钻孔过程中直接将产生的煤尘通过管道导出，通过局部喷淋的方式进行降尘，有效防止煤尘扩散。同时通过埋吸管对管道间的密封及毛刷、环形密封圈及端部密封圈的设置，能够提高装置整体的密封效果。结构简单，便于拆装和清理，使用方便。

钻孔除尘装置结构如图 1 所示，沉降管结构示意如图 2 所示，密封管结构示意如图 3 所示，毛刷结构如图 4 所示。

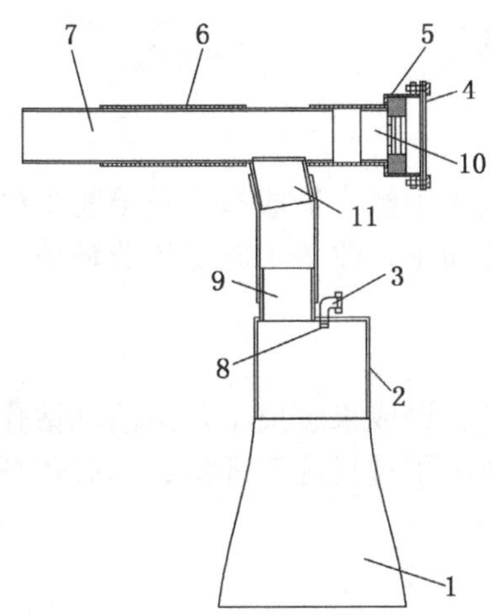

1—布筒；2—沉降管；3—喷管；4—密封板；5—密封管；6—埋吸管；7—铁管；8—喷头；9—灰尘连接管；10—钻机连接管；11—排渣管

图 1 钻孔除尘装置结构图

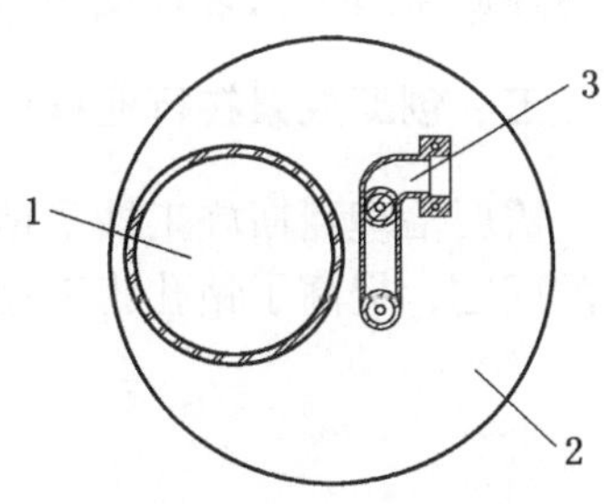

1—灰尘连接管；2—沉降管；3—喷管

图 2 沉降管结构图

采用上述结构时，根据钻杆长度通过埋吸管增加多个铁管结构，将远离密封管的铁管一端插入钻孔处，将钻机的钻杆从密封管插入铁管中，使钻杆的端部与钻孔位置接触，将最靠近钻孔面的铁管上的埋吸管向钻孔面移动，使埋吸管与钻孔面接触，保证密封效果。将水管与喷管连接，开启喷头，即可进行钻孔操作。在钻孔过程中，钻出的煤尘经铁管及埋吸管进入排渣管中，通过埋吸管及连接管进入沉降管中，喷头将水喷出，沉降管中的灰

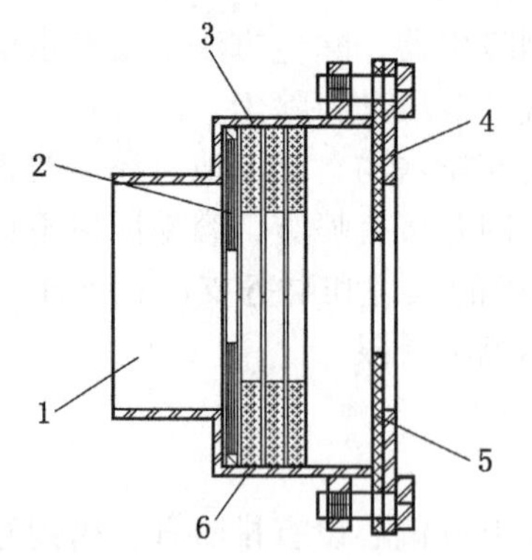

1—钻机连接管；2—刷毛；3—密封管；4—密封板；5—端部密封圈；6—环形密封圈

图3　密封管结构图

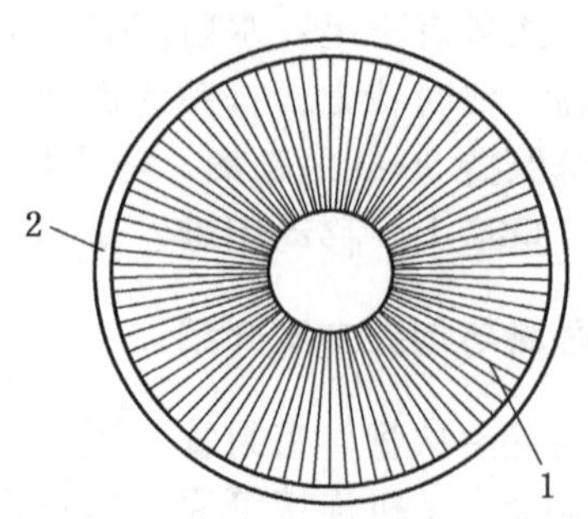

1—刷毛；2—固定环

图4　毛刷结构图

尘沾染水汽后变重，即可掉落在布筒中收集起来。当铁管中的煤尘经管道回流至密封管时，毛刷、环形密封圈及端部密封圈依次对煤尘进行阻挡隔离，防止煤尘扩散至装置外。钻孔结束后，将钻杆撤出，毛刷的刷毛可对钻杆表面黏附的煤尘进行清扫，防止钻杆将煤尘携带出装置。

三、创新成果适用范围

该成果适用于煤矿瓦斯治理钻孔施工现场。

四、创新成果的应用效果对比分析

本成果未使用前在煤层瓦斯富集区钻孔施工中经常造成施工环境粉尘严重超标，给职工身体健康造成伤害；使用后大大降低了作业粉尘，改善了施工作业环境。

五、创新成果在行业推广的价值

需要治理瓦斯施工抽采钻孔的矿井比较多，该成果解决了瓦斯治理钻孔施工中煤尘飞扬的问题，提高了钻孔施工地点的可视度，改善了现场施工环境，具有较高的推广价值。

一种矿用钻孔防瓦斯喷孔装置

王子明　刘玉川　毋明明　赵　明　王冰洋

平顶山煤业集团有限责任公司

一、创新成果的背景与问题描述

在井工矿井采掘地点煤层钻孔施工过程中，煤层中赋存的瓦斯气体会随着打钻作业的进行，从施工的钻孔中喷出，造成瓦斯喷孔和煤尘飞扬，不仅影响钻孔施工地点的可视度，增大施工难度，而且容易造成采掘巷道内部瓦斯超限引起爆炸。

为了避免上述现象，通常需要在钻孔时进行防护处理，在用的打钻防瓦斯喷孔和密封降尘装置种类较多，但都存在体积较大、密封效果差、使用不便等缺点，装置本身往往就存在使用风险，起不到绝对防瓦斯喷孔及除尘的效果，不能够满足现阶段的生产需要。

二、创新思路与创新方案介绍

矿用钻孔防瓦斯喷孔装置（图 1）由钻杆插接管连接软管、降尘箱、雾化喷头、集尘袋、安装管等组成。钻杆插接管的顶部设有安装管，安装管的外侧与气路连接软管连接。钻杆插接管的底部也有连接管，连接管的下方设置降尘箱。降尘箱上装有雾化喷头，雾化喷头与水路连接软管连接，降尘箱下套有集尘袋。钻杆插接管的端部安装插接槽，插接槽内部有密封圈。钻杆插接管的外壁有对密封圈进行固定的限位螺栓。

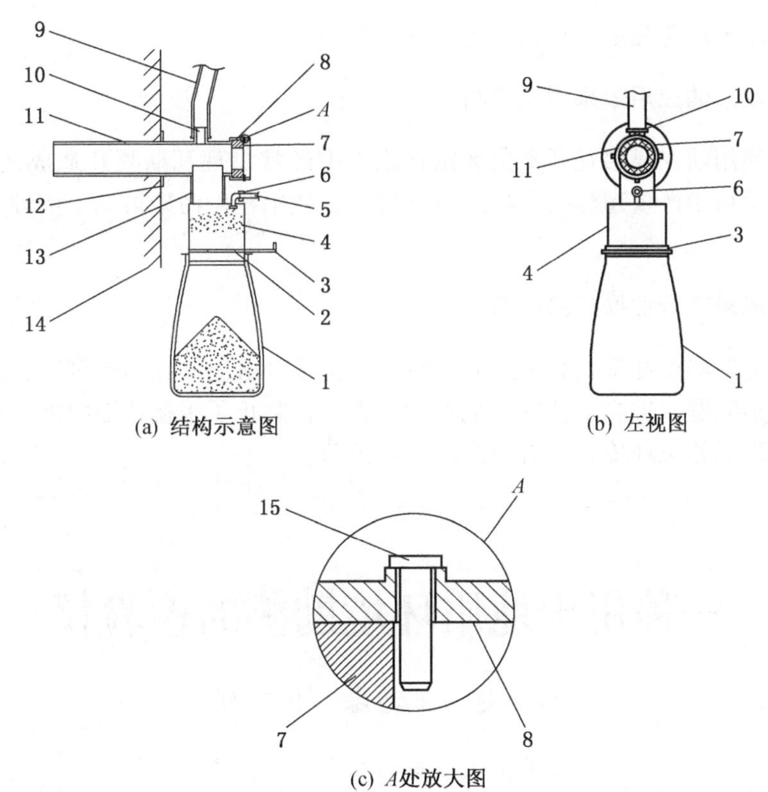

1—集尘袋；2—导向槽；3—密封板；4—降尘箱；5—水路连接软管；6—雾化喷头；7—密封圈；8—插接槽；9—气路连接软管；10—安装管；11—钻杆插接管；12—挡圈；13—连接管；14—煤壁；15—限位螺钉

图 1 矿用钻孔防瓦斯喷孔装置

使用前，操作人员将钻杆插接管插入煤层侧壁的开孔内，并推动钻杆插接管水平移动，直至挡圈贴紧煤层侧壁。对钻杆插接管进行定位，操作人员将气路连接管的一端套装在安装管上，另一端与巷道内部的负压管道连接，同时操作人员将水路连接管与巷道内部的水管连接。

使用时，操作人员将钻杆从插接槽内部的密封圈通孔处穿入，穿过钻杆插接管后进入煤层内开始钻孔。钻孔过程中煤层中的瓦斯会顺着钻孔导入钻杆插接管内部，并跟随负压被吸入气路连接软管内部进行收集，收集至地面处理站内进行处理。与此同时，钻孔过程中产生的煤尘会在重力作用下沿着连接管进入降尘箱，而巷道内部的水管会对水路连接管供水加压，经过雾化喷头的处理后喷出细碎的水雾，与粉尘接触实现降尘。降尘完毕后的灰尘会落入集尘袋内部进行收集，避免扬尘的产生，最后将集尘带内部存储的水煤泥装袋存储。

本装置结构设计简单，小巧方便，便于携带，能够有效防止煤矿钻孔施工过程中喷发的瓦斯流溢漏，同时除去钻孔内高压风产生的煤尘，实用性强。

三、创新成果适用范围

该成果适用于煤矿瓦斯治理钻孔施工现场。

四、创新成果的应用效果对比分析

本装置未使用前在煤层瓦斯富集区钻孔施工中经常出现瓦斯喷孔造成瓦斯超限现象，同时，施工环境粉尘严重超标损害职工身体健康。使用粉尘污染得到了治理，环境得到了改善。

五、创新成果在行业推广的价值

需要治理瓦斯施工抽采钻孔的矿井比较多，该成果解决了瓦斯治理钻孔施工中的瓦斯喷孔和煤尘飞扬问题，提高了孔施工地点的可视度，防止了采掘巷道内部瓦斯超限事故的发生。改善了现场施工环境，具有较高的推广价值。

一种用于地质环境勘测的检验仪

高莹超　王港淼　班丽娟

平顶山煤业集团有限责任公司

一、创新成果的背景与问题描述

地质环境是地球演化的产物，地质环境主要指地表面下的坚硬壳层即岩石圈。岩石在风化过程中固结的物质被释放出来，融入地理环境中，参与地质循环以至星际物质大循环中去。

常见的地质环境勘测用检测装置上缺少微震波检测装置，不利于检测岩石的破裂程度，降低了地质检测的准确度。同时用户长期户外使用该装置由于内部缺少防护装置，增加了电气设备损害的风险。

二、创新思路与创新方案介绍

1. 基本原理

用户将地质土壤样本放置在检验杯中，加水混合，用地质酸碱度传感探头检测土壤的酸碱度，用底座水分检测探头检测土壤的含水量，用微量元素检测探头检测样本中的微量金属元素，检测数据通过电路主板传递给微处理器。微处理器通过代码进行分析和计算，并用显示屏显示。接下来，用户可打开微震检测传感器，通过检测岩石破裂时产生的微震波来检测岩石的破裂程度，进而精确确定安全等级，有利于后期的防灾和施工。装置被长期户外使用时，密封防护层可有效阻止空气中的颗粒灰尘，降低仪器内部电子设备的磨损，起到保护作用。

2. 系统构成

地质环境勘测检验仪由仪器外壳和微震检测传感器组成。仪器外壳一侧壁上有面板框，面板框内设显示屏，另一侧设置数据插口，数据插口一侧有电源插孔。面板框一侧设置微震检测传感器，另一侧设置操作面板。仪器外壳顶部有杯座，杯座顶部设置检验杯，检验杯内有地质酸碱度传感探头。地质酸碱度传感探头一侧设置地质水分检测探头，另一侧设置微量元素检测探头，地质水分检测探头要远离微量元素检测探头。仪器外壳内的电路主板主要部件有微处理器和存储卡，主板两侧有密封防护层。地质酸碱度传感探头的型号为 MIK-PH，地质水分检测探头的型号为 RS485，微量元素检测探头的型号为 ZD-1801N，微处理器的型号为 CORTEX-M3，微震检测传感器的型号为 MSCA-24D。

地质环境勘测检验仪示意如图 1 所示，检测仪外壳结构如图 2 所示，检测仪的电路框图如图 3 所示。

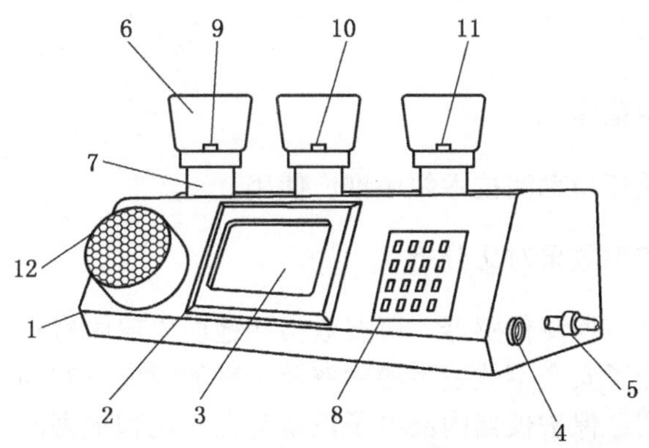

1—仪器外壳；2—面板框；3—显示屏；4—电源插孔；5—数据插口；6—检验杯；7—杯座；8—操作面板；9—地质酸碱度传感探头；10—地质水分检测探头；11—微量元素检测探头；12—微震检测传感器

图 1 地质环境勘测检验仪示意图

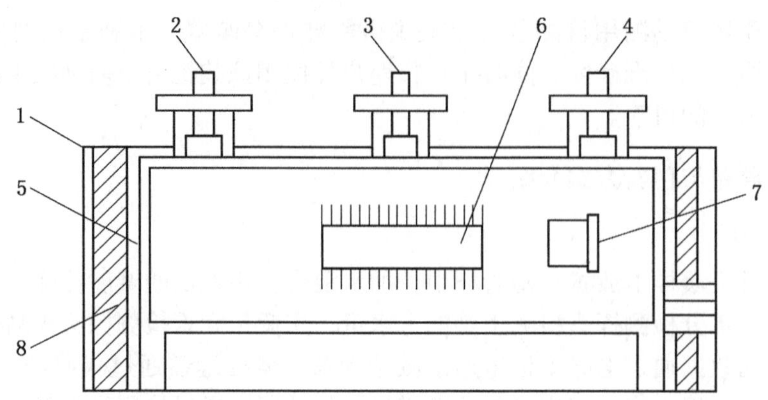

1—仪器外壳；2—地质酸碱度传感探头；3—地质水分检测探头；4—微量元素检测探头；5—电路主板；6—微处理器；7—存储卡；8—密封防护层

图2　地质环境勘测检验仪外壳结构图

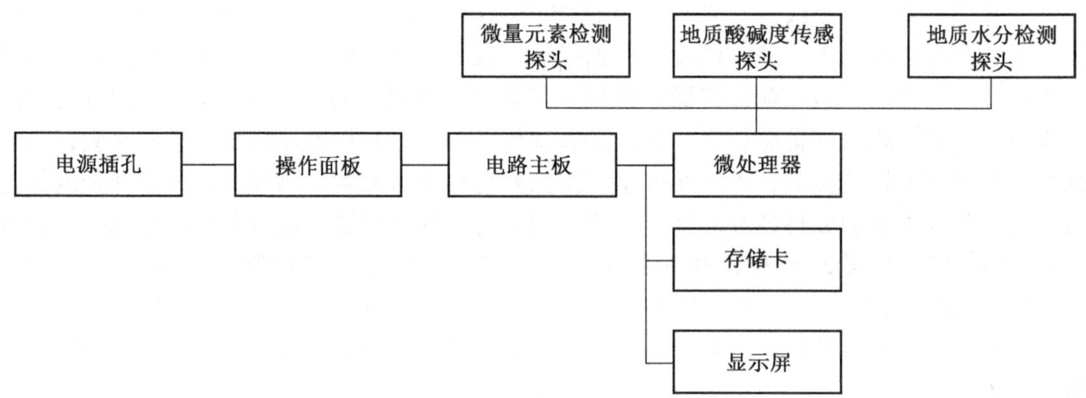

图3　地质环境勘测检验仪中的电路框图

三、创新成果适用范围

本检测仪可在地质环境勘测技术领域推广使用。

四、创新成果的应用效果对比分析

检测仪通过设置微震检测传感器，可有效检测地质岩层中岩石的破裂程度，采集的数据更加精准，大大降低了安全事故发生的频率及带来的损失，有利于防灾和工程施工。检测仪设置了密封防护层，保护仪器内部电子设备免受干扰和损害。

五、创新成果在行业推广的价值

本成果在行业推广的价值非常大，已广泛应用于地铁地基、公路地基、泥石流灾害监测等方面。

一种用于地质勘查的岩土类试样钻取装置

查新星 啜书方 李泽萱 霍晓锋

平顶山煤业集团有限责任公司

一、创新成果的背景与问题的描述

工程地质勘查是为了查明影响工程的地质因素而进行的地质调查工作。需勘查的地质要素包括地质结构、地质构造、地形地貌、水文地质条件、岩土的物理力学性质等，通过勘查查明工程地质条件，同时根据建筑物的结构特点，预测地质环境对建筑物的影响，并做出正确的评价，为建筑物正常使用提供依据。工程地质钻探是用钻机在地层中钻孔，以鉴别和划分地层，并沿钻孔深度取样的一种勘查方法，可以获得深层的地质资料。

现有的岩土类试样钻取装置在进行地质勘查时，需要先对土壤进行取样，勘查人员钻孔取样过程中存在：使钻探深度不好控制，影响勘查准确性的问题。

二、创新思路与创新方案介绍

1. 基本原理

通过板车通孔内的套环与钻杆组成滑动配合，再通过套环四周的连接杆支撑套环，避免钻杆偏移。

2. 关键技术

试样钻取装置由板车、支撑杆、顶板、驱动器和电动伸缩杆组成。导线连接驱动器和电动伸缩杆，电动伸缩杆位于顶板的底部，伸缩端上装有移动板。移动板装设电机，电机的输出端装钻杆。移动板开有钻孔，钻杆贯穿钻孔。移动板的一侧装设指块，板车上装设刻度尺。

试样钻取装置左视图及结构如图 1 所示。板车上表面左右两侧对称焊接支撑杆，支撑杆为圆柱杆，数量 4 根，支撑杆顶部焊接顶板，顶板为方形板，顶板前端面焊接驱动器，驱动器位于中间位置，驱动器的型号为 NUC9VXQNX。顶板的底部左右两侧焊接两个电动伸缩杆，电动伸缩杆型号为 XDHA12-50，驱动器和电动伸缩杆的输出、输入接口内接有导线，电动伸缩杆的伸缩端上焊接移动板，移动板为方形板。移动板的上表面焊接电机，电机的型号为 POWSM-T-M1-80。电机的输出端上焊接钻杆。移动板上开钻孔，钻孔为圆形孔，位于中间位置，钻孔内套设轴承，轴承的外壁与钻孔的内壁为过盈配合。钻孔内套设钻杆，通过轴承可以降低钻杆在钻孔内的旋转摩擦力。移动板的左侧焊接指块，指块为三角块，位于中间位置。板车的上表面左侧焊接刻度尺，位于中间位置。运行电机，电机的输出端驱动钻杆旋转，方便对岩土层进行钻探，再通过驱动器操控电动伸缩杆运行。电动伸缩杆伸缩端能带动移动板进行纵向直线运动，移动板在移动过程中带动指块指向刻度尺上对应的数值处，方便勘查人员控制钻探的深度。

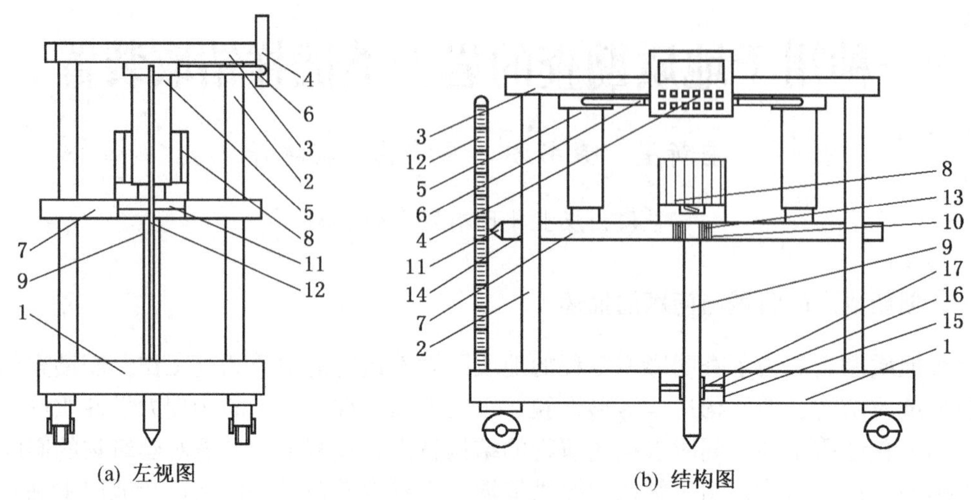

1—板车；2—支撑杆；3—顶板；4—驱动器；5—电动伸缩杆；6—导线；7—移动板；8—电机；9—钻杆；10—钻孔；11—指块；12—刻度尺；13—轴承；14—滑孔；15—通孔；16—连接杆；17—套环

图1　试样钻取装置左视图及结构图

移动板左右两侧对称开设滑孔，滑孔为圆形孔，滑孔数量为4个，滑孔内贯穿有支撑杆且支撑杆与滑孔为滑动配合，能保障移动板在移动过程中不会晃动，板车上开有通孔，通孔为圆形孔，位于中间位置，且处于钻孔下方。通孔的孔壁四周垂直焊接连接杆，连接杆为圆柱杆，数量为4根。连接杆间焊接套环，套环为环状套，套环内贯穿有钻杆且套环与钻杆为滑动配合。通过板车通孔内的套环与钻杆为滑动配合，再通过套环四周的连接杆对套环起支撑作用，从而可以避免钻杆偏移。

三、创新成果适用范围

本实用新型装置适用于地质勘查领域，具体涉及一种用于地质勘查的岩土类试样钻取装置。

四、创新成果的应用效果对比分析

本装置未使用前勘查人员不方便控制钻探的深度，影响了地质勘查数据的准确性。同时，大大影响了勘查的安全性和施工进度。使用后大幅提高了控制钻探的深度，可精、准、快地完成地质勘查并获取准确数据，施工进度提速。

五、创新成果在行业推广的价值

本成果提供的用于地质勘查的岩土类试样钻取装置，与现有技术相比较，运行电机，电机的输出端能驱动钻杆旋转，方便对岩土层进行钻探，通过驱动器操控电动伸缩杆运行，电动伸缩杆的伸缩端能带动移动板进行纵向直线运动，移动板在移动过程中带动指块指向刻度尺上对应的数值，方便勘查人员控制钻探的深度，具有极大的推广价值。

井下不规则工作面瞬变电磁富水性探测数据处理方法的探究

雍自春 张 超

国能宁夏煤业能源工程有限公司

一、创新成果的背景与问题描述

随着《煤矿防治水细则》的实施，采煤工作面须采用 2 种以上物探方法进行探测，相互验证。宁煤公司所属各矿常见工作面两巷平行，面宽一致，瞬变电磁数据处理相对简便，在遇到工作面两巷不平行或面宽不一致，甚至工作面布置极不规则时，常规瞬变电磁数据处理及分析较困难。金凤煤矿 011811 工作面为该矿一采区北翼 18 煤第 11 个工作面，工作面走向长 3247 m，一次开切眼长 141.37 m，二次开切眼长 225.28 m。工作面极不规则，为了查明 011811 工作面终采线至开切眼方向 3240 m 范围内顶板富水性分布，圈定富水分布异常区域，为工作面疏放水钻孔设计和回采安全评价提供技术资料，设计采用瞬变电磁技术在风机两巷多角度进行探测。因金凤煤矿 011811 工作面为极不规则工作面，环安公司克服多种困难，在数据处理过程中多方请教验证，大胆实践。最终探索出了在不规则工作面瞬变电磁探测过程中，瞬变电磁数据处理解释更加符合实际情况的方法，圆满完成了金凤煤矿 011811 工作面瞬变电磁探测项目。

二、创新思路与创新方案介绍

针对类似金凤煤矿 011811 工作面平面范围不规则的工作面，在数据处理过程中，抽取风机两巷各测点 15°、30°、60°、90°方向同顶板 10 m、20 m、30 m、40 m、50 m、60 m 交点数据后，根据工作面形状，修正一次开切眼长与二次开切眼之间的测点对应抽取焦点数据的坐标。利用修正后的焦点数据及坐标生成等值线图。此时，生成的等值线图为矩形(3247×225.28)。再利用 CAD 软件 list 命令将一次开切眼长与二次开切眼之间实际未探测区域坐标整理出来，然后编制 surfer 软件的 **.bln 文件，将成果图中一次开切眼长与二次开切眼之间实际未探测区域内容扣除，最终生成符合工作面实际情况、满足实际需要的工作面顶板富水性探测成果图。以金凤煤矿 011811 工作面顶板富水性探测项目为例，介绍具体实现过程。

1. 仪器介绍

金凤煤矿 011811 工作面顶板富水性探测使用 YCS2000（A）矿用瞬变电磁仪（图1），主要用于探测工作面顶底板和掘进迎头一定范围内的含导水性分布情况。

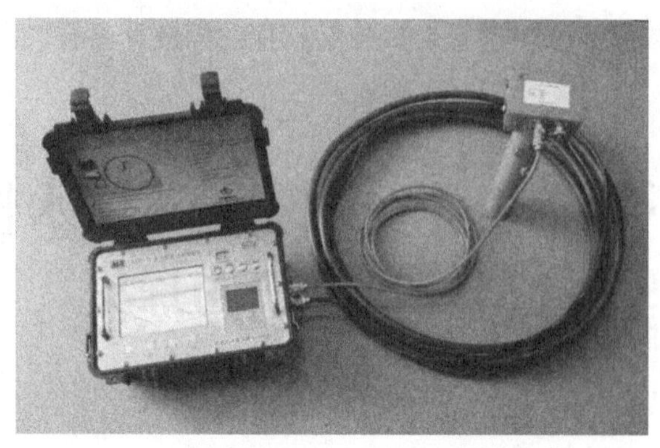

图1 YCS2000（A）矿用瞬变电磁仪

2. 探测范围

探测金凤煤矿 011811 工作面顶板 60 m 范围内富水性分布情况，探测时分别在 011811 工作面回风巷和运输巷沿终采线方向至开切眼进行，具体探测区域如图 2 所示。

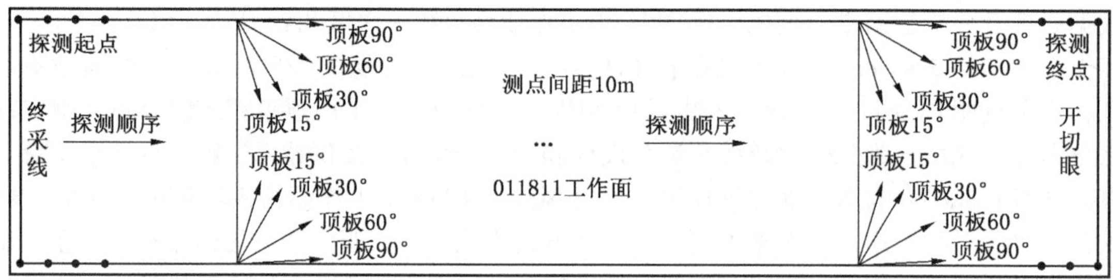

图2 金凤煤矿 011811 工作面井下瞬变电磁现场探测示意图

3. 施工技术

根据探测目的和现场实际，测线布置在 011811 工作面风、机两巷，从终采线处开始每 10 m 布置 1 个测点，每个测点设 4 个探测方向，现场探测示意如图 2 所示。

4. 数据处理与解释

常规数据处理步骤有瞬变电磁数据读取、曲线圆滑、时深转换、坐标转换、绘制断面图，在断面图的基础上抽取工作面同一高程视电阻率值形成平面图件等，因金凤煤矿 011811 工作面为极不规则工作面，在数据处理过程中需定义坐标，在 CAD 里面用多线段建立同工作面巷道相同的多边形区域，然后用 list 命令查询多边形区域各拐点坐标，再根据拐点坐标生成白化文件（bh. bln 文件）。通过 surfer 软件绘制视电阻率等值线图，完成白化、滤波、设置色标及坐标参数等步骤后形成瞬变电磁视电阻率等值线平面图、立体图。

5. 成果资料分析

按照上述资料的处理和解释方法，分别对井下瞬变电磁探测资料进行处理，形成两工作面巷道低阻异常断面图、平面图和立体图等。

6. 结论

金凤煤矿 011811 工作面顶板以上 10 m、20 m、30 m、40 m、50 m、60 m、富水性瞬变电磁探测视电阻率等值线平面图切片如图 4 所示，根据各平面的视电阻率相对强弱以及现场收集的地质资料，将顶板各层段的各区段低阻异常区划分为 A、B 两个等级，其中 A 代表相对强富水区，B 代表相对富水区。划分依据如下：

（1）在探测区域横向 0~920 m 范围内异常强度较强，分布范围较大且在各层对应位置均有低阻异常。结合工作面地质、水文、钻探及现场环境因素等资料分析认为该低阻异常是由于 011811 工作面回风巷终采线位置至 18 煤边界回风巷范围内因沿空留巷大量布设液压立柱造成瞬变电磁低阻现象，将该区域划分为次重点低阻异常区（B 级）。

（2）011811 工作面顶板 40 m 范围内横向 2420~2940 m；纵向 80~150 m（即工作面最低区域靠近运输巷一侧）视电阻率异常强度相对较强，结合工作面地质资料分析认为该区域为工作面负坡段的集中汇水区，受含水层水集中汇水及工作面向斜轴部顶板裂隙较为发育综合影响造成该区域相对低阻异常现象，将该区域划分为相对重点低阻异常区（A）。

（3）011811 工作面其他区域出现的次级低阻异常区（B）经分析认为是工作面顶板砂岩孔隙裂隙相对较发育、含水层富水性不均一及工作面风、机两巷巷道机电设备等干扰因素综合影响的结果，对工作面安全开采影响相对较小。

三、创新成果适用范围

矿井井下工作面受井田断层地质构造、井田边界、煤层可采边界等影响，可能会出现一些不规则的非矩形形状工作面。非矩形边界工作面在数据处理成图中，需将部分数据点坐标位置进行矫正，图中出现一些非探测区域的信息内容导致成果图不够直观，需对软件所成矩形成果图进行修正。本次“井下不规则工作面瞬变电磁富水性探测数据处理方法”，可进一步解决井下各种不规则工作面的数据处理及成果图不理想的问题。

四、创新成果应用效果对比分析

与常规工作面物探成果相比，不规则工作面瞬变电磁数据处理成果图绘制方法可以应用于各种形状的工作面，绘制的成果图与工作面形状完全一致，物探成果更加直观，异常位置与实际揭露情况基本吻合，解释成果更加准确。

五、创新成果在行业推广价值

井下不规则工作面瞬变电磁富水性探测数据处理方法可进一步解决井下各种不规则工作面的数据处理及成果图。可以应用于各种形状的工作面。

六、其他需要说明的内容

处理过程中各测点坐标可为实际坐标，亦可为相对坐标。坐标设置时尽可能将工作面巷道沿坐标轴方向设置，以便后期各测点坐标的修改和处理。

地面钻探大孔径扩孔钻头改造应用

胡　新　袁东平

国能宁夏煤业能源工程有限公司

一、创新成果背景与问题的描述

公司在宁东各矿井施工的大孔径钻孔，主要用于矿方下料、灌浆、电缆下设、抽排水等，采用牙轮扩孔钻头通过逐级扩孔方式实施，每径扩孔完成后提钻更换下一径扩孔钻头进行扩孔作业。施工工艺虽成熟，但施工周期相对较长、钻效相对较低、成本费用相对较高，施工上工序烦琐，增加了牙轮扩孔钻头的使用费用，在抢险救援过程中不能更好地发挥快速救援的作用，制约钻进效率的提升。

二、创新思路与创新方案介绍

1. 多径扩孔合金钻头设计

通过对钻头原理的研究，结合公司大孔径施工的 SS-185K 钻机及宁东矿区地质条件，充分考虑钻机通径、底座高度、大钳位置、扣型、地层等参数，加工制作多径扩孔合金钻头，在钻头选材、结构布局、间距、角度以及钻头使用的安全性、实用性方面进行改进，多径扩孔合金钻头最大外径 445 mm，中端外径 311 mm，末端外径 216 mm，长度设计在 1500 mm，扣型为 631。其中，445 mm 与 311 mm 直径钻头均为六翼，每翼设置水眼一组，对钻头进行冷却冲洗；末端 216 mm 导正头镶焊合金，在遇阻地段可实现自主钻进，减少因遇阻引起的起下钻，多径扩孔合金钻头设计效果图如图 1 所示。

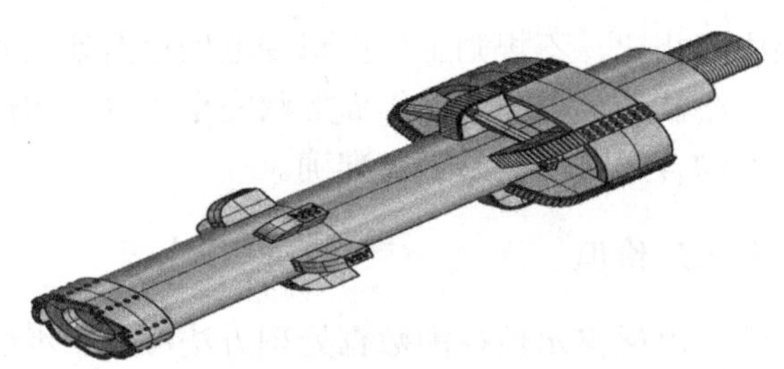

图 1　多径扩孔合金钻头设计效果图

2. 多径扩孔合金钻头加工制作

根据多径扩孔合金钻头设计原理，按照设计参数准备多径扩孔合金钻头所需材料，与加工单位进行技术交流，在钻头加工制作过程中公司技术人员全程监督，解决制作过程中存在的问题，2021 年 9 月制作完成多径扩孔合金钻头，钻头可实现一次扩孔完成 ϕ311 mm、

ϕ445 mm 孔径施工。多径扩孔合金钻头成品与传统牙轮扩孔钻头对比如图 2 所示。

(a) 多径扩孔合金钻头成品

(b) 传统单径牙轮扩孔钻头实物

图 2 多径扩孔合金钻头成品与传统牙轮扩孔钻头对比图

三、创新成果适用范围

该成果适用于各矿井施工的大孔径钻孔，主要用在施工 445 mm 及以上孔径，用于矿方下料、灌浆、电缆下设、抽排水等钻孔施工，可提高钻进工效、缩短施工周期、降低成本费用。尤其在涉及矿难救援时能够为快速施工生命救援钻孔提供技术支撑，有效缩短施工工期，提高救援效率。

四、创新成果应用效果对比分析

在麦垛山煤矿地面粉煤灰灌浆钻孔时应用了该成果，在钻遇地层、井段（50～150 m）、钻压、泵压、扭矩等参数相同的情况下，使用多径扩孔合金钻头（钻头孔径 ϕ445 mm）纯钻进时间 20 h，钻进进尺 100 m。与 2018 年施工麦垛山煤矿地面输料钻孔相比，该钻孔采用 ϕ311 mm、ϕ445 mm 牙轮扩孔钻头逐级扩孔进尺 100 m，两级扩孔时间、起下钻更换钻头时间相加为 48 h，经比较，使用多径扩孔合金钻头扩孔效率提升显著，同等进尺情况下可节约纯钻进时间 28 h。钻头现场使用情况如图 3 所示。

图 3　多径扩孔合金钻头现场使用图

五、创新成果在行业推广价值

通过该成果在麦垛山煤矿地面粉煤灰灌浆钻孔的实施应用，可直接节约钻头成本、人工成本约 12 万元（以孔径 558 mm、孔深 550 m 钻孔为例，施工完成 445 mm 孔径需要 311 mm 牙轮扩孔钻头 1 个、445 mm 牙轮钻头 2 个，费用约 12 万元），同时可节约大量生产成本、工期时间、人工成本、后期维护成本。

六、其他需要说明的内容

后期将对扩孔钻头水眼位置、腰带支撑点等参数进行优化升级，在此基础上，进一步探索研究三径一扩钻进方式，从而掌握大孔径钻孔快速成孔技术，积累施工经验，为快速施工生命救援钻孔提供技术支撑。

第二部分

井　工　开　采

新集二矿A组煤突出煤层穿层消突钻孔施工工艺研究

洪训胜 陈 斌 常先隐 李超龙 洪 成

中煤新集能源股份有限公司地勘公司

一、创新成果的背景与问题描述

230102工作面位于新集二矿二水平东翼2301采区，该煤层属于A组煤中的1煤组，原始瓦斯含量为5.5 m^3/t，瓦斯压力为0.48 MPa，2019年9月—2020年5月，地勘公司在230102底板巷施工穿层消突钻孔，施工过程中，发生多次瓦斯预警、超限、埋钻事故及1次喷孔伤人事故。

2020年6月，地勘公司在230106底板巷施工1煤穿层钻孔，在施工过程中发生多次孔内事故和瓦斯异常事故，其中，6月9日230106下底板巷1号钻场发生一起瓦斯浓度达到0.89%的预警事故。为保证钻孔施工安全，解决钻孔施工过程中的喷孔和埋钻问题，公司“一通三防”部、地勘公司经过多次会商，研究制定230106底板巷施工1煤组突出煤层穿层消突钻孔施工工艺方案。

实际施工中，该工艺解决了新集二矿深部A组煤中的1煤组突出煤层穿层消突钻孔施工期间瓦斯涌出的问题，通过泄压、预抽，达到了防堵孔、防塌孔的目的，从而降低钻孔的喷孔和埋钻风险，有效地保证了钻孔施工期间的安全，减少和杜绝瓦斯事故及喷孔伤人事故，同时大大提升了钻孔进尺效率。

二、创新思路与创新方案介绍

先行施工泄压钻孔，进行预抽泄压，然后根据“五项十三步”工艺施工穿层消突钻孔，再结合浅孔掩护深孔的“台阶掩护”施工方法，解决了突出煤层消突问题；同时对孔口防喷装置进行升级改造，杜绝了孔口瓦斯溢出。

1. 原理和方法

（1）泄压钻孔施工：230106下底板巷共13个钻场，根据钻场间距不同每个钻场设计9~12个泄压钻孔，项目部安排一机组提前施工泄压钻孔；开孔使用ϕ146 mm无芯钻头开孔2~2.5 m，下入一路ϕ127 mm套管（不低于2 m），孔口处套管安装ϕ127 mm孔口盘，将孔口处套管和注浆管用封孔材料封闭固定，再注浆养护，待水泥凝固后，扫孔至底。孔口盘分别连接抽采管路和孔口防喷器，然后采用“五项十三步”工艺施工。泄压钻孔施工结束后进行连管合抽（时间不低于一周），保证钻孔瓦斯能够有效预抽进行局部泄压。

（2）穿层钻孔施工：230106下底板巷钻场泄压钻孔施工结束，进点钻机围绕泄压钻孔周边施工穿层揭煤与条带消突钻孔。穿层钻孔施工工艺主要采用“五项十三步”，该工艺从准备、开孔、钻进、退钻、封孔 5 个主要施工环节入手，通过变孔径、排净渣、换介质、管到底的方式保证了孔内排渣排气通道的畅通，从而实现减少喷孔的目的，该工艺应用于高瓦斯突出煤层中有较好的防喷效果，同时可防范松软煤层的埋钻事故，减少进钻阻力。

（3）防喷装置的升级改造：孔口防喷器在原先两道关口（孔口防喷装置抽放及后置水辫“风水抽”三联动）的基础上，在钻杆进钻处与孔口防喷装置之间增设一道关口以防止溢漏；尼龙环外口进钻处设一道环形，并安设一道抽放多头来连接抽放管路，杜绝了钻孔瓦斯溢出。改造前后的孔口抽放装置如图 1 所示。

(a) 改造前

(b) 改造后

图 1　孔口抽放装置升级改造对比图

三、创新成果的适用范围

该施工工艺在中煤新集公司所属突出矿井消突钻孔施工中推广应用，有效地消除了钻孔施工期间瓦斯喷涌的隐患，减少了瓦斯喷孔造成的瓦斯超限或伤人事故，保证了突出煤层穿层消突钻孔的施工安全，同时提升了钻进效率。下一步将推广至新集公司、集团公司下属矿区以及突出煤层矿井。

四、创新成果的应用效果对比分析

（1）减少了孔内事故，降低了钻杆成本：230102 底板巷共出现孔内事故 31 次，埋钻 663 m。230106 底板巷出现孔内事故 9 次，埋钻 298 m，钻杆单价 280 元/m，节约成本约 10 万元。

（2）提升了钻进效率：地勘公司 2020 年 6 月 1 日至 7 月 10 日采用原工艺在 230106 底板巷施工，台效为 2193 m/月，9 月采用新工艺施工后台效为 2973 m/月，台效提高 780 m/月。

（3）增加总经济效益金额约 620 万元。

五、创新成果在行业的推广价值

随着矿区开采范围和深度的增加，瓦斯治理的工程量越来越大，施工工期越来越短，地质条件越来越复杂，使用该工艺能有效解决钻孔施工期间瓦斯涌出的问题，通过泄压预抽，洗孔疏通，达到了防堵孔、防塌孔的目的，从而降低钻孔的喷孔和埋钻风险，保证了钻孔施工期间的安全，减少和杜绝瓦斯事故及喷孔伤人事故，同时提升了钻进效率，确保了矿井采掘的胜利接替。

主井提升机传动装置改造

崔天龙　张冬卉　王庆林　纪永刚　王维磊

铁法煤业（集团）有限责任公司晓南矿

一、创新成果的背景与问题描述

晓南矿主井提升机型号为 JKM2. 8×4/Ⅱ，减速器型号为 ZHD2R－140。主井两台同步电动机型号均为 YR800－8/1430，主电动机功率：800 kW。电动机与减速器间通过蛇形弹簧联轴器连接。在提升过程中，由于正、反转不断连续交替运行，导致减速器的齿轮在起、停车期间受到非常大的冲击，齿面易形成点蚀、麻坑。联轴器具有减振和缓冲功能，可以减少提升机频繁起、停对减速器齿轮的冲击。蛇形联轴器中的蛇形弹簧供货困难，该配件无法满足实际生产需要，公司研究决定对原有蛇形弹簧联轴器进行改造，选用弹性柱销联轴器重新设计、安装。

二、创新思路与创新方案介绍

1. 对弹性柱销联轴器的选型计算

（1）提升机参数：型号为 JKM2. 8×4/Ⅱ，$F_{ic}=105$ kN，$d=2.8$ m。

（2）减速器参数：型号为 ZHD2R—140，减速比 $i=10.5$，效率 $\eta=0.85$。

（3）双电动机参数：功率 800 kW，转速 $n=741$ r/min。

（4）校核计算：①选型 TS295，额定扭矩 $M_e=17.7$ kN · m，最大扭矩 $M_{max}=40$ kN · m；②承受工作静扭矩 $M_j/(i\cdot\eta)=F_{ic}\cdot(D/2)/(i\cdot\eta)=16.5$ kN · m，双电动机每个联轴器承受的静扭矩 $M_1=12.4$ kN · m $<M_e=17.7$ kN · m；③联轴器承受工作动扭矩 $MD/(i\cdot\eta)=1.7\times F_{jc}\cdot(D/2)/(i\cdot\eta)=28$ kN · m，双电动机每个联轴器应取 $M_2=21$ kN · m，$M_2<M_{max}$。选择 TS295 型联轴器可以满足使用要求。

2. 柱销联轴器的实际改造过程

（1）按实际生产需要提前设计并确认联轴器尺寸。

（2）提前将联轴器运送至施工现场。达到施工时间后，请示矿调度，经矿调度同意后开始施工。

（3）确认箕斗内无煤后，将两箕斗停放至井筒中间，锁好两对盘形闸，关闭提升机操作台电源并挂好停电作业牌。

（4）拆除蛇形联轴器护罩，分解蛇形弹簧联轴器，拆除蛇形弹簧。测量电动机与减速器同轴度，满足安装弹性柱销联轴器同轴度要求。

（5）拆除主电动机基础螺栓、电源线、碳刷架、轴瓦等。

（6）起吊电动机，将蛇形联轴器两部分分离。

（7）将联轴器在减速器侧的对应轴瓦更换为新轴瓦，分解旧联轴器时防止损坏轴瓦。

（8）安装液压拉马，均匀加热电动机侧半联轴器，液压拉马逐渐增加拉力将电动机侧半联轴器拉出。

（9）液压拉马无法拉出，需使用火焊沿电动机键槽方向切割，然后拆除切向键，再使用液压拉马将旧联轴器码下。

（10）清理轴头、键槽，并对轴头进行降温处理。

（11）在减速器侧安装半联轴器时，首先套入联轴器挡圈。使用两套火焊均匀加热联轴器，不断使用卡尺测量联轴器内孔，当联轴器内孔大于轴径 0.50 mm 后，立即停止加热。

（12）起吊加热的联轴器与减速器轴头对正后，进行安装并调整位置使两侧槽尺寸相同。

（13）在轴头上安装挡板，防止在冷却过程中联轴器位移窜出。

（14）等联轴器完全冷却后，进行切向键的研磨安装。

（15）安装联轴器外齿套时采用相同的方式对减速器侧的联轴器进行更换。

（16）恢复电动机，更换回原减速器轴瓦，调整两端联轴器同心度，调整电动机定子和转子间隙。

（17）安装联轴器尼龙柱销，安装两侧挡圈。

三、创新成果的适用范围

该创新成果适用于主井提升机同步电动机与减速器间连接处。

四、创新成果的应用效果对比分析

（1）蛇形联轴器每年需更换蛇形弹簧片 8 片，每片 2000 元，每年可节省材料费 1.6 万元。

（2）每年耽误生产影响提升时间平均为 3 h，影响主井提煤 120 斗，每斗煤重 9 t，则影响提煤 1080 t，按每吨煤价 230 元计，约影响经济收入 24.84 万元。

（3）每年共产生经济效益约 26.44 万元。

五、创新成果在行业的推广价值

联轴器改造施工完成后，有效降低了设备起、停车及运行期间的噪音，有利于延长电动机及减速器齿轮的使用寿命，降低了齿轮传动受到的冲击力。设备改造一年后，聚氨酯柱销未见明显磨损或损坏，直径无明显变化，减少了设备维护量。弹性柱销联轴器的改造非常成功，具有很高的推广价值。

一种基于液压支架的破顶装置

金建成　张存文　杨国宏　田顺利　屈　英

中国华能集团华亭煤业公司

一、创新成果的背景与问题描述

煤矿工作面的隅角管理是安全管理中的重要一环，当隅角垮落困难时，以往采取的方法均存在不同程度的缺点。超前松动爆破只能在工作面前方工作面巷道内进行，过早的爆破松动会使前方巷道支护强度降低，承压能力减弱；水力致裂需在隅角处进行，空间狭小且施工困难，进行注水致裂时，若煤层裂隙发育，会导致大量的水进入工作面，排出困难；剪网及钻孔破坏支护只在巷顶下沉量大、顶板破坏较严重的情况下效果较好，要求较高，在飘钻情况下效果有限。

综上所述，需要研发一种基于煤矿液压支架的破顶装置，解决隅角垮落困难的同时消除安全隐患，降低职工劳动强度并减少作业时间。

二、创新思路与创新方案介绍

1. 基本原理

本成果在矿井两隅角现用液压支架基础上，在支架顶部各设置一组碎顶机构和破网机构（每组两个），其中碎顶机构分别安装于两个支架前立柱的正上方，破网机构分别安装于两个支架后立柱的正上方。

其中，碎顶机构由废旧立柱柱头加工而成，在支架顶部用钢板焊接底座后安装在底座上；破网机构由截齿加工而成，在支架顶部用两块呈直角梯形的钢板与支架顶部倾斜焊接成截齿底座，并将多个截齿竖直均匀地安装于两个截齿底座的顶部。

使用时，按照支架初撑力要求将支架前立柱撑起，支架前立柱上方安装的碎顶机构垂直顶入上方煤体，然后拉移液压支架，拉移过程中碎顶机构会将液压支架前端煤体破碎并将支护体 W 钢带打断，当液压支架拉移至被破碎煤体处时，将支架后立柱打起使支架后立柱上方安装的破网机构顶入煤体并继续拉移液压支架，对金属网及煤体进行切割，液压支架整体拉移过后，液压支架上方煤体便能够自行垮落，达到对工作面隅角处理的效果。

2. 系统构成

图 1 是一种基于煤矿液压支架的破顶装置结构示意图，该装置由液压支架、碎顶机构和破网机构组成，液压支架的前侧有两个支架前立柱，液压支架的后侧有两个支架后立柱。碎顶机构和破网机构均设置两个，碎顶机构分别安装于两个支架前立柱的正上方，破

网机构分别安装于两个支架后立柱的正上方。

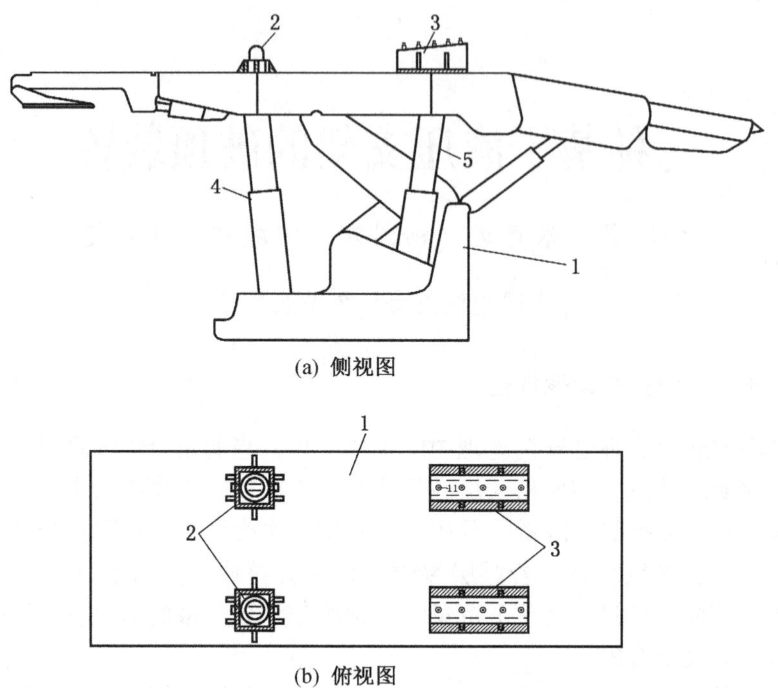

(a) 侧视图

(b) 俯视图

1—液压支架；2—碎顶机构；3—破网机构；4—支架前立柱；5—支架后立柱

图1 一种基于煤矿液压支架的破顶装置结构示意图

碎顶机构（图2）包括柱头底座和柱头，柱头底座用钢板焊接，做成正方体，对立两侧中部均焊有柱头底座加固钢板，废旧立柱缸体通过插销安装在柱头底座中部。

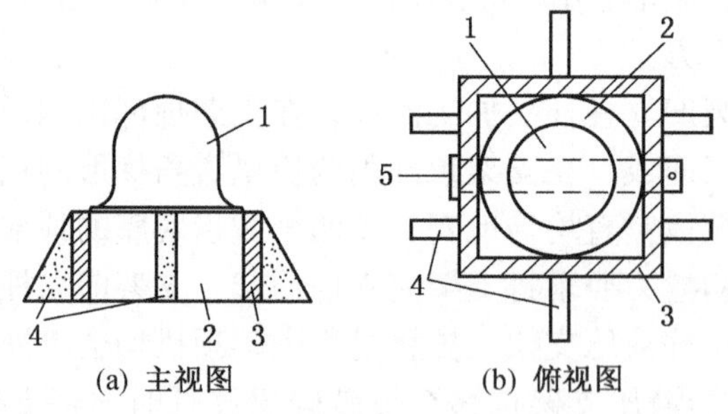

(a) 主视图　(b) 俯视图

1—废旧立柱柱头；2—废旧立柱缸体；3—柱头底座；4—柱头底座加固钢板；5—插销

图2 碎顶机构结构示意图

破网机构（图3）包括截齿和截齿底座，两个截齿底座用钢板加工，均倾斜且和液压支架呈60°夹角，为增加稳固性，两个截齿底座的侧面底部均焊接有截齿底座固定钢板。多个截齿竖直均匀地安装在两个截齿底座的顶部。

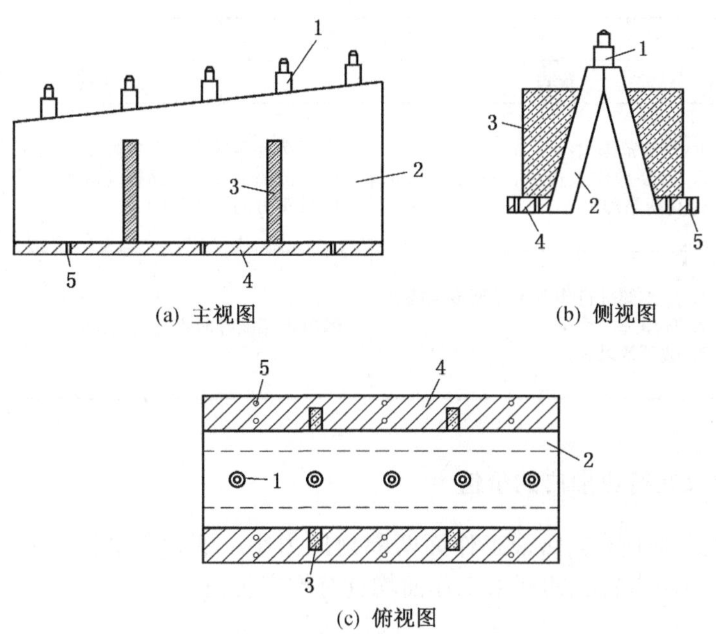

1—截齿；2—截齿底座；3—截齿底座加固钢板；4—截齿底座固定钢板；5—螺孔

图3 破网机构结构示意图

三、创新成果的适用范围

本成果适用于所有放顶煤开采的回采工作面两隅角强制放顶，尤其是煤质坚硬、上面为采空区等压力较小的工作面。

四、创新成果的应用效果对比分析

本成果应用前，矿井主要使用超前爆破放顶及水力致裂进行隅角处置，存在诸多缺点及不足，使用本成果后，无论在安全性能及减人增效方面均有显著提升，具体对比结果见表1。

表1 不同隅角处理方式优缺点对比表

序号	名称	优缺点对比	
		优点	缺点
1	爆破预裂	1. 受条件制约小，各种条件均可使用 2. 爆破效果好，时效性高	1. 精度难以控制，装药量小时可能达不到效果，装药量大时容易造成冒顶 2. 容易诱发冲击地压、造成CO气体超限 3. 工作量大，需每天安排4~6人进行作业

表 1（续）

序号	名称	优缺点对比	
		优点	缺点
2	水力致裂	1. 预裂范围大 2. 需要操作人员少，只需 1～2 人操作高压泵即可	1. 受条件制约大，在裂隙发育顶板效果差 2. 水流易造成工作面架顶淋水 3. 致裂方向较难控制
3	破顶装置	1. 随支架进行作业不需要专人操作 2. 环境适应性强 3. 破顶效果好	隅角顶煤破碎时需进行拆除

五、创新成果在行业推广的价值

本创新成果是基于煤矿回采工作面两隅角压力小、隅角不能随工作面推移垮落设计的，因此，在矿山压力较小的回采工作面均具有推广价值。

半自动刷缸机研制与应用

叶小森　方向明　储晓莲　刘俊生　陆　鸿

中煤新集能源股份有限公司设备维修公司

一、创新成果的背景与问题描述

立柱、千斤顶检修时外缸内壁需进行打磨抛光处理，以往采用的方法有两种：一是利用风动打磨机，靠手提操作；二是利用自制刷缸机，也是靠人工推进拉出。这两种方法都是靠人工直接操作，劳动强度大，而且磨头高速旋转，机器有较大振感，存在较大的安全隐患。

因此，考虑设计一种自动进给的半自动刷缸机，实现远程控制。

二、创新思路与创新方案介绍

传动机构选择 380 V 2.2 kW 的电机，传动主轴采用内轴旋转、外筒固定的结构，内轴与外筒采用两端轴承支撑。内轴最前端固定刷缸磨头。电机及外筒与滑动机构连接固定。

滑动机构坐于底座机构的导轨之上，滑动机构用于支撑传动机构以实现传动机构的横向移动。滑动机构行走轮轴组件自制，行走轮内设置轴承。纵向防跑偏装置设置有四个 6206 轴承组。

考虑长件运输问题，底座机构设计成两节体结构，中间用螺栓连接。底座上设置（用以支撑滑动机构）导轨，底座内设置进给机构。

进给机构设计成动滑轮形式，可将 1.1 m 行程的进给油缸（现有 ZZ13000 伸缩油缸）推动幅度增至 2.2 m，实现了对 2.16 m 深度的 ZZ13000 立柱外缸除锈的机械化进给。设备改进后的三维图如图 1 所示。

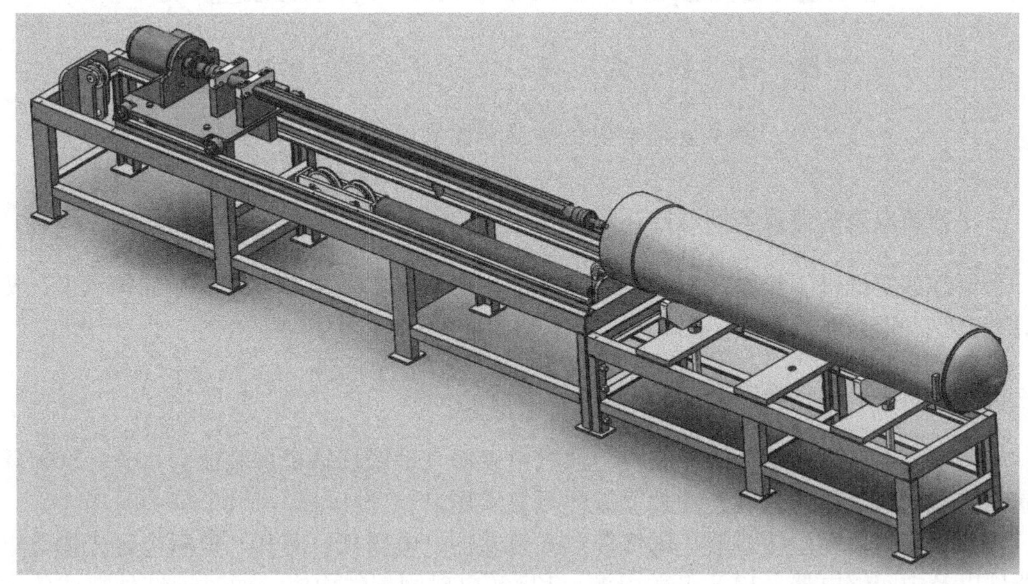

图 1 设备改进后的三维图

三、创新成果的适用范围

此套设备可以直接用于各类油缸的内部清理工作，同时这种简易的半自动控制也可以应用于各种手工类重复运动的工作。

四、创新成果的应用效果对比分析

（1）经济效益：自制一台半自动刷缸机费用包括材料费、人工费，约 4.0 万元；采购一台同类型刷缸机费用约 10.0 万元；节省采购成本约 6.0 万元。三台合计节约 18 万元。

（2）社会效益：实现立柱千斤顶除锈的机械化、半自动化；解放职工双手，不需要手工推动磨头进给，降低职工劳动强度；实现远程控制，消除安全隐患。

五、创新成果在行业的推广价值

实现了操作工人只需要远程操作液压手柄即能控制磨头进给，实现机械化作业。从本质上消除了安全隐患、降低了工人劳动强度、提升了职工幸福指数、发挥了技术创新促进安全生产的导向作用。

本创新中的动滑轮机构对于需要将进给行程增大或缩小的类似工况具有较好的推广价值。

快速掘进工作面综合除尘系统应用

杨 冉 杜培宝 杨 飞 祁文俊 韩文明

鄂尔多斯市伊化矿业资源有限责任公司

一、创新成果的背景与问题描述

为更好落实掘进工作面文明生产质量标准化要求，提升掘进工作面标准化水平，按照“修旧利废”机制的要求，节能降耗，特增加了此项目。

二、创新思路与创新方案介绍

旋转喷雾改造设计结构原理简单，通过给废旧气动锚杆钻机加装压力水管，360°环形布局喷雾嘴，将风压作为旋转动力，方便可靠实用。

该项目主要由粉尘传感器、远红外热式传感器、电路板、芯片、电阻电容光耦等电子元器件以及中间继电器、12 V 开关电源、127 V 电磁阀配件构成，通过远红外热式传感器感应和粉尘传感器感应相结合形成闭合回路，从而控制喷雾启停。

原煤生产和运输过程中伴有大量煤尘，高浓度煤尘不仅使作业环境恶化，危害职工的身体健康，同时也容易引起火灾、爆炸事故。随着国家对职业病危害和矿井安全生产环境的重视，矿井粉尘浓度的危害也受到越来越多的关注，《煤矿安全规程》要求，掘进工作面 100 m 范围内必须安设两道降尘喷雾系统，在矿井大巷、放煤点、转载点、卸煤点等，必须安置洒水降尘喷雾装置。

三、创新成果的适用范围

实现了智能化控制，节省了人力物力，提高了矿井预防灾害的能力，有效地增加了巷道的湿度，改善了风流，有效降低了煤粉尘的浓度，减少了职工职业病的危害，有效提升了井下巷道的工作环境。

四、创新成果的应用效果对比分析

从表 1 可以看出，喷雾系统改造前和改造后相比优势效果显著，启停方式的改进有力地推进了智能化矿井的建设，相同时间下用水量的减少（减少 50%），缓解了工作面排水的力度，也降低了设备故障率和水害等安全隐患。安全系数的提升使自动启停水压力反弹的可能性减小。适用范围的扩大，有效地提升了井下巷道的工作环境。

表1 喷雾系统改造前后对比

名称	启停方式	用水量	安全系数	适用范围
普通喷雾	手动启停	30 L	低	掘进巷道
智能化随机旋转喷雾系统	自动启停	15 L	高	所有除尘巷道

《煤矿安全规程》规定，掘进巷道距离工作面 100 m 范围内，须安设两道全断面喷雾。按照日进尺 40 m，员工日工资为 280 元/d，每次拆卸、搬运、安装两道喷雾至少需要 2 人在一天内完成，每 2 天进行一次拆装工作计算，跟机式旋转喷雾产生的月经济效益为 8400 元，自动启停喷雾，节省了排水系统的排水量，每天约减少排水量 50 m^3，全年节省电费 38544 元，全年合计直接节省总费用为 13.9344 万元。

五、创新成果在行业推广的价值

该创新成果投入使用以来，实现了智能化控制，节省了人力物力，提高了矿井预防灾害的能力，有效地增加了巷道的湿度，改善了风流的风质，有效降低了煤粉尘的浓度，减少了职工职业病的危害，安全效益和社会效益十分显著。

一种组合式加强型沿空护巷柔性掩护支架

沈 平 杨启军 邹 勇 陈生庚 何清锋

四川川煤石洞沟煤业有限责任公司

一、创新成果的背景与问题描述

随着煤矿开采不断向深部延伸,地应力逐渐增大,护巷煤柱宽度越留越大,煤炭采出率大幅降低,巷道维护难度巨大。沿空留巷一般可使煤炭采出率提高 10%~20%,因此,采用沿空留巷技术可以实现一巷两用、提高煤炭采出率,对于延长矿井服务年限等具有重要意义。

当前，沿空留巷方法有以下几种：①矸石装袋堆码支护，支护强度低、效果差；②混凝土墩柱护巷，墩柱之间的矸石易滚动，造成巷道封堵；③砌筑预制混凝土块墙支护，施工效率较低，存在墙体受力不均，产生不同程度的破坏；④柔模沿空留巷，适用于变形小的硬岩巷道，不适用大变形的软岩巷道，施工过程影响采煤。若要实现急倾斜煤层沿空留巷，还需研发更高效、安全、适用、经济的沿空留巷技术。本创新成果的研发，彻底解决了急倾斜煤层沿空留巷问题，实现了无煤柱开采。

二、创新思路与创新方案介绍

1. 设计思路

一是要实现矸石垫层压力的分解。支架采用弓形结构，分为上梁支撑臂、腰背承压梁、稳架脚梁，可实现工作面后空区矸石垫层的压力分解，提高支护效果。二是要实现对顶板区域垮落部分的有效防护。用钢丝绳配夹板、螺栓进行压固连接，将所有护巷支架连为一体，可实现对顶板跨空区的有效防护，防止漏矸。

2. 系统构成

柔性掩护支架结构如图 1 所示，支架由上梁支撑臂、腰背承压梁、稳架脚梁、承压稳固销、加强筋板、抗压加强筋板、组架压绳板以及方脚承压板 8 部分组成。

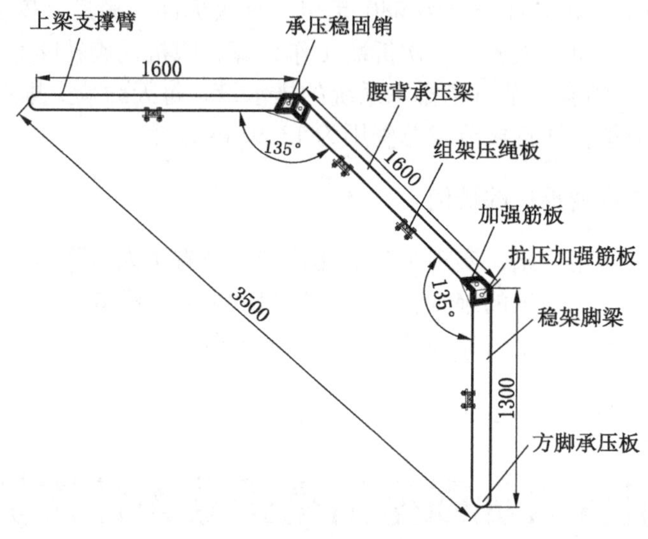

图 1　柔性掩护支架结构

安装方法：每米安装 5 部支架（可根据巷道压力大小缩减），支架间隙 200 mm，支架下肢安装在巷道底板上，支架上肢平行于巷道顶板，上帮空顶用半圆木绞顶，支架背面用木板、竹笆插严背实，防止采空区冒落的岩块滚入巷道。每部支架上用 4 组（8 根）ϕ26 mm 的钢丝绳配夹板、螺栓进行压固连接，将所有护巷支架连为一体，形成刚柔并举的钢架支撑墙体。

3. 基本原理

在矿山压力的作用下，冒落带的矸石已被压密实，能支撑基本顶压力，与弓形柔性掩护支架（图 2）形成的组合体保证了沿空留巷的稳定性，整个支护系统具有刚柔并举的功能。单根支架刚度大，能承受较高的压力，通过钢丝绳串连起来的支架，在冒落带矸石的推力作用下，支架系统可整体水平移动，上梁支撑臂插入巷道帮围岩中，增强了支架水平方向的抗压能力，最终实现“稳架”功能，达到安全护巷的目的。支护示意及支护现场应用如图 2 所示。

4. 关键技术

（1）弓形结构设计。多组钢丝绳之间进行牢固连接，弓形支架形成了柔性支护组合体，三维模拟如图 3 所示，适应负载变化能力强，护巷更加可靠。

（2）支架一体化成型制造技术。选用高强支护材料——矿用 11 号工字钢，整个柔性支架采用一次性冲压技术。

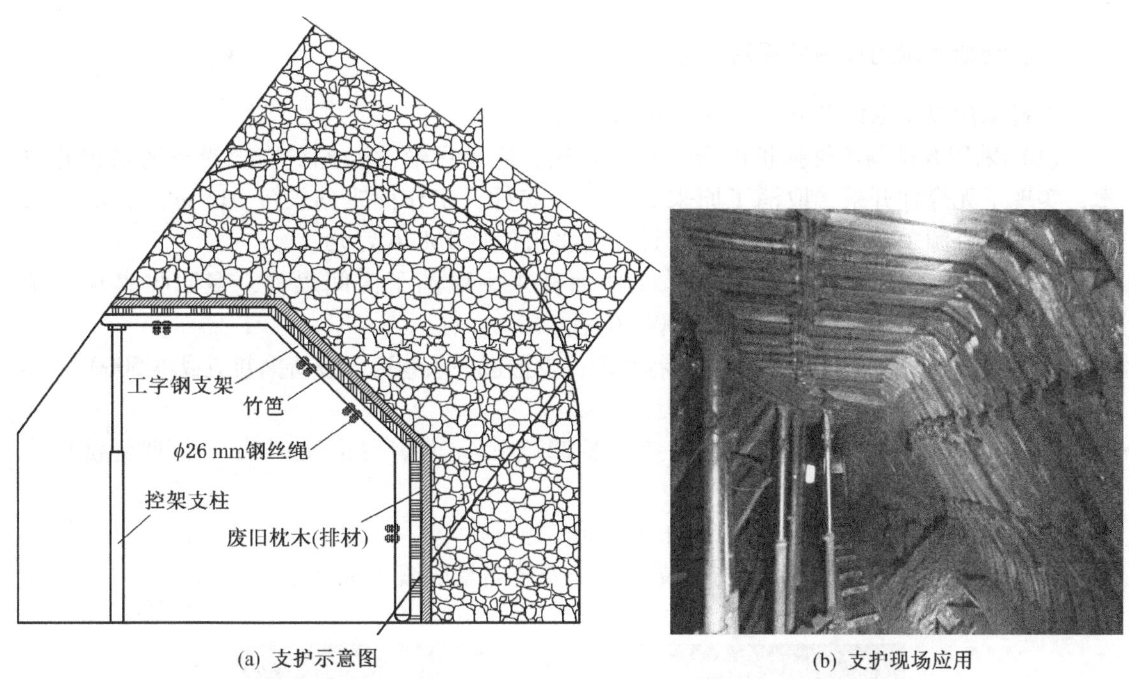

(a) 支护示意图　　(b) 支护现场应用

图2　支护示意及现场图

（3）弯曲应力释放和消除技术。该技术解决了支架弯曲处由于应力集中容易断裂的问题，保障了支架的强度。

图3　弓形柔性支架护巷三维模拟

三、创新成果的适用范围

该创新成果适用于所有急倾斜煤层炮采工作面。

四、创新成果的应用效果对比分析

以石洞沟煤矿 K13 煤层 31321 工作面为例：

（1）采用俯伪斜柔性掩护液压支架采煤法，应用弓形柔性掩护支架沿空留巷护巷技术，实现了无煤柱开采，取消了原来 5 m 的小煤柱，工作面走向长度 915 m，采高 3 m，多回收煤炭资源 19215 t，按 400 元/t 计，经济价值达 768. 6 万元。

（2）采用沿空留巷方法，31321 工作面开采中取消了区间煤柱，多回收煤炭资源 10^5 t，按 400 元/t 计，经济价值达 4000 万元。

（3）采用沿空留巷方法实现了一巷两用，少掘进一条巷道，按新掘巷道成本 5000 元/m 计，巷道长 915 m，节约成本 457. 5 万元。

（4）支架可回收并可重复利用，按支架 2223 元/m 计，巷道长 915 m，回收经济价值达 203. 4 万元。

以上四项合计产生经济效益 5429. 5 万元。

31321 运输巷沿空留巷柔性掩护支架现场安装实景如图 4 所示。

图 4　31321 运输巷沿空留巷柔性掩护支架现场安装实景

五、创新成果在行业推广的价值

（1）该专利成果可以在我国同类型煤矿中推广应用，对于推动伪斜柔性掩支架开采技术的进一步发展以及我国西部煤矿普遍面临的急倾斜煤层开采技术难题的解决具有十分重大的意义，一旦全面推广必将产生更大更深远的效益。

（2）相比矸石装袋堆码支护、柔模沿空留巷等技术，颠覆了传统的沿空留巷方式，避免了传统沿空留巷方式笨重、施工工序多、后期维护频繁等问题，该专利结构简单、制造成本低、加工工序简单、护巷效果明显、巷道成型好、支架还可二次回收复用，大大节约了生产成本，适合全面推广。

掘进机机载支护装置的研制与应用

黄　河　王庆林　王慧芝　王则行　汪　洋

铁法煤业（集团）有限责任公司晓南矿

一、创新成果的背景与问题描述

传统的临时支护全过程均需人工操作，步骤较多，视顶板情况安设二套或三套挑顶架、挑顶杆、挑顶环挑起钢筋梯。此流程主要存在三点不足：①对顶板没有初撑力，属于被动支护，安全可靠性差；②流程十分烦琐，需前后人员配合娴熟，且易出现人身磕碰情况；③挑顶杆与顶板为点接触，挑顶纵深范围仅为 2 m，不能完全贴合顶板。面对以上不足，如何结合掘进工作面实际情况，以掘进机为载体，研制机械液压一体化装置，使临时支护更快速、可靠，有效解决临时支护施工中人力、物力投入高的问题，是该创新成果的背景。

二、创新思路与创新方案介绍

晓南矿自行研发机载临时支护装置，该装置的展开及折叠图如图 1 所示。

架体由前至后分别为接顶内梁、接顶外梁、旋转内臂（2 个）、旋转外臂（2 个），这些部件组成了支撑体；油缸由前至后分别为伸缩缸、调角缸（2 个）、内置缸（2 个）、旋转缸（2 个），这些部件可提供伸展、折叠的动力；各铰接处销轴共 16 根，将架体、油缸、掘进机连成整体。各部分的作用：接顶内梁（钢架结构）可从接顶外梁伸出，实现空顶区接顶；接顶外梁（钢架结构），空顶区接顶；旋转内臂，可从旋转外臂伸出，靠其内部油缸的动作，举升接顶外梁，使其接顶；旋转外臂，可由旋转油缸控制，将其立成不同的角度，为旋转内臂的举升提供基础；伸缩缸为单伸缩油缸，由 1 片阀控制，实现接顶内梁的向前伸出；调角缸由 1 片阀控制，实现接顶外梁的水平接顶；内置缸有两个，分别由 2 片阀控制，实现旋转内臂的不同步升降，以适应顶板不平的情况；旋转缸由 1 片阀控制，实现旋转臂的转动。

机载临时支护液压系统原理如图 2 所示，该系统由 1 个多路（五路）换向阀、2 个分流集流阀×2、3 个双向锁、4 个板式平衡阀及各种胶管、接头等组成。

液压系统从综掘机联阀组件取油，通过多路换向阀控制各油缸动作：五路换向阀中有两路分别控制左右内置油缸，实现旋转内臂的不同步升降，以适应顶板不平时的情况；另外三路中，一路控制旋转油缸动作，实现旋转臂的转动，一路控制调角油缸动作，实现接顶外梁的水平接顶，一路控制单伸缩油缸动作，实现接顶内梁的向前伸出。

三、创新成果的适应范围

掘进机机载支护装置可与不同品牌、型号掘进机结合，而不影响掘进机自身性能。

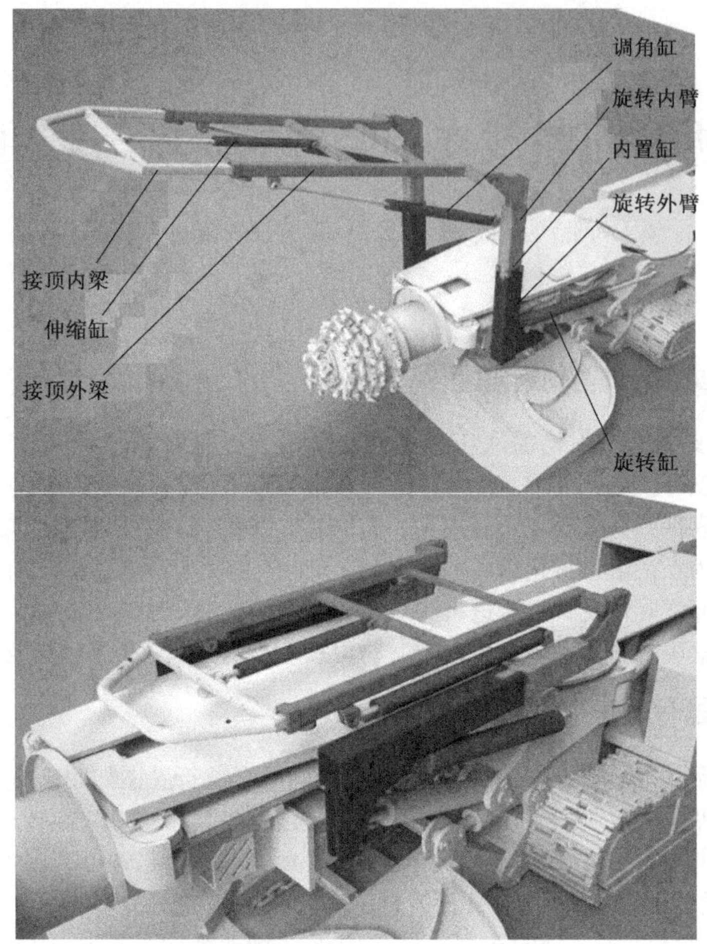

图 1　机载临时支护的展开及折叠图

四、创新成果的应用效果对比分析

掘进机机载支护装置率先在晓南矿二水平北一 15 层轨道中巷及北一 1506 回风巷投入使用，提高了支护作业的效率和安全性。员工在熟练掌握使用机载支护后，有效缩短了临时支护所使用的时间，比传统的人工使用挑顶杆临时支护更快捷，也提高了对空顶区域的安全可控性。

机载支护在晓南矿投入使用后，为井下各掘进队提高了支护作业效率，节约了人工，每年为矿节约生产成本 135. 7 万元。

五、创新成果在行业推广的价值

掘进机机载支护装置在掘进工作面投入使用后，免去了传统的人工举升、安设挑顶架、挑顶环、挑顶杆的环节，避免了多人交叉作业过程中因不协同产生的磕伤问题；Q345 架体在各油缸的控制下，能够坚实可靠地贴合顶板，接触面积更大，相比于挑顶杆，

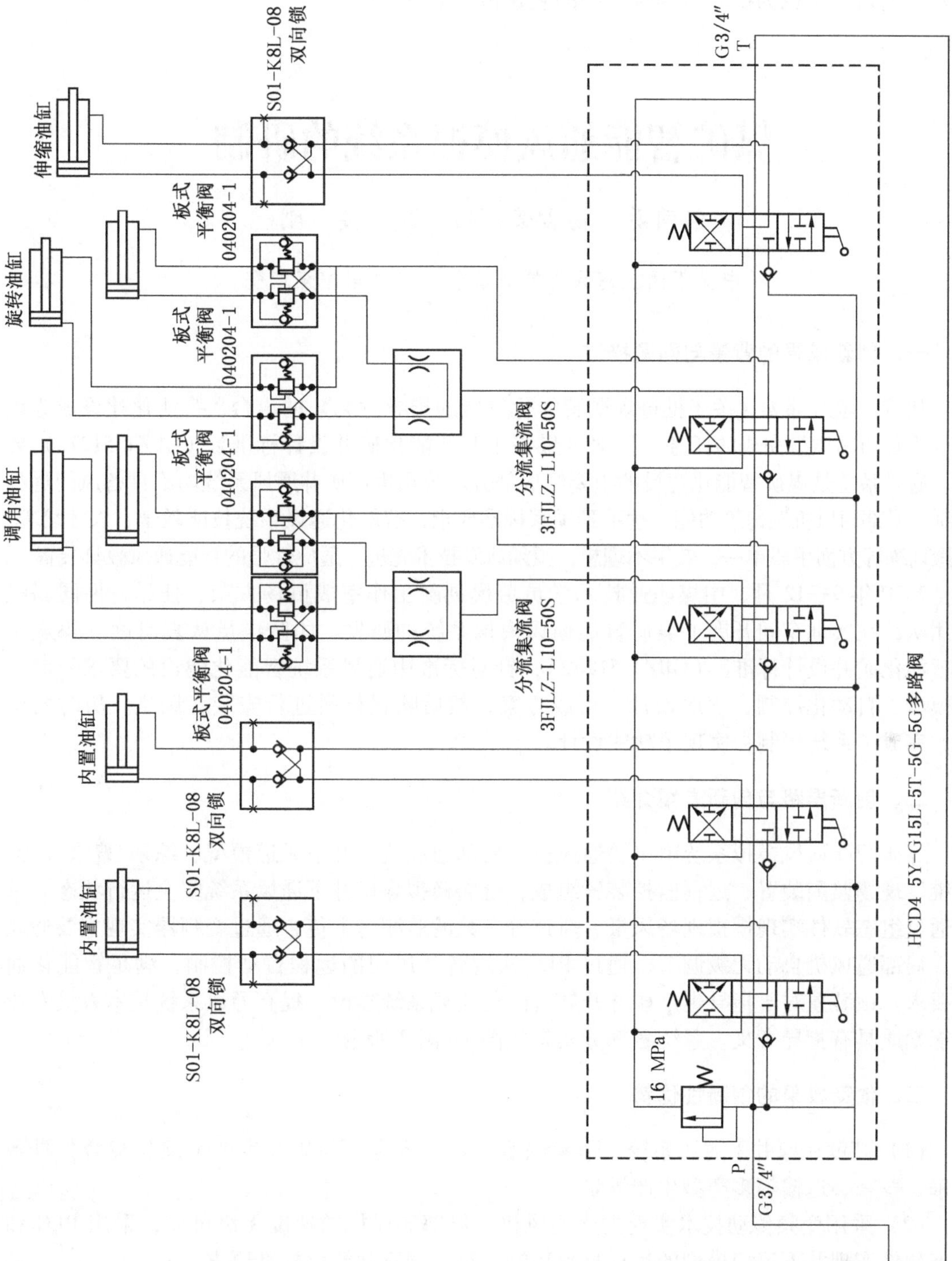

内置油缸
内置油缸
调角油缸
旋转油缸
伸缩油缸
S01-K8L-08
双向锁
S01-K8L-08
双向锁
板式平衡阀
040204-1
板式
平衡阀
040204-1
板式
平衡阀
040204-1
板式
平衡阀
040204-1
S01-K8L-08
双向锁
分流集流阀
3FJLZ-L10-50S
分流集流阀
3FJLZ-L10-50S
16 MPa
P
G3/4″
G3/4″
T
接六联阀
备用片
HCD4 5Y-G15L-5T-5G-5G多路阀

图2　机载临时支护液压系统原理图

人员的安全性得到提升，节约了各项成本，在更广的范围内实现“机械化换人，自动化减人”的目标，也为矿井研制该类型的装置拓宽了思路。

煤矿智能通风模拟系统的研制

佀同磊　杨古荣　任　昂　吴　刚

中煤集团上海大屯能源股份有限公司中煤职院

一、创新成果的背景与问题描述

随着国家八部委《关于推进煤矿智能化发展的指导意见》的出台，智能化建设成为煤矿企业必须高质量完成的任务。根据《煤炭工业智能化矿井设计标准》（GB/T 51272）要求，通风系统是煤矿智能化建设的重要组成部分。公司生产矿井通风系统均不具备风门远程控制、局部通风机调速等功能，达不到国家标准要求，智能化通风系统技能教学、人才培养、实操训练等方面手段单一，效果不理想，亟须研发技术先进、适应性强的智能通风教具装置。

2020 年 9—12 月，中煤职业技术学员劳模创新工作室成员杨古荣、任昂、佀同磊组建团队，在实训车间开展了煤矿智能通风模拟系统的研发。团队成员认真研读《煤炭工业智能化矿井设计标准》（GB/T 51272），针对标准中通风系统智能化建设的要求开展系统模型、自动化控制、程序设计，形成方案，然后购置材料进行安装、调试。历时两个月，完成了系统研制，实现了功能设计。

二、创新思路与创新方案介绍

煤矿智能通风模拟系统由主要通风机、局部通风机、井下风道模型、综采/普采/煤流系统、现场监测装置、远程监控装置组成，全面模拟煤矿井下通风系统安全运行状态。系统通过组态软件实现模拟现场风量、风速等参数的监测与上传，通过变频器实现主要通风机、局部通风机自动无级调节、通过 PLC 实现各类风门的远程自动控制，满足智能化通风要求。该装置对于指导生产矿井开展智能化通风系统建设、提高通风系统技术人员专业技能素质具有指导意义。系统各部分实景如图 1～图 3 所示。

三、创新成果的创新性优势

（1）高度还原井下通风系统，形象逼真、场景齐全，与矿井生产情况相契合，具备综采、普采、运输等多类型生产场景。

（2）采用变频传动技术实现主要通风机、局部通风机的速度无级可调，采用 PLC 和组态软件实现井下风门模型的远程自动控制，符合国家智能化标准要求。

（3）构建了井下安全监控系统和视频监视系统模型，实现井下风速、风量等参数的在线监测与上传，重要区域的视频在线监视。

图 1　模拟井下风道和装置场景

图 2　智能集控系统和操作台

（4）系统功能符合国家标准，技术达到行业先进水平，可满足自动控制、安全监测等多专业的现场演示以及多工种的实操教学。团队还计划为该系统增加通风模拟解算功能，进一步提高系统技术水平和功能性。

四、创新成果的应用效果对比分析

煤矿智能通风模拟系统可用于自动控制、安全监测等多专业的现场演示以及多工种的实操教学，作为重要的实训教具，每年可满足 300 名职工实操培训需求，创造经济效益 20 万元。该系统为自主设计、研发，耗费材料、工时费 8 万元，根据市场调研，购买相同功能的教具系统需投入 20 万元以上。综上所述，该系统总计创造经济效益 40 万元。

图 3　安全监控系统和视频监视系统

该系统能够为公司通风系统智能化建设提供思路和引导，助力培养智能化专业亟须的专业技术人才。

根据测算，该项目材料、配件投入费用为 8 万元，年创造经济效益达 20 万元，5 个月可收回成本，产出比合理。

五、创新成果在行业推广的价值

智能通风模拟系统符合煤炭工业智能化矿井设计标准要求，已应用于煤矿通风系统智能技术教学，对于引领生产矿井开展智能化通风系统建设、提高通风系统技术人员专业技能素质具有指导意义。

近年来，煤矿智能化建设普及程度越来越高，公司下发了三年规划方案，要求生产矿井大力开展煤矿智能化建设，该项目主要面向自动化、安全监测专业培训学员，具有广阔的推广前景。

一种蛇形机器人在煤矿井下自动清理浮煤及淤泥中的设计与应用

尹卫兵　刘高峰　胡瑞林　张虎军　王建兴

中煤晋中能化山西兴县华润联盛车家庄煤业有限公司

一、创新成果的背景与问题描述

煤矿井上下带式输送机搭接处由于原煤输送的不确定性，即使带式输送机不跑偏也会因瞬时煤量过大导致在搭接处出现原煤散落等现象，如果带式输送机稍有跑偏，这种情况则更明显，严重影响带式输送机安全运行。此外采掘工作面正常的涌水经管道排往各类水仓时，水中颗粒状杂物会沉淀在水仓内，如不及时清理，不仅会影响水仓的收集效果，还会对水泵的经济、高效、安全运行产生影响。

当带式输送机的搭接处或是主井带式输送机的机尾、水仓等处出现上述现象时，矿井通常组织人力用铁锹进行清理，这样做不仅费时费力且不利于员工的安全操作、不利于设备的安全管理，在智慧矿山建设的大背景下更不利于矿山企业实现设备的无人、安全、高效运转。

二、创新思路与创新方案介绍

1. 创新思路

根据浮煤集聚和煤泥沉淀区域的特点，如果采用已有的机械设备自动清理，主要存在“大型清淤设备安装空间不足”等难题。结合煤矿井下特殊的环境，经过多次反复试验，最后确定采用一种“蛇形机械”解决上述难题。

2. 方案介绍

机械采用“管状、全封闭、蛇形”设计，结合现场条件可随意自由弯曲，其动力源采用防爆电动机配合减速器驱动输送带做螺旋运动。

3. 基本原理

螺旋传动原理，即靠螺旋与螺纹牙面旋合实现回转运动与直线运动转换的机械传动。

4. 关键技术

将带式输送机的输送带进行切割，按比例卷成筒状呈 S 形，然后铺设在一个可随意弯曲的“伸缩套筒”内，输送带的一端与减速器连接，当减速器运转时，在“伸缩套筒”内的输送带便会跟着做螺旋转动，再加上输送带本身固有的硬度，进而实现了“散状物料”从一端被输送到减速器另一端。由于伸缩套筒采用了“伸缩节”材料，设计好的新型蛇形机械便可自主适应煤矿井下不同的条件和空间。

5. 系统构成

系统主要由防爆电动机、减速器、煤矿井下用输送带、输送带按挡边状进行加工、输送带与减速器的连接固定构件、输送机可伸缩密封罩、卸料导向筒等部分组成。

三、创新成果的适应范围

本成果可在具有爆炸危险性的煤矿井下使用，具有“可自主伸缩、蛇形设计、全封闭”等特点，因而完全能在各类水仓、散状物料等沉淀、撒落处自动清理时使用，极大降低了员工的劳动强度，提升了煤矿机械化、自动化水平，在智慧矿山建设过程中有广阔的应用和推广前景。

四、创新成果的应用效果对比分析

以中煤晋中能化山西兴县华润联盛车家庄煤业为例，煤矿井下共有六部带式输送机、两个水仓。

序号	带式输送机搭接处机头（尾）撒煤点	主井带式输送机机尾撒煤点	盘区水仓沉淀池	中央水仓沉淀池
1	每班需安排四名人员专门负责清理撒煤		每月需安排十人，清理约7天	
2	全年累计支出工资约108万元		全年累计支出工资约25万元	
3	每年因清理撒煤等支出工资约133万元			
4	上述地点通过应用新型“蛇形自动清理机械”，共计支出约15万元，完全可以代替人力作业，具有高效、安全等优点			
5	两者相比，每年可节约费用约118万元			

五、创新成果在行业推广的价值

创新成果单就矿井应用到各类“撒煤、清淤”时，取得了非常好的效果，如果能在普遍的散状物料输送等环节应用，经济和社会效益更加明显。

本项成果能实现“远程、集中、自动”控制，配套相应的“视频监控”，在智慧矿山建设大背景下具有推广价值。

老巷修复临时支护装置

吴晓康　阚国栋

中煤集团山西华昱能源有限公司

一、创新成果的背景与问题描述

华昱能源有限公司各矿井地质条件较复杂，断层较发育，有风氧化带分布等，造成采掘工作面顶板破碎，顶板下部岩层强度降低，向下弯曲与上部岩层形成离层，一旦受采动影响等外力作用，工作面瞬间来压，导致支护断裂失效，因此，有必要设计一种防断裂的煤矿破碎顶板巷道支护装置。

二、创新思路与创新方案介绍

1. 基本原理

巷道支护的效果不仅取决于支架本身的支承力，还受围岩性质、支架力学性质、支架安设质量和与围岩的接触方式等因素影响。防断裂的煤矿破碎顶板巷道支护包括支撑底板和支撑顶梁，通过一系列设计，在受到挤压后或产生变形，支撑弹性钢板贴在巷道顶部，形成一个圆拱的形状，增大了支护与巷道顶部的支撑强度，实现了安全有效的顶板支护。

2. 关键技术

支撑底板和支撑顶梁通过液压结构相连，当支撑顶梁受到压力，液压支杆向液压套筒弹性收缩，在不影响支护性能的前提下，避免支护设备因压力的变化发生断裂。

3. 装置构成

如图1所示，巷道支护装置主体结构包括支撑底板和支撑顶梁，支撑顶梁位于支撑底板上方，与巷道顶部相接触，支撑底板和支撑顶梁均设计成凹型结构，支撑底板的内部设计了锚定螺杆，通过锚定螺杆可以将支撑底板固定在巷道底板上，锚定螺杆与支撑底板通过内螺纹转动连接，锚定螺杆的上方有水平盖板，支撑底板和支撑顶梁的一侧均设置有固定轴座，且固定轴座与支撑底板和支撑顶梁焊接连接，固定轴座的内部设有活动锁杆，且活动锁杆与固定轴座转动连接。

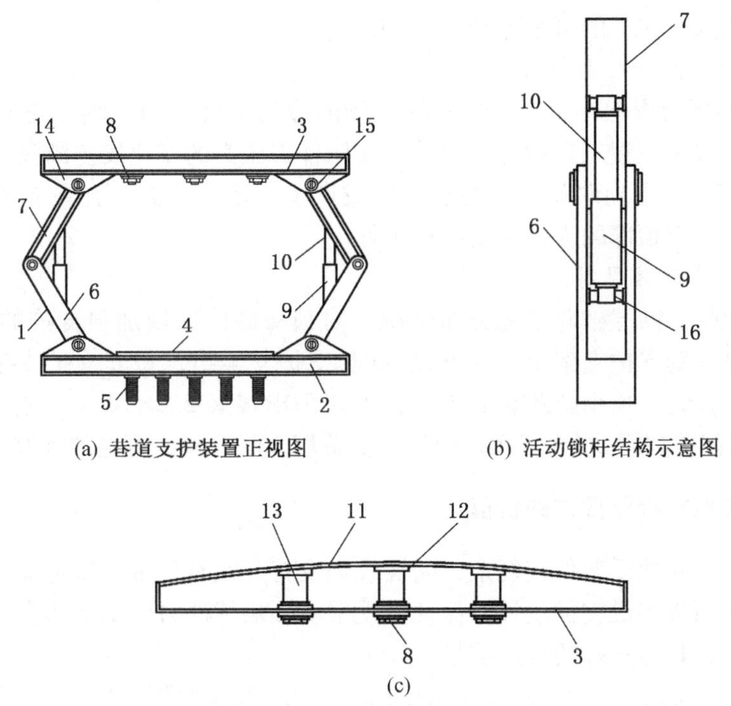

1—巷道支护；2—支撑底板；3—支撑顶梁；4—水平盖板；5—锚定螺杆；6—主端三角侧杆；7—副端三角侧杆；8—六角螺帽；9—液压套筒；10—液压支杆；11—弹性钢板；12—橡胶垫块；13—调节丝杆；14—固定轴座；15—活动锁杆；16—转接轴杆

图1 支撑顶梁结构示意图

使用时，在巷道的底板进行挖槽，随后将支撑底板放置在凹槽中，通过锚定螺杆将支撑底板固定。防止在使用过程中支撑底板出现偏移错位，盖上水平盖板，保障平整性。防止尘土进入锚定螺杆外部，在支撑底板的上方设置一组支撑顶梁，底板与顶梁之间通过主端三角侧杆和副端三角侧杆连接，而主端三角侧杆与副端三角侧杆之间则通过一组液压结构相连，当支撑顶梁上方的压力出现变化时，受到压力的影响，副端三角侧杆一侧的液压支杆会向主端三角侧杆一侧的液压套筒进行收缩，该收缩为弹性收缩，不会影响整个支护的支撑性能，只是起到缓冲作用，避免主端三角侧杆和副端三角侧杆因压力的变化发生断裂。

三、创新成果的适用范围

适用于受断层、风氧化带等影响造成的巷道顶板破碎区域的支护。应当说明，本成果的内容仅用以说明单次的技术方案，本领域的普通技术人员可以根据现场实际情况，对本成果的技术方案进行的简单修改或者等同替换，以便更适用现场。

四、创新成果的应用效果对比分析

1. 成果使用前相关指标值

防断裂支护未使用前，9 号煤层 49101 受上覆风氧化带、断层破碎带影响，得不到有效支护，无法圈入工作面的可采煤量 2.2×10^5 t。

2. 主要涉及成果指标及指标值

（1）当受到压力影响，副端三角侧杆一侧的液压支杆会向主端三角侧杆一侧的液压套筒进行收缩，避免主端三角侧杆和副端三角侧杆因压力的变化发生断裂。

（2）弹性钢板在受到调节丝杆的挤压后或产生变形，从而贴合在巷道的顶部，形成一个圆拱，增大巷道顶部的支撑强度和稳定性。

3. 创新成果应用效果对比

根据风氧化带、断层破碎带的分布情况，对顶板破碎区域加强支护的巷道约 120 m，设计每 3 m 安设一套支护支架组，共安设 40 套支护支架组，每套支护支架加工费用约 5 万元，合计 200 万元。采用防断裂支护后，可多采出煤炭 2.2×10^5 t，按照每吨煤利润约 200 元计算，可创造利润 6600 万元，扣除支护费用 200 万元，可增加利润 6400 万元。

五、创新成果在行业推广的价值

华昱公司的矿井地质条件较复杂，断层较为发育、风氧化带分布范围广，通过使用防断裂的煤矿破碎顶板巷道支护设计，保证了受采动影响等外力作用下的支护安全和采掘工作面的安全生产，具体良好的推广前景。

基于图像识别的煤矿工作面水文监测报警系统

郭　刚　郭　瑞　高晓成　赵浩渊　冯有宏

中煤陕西榆林能源化工有限公司大海则煤矿

一、创新成果的背景与问题描述

水害为煤矿的重特大灾害之一，国内矿井水灾识别工作针对水灾发生的不同时期主要分为灾前预警和灾后报警两个阶段。传统的灾前预警有水源识别法、电阻率法、微震法、应力法、水文钻孔法；灾后报警为水灾发生后对水位和涌水量进行监测报警。监测涌水量的关键是对水位的监测，水位监测常用的传感器类型有浮球式、激光式、光电式、电极式、电容式、电缆式、超声波式。上述方法具有一定的局限性，如使用传感器时间长，机械装置容易疲劳、损坏、变形，影响测量精度。激光式传感器通过测量水面至观察点的距离判断水位，但是水质对水位测量影响明显，不同水质的测量效果偏差较大。其他传感器将非电水位参数信息转换为电压、电容等电信号，经过放大电路、模数转换后，将模拟信号转化为数字信号进行处理。非电信号在矿井恶劣水质条件下采集误差较大，模数转换时引入的误差和干扰不可避免，导致传感器可靠性不高、测量精度低。

煤矿工作面作为重点作业场景，工作环境恶劣，工作面随着回采不断移动，传统液位监测仪器和监测方法受限，无法正常使用。

二、创新思路与创新方案介绍

本项目是基于图像监测的矿井水灾感知方法，该方法包括图像采集和图像识别两方面。图像采集可使用井下已有矿用本质安全型或隔爆型防爆摄像机。水灾图像识别十分困难，是矿井水灾感知技术的关键。

1. 水位图像识别

水位图像识别是图像分割、特征提取、分类的过程。矿井突水产生的水花在图像识别时具有白色、亮度大（灰度值高）、边缘性强等特点，可通过灰度阈值分割、边缘算子检测等方法进行图像分割。通过视频前后帧差分，可分割出水灾发生区域。水位图像中的水具有区别于矿井其他物体的灰度特征和纹理特征。水位图像分成水、煤、岩石、设备等类别，其中水为正样本，其他为负样本，根据水位图像特征进行训练，根据训练结果进行图像识别。

2. 水位视频动态监测

矿井水灾发生是从无到有、从小到大的过程。视频由多帧序列图像组成，通过分析前后帧图像、统计前后帧图像信息，可达到动态、连续监测水位的目的。水位图像中水的像素点灰度值（亮度）不同于煤、岩石、设备等，水的像素点数随突水量的增大而增加。统计前后多帧图像的像素点灰度值大于设定阈值的像素点数，当大于设定阈值的像素点数呈上升趋势时，发出水位报警信号。在水位图像识别的基础上，对每帧被判定为水位图像的像素信息、边缘信息、水位分割区域信息进行综合分析，估算水位是否处在报警区域，根据估算结果推送报警信息。

本项目采用基于神经网络的矿井水位标尺刻度识别方法。

（1）建立基于神经网络的矿井水位标尺刻度识别方法，采集工作面和巷道水位标尺图像，将图像刻度中心位置参数、形状大小参数、刻度分类提取为特征向量，通过残差神经网络进行训练，当网络训练稳定后，将待检测图像进行相同的操作，得到特征向量，将特征向量解析为图像刻度目标的关键信息，实现水位标记物的刻度检测。

（2）项目实施过程中，针对不同的网络深度进行实验，比较了不同深度下训练阶段的损失值下降速率和稳定性、平均识别率、f_1 值、*PR* 曲线、*ROC* 曲线、训练耗时、测试耗时。

（3）此外，还验证了不同的置信度阈值对识别率的影响，低阈值情况下，张量预测有效边界框变多，同时判断为负样本概率增加，导致识别率较低。随着阈值增高，处理张量有效边界框变少，整体预测样本数量变少，判断为负样本的概率降低，识别率增加。置信度到达一定阈值，负样本数量对识别率的影响开始加大，导致识别率降低。

三、创新成果的适用范围

本成果适用于环境恶劣、移动作业空间的水文监测、报警。

四、创新成果的应用效果对比分析

煤矿工作面作为一个重点作业场景，工作环境恶劣，工作面随着回采不断移动，传统液位监测仪器和监测方法受限。

本项目拟通过图像识别算法及摄像头监测水位，达到以下效果：

（1）非接触监测，减少水流运动、水质、泥沙对传感器设备的影响。

（2）设备复用性高，不用单独布置设备，可以用井下已有摄像头进行监测。

（3）工作面上下端头水位达到报警水位时，推送报警信息。

五、创新成果在行业推广的价值

本成果在环境恶劣、移动作业空间的水文监测、报警方面具有较高的推广价值。

乳化泵泵头螺堵拆卸机研制

叶小森　方向明　储晓莲　刘俊生　陆　鸿

中煤新集能源股份有限公司设备维修公司

一、创新成果的背景与问题描述

乳化泵检修中，泵头上的螺堵需要全部拆解才能更换密封件。因井下条件恶劣，锈蚀严重，拆解难度较大。以往都是操作人员借住加力杆进行拆解，效率低、劳动强度大。需要设计一台机械拆卸机解决这一难题。

二、创新思路与创新方案介绍

整机由基座、油缸、旋转盘、工装内盘等构成。

基座为整体框架结构，下部设计限位槽便于泵头安装与限位；上部对称设计油缸耳座，用于两个油缸的安装；上部中心位置设计回转支承，用于旋转盘的支撑以及旋转时的定心。

油缸借用车间已有 ZZ10000 支架侧推千斤顶，单个油缸公称推力为 140.6 kN，相当于 14 t 的推力，满足拆卸要求。

旋转盘采用两耳形式，两耳分别与油缸铰接；旋转盘下部设计定位盘，作业时定位盘在基座的回转支承内，起旋转盘旋转时定心的作用；旋转盘内部设计成矩形齿结构，类似于花键形式，与工装内盘配合。

工装内盘外部设计成与旋转盘配合的矩形齿，齿数为 15；内部设计成螺堵拆卸需要的内六方；工装内盘上还设计了扶手，方便取放。

核心创新点：两油缸受行程限制，带动旋转盘和工装内盘，最大旋转幅度为 28.96°，而工装内盘的 15 个矩形齿对应相邻齿之间的角度为 24°，小于旋转幅度，可满足螺堵不同角度位置的拆卸要求。

三、创新成果的适用范围

通过尺寸及结构优化可以推广应用于类似小部件的拆卸场合。

四、创新成果的应用效果对比分析

成果属国内首创产品，市场价值 30 万/台，设备维修公司自制成本 2 万/台，节省采购成本 28 万元；借助该泵头螺堵拆卸机节省工时费 0.66 万元；总经济效益 28+0.66=28.66 万元。

改变了之前的拆卸方式，降低了职工劳动强度；提高了生产效率，节省了人工拆卸工时；两根油缸均匀施力，解决了之前靠人工不均匀施力导致螺堵拆卸后损坏率高的问题。

五、创新成果在行业推广的价值

矩形齿配合油缸的旋转机构解决了油缸回转角度受限的问题，在类似拆解或装配工况下推荐使用。

探索创新首个极薄煤层工作面安全、智能、高效开采

牛 峰 纪新波

新汶矿业集团有限责任公司孙村煤矿

一、创新成果的背景与问题描述

受千米深井退出影响，新形势下的煤炭行业面临安全压力、人员减少压力，煤矿生存和发展的问题更加严峻。老区薄煤层和极薄煤层开采是煤矿企业稳定和发展的重要途径，如何提高采区采出率，为老区矿山“挖潜增源”，延长生产服务年限，是一项非常重要的工作。实现薄煤层安全高效开采，关键在于装备的自动化程度。实践证明，智能化采煤是

薄煤层长壁工作面高效高产的唯一途径，也是薄煤层开采矿井可持续发展需要探索的新道路。

二、创新思路与创新方案介绍

1. 基本原理

新汶矿业集团孙村煤矿通过考察，引进适用于极薄煤层开采的先进设备，实现了极薄工作面的安全、智能、高效开采，实现了常态化无人作业、机器人动态巡检、集控室远程一键操作。

图 1　工作面设备现场

工作面设备实现了极薄煤层开采的“三机配套”：配备了 ZY4000/7.5/17D 型智能电液控支架、MG2X200/870-WD 型采煤机、SGZ730/400 型刮板输送机、ZQ4000/18/36 型单元支架、ZY3400/14/35D 型迈步式超前支架，确保极薄煤层工作面的安全、智能、高效开采。工作面设备现场如图 1 所示。

2. 关键技术

（1）智能化“三机配套”设备更新升级：首次选用 ZY4000/7.5/17D 型电液控支架，实现了自动跟机移架，自动跟机移架率 84.5%。

（2）配套选用 MG2X200/870-WD 型电牵引大功率智能采煤机，实现了自动记忆截割，记忆截割率平均 89%。

（3）搭配使用 SGZ-730/400 型运输机和 SZZ-730/160 型转载机。首次使用垂直电机和机头垫架。

（4）端头及两巷超前支护支架创新应用。

（5）智能配备应用技术联合开发。2618 工作面集成应用多项关键性技术，工作面开机率达 85%、自动跟机率达 84.5%、记忆截割率率先突破 89%，真正实现了“常态化无人作业、人工干预动态巡检、集控室远程一键操作”，可实现地面 1 人、井下单班 5 人生产。

3. 工艺流程

采用走向长壁后退式采煤法，全部垮落法管理顶板的方式开采。工作面采用综合机械化采煤，采煤机割煤、装煤，刮板输送机运煤，液压支架支护顶板。

落煤方式：工作面采用 MG2X200/870-WD 型采煤机截割落煤。

装煤方式：工作面采煤机螺旋滚筒配合 SGZ-730/400 型刮板输送机铲煤板装煤。

运煤方式：工作面采用 SGZ-730/400 型刮板输送机，下平巷采用 SZZ730/160 工作面巷道用刮板输送机、带式输送机运煤。

支护方式：工作面采用双柱掩护式液压支架支护。循环进尺为0.6 m。

采空区的处理方法：全部垮落法。

三、创新成果的适用范围

该成果适用于所有井工煤矿中极薄煤层的智能化开采。

四、创新成果的应用效果对比分析

成果使用前，极薄煤层无法实现智能化开采，多数矿井放弃薄煤层的开采，浪费了资源；成果使用后，新汶矿业集团有限公司孙村煤矿实现六层煤智能化开采，攻克了极薄煤层不能开采的专业性难题，释放产能60多万吨。六层极薄煤层的高效开采，为深部转移浅部提供了可靠的采场接续，保证了薄煤层可采储量63.6万吨，按售价每吨970元计算，创造经济效益6.16亿元；在配采的情况下可延续开采期限3~5年。

五、创新成果在行业推广的价值

六层煤首次作为矿井极薄煤层智能工作面开采，从设备调研缺陷改正、安装、劳动生产组织、留巷等方面制定具体实施方案，解决了此类煤层不能回采的专业性难题，淘汰了落后的回采工艺，具有很好的创新性和适用性；同时，为极薄煤层智能工作面高效、智能开采的推广奠定了良好的基础，值得在井工生产中推广应用。

井下煤层瓦斯含量快速测定仪

赵洪瑞 仇海生 王 贝 潘 强 徐 成

中国煤炭科工集团沈阳研究院有限公司

一、创新成果的背景与问题描述

煤层瓦斯含量是最重要的煤层瓦斯参数之一，是计算煤层瓦斯储量、预测矿井瓦斯涌出量及评价煤层突出危险性的基础参数。在供给侧结构性改革及“机械化减人，自动化换人”的背景下，煤矿生产科学技术水平得到极大提升，新型、高效、智能型的采掘装备大量涌现，无人化采煤工作面得到发展。煤矿生产技术变革对煤矿瓦斯治理提出了新的要求。抽采达标的煤量应满足快速生产的要求，抽采达标的时间也应尽可能缩短。为满足瓦斯抽采的需要，瓦斯抽采基础参数的确定也应高效、快速、准确。其中，煤层瓦斯含量是瓦斯治理和煤层气开发的关键参数，《煤矿安全规程》《防治煤与瓦斯突出细则》等均要求测定煤层瓦斯含量。因此，准确快速测定煤层瓦斯含量对于实施科学的矿井瓦斯治理、煤层气开发、瓦斯事故预防等均具重要意义。

虽然煤层瓦斯含量测定方法有很多，但准确快速测定问题尚未得到很好的解决。随着我国煤炭开采向数字化和信息化开采方向发展，对瓦斯含量测定数量、频率、范围等也提出了新的要求。已有间接法准确测定一个含量数据需 20 天以上，直接法最快也要 8 h，不能满足大范围高频次经常性测定的需求。

二、创新思路与创新方案介绍

1. 基本原理

基于 Fick 第二扩散定律分析煤样瓦斯解吸、扩散的基本规律，建立瓦斯含量与解吸规律关系模型，根据现场采集煤样解吸特点进行曲线拟合，形成考虑相关影响因素的瓦斯含量快速测定数学模型，从而计算煤样瓦斯含量。

2. 关键技术

井下煤层瓦斯含量快速测定装置的设计思路是通过煤样井下解吸过程规律来推算 30~120 min 内的瓦斯解吸规律，采用先进的自适应算法模型，根据煤样解吸特征自动调节算法模型结构，精准测定煤样瓦斯含量，大幅缩短了瓦斯含量测定周期，解决了煤层瓦斯含量快速测定仪的关键技术。

3. 基本构成

成套装备由井下煤层瓦斯含量快速测定仪、煤样罐、解吸连接管、电源线、高精度弹簧秤、航空插头-USB 转接线及 U 盘组成。其中，井下煤层瓦斯含量快速测定仪硬件部分由触摸显示屏、Cortex-A8 CPU、信号采集卡、传感器、防爆电池、装置外壳等部件组成，软件部分由井下解吸、损失量计算、残存量计算、测定报表、历史记录、设置等界面组成。成套装备实物如图 1 所示。井下瓦斯含量快速测定系统界面如图 2 所示。井下瓦斯含量现场测试如图 3 所示。

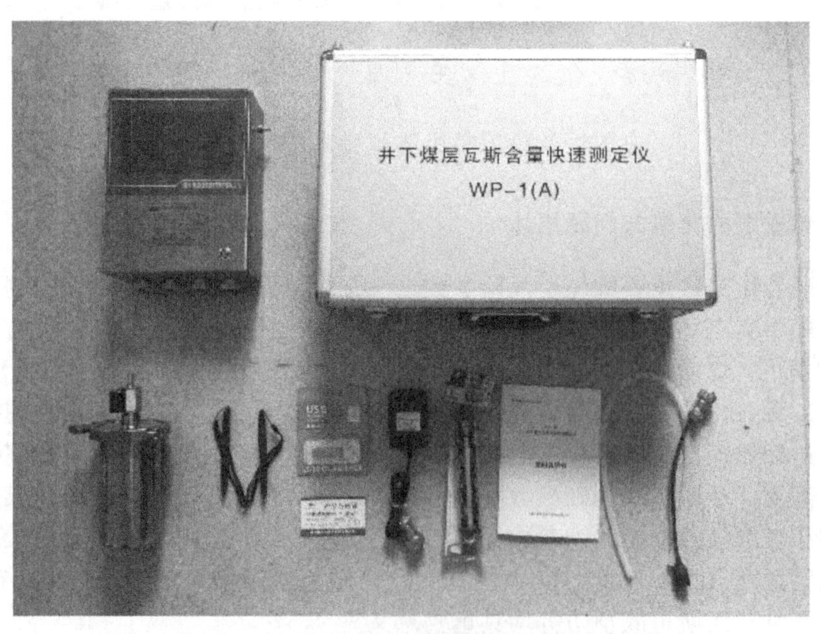

图 1　井下煤层瓦斯含量快速测定仪成套装备

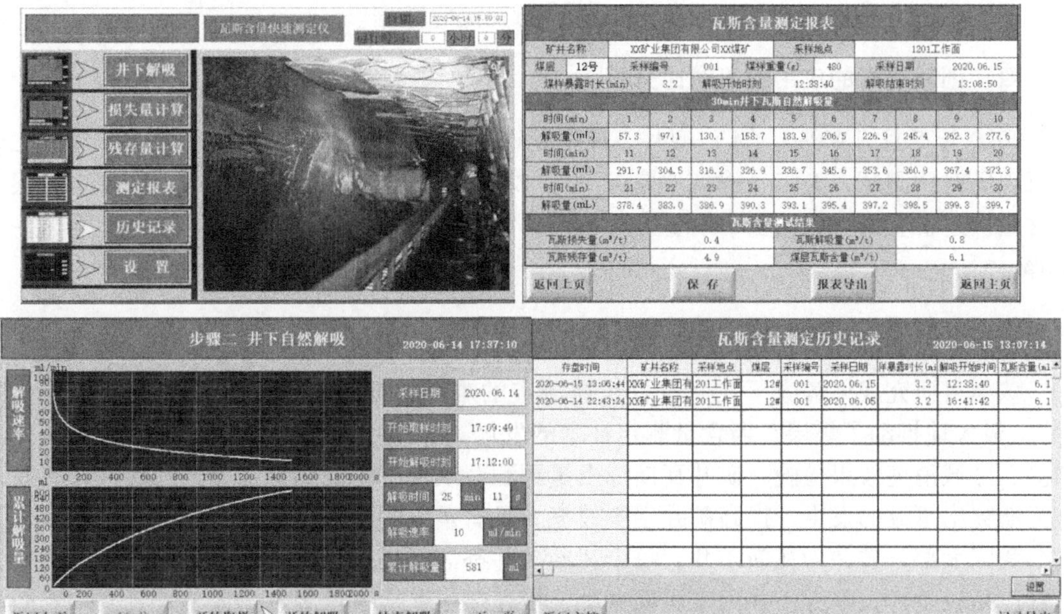

图2　井下瓦斯含量快速测定系统界面

图3　井下瓦斯含量现场测试

三、创新成果的适应范围

该装置适用于煤矿井下抽采钻孔施工时随钻测量，可快速测定原始煤体或采掘工作面煤体瓦斯含量，便于矿方及时掌握煤层瓦斯含量赋存情况。主要实现以下功能：

（1）实测井下自然解吸瓦斯量。

（2）快速计算煤样暴露过程中的瓦斯损失量。

（3）快速计算煤样罐中的残存瓦斯含量。

（4）快速生成瓦斯含量测定报表，保存历史测定数据。

四、创新成果的应用效果对比分析

2020年5月，WP-1（A）型井下煤层瓦斯含量快速测定仪在沈阳焦煤集团红阳二矿进行现场对比测试，人工（含实验室）测定12号煤层瓦斯含量为3.45 m^3/t，井下煤层瓦斯含量快速测定仪测定瓦斯含量为3.57 m^3/t，测定瓦斯含量与实际瓦斯含量误差为3.5%。

五、创新成果在行业推广的价值

该项目研究成果解决了瓦斯含量快速测定的难题，突破随钻测量瓦斯含量技术“瓶颈”，极大地推动了煤层瓦斯含量测定技术的发展，其应用和推广将有利于提高瓦斯突出预测、区域消突效果检验、矿井瓦斯涌出量预测及煤层气资源储量估算的准确性，有效防止瓦斯突出事故的发生，提高矿井生产效率，具有重大的经济、社会与安全效益。

我国大部分矿井为瓦斯矿井，每个瓦斯矿井都需要进行煤层瓦斯含量测定。国内相关取样产品较少，大部分矿井尚未实现自动、快速煤层瓦斯含量测定，该装置具有广泛的市场前景，为煤矿准确掌握煤层瓦斯含量提供了技术支持和装备保障。按全国瓦斯矿井2000个，每套矿井需要2套、每套价格10万元、市场占有率10%计算，预计市场规模为4000万元。

第三部分

露　天　开　采

一种胶带机洗带抑尘装置

田　野　伍红周　陈学栋　王堂民　王国军

新疆天池能源有限责任公司

一、创新成果的背景与问题描述

目前，露天煤矿输煤系统粉尘治理往往采用较为传统的采区单点治理，未形成重点区域的系统性粉尘治理方案，传统露天煤矿地面破碎系统粉尘治理过程中，只注重解决机头溜槽扬尘、机尾导料槽正压溢尘等问题，而忽视其他环节粉尘的综合治理，导致输煤廊道内、驱动间内的粉尘问题一直没有得到关注，未被彻底解决。为解决这一问题，2019 年 3 月，项目团队将这一问题作为研究课题进行申请立项。

二、创新思路与创新方案介绍

本项目在设计过程中，重点结合机头、机尾粉尘治理经验，并创新提出因胶带机工作面及非工作面粘料引起的二次扬尘问题的解决思路和方法，提出在机头位置利用水洗装置洗刷胶带，通过压带辊、接水槽、喷淋等一系列措施，形成洗带区，且不影响胶带正常运行，但能达到杜绝因胶带粘料引起的二次扬尘问题，其模型图如图 1 所示。同时排水并进行汇集至煤泥水，达到循环二次利用，实现降本节约的目标，通过程序设计控制，实现自动上水、自动运行的全自动化，降低了员工劳动强度，改善了员工作业环境。

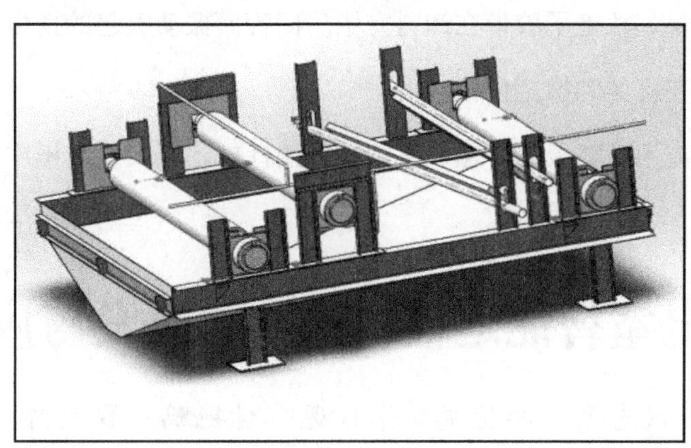

图 1　模型图

三、创新成果的适用范围

该创新成果适用于露天煤矿粉尘治理。

四、创新成果的应用效果对比分析

通过分析以往清扫系统无法彻底清除胶带回程面粘煤的情况，本设计采用重型托辊将胶带回程面架至水平，以确保二者之间无间隙、彻底接触。搭配可调节式机架，方便调节托辊高度，杜绝粘煤“侧漏”。在胶带与重型托辊接触面架设喷淋装置，利用喷淋装置喷水结合高速转动的托辊将回程面粘煤洗去，形成“煤泥水”，配合自制的一字型清扫系统，将煤泥水刮至下方接水槽中，从而杜绝粘煤扩散至空气中。改造完成后现场使用效果如图 2 所示。

图 2　改造完成后现场使用效果图

本装置创新性地提出了传统粉尘治理以外的胶带回程面二次扬尘问题的解决方案，思路创新，实用效果明显，在研制、安装过程中，不断优化，最终达到降本增效、结构简单、维护方便、抑尘效果显著等目标。在压带滚筒对胶带进行压平后对其进行清洗，保证了清扫器的除水效果，杜绝了胶带在卸料完毕后回程面振动引起的扬尘问题。

五、创新成果在行业的推广价值

本创新成果可应用于露天煤矿输煤系统，适用性广，可大规模推广。

配电室智能巡检机器人的研发与应用

代志飞　李艳龙　张麟逸　付艳鹏　翟昱博

神华北电胜利能源有限公司储运中心

一、创新成果的背景与问题描述

目前，我国的变配电室正逐步朝着无人值守的变配电室管理方向发展，奉行“安全一流”的理念，实现了无人则安、少人则安的目标。在实际的变配电室内，由于存在许多大规模的远程通信接点终端，可能存在网络不稳定、通信失败、采集设备老化等情况。这类问题的出现使得操作维护人员的工作难度大大增加。因此，储运中心检修部电工班将此类问题作为课程进行立项研究。

二、创新思路与创新方案介绍

1. 基本原理

本项目成果于 2018 年在地面生产块煤系统投入使用，二号筛分楼配电室为块煤系统的枢纽地带，为三个破碎站及一、二号筛分楼的所有设备提供电力保障。变配电室的无人值守就是要保证从室内到室外的所有一、二次接触，整体的通信设备和网络监控都是完备的。智能巡检机器人是以移动机器人作为载体，以可见光摄像机、红外热成像仪及其他检测仪器作为载荷系统，以机器视觉—电磁场—GPS—GIS 的多场信息融合作为机器人自主移动与自主巡检的导航系统，以嵌入式计算机作为控制系统的软硬件开发平台。

2. 关键技术

配电室智能巡检机器人系统以独立遥控方式携带红外热像仪、可见光等相关设备检测装置，代替高低压设备电缆巡检，及时发现电缆设备热缺陷等。该机器人系统可以部分替代操作人员在特定时间进行设备巡检工作，无须操作人员参与即可按照固定路线进行巡检，并在生成巡检报告的同时自动返回出发地点。

3. 系统构成

远红外摄像头 1 个，底盘车 1 台，逆变器 1 个，充电桩 1 个，笔记本电脑 1 台。智能巡检机器人是以移动机器人作为载体，以可见光摄像机、红外热成像仪作为监测系统，以 GPS 及星标点作为机器人自主移动与自主巡检的导航系统，以计算机软件控制系统作为机器人主要控制方式，同时该机器人底盘具有激光雷达、防跌落、防碰撞等多种传感器，可帮助机器人实现灵活避障。机器人具有独立的运行系统，在底盘车上携带红外热像仪、可见光设备检测装置，实时对二号筛分楼配电室电缆夹层内电缆温度进行巡检及监测，及时发现电缆温度异常等情况。该机器人根据 GPS 及星标点设定巡检轨迹，对电缆夹层实行全天候、无死角的巡检，对温度异常情况进行报警并在后台做好相关记录，当机器人电量较低时，能自主返回充电桩充电。

三、创新成果的适用范围

配电室智能巡检机器人主要应用于配电室电缆的在线监测，旨在用机器巡检代替人工巡检。

四、创新成果的应用效果对比分析

成果实施前需要人工进入配电室观测电缆，手动记录检测结果、设备状况，增大了安全隐患。成果实施后可实时传输工作环境数据，及时对设备状态进行数据分析判断与预警，方便后台观测人员监测运行数据与管理。配电室智能巡检机器人现场应用效果如图 1 所示。

图 1　现场使用效果图

五、创新成果在行业的推广价值

配电室智能巡检机器人的研发不仅降低了人员劳动强度、提高了工作效率、消除了人工监控不到位带来的安全风险等诸多问题。同时还奉行“机械化换人、自动化减人”的理念，可实现无人则安、少人则安的目标。未来，随着各行各业的发展以及智能化、自动化水平的提升，机器人将成为重要的载体和工具，巡检机器人已经在大部分行业及其相关作业区有了相当广泛的投入和应用，并为很多企业带来了相应的整体提升。

立井井底堆煤智能分析监测预警系统

张 强 关 伟 王 平 贺文龙 陈艳龙

中煤西北能源有限公司乌审旗蒙大矿业有限责任公司

一、创新思路与创新方案介绍

1. 基本原理

利用图像识别技术智能分析画面，当落煤高度达到设定值且覆盖检测点位时，自动将报警信息上传到工控机上的AI客户端进行显示，同时伴有语音报警输出；当位置和检测点位划定后，图像自动识别，且全天24 h运行。

2. 关键技术

（1）视频监控系统。图像自动采集、存储和录制，可实现调取和回放视频信息的功能。

（2）图像识别技术。系统自动拉取视频流数据，根据预设AI模型进行大数据对比分析，将结果推送至绞车房展示。

3. 工艺流程

（1）利用三个检测点位，通过AI图像识别技术，实现当侧帮的三个检测点位中任意一个点位消失后的堆煤预警，系统拓普结构如图1所示。

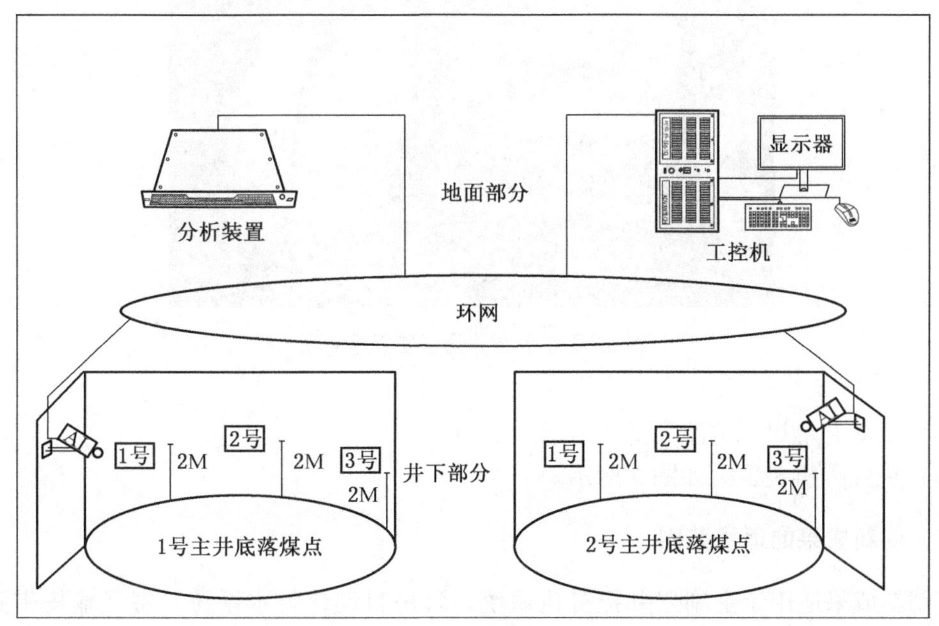

图1 系统拓扑结构示意图

（2）1 号主立井设备安装示意图如图 2 所示。

图 2　1 号主立井设备安装示意图

（3）2 号主立井设备安装示意图如图 3 所示。

图 3　2 号主立井设备安装示意图

（4）主立井堆煤报警图如图 4 所示。
（5）视频分析装置图如图 5 所示。

二、创新成果的适用范围

该创新成果适用于主副立井提升机系统、泵房自动化排水系统、主运输皮带跑偏系统，需要系统识别精准度高、全天 24 h 自动化运行和人员动态巡检的场合。

图4 主立井堆煤报警图

图5 视频分析装置图

三、创新成果的应用效果对比分析

1. 成果使用前相关指标值

（1）应用能力：该系统具备17TOPS、INT8峰值计算能力，通过采用最新的AI人工智能分析技术，实现主井底堆煤报警的无人化值守，最大限度地保证提升机系统的安全、高效运行，推动了煤矿的信息化、数字化和智能化水平进程。

（2）操作环境：视频分析预览功能依靠客户端来实现，全天24 h自动化运行。

（3）成本控制：不但需要每班派专门人去现场进行巡检，而且需要防爆车辆进行堆煤清理，年费用约50万元，整体成本高。

2. 成果使用后相关指标值

（1）应用能力：系统应用后，无须每班派人进行现场巡检，可通过环网及时观察现场状况，值班人员也可通过语音报警来判断。

（2）操作环境：应用AI视频分析系统后，只需将设备至后台运行，全天24小时不间断运行，减少了对人工的依赖，提高了工作效率。

（3）成本控制：系统应用后，人员巡检次数明显减少，不需要每班下井查看现场环境，不再专门安排人员进行巡查，年节约费用30万元，降低了运行成本。

四、创新成果的先进性及创新性

（1）系统的开发应用为井下无人值守提供了可能，而且投资小，只需有图像数据就能处理。

（2）通过系统应用，降低了提升机系统出现异常的可能，为人员安全和设备的正常运行提供强有力的保障，系统还可提供第三方系统接口，可接入自动化管控和视频监控平台。

（3）系统应用后，人员工作效率明显提高，堆煤发生的概率大大降低，满足了矿井生产需求。

五、创新成果在行业的推广价值

目前该系统主要在本项目使用。与本项目使用同类型设备且对堆煤识别准确性要求较高的煤矿立井井底、煤场、煤仓等均可考虑使用该系统，以确保设备安全、稳定运行。

地面生产系统储煤仓上有毒有害气体智能排放系统

宋文清　赵　奇　李银广　冀永臻　翟晓宇　许建军　李浩峰　邢国宝

神华北电胜利能源有限公司储运中心

一、创新成果的背景与问题描述

该公司地面生产系统目前有7座储煤筒仓，在日常生产作业中，7座储煤筒仓的密闭空间内，容易发生一氧化碳及甲烷等有害气体的集聚，存在巨大安全隐患，威胁现场作业人员安全，为及时疏散排放集聚在上述区域的有害气体，计划对上述区域的通风系统进行改造。

二、创新思路与创新方案介绍

1. 原理及关键技术

在储煤仓上安装吊顶，吊顶内部用矿井防火泡沫填充，以避免在储煤仓顶部凸凹区域发生一氧化碳、甲烷气体聚集。

（1）排风设计。考虑到门窗的通风换气、冬季作业环境及风机安装后的建筑美观程度，结合GB 50019—2015《工业建筑供暖通风与空气调节设计规范》的要求，对排风做如下设计。

排风量计算。排风量计算公式：

$$Q=\eta\times V\times n$$

式中 Q——需排气风量，m^3/min；

η——风量备用系数，取 $\eta=1.05$；

V——建筑净通风体积，m^3；

n——通风换气次数，本次设计在满足设计要求的情况下，兼顾采暖、节能功能等因素，设计换气次数按照 12 次/h 即 0.2 次/min 计算。

（2）排气风机选择。考虑满足排气量、风机数量、运行噪声等因素，设计选择直径为 0.5 m，额定功率为 5.5 kW 的单级防爆型轴流排气风机。

（3）风机安装。系统仓上墙体的窗户边框距离两侧立柱的距离为 1.2 m，可设计在窗户左（右）侧墙体上开洞安装风机。每隔 15 m 设置一台排气风机。在风机安装时可事先在墙体上方开洞，风机安装后采用混凝土密封堵缝，减少风机震动。

2. 仓上二层区域

仓上二层区域建筑长 13.7 m，宽 8.7 m，高 6.7 m。设计在屋顶布置 2 台屋顶排气风机。屋顶风机选择 DWT-I 型 3 号 0.06 kW。屋顶风机本身具有风帽，能够有效防止雨雪通过风机进入车间；风机电机结构布置在室内，冬季室内有供暖风系统，能确保风机适应冬季低温环境。屋顶风机最大排气风量为 600 m^3/h，风机并非实时运行，因此排风对室内温度影响不大。屋顶风机安装后在风帽下方增设防尘网。

3. 集中控制系统

通风设施及装置自动识别系统根据区域甲烷、一氧化碳传感器检测的实时数据，按照设定的甲烷、一氧化碳不同阶段阈值，分级开启或者关闭各区域内通风设施及装置系统，使甲烷、一氧化碳浓度降到安全监控系统报警值前。

1）区域控制器

每个控制区域内配置一个区域控制器，区域控制器可实现如下功能：

（1）区域控制器可以采集现场各类传感器的数据、风机运行参数及自动风阀的开度情况，通过交换机接入企业工业环网，通过工业环网进入集中控制平台。

（2）区域控制器具备“自动”“停”“本地”三个功能。切换到“自动”功能时，控制器自动运行，直接接收集中控制平台指令，控制风机的开停，调节自动控制阀开度；切换到“本地”功能时，风机的开停、控制阀的开度由人工控制。

2）集中控制平台

集中控制系统控制平台设置在技术室内，集中控制平台可实现对各区域的所有传感器数据及风机运行参数进行实时监控。集中控制平台配置有智能控制终端、系统集成服务器、PLC 控制模块。集中控制平台可实现如下功能：

（1）采集各区域集中控制器传输的各类传感器传感数据、风机开停数据、自动风阀开度参数，并可以向各控制器发送风机开停、自动控制阀开度的命令。

（2）集中控制平台可根据传感器传感数据的标准值，预先设定报警及命令参数。

（3）集中控制平台可通过集成服务器实时显示各区域内传感器数据、风机运行状态、自动控制阀开度状态，便于作业人员实时观察、了解现场动态。

当各区域内的传感器不方便接入区域控制器内时，集中控制平台可以读取监控系统中的传感器数据（需要业主方协调相关数据格式及数据传输工作）。

三、创新成果的适用范围

此套智能通风系统可适用于各地面生产系统、电厂等储煤仓上有毒有害气体集聚的场所，可杜绝由于有毒有害气体超标造成的设备停机、人员伤亡等现象，并可降低甲烷、一氧化碳爆炸的风险。

四、创新成果的应用效果对比分析

该智能通风系统于2021年4月15日至今连续稳定运行，运行效果良好。该系统使用前，每周至少出现一次由于有毒有害气体超标导致的停产，每次时间约为2 h，使用后，未出现仓上有毒有害气体超标的现象。每年可节约停机时间约104 h，可创造经济价值约为1040万元。

该套智能通风系统与有毒有害气体传感器连锁，当现场有毒有害气体超过设定阈值时，系统自动启动，将有毒有害气体排除后自动停止。

五、创新成果在行业的推广价值

该创新成果适用于任何储煤仓仓上有毒有害气体的智能排放，相关研究成果将填补国内空白，并处于国内领先水平。且各洗选中心及电厂均存在仓上有毒有害气体超标的情况，因此该项研究成果具有广阔的推广应用前景。

基于PLC控制的声光报警系统的设计与应用

张　强　关　伟　王　平　贺文龙　陈艳龙

中煤西北能源有限公司乌审旗蒙大矿业有限责任公司

一、创新成果的背景与问题描述

本设计由西门子S7-300 CPU313C-2DP控制器模块、PLC模块、旋转声光报警器、继电器、24 V电源模块构成；外部电路由一个声光报警器和一个继电器构成，当提升系统存在重大隐患，达到PLC程序内编程所设置的标准值时，触发PLC电路报警，形成一个简易的报警系统。

本项目包含六大项预警报警，即卸载未完成报警、二楼满仓保护动作报警、二楼直轨退不到位报警、定量斗闸门误动作报警、井底高位堆煤急停报警、井底定量斗超载报警，可以实现24 h在线监测，可有效减少人员的疏忽大意，避免造成重大的安全事故。声光报警系统安装在提升机房操作控制台上，共计 6 个磁铁吸顶旋转警示灯光报警器组成，在整个提升机信号系统的安全回路中串接，既避免了因提升机司机疏忽大意而不能准确的汇报出具体故障原因，又提高了现场检修人员发现现场设备故障的速度，大大提高了提升机运行效率。

二、创新思路与创新方案介绍

1. 关键技术

（1）通过 PLC 自主编程实现提前故障预警报警并且参与提升机自动控制系统。

（2）故障预警使提升机司机能够精准地进行提升机系统的操作及采取有效措施避免事故的发生。

2. 工艺流程

（1）此设计由西门子 S7-300 CPU313C-2DP 控制器模块、PLC 模块、旋转声光报警器、继电器、24 V 电源等模块构成；外部电路由一个声光报警器和一个继电器构成。

（2）在提升机操作台上安装声光报警旋转灯，实现提升机系统重要故障信息提示输出及控制、24 h 在线监测，避免了由于人员的疏忽大意造成重大的安全事故。

（3）声光报警系统安装在提升机房操作控制台上，由 6 个磁铁吸顶旋转警示灯光报警器组成，串接在整个提升机信号系统的安全回路中，并且参与提升机系统自动控制，大大提高了提升机运行效率，其自动控制原理如图 1 所示，声光报警系统故障预警应用如图 2 所示。

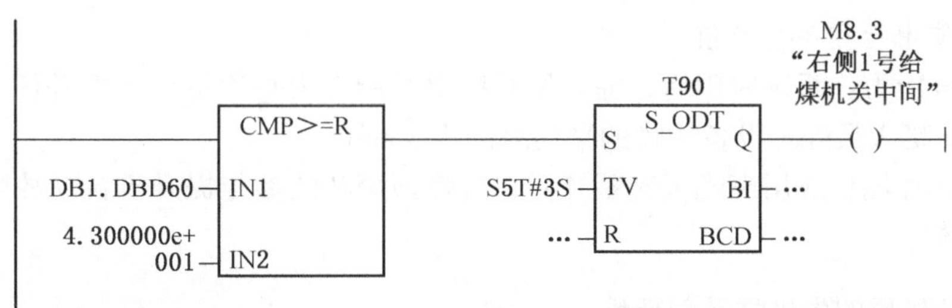

⊟ 程序段 35:标题:

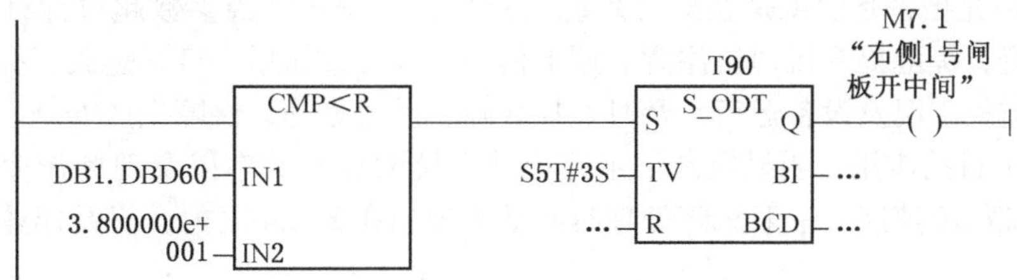

图 1 参与提升机系统自动控制原理图

三、创新成果的适用范围

该创新成果适用于煤矿立井提升机系统。

图2　声光报警系统故障预警应用图

四、创新成果的应用效果对比分析

1. 成果使用前相关指标值

（1）提升能力：提升机系统提升能力为平均每小时提升任务34勾；出现故障后，值班人员处理设备故障的平均时间为30 min。

（2）操作环境：值班检修人员全凭工作经验进行故障判断及处理，费时费力，提升效率低。

2. 成果使用后相关指标值

（1）提升能力：系统应用后，提升机系统提升能力为平均每小时提升任务37勾；出现故障后，值班人员处理设备故障的平均时间为3 min。

（2）操作环境：应用声光报警系统后，故障预警功能参与提升机自动故障处理控制，提高了提升效率。

五、创新成果的先进性及创新性

（1）此声光报警系统就是在提升系统运行控制过程中，当参数超过允许控制范围时发出声光报警，提醒提升机司机注意。按下消音、复位按钮后，灯光熄灭。提升机运行过程中以此来监控工况及设备运行，及时发现故障，及时处理，保障生产安全。

（2）本项目的应用，明显提高了主井提升系统的提升效率以及现场作业人员及值班检修人员处理故障速度，一般故障处理时间基本控制在3 min之内，提升作业的安全也得到了保障。

（3）系统投入费用共计2000元，后期维护费用较小，仅需更换故障报警器、继电器等小部件。

六、创新成果在行业的推广价值

本项目已成功应用于纳林河2号矿井一、二号主井，投资小、成果明显，具有可观的应用前景。

设备液压泵实验平台设计使用

常 鑫

神华北电胜利能源有限公司设备维修中心

一、创新成果的背景与问题描述

设备的液压泵更换维修后经常出现无法正常使用的情况，并且大量液压泵因无法判断故障原因而报废，严重增加了维修工时与成本。维修处理后也只能通过重新装回设备反复试用来检测是否修好。鉴于此种情况，设计制作了一种液压泵试验平台，可对修复好的液压泵进行技术试验。

二、创新思路与创新方案介绍

1. 基本原理

本试验平台的设计利用电动机与泵体同步运行这一原理，可以得到泵体在不同转速时的运行情况，进而判断出泵体的好坏，由于电动机与泵体之间是同轴转动的，电动机旋转必定带动泵体的泵轴进行转动，从而使泵体工作。

泵体在工作中若压力表的显示压力在正常压力范围之间随着电动机转速的变化而有规律的变化，则证明泵体的运行状态良好，当压力表的读数不变或者不在正常压力范围内变化或者毫无规律地变化，则说明泵体存在故障，需要进一步进行维修。通过调节调节杆的长度使摄像头的拍摄镜头对准压力表，摄像头将拍摄的信息通过无线通信模块传递至移动终端，便于用户及时了解，无须用户时刻在平台旁监测，使用更加的安全方便。

2. 系统构成

液压泵实验平台，由支撑柜 1、固定架 2、平台体 3、电动机 5、泵体 6、压力表 9 和摄像头 14 等部件构成，其结构如图 1 所示。支撑柜 1 的侧边固定连接有固定架 2，起到固定支撑作用。且固定架 2 的顶部固定连接有平台体 3，支撑柜 1 顶部一端安装有控制开关 4 和按钮 19，且按钮 19 有两个，控制开关 4 用来控制电动机 5 的工作，两个按钮 19，其中一个可以对变频器 22 的工作进行调节，另一个可以在意外情况下使电动机 5 暂停工作。支撑柜 1 内分别安装有变频器 22 和空气开关 23，变频器 22 用于改变电动机 5 输出轴的转速，空气开关 23 能够在特殊情况下自动断开开关。支撑柜 1 的顶部固定安装有电动机 5，且电动机 5 的输出轴端部固定安装有泵体 6。泵体 6 的进油端处连接有进油管 8，固定架 2 内部的顶端安装有油箱 7，便于供油。进油管 8 的端部穿过平台体 3 与油箱 7 连接，外部安装有压力表 9，泵体 6 在工作中阅读压力表 9 的显示压力判断泵体运行状态。若压力表 9 的显示压力随着电动机 5 的转速变化而有规律的变化，而且是在正常压力范围之间变动，则证明泵体 6 的运行状态良好，当压力表 9 的读数不变或者不在正常压力范围内变化或毫无规律的变化，则说明泵体 6 存在故障，需要进一步进行维修。支撑柜 1 顶部靠近固定架 2 的一端固定连接有支撑杆 10，且支撑杆 10 的顶端固定连接有支撑筒 11，支撑筒 11 内滑动连接有调节杆 12，且调节杆 12 的端部固定安装有摄像头 14，摄像头 14 的外部集成有无线通信模块 15，摄像头 14 通过无线通信模块 15 连接移动终端 16。通过调节调节杆 12 的长度使摄像头 14 的拍摄镜头对准压力表 9，摄像头 14 将拍摄的信息通过无线通信模块 15 传递至移动终端 16，便于用户及时了解，无须用户时刻在平台旁监测，使用更加的方便。

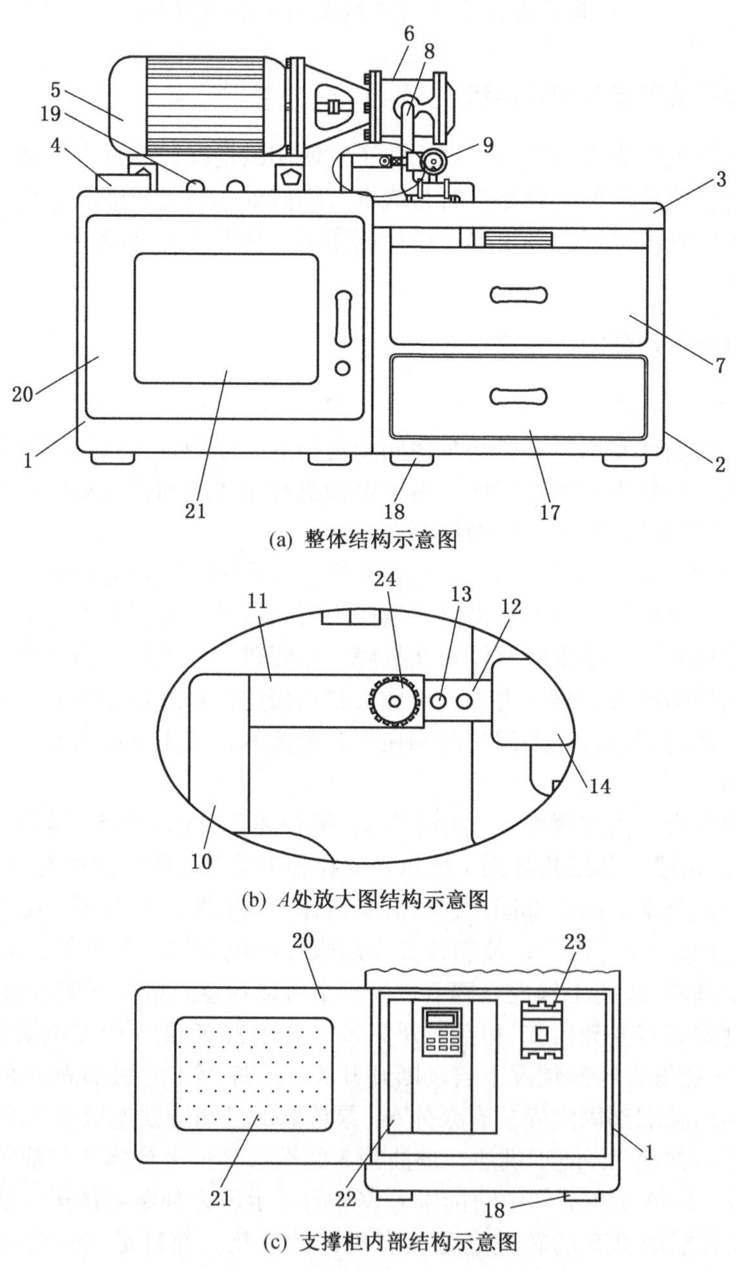

(a) 整体结构示意图

(b) A处放大图结构示意图

(c) 支撑柜内部结构示意图

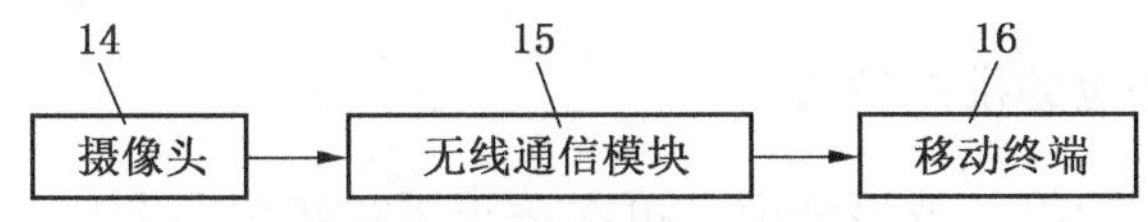

(d) 本实用新型模块图结构示意图

1—支撑柜；2—固定架；3—平台体；4—控制开关；5—电动机；6—泵体；7—油箱；8—进油管；9—压力表；10—支撑杆；11—支撑筒；12—调节杆；13—定位孔；14—摄像头；15—无线通信模块；16—移动终端；17—储物盒；18—支撑脚；19—按钮；20—柜门；21—观察窗；22—变频器；23—空气开关；24—固定旋钮

图1 液压泵试验平台结构示意图

支撑柜1的侧边转动连接有柜门20，且柜门20的表面设置有观察窗21，起到对支撑柜1的密封，便于对变频器22及空气开关23的检修。

支撑柜1和固定架2的底部四角均设置有支撑脚18，起到较好的支撑效果。

支撑筒11靠近调节杆12的一端安装有固定旋钮24，调节杆12的表面等距开设有定位孔13，调节杆12与支撑筒11通过固定旋钮24固定连接。

固定架2表面的底端设置有储物盒17、油箱7、柜门20，储物盒17用于储存备用物品，储物表面均设置有把手，通过把手便于将储物盒17拉出，同时便于拉动油箱7及柜门20。

移动终端16为用户的手机或电脑，便于用户及时了解压力表9的指示情况。

3. 关键技术

利用电动机的动力输出来测试维修完毕的液压泵是否能达到工况要求。

三、创新成果的适用范围

本创新成果适用于各类矿山机械液压泵完好性检测试验。

四、创新成果的应用效果对比分析

根据近2年设备维修中心更换的液压泵总成部件数量计算，全年更换泵总成25件左右，需要成本支出100余万元。2021年使用该试验平台后修复率提升了29%，节约成本36万余元。该创新成果应用效果对比分析如图2所示。

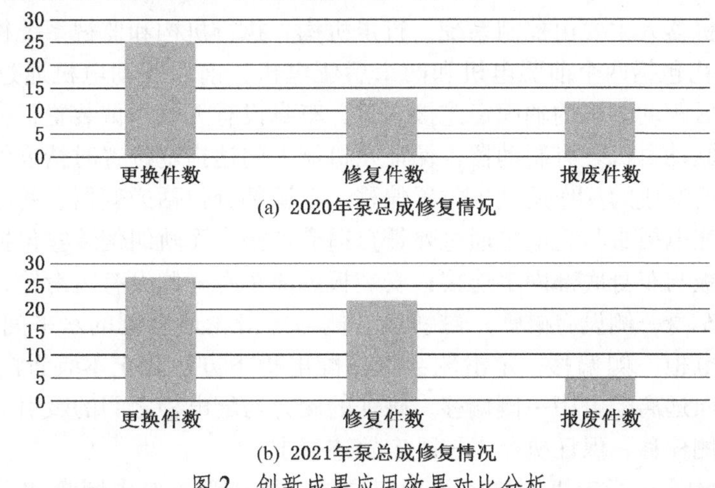

(a) 2020年泵总成修复情况

(b) 2021年泵总成修复情况

图2 创新成果应用效果对比分析

五、创新成果在行业的推广价值

该试验平台就目前功能、效果来说，可在露天采矿维修行业广泛推广运用，经过进一步升级设计，可在全维修领域使用。

低压停送电机器人研发与应用

周志茂　樊玉锟　刘崭卿　陈剑波　翟昱博

神华北电胜利能源有限公司储运中心

一、创新成果的背景与问题描述

神华北电胜利能源有限公司储运中心二号筛分楼配电室建成于2016年7月，主要为二号筛分楼提供动力配电和电气控制，共有3层，一层是低压配电室，二层是电缆间，三层是高压配电室。低压配电室共有控制柜及配电柜308个，高压配电室共有配电柜44个。仅二号筛分楼配电室每年人工低压停送电操作大约1500余次，为切实杜绝误操作，储运中心科研团队经过探索、研究、创新，通过“自主设计+自主研发+自主制造”的方式，成功研发了开关柜低压停送电操作机器人，旨在提升创新能力，实现安全、高效、智慧化高质量发展。储运中心科研团队通过认真研究分析了相关领域现状，本着低风险、低成本、高效率的原则，经过数十次的试验，实现了精准定位、无轨纠偏、安全联控、视频跟踪等功能，最终于2021年8月2日前研制成功了国内首例，操作简单的停送电操作机器人，并开始投入试运行。

二、创新思路与创新方案介绍

1. 基本原理

低压停送电机器人主要由控制系统、行走机构、执行机构和监视系统构成。

（1）行走机构包括两个前驱电机和两个后驱电机，前后驱动电机通过支架与车身底部固定连接，前后驱动电机的轴固定连接车轮，车身设有无轨纠偏装置，行走机构利用变频器进行驱动，驱动电机装有制动器，保证在机器人到达指定位置时精准停车，不会因为惯性或执行动作所造成的反作用发生位置偏移。电源部分包括逆变器、蓄电池、充电插口和充电桩，其中充电插头与充电桩通过弹簧自适应连接。无轨纠偏装置包括安装板、定滑轮和磁铁；安装板与车身底部固定连接；安装板远离车身一侧设有定滑轮，定滑轮水平设置；安装板远离车身一侧设有磁铁，磁铁最右侧与定滑轮最右侧的水平间距为2～3 mm。如果机器人向配电柜一侧偏移，定滑轮会抵住配电柜下方，防止本装置向配电柜一侧偏移；如果机器人向远离配电柜一侧偏移，磁铁的磁力与配电柜之间的吸引力会避免本装置向远离配电柜一侧偏移，保证机器人按既定轨迹行走。

（2）执行机构通过行走机构移动到指定位置，操作盘主要由圆盘和18个顶针组成，操作时通过对顶针的按压来完成对柜体把手的操作，同时操作盘上设有机械扭矩限制器，通过顶针与操作把手相互配合来避免微小误差导致把手损坏的情况。停送电作业时通过既定的柜体编号距离，将操作机构上升到指定距离，转动操作盘实现分断与闭合的转换，实现低压抽屉柜分合闸状态的转换，通过机器人代替人力，既能完成大量停送电工作，又能保证作业人员安全。

（3）监视系统主要为两个视频采集器，通过对低压抽屉柜的状态及操作的监控及记录，人员可了解机器人的行动轨迹、操作动作，从而完成全程跟踪，最后根据视频反馈确定抽屉柜状态，确保作业完成情况。低压停送电机器人实物图如图 1 所示。

图 1　低压停送电机器人实物图

2. 关键技术

（1）多级别控制和平衡结合，把所有任务力分配到终端受动器，按照任务级别映射到连接空间，实现机器人与环境互动保持平衡和自由移动。

（2）机器人全程视频跟踪，实现安全联控。

（3）机器人利用激光定位技术将定位误差控制在小于 0.1 mm 的范围内。

（4）机器人利用磁力自动调节技术，始终保持与抽屉柜柜体的绝对距离，实现无轨自动纠偏。

3. 工艺流程

远程或者控制面板输入指令—低压停送电机器人接收指令—低压停送电机器人监测低压

抽屉柜状态—低压停送电机器人进行停送电操作—低压停送电机器人操作完毕自动返回充电。

4. 系统结构

高清摄像头 1 个，异步电动机 4 台，逆变器 1 个，变频器 2 台，步进电机 8 个，PLC 可编程控制器 1 台，电平 2 台，驱动器 8 个，位移编码器 1 个，霍尔传感器若干，接近传感器若干。

三、创新成果的适用范围

此项成果完全奉行“机械化换人、自动化减人”的理念，填补了国内电气抽屉柜操作类机器人的空白，推动了无人化停送电作业的建设和发展，该成果可以广泛应用于配电室低压抽屉柜分闸与合闸两种状态的转换操作，具有很好的应用前景。

四、创新成果的应用效果对比分析

1. 创新成果实施前

地面生产系统每年设备日常低压停送电作业已达到 5000 多次，日均低压停送电次数在 14 次左右，按现有的行业规定履行低压停送电作业需要人员配合，因此存在工作量大、易疲劳操作、人员效率低、操作风险大等诸多问题。

2. 创新成果实施后

该成果实施后有效地提高了操作人员的安全系数。机器人完全模仿人工操作流程，对已经处于分闸状态的低压抽屉柜进行推出操作，让低压抽屉柜完成物理位置转换，给动力柜主回路制造一个明显的断开点，从而完成停电操作，送电过程与之相反。检测到低压抽屉柜断路器处于合闸状态时，机器人会拒绝操作。

五、创新成果在行业的推广价值

煤炭是我国现代能源体系的“压舱石”，煤炭行业数字化、智能化发展是实现煤炭工业高质量发展的强大动力。低压停送电机器人的应用响应了智能化煤矿的发展要求，解决了人工操作安全风险高、作业耗时费力、工作效率低下等问题，在煤炭行业具有一定的推广应用价值。

开关柜智能操作机器人

李艳龙　樊玉锟　周志茂　赵　晶　翟昱博

神华北电胜利能源有限公司储运中心

一、创新成果的背景与问题描述

储运中心是神华北电胜利能源有限公司的二级生产单位，主要负责原煤的破碎、运输、筛分及装车工作。目前，储运中心地面生产系统每年设备日常停送电作业已达到6000多次，为切实杜绝误操作，储运中心组建科研团队，经过近两年的探索、研究、创新，通过“自主设计+自主研发+自主制造”的方式，成功研发了开关柜智能操作机器人，旨在提升创新能力，实现安全、高效、智慧化高质量发展。储运中心科研团队通过认真研究分析相关领域现状，本着切实降低相关作业的安全风险，提高工作效率，历时两年，经过上百次的试验，第一阶段完成机器人的基础结构设计制作，实现精准定位与无轨纠偏功能，也是本次创新的精髓。第二阶段完善了整个机器人的安全联控、视频跟踪功能，最终于2020年2月10日研制成功了国内首例，操作简单的停送电操作机器人，并开始投入试运行。

二、创新思路与创新方案介绍

1. 基本原理

开关柜智能操作机器人，在不改变高压柜体内外部条件的基础上实现精准定位与无轨纠偏功能，也是本次创新的精髓，机器人还有着安全联控、视频跟踪、自动充电等功能。

2. 技术难点

（1）解决开关柜智能操作机器人精准定位问题。

（2）解决开关柜智能操作机器人无轨纠偏问题。

（3）解决开关柜智能操作机器人识别装置人机交互的适应性问题。

（4）解决多台高压柜运行过程中反复进行热备冷备两种状态的转换操作的可行性问题。

3. 系统构成

高清摄像头3个，异步电动机2台，逆变器1个，光感传感器3个，变频器1台，步进电机5个，PLC可编程控制器1台，电平2台，驱动器5个，位移编码器1个，霍尔传感器若干，接近传感器若干。

三、创新成果的适用范围

此开关柜智能操作机器人可避免人工操作中出现的危险性问题，普遍适用于各类封闭配电室内停送电。

四、创新成果的应用效果对比分析

地面生产系统每年设备日常停送电作业已达到6000多次，日均停送电次数在17次左右，按现有的行业规定履行停送电作业需要人员配合，因此存在人员劳动强度高、效率低下、操作风险大等诸多问题，此项成果实施后有效地降低了人员劳动强度，提高了操作人员安全系数。

五、创新成果在行业的推广价值

高压开关柜远程智能停送电机器人完全奉行“机械化换人、自动化减人”的理念，先后共向国家专利局提报了9项专利，填补了国内电气开关柜操作类机器人的空白，推动了无人化停送电作业的建设和发展，成功实现了无人则安、少人则安的目标。该项技术成果是2020年国家能源集团唯一入选全国大众创业万众创新活动周的创新成果，同时入选第二届世界科技与发展论坛——技术服务与交易云展览。

筒仓火灾智能化管控系统

康庆微　吴福利　周　鹏　赵明辉　王亚林

新疆天池能源有限责任公司

一、创新成果的背景与问题描述

储煤筒仓煤炭发生自燃后，前期不易觉察，事故极易扩大化发展，救援过程中具有风险大、灭火难度高、变化趋势无法整体把控等一系列难点，对附近人员及设备具有潜在的高危风险。

现有筒仓煤温监测管理仅在给料机物料输出后，人为手持测温仪间接了解筒仓内储料温度。过程中不仅存在明显误差，而且无法把控筒仓内部情况，如台阶及死角积煤区域、煤层间及物料表层温度变化情况，同时存在筒仓安全类基础措施落实不到位、信息化采集监测预防手段落后等严重管理缺陷。

二、创新思路与创新方案的介绍

1. 基本原理

通过在筒仓周围设置各种温度、烟雾、可燃气体、有毒气体、红外热成像仪等监测设备，对筒仓内部的煤炭进行实时、全方位的立体监测，其测量参数通过数据采集网关输入至独立专用的控制系统，控制系统对安全监测系统、惰化保护系统、智能化消防系统形成闭环联动。

2. 关键技术

安全监测联动惰化保护系统和智能化消防系统，设定分级报警程序自动启停，形成闭环。

3. 工艺流程

对煤仓内部的煤炭进行实时、全方位的立体监测。根据煤种特性设定对应保护报警参数，当系统监测到某一参数超过设定参数上限时立刻发出相应的报警信号，其测量参数通过数据采集网关输入至独立专用的控制系统。在控制室上位机进行监控的同时系统自动启动预定程序，设定初级、高级、高高级报警，惰化保护系统联动智能化消防系统，对初级、高级、高高级报警做出不同程度的动作，系统的自动控制均可转换成远程手动以及现场手动操作，现场手动控制具有优先控制权。

4. 组织架构

筒仓火灾智能化管控系统架构如图 1 所示。

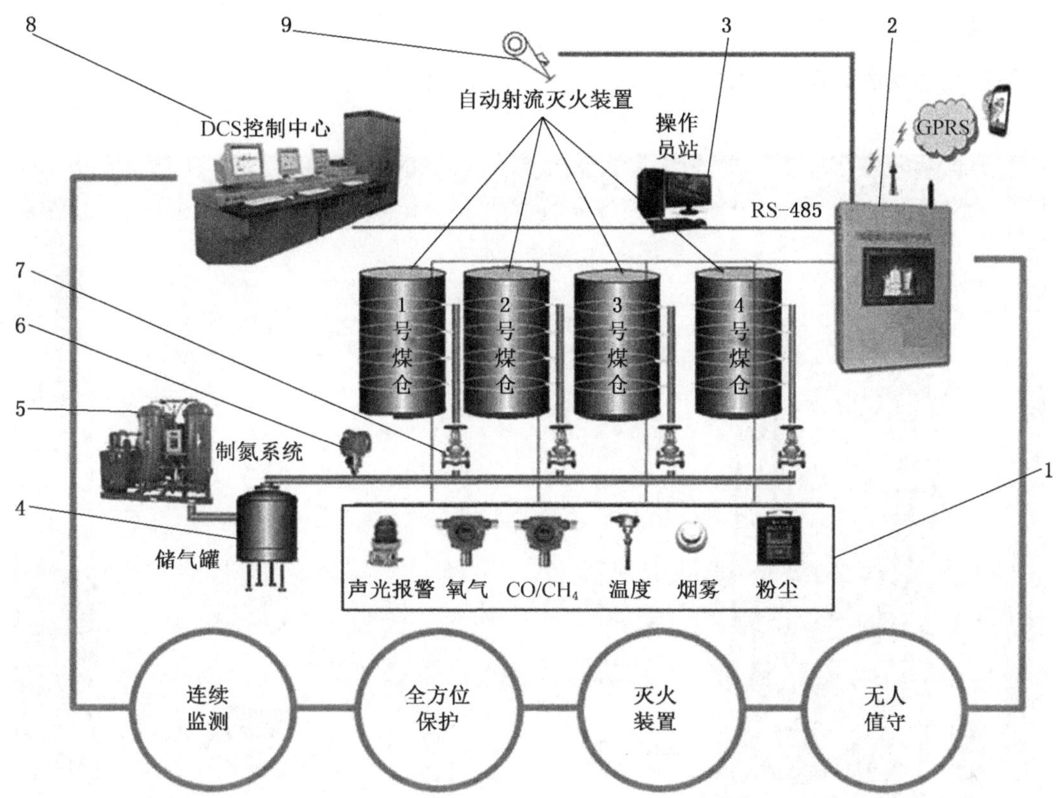

1—监测装置；2—智能终端；3—集控中心；4—氮气储气罐；5—PSA 制氮系统；6—压力传感器；7—管道及电磁阀；8—DCS 控制中心；9—自动射流灭火装置

图 1　筒仓火灾智能化管控系统架构

（1）监测装置：用于监测筒仓内运行环境，包括温度、气体、烟雾粉尘等监测装置。

（2）智能终端：用于采集监测装置的各种监测数据，把数据发送至集控中心，接受集控中心的指令对 PLC 进行控制动作。亦可通过成熟的 4G 网络在手机端查看数据。

（3）集控中心：用于集中控制整个系统运行。

（4）氮气储气罐：可储存氮气，电磁阀随时可能有动作，用于保证有足够的氮气可供仓内。

（5）PSA 制氮系统：惰化保护系统中制造高纯度（>97%）的氮气。

（6）压力传感器：监测氮气压力状况，保证集控中心可监控。

（7）管道及电磁阀：每个筒仓设置最少 2 层氮气输送管道及 2 个电磁阀，对煤的发热程度不同，可开启不同的电磁阀以充氮气。

（8）DCS 控制中心：控制自动射流灭火装置的自动手动切换，以及调试自动水炮的作用。

（9）自动射流灭火装置：针对仓内可能发生的火灾事故，高压水自动喷射、氮气泡沫自动喷射、远程控制自动喷射、360°全方位旋转、远程控制消防炮在仓内升降。

5. 集控组态

集控组态视图如图2所示。

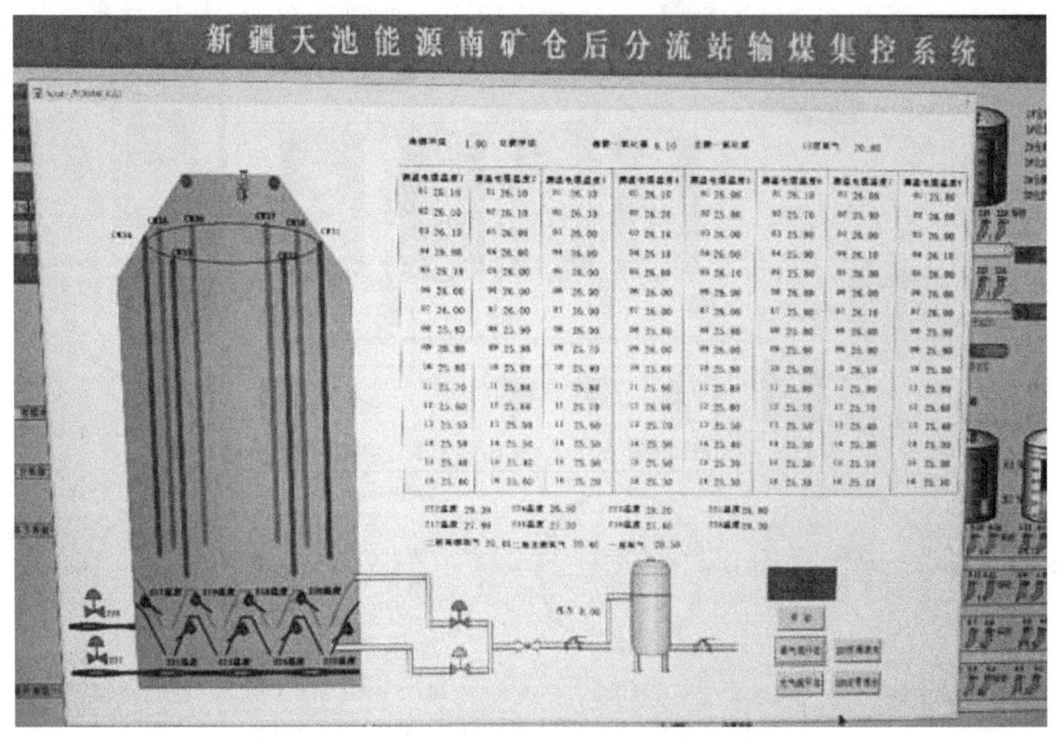

图2　集控组态画面

6. 接入综合预警平台

接入综合预警平台的情况详见图3、图4。

三、创新成果的适用范围

该创新成果适用于煤矿及电厂的储煤筒仓安全管理。

四、创新成果在行业推广的价值

该项目的实施可高度提升安全管理、信息采集技术水平，进一步达成筒仓智能化管控本质目标，从根本上保障了设备和人员安全，将安全效益最大化发展。全国有近500处大型露天煤矿运用筒仓储煤，还有上万座电厂储煤筒仓，该项目可在全国大范围推广应用，具有很大的社会应用价值。

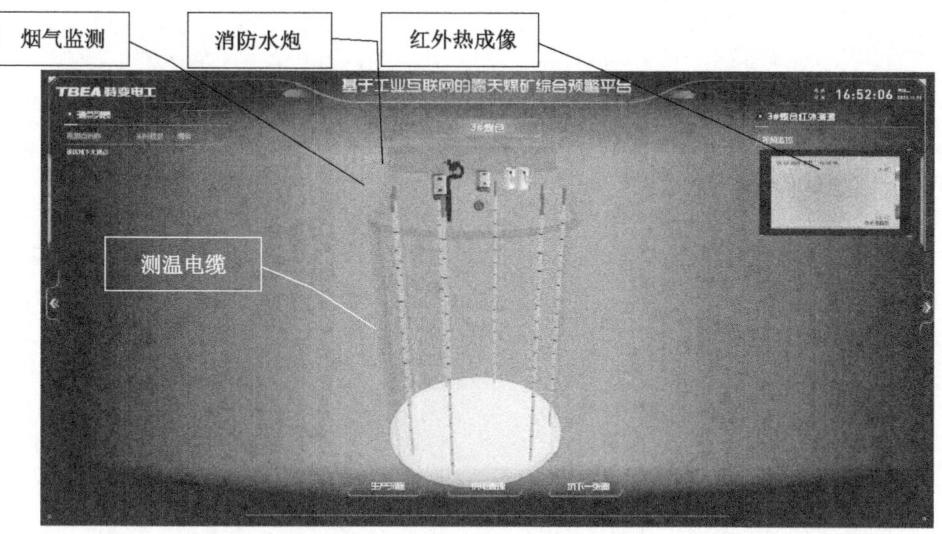

图 3　综合预警平台三维显示

图 4　测温电缆温度数据实时显示

第四部分

煤 炭 化 工

变配电区智能机器人巡检系统应用

李晓飞　刘明玉

陕西煤业化工集团神木能源发展有限公司

一、创新成果的背景与问题描述

电力能源在人类生活、工业生产过程中发挥着巨大的作用，可以说，社会的各方面都离不开电，而目前变配电设备巡视大部分靠人工进行，因需要巡视的设备较多，信息采集工作量大，受作业人员技术水平、责任心以及其他因素影响，设备存在缺陷、出现异常时不能被及时发现和处理，造成故障。相关数据表明，电力行业事故大多由人的不可靠因素造成，所以机械化换人、智慧化减人已成为趋势，智能机器人巡视可弥补人工巡视的不足，甚至可以完全替代人工巡视工作。

二、创新思路与创新方案介绍

1. 创新成果主要内容及实施要点

系统机器人配备了红外热像、激光传感器和高清摄像机，可及时、准确、高效地在既定巡视计划内巡视设备，既能降低作业人员在高危环境下的作业风险，减轻作业人员的劳动强度，又能形成准确、完整、系统的巡视报告，便于进行设备可靠性分析、预判，达到设备健康管理和风险控制的目的。机器人能自主完成充电、自动开关门，主动、高效识别和避让障碍物，实现极端天气下的自我保护。

2. 创新成果的创新性、实用性、可靠性

（1）集成巡视系统控制、巡视参数配置和巡视数据展示于一体的可视化操作和管理界面。

（2）对机器人云台的控制、对机器人巡视路线的规划、任务的下发、统计分析以及对环境执行设备的实时控制。

（3）摄像机监控。通过机器人传感系统中的可见光相机查看巡视区域内的实时监控画面和历史监控视频，以及对摄像机方位、焦距的实时控制。

（4）巡视控制。通过下发巡视任务，让机器人按规划路线对指定设备巡视，通过机器人摄像头查看巡视区域设备的状态，由热成像仪识别设备温度。

（5）巡视机器人控制。控制机器人的开关机、自动开关门、障碍物避让、急停等操作。

（6）巡视任务管理。系统通过下发不同类型的巡视任务，在任务执行过程中控制任务的暂停、恢复和停止。

（7）数据展示与分析：

①巡视数据汇聚集中管理。巡视数据统一监测采集、存储汇聚、集中管理，综合管理平台通过对接智能机器人巡检系统采集的巡视监测数据，将数据汇聚到综合管理平台集中管理。

②巡视数据集中展示。执行巡视任务时，可实时查看巡视数据和巡视图片。展示历史巡视记录信息，每条信息对应历史的一次巡视任务。每条巡视记录包含的信息有任务名、执行时间、检测点数、巡视监控数据、报警数据、停车监控数据等。每次巡视任务都会生成巡视报告，可下载查看。

（8）报警信息。设备报警数据在系统的报警模块中展示。可查看所有未处理或者已处理的报警信息。对于未处理的报警可以进行处理，对于已处理的报警可以查看报警处理信息。

三、创新成果的适用范围

高压变配电区域。

四、创新成果的应用效果对比分析

用一台智能机器人巡检替代了工作人员巡检；根据设定的工作路线按时按点拍照、回传，现场的实际状况在第一时间得到反馈。

机器人可将设定好的检测点的检测数据以报表、图片等形式上传监控后台，对偏离限值数据测点进行报警提示。

设备缺陷的跟踪；巡检机器人发现被巡视设备缺陷，机器人拍照传输至后台提醒工作人员存在的缺陷，工作人员对异常设备进行人工核实，并将传输回来的照片下载保存作为维修与诊断的资料。传统人工巡视和智能机器人巡视对比如图 1 所示，传统巡视报告和智能机器人监视界面如图 2 所示。

传统人工巡视

智能机器人巡视

图 1　传统人工巡视和智能机器人巡视对比

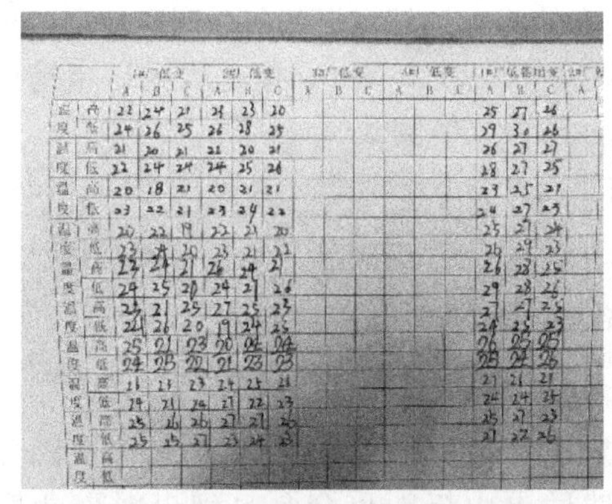

图2　传统巡视报告和智能机器人监视界面

五、创新成果在行业的推广价值

该系统与现有设备生产系统有效分离，不存在交互和干扰，具有电子避障和机械防撞功能，配有声光报警提示，可有效避免意外情况的发生。此外，在机器人经过的厂区路段开辟专用通道，并设置隔离带。保证人员、机器人和其他机械车辆通行安全。机器人有完善自检功能，当出现低电量等情况时会自主返回进行充电。

高效煤泥重介分选系统的研究与实施

李紫微　蒋林龙　李天光　闫全喜　袁文涛

中煤集团上海大屯能源股份有限公司选煤中心

一、创新成果的背景与问题描述

大屯厂重介系统投入使用以来，一直存在煤泥重介系统处理能力不足、煤泥重介桶液位和密度不稳定问题，导致煤泥重介系统无法正常使用，粗精煤泥的灰分明显偏高，按照煤质分析，生产五、六级精煤时，粗精煤泥的灰分应该小于10%，但是大屯厂粗精煤泥灰分长期维持在10%～12%，导致重介背灰严重，精煤产率偏低。

煤泥重介系统处理能力不足还会导致煤泥含量过高，使磁选机入料浓度增加，回收效率降低，系统介耗相比其他选煤厂明显偏高。

二、创新思路与创新方案介绍

1. 煤泥重介系统的工艺优化

改造前，大屯厂重介系统的介质主要通过分流阀分流到煤泥合介桶，然后再由煤泥重介泵打到煤泥重介旋流器，煤泥重介旋流器的溢流和底流分别进入精煤磁选机和中矸磁选机，最终达到降低系统煤泥含量的目的。煤泥合介的密度和液位都是通过调节分流阀、桶上补加水阀门和精煤磁选机合介分流阀开度实现的。在长期的生产实践中，发现导致煤泥重介的密度控制无法及时准确的原因。

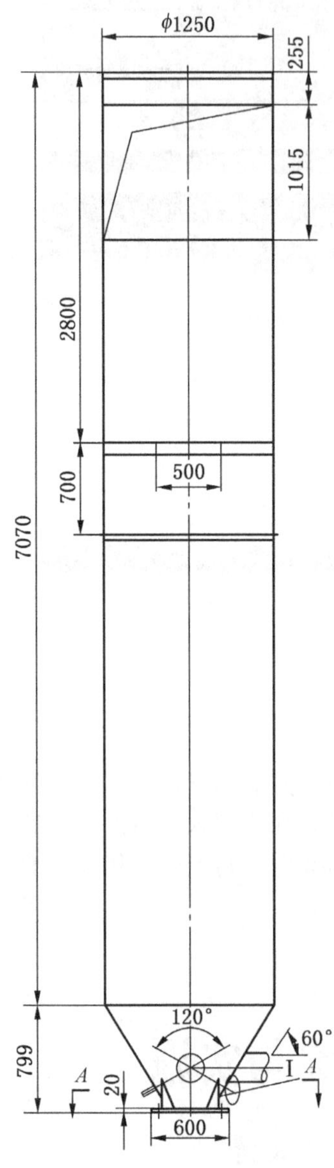

图1　煤泥合介桶设计示意图

为了解决密控司机需要同时控制煤泥合介密度和煤泥合介桶液位的问题，本次改造主要做了以下改进和优化：

（1）重新设计了煤泥合介桶尺寸，创新性地将煤泥合介桶的直径缩小为1250 mm，大幅减少了煤泥合介桶的容积，有利于煤泥合介桶时刻保持在桶满溢流的状态。

（2）将筒体的高度提高到7870 mm，在煤泥合介桶上方设计安装横截面尺寸为1000 mm×1250 mm、长度为6717 mm的溢流槽，溢流槽的另一端连接到合介桶内；由于煤泥合介桶高度比合介桶高度高出1 m，因此能时刻保证煤泥合介桶的溢流能流到合介桶内。

（3）为了减少合介桶上管道入料偏南侧的问题，将大部分合介桶上的管道一块合并至煤泥合介桶溢流槽内，且溢流槽一直延伸到合介桶正中间，有效地解决了合介桶因来料偏导致密度不稳的问题。

图1～图3分别为煤泥合介桶的设计、安装示意图以及实物图。

2. 超级煤泥重介旋流器的设计与技术参数

综合考虑单机处理量、粒级可能偏差 E_{pm} 等，对国内先进分选煤泥重介旋流器进行选型，将现有1套SDMC400煤泥重介旋流器及配套设施用1套S-FHMC640超级煤泥重介旋流器及配套设施替代。表1是S-FHMC640超级煤泥重介质旋流器的指标参数。

图 2　煤泥合介桶安装示意图

图 3　煤泥合介桶实物图

表 1　S-FHMC640 超级煤泥重介质旋流器指标参数

处理能力/($m^3 \cdot h^{-1}$)	压力/MPa	入料粒度/mm	粒级偏差/($g \cdot L^{-1}$)		尺寸/(mm×mm×mm)
			整机	底流口	
395～465	0.18～0.27	<3	7000	3000	865×640×2405

相比老式的 SDMC400 煤泥重介旋流器，S-FHMC640 超级煤泥重介旋流器具有以下优点：

（1）最大处理能力由原来的 190 m^3/h 提至 465 m^3/h，显著提升了煤泥重介系统的处理能力。

（2）入料粒度为 0～3 mm，相比之前的 0～0.5 mm，处理物料的粒度范围更加宽泛。

（3）粒级可能偏差 E_{pm} 大幅改善，0.5～0.1 mm 粒级可能偏差 $E_{pm} \leqslant 0.10$ kg/L，分选精度更高。

三、创新成果的应用效果对比分析

1. 效果评定试验

（1）粗煤泥分选效率提升。超级煤泥重介旋流器正常投入使用后，按照选煤行业标准对其进行了分选效果评定试验，得到 0.1～0.5 mm 粒度级的小浮沉分配率计算表，具体见表 2。

表2　0.1~0.5 mm 粒度级的小浮沉分配率计算表

密度/($g\cdot cm^{-3}$)	入料/%		溢流/%			底流/%			计算入料/%		离差	分配率
	产率，$\gamma_{本}$	灰分，A_d	产率，$\gamma_{本}$	产率，$\gamma_{全}$	灰分，A_d	产率，$\gamma_{本}$	产率，$\gamma_{全}$	灰分，A_d	产率，$\gamma_{本}$	灰分，A_d	Δ	ε
<1.7	88.66	8.22	95.32	87.10	8.02	10.36	0.89	15.75	87.99	8.10	0.67	1.02
1.7~1.8	1.82	44.29	1.81	1.65	43.84	2.62	0.23	45.38	1.88	44.03	-0.06	12.03
1.8~1.9	1.23	50.78	1.42	1.30	52.93	4.79	0.41	53.07	1.71	52.96	-0.48	24.16
1.9~2.0	0.55	58.28	0.95	0.87	59.97	4.86	0.42	59.22	1.29	59.73	-0.74	32.56
2.0~2.1	0.36	64.37	0.24	0.22	63.39	6.10	0.53	65.16	0.74	64.64	-0.38	70.56
2.1~2.2	0.54	69.90	0.10	0.09	71.71	4.61	0.40	71.11	0.49	71.22	0.05	81.30
>2.2	6.84	86.30	0.15	0.14	84.65	66.67	5.75	87.21	5.89	87.15	0.95	97.65
小计	100.00	15.55	100.00	91.38	10.11	100.00	8.62	73.63	100.00	15.59	0.01	

根据小浮沉分配率计算表，绘制分配曲线，如图4所示。

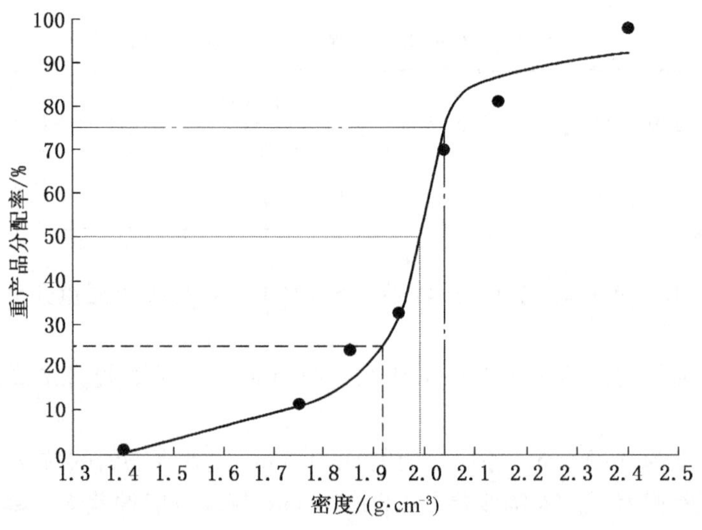

图4　0.1~0.5 mm 粒度级的小浮沉分配曲线

通过分配曲线计算得出可能偏差 $E_{pm}=0.081$ kg/L，低于 0.1 kg/L，证明重介质旋流器具有良好的分选精度，分选下限也达到了 0.10 mm，极大地改善了大屯厂粗煤泥的分选效率。

（2）粗精煤泥灰分明显降低。表3是大屯厂2021年1—9月，生产六级精煤时的粗精煤泥灰分情况。

相比2020年1—12月的平均粗精煤泥灰分10.40%，降低了约1个百分点，降幅明显。

表3 大屯厂2021年1—9月粗精煤泥灰分情况 %

日期		1月	2月	3月	4月	5月	6月	7月	8月	9月	平均	总平均
粗精煤泥灰分	530号	10.02	10.23	9.98	9.45	9.21	8.51	8.92	8.67	9.37	9.37	9.42
	531号	10.21	10.3	9.85	9.75	9.98	8.67	8.59	8.61	9.38	9.48	

（3）介耗明显降低。表4是大屯厂2021年1—9月的介耗情况。

表4 大屯厂2021年1—9月的介耗情况 kg/t

日期	1月	2月	3月	4月	5月	6月	7月	8月	9月	平均
介耗	0.93	0.95	0.85	0.72	0.77	0.83	0.95	0.71	1.03	0.86

从表4中可以看出，2021年1—9月，大屯厂的平均介耗为0.86 kg/t原煤，相比2020年全年大屯厂平均介耗1.19 kg/t原煤，减少了0.33 kg/t原煤。

2. 效益

改造后，粗精煤泥的灰分降低了大约1个百分点，减少了重介背灰，大约能提高精煤产率0.15%。

多回收了精煤，中煤产率相应减少0.15个百分点，精煤价格按照1000元/t、中煤价格按照350元/t计算，大屯厂年入洗量按照3.20×10^6 t计算，可以算出因精煤产率提升，增加的效益值为312万元。

改造后，介耗降低了0.33 kg/t原煤，磁铁矿粉单价按照1000元/t计算，每年原煤入洗量按照3.2×10^6 t计算，每年可节约磁铁矿粉费用105.6万元。

综上，共计为企业增加利润417.6万元。

五、创新成果在行业的推广价值

本项目对煤泥重介系统的优化设计，巧妙地解决了困扰行业多年的煤泥重介密度无法有效控制的难题，对全国范围内使用煤泥重介的选煤厂有很大的借鉴意义。本项目使用的超级煤泥重介旋流器比TBS、TCS等设备具有更高的分选效率，为全国选煤厂的粗精煤泥分选提供了更好的设备选择。

锅炉烟气脱硝实现精准喷氨技术

刘威 孙心 石玉锋 杨立 田仪

国能榆林化工有限公司

一、创新成果的背景与问题描述

随着火电厂最新大气污染物排放标准的颁布及煤电节能减排升级与改造行动的实施，

燃煤电厂必须更加严格地控制烟气中的 NO_X 排放浓度，脱硝效率、喷氨量大小和氨气逃逸率是衡量 SCR 脱硝系统运行是否良好的重要依据。电厂在实际运行过程中，负荷、锅炉燃烧工况、煤种、喷氨格栅阀门开度、烟道流场均匀性、吹扫间隔时间等因素均会影响 SCR 脱硝效率和氨逃逸率。逃逸氨在空预器中会发生黏性的硫酸铵或硫酸氢铵，减少空预器流通截面，造成空预器堵塞，严重影响脱硝机组的安全稳定运行。

二、创新思路与创新方案介绍

1. 基本原理

喷氨优化调整试验主要是通过调节布置在 SCR 进口烟道各组喷氨支管开度，使氨气和烟气充分混合且与烟气流场匹配，提高 SCR 出口 NO_X 浓度分布均匀性，增强 SCR 出口 CEMS 代表性，避免因局部喷氨过量引起的 SCR 出口局部氨逃逸超标现象，减轻由硫酸氢铵引起的空预器堵塞和除尘器污染，确保锅炉安全稳定运行。

2. 关键技术

利用网格法在反应器新增的测试孔进行检测，掌握不同负荷下烟气及 NO_X 在 SCR 反应器内的浓度分布情况，调整喷氨格栅阀门开度。NO_X 浓度及烟气流量分布较大区域，喷氨格栅阀门开度相对较大，反之，靠近 SCR 反应器两侧及低浓度区域喷氨格栅阀门开度较小，通过喷氨优化调整试验，修正 SCR 反应器出口 NO_X 浓度值，改善 NO_X 浓度分布均匀性，避免脱硝运行中烟气流场的不均匀分布，导致在线采样的 CEMS 示值误差。按照脱硝 NO_X 浓度分布图，计算出各区域浓度偏差率，按照浓度偏差率计算出对应喷氨格栅阀门的开度。

三、创新成果的适用范围

燃煤锅炉脱硝选择性还原法工艺。

四、创新成果的应用效果对比分析

1. 涉及主要指标及应用前后指标对比

实施喷氨优化后，分别对 3 号、4 号脱硝出口参数进行调整，脱硝出口与总排口 NO_X 数据偏差由 19 mg/m^3 降到 3 mg/m^3，具体数据见 3 号、4 号脱硝出口与烟囱 NO_X 数据比对图（图 1）。

氨逃逸数据波动逐渐趋于稳定状态，数据由 2.6 μL/L 降至 0.8 μL/L，避免了因氨逃逸反应产物堵塞设备，减少了事故的发生。

2. 先进性及创新性

本项目在脱硝反应器上新增测试孔，采用网格法，精准测量出锅炉不同工况下脱硝反应器内 NO_X 的分布情况，根据 NO_X 分布调整布置在反应入口烟道上的喷氨阀组，使氨气和烟气充分混合且与烟气流场匹配，提高 SCR 反应器中 NH_3 与 NO_X 反应，避免因局部喷氨过量引起的 SCR 出口局部氨逃逸超标现象，减轻由硫酸氢铵引起的空预器堵塞和除尘器污染，确保锅炉安全稳定运行。

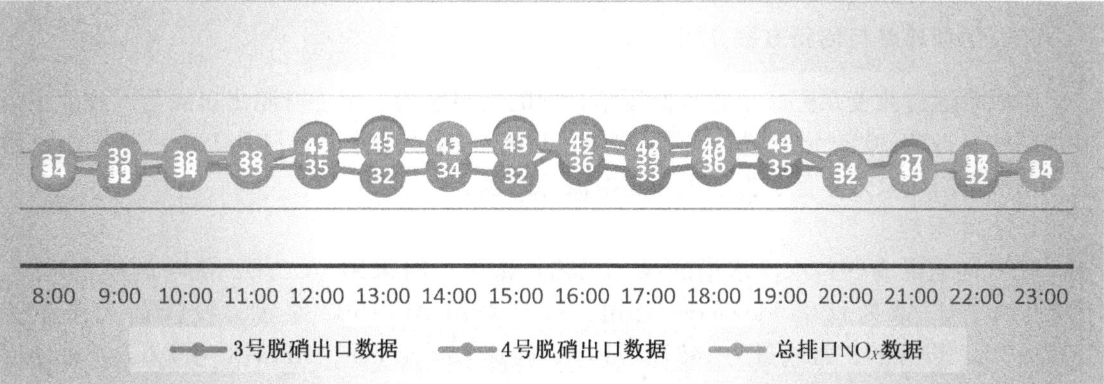

图1　3号、4号脱硝出口与烟囱 NO_X 数据对比图

3. 成果的运行成本和效益

本项目提升工艺操作优化，3号、4号脱硝氨日均耗量由1.8 t减少到1.2 t，年节约用量220 t，液氨单价约3500元，年可节约液氨费用220×3500＝77万元。

五、创新成果在行业的推广价值

该项目通过优化工艺调整实现精准喷氨，环保和经济效益显著。1~4号锅炉脱硝精准喷氨成功应用，起到了良好的示范作用。日后可在其他新建或改扩建锅炉应用，在节能减排方面有更大的应用空间。

MTO装置水洗水塔底泵结构优化改造与创新节能改造成果

陈　斌　闫庆亮　陈海辉　胡　斐　许　锐

国能包头煤化工有限责任公司

一、创新成果的背景与问题描述

MTO装置水洗塔塔底泵为关键设备，在生产工艺中位置重要，水洗水循环量对产品气降温和洗涤少量催化剂起着决定性作用，关乎装置长周期运行。该泵为API610标准BB2型大流量离心泵，国内的MTO装置机泵运行性能普遍低于该泵，泵送流量无法满足生产高负荷需要，泵内部件磨损严重，效率低，振动大，电机电流大，严重时机泵无法运行。提高水洗水泵的运行效能已经成为亟须解决的问题，水洗水泵能否平稳运行影响装置高负荷运行。

二、创新思路与创新方案介绍

本成果通过改变泵壳、泵盖高低压结合面的密封结构、增加叶轮出口隔舌、改变出口叶片结构（改为30°交错布置）、增加泵盖止口前导向锥面并设置钉孔等一系列措施，解决了水洗水塔底泵效率低、振动大、超电流等问题。

1. 基本原理

MTO装置共有3台水洗水塔底泵，工艺正常生产时采用“二开一备”的模式运行。机泵原生产厂家为日本Flowserve公司，机泵采用APPIBB2泵型，设计最大流量为1817 m^2/h，设计的正常流量为1457.3 m^2/h，转速1493 r/min，HPSHR为4.6 m，轴功率为693.8 kW，机泵扬程120 m，效率为80%。

水洗水泵泵壳与泵盖高、低压分界面采用间隙配合，泵壳、泵盖的这种安装设计方式可保证泵壳、泵盖较为简单的安装，降低了检修时的拆卸及安装难度，但是会造成较大的内部回流，容积损失也较大，还会增加泵组噪声及振动。机泵长期运行后，间隙被含颗粒的介质冲刷越来越大，致使泵组流量不足、效率下降、电流增加，严重影响系统稳定运行。因该机泵为大流量机泵，在运行过程中泵体内部存在较大的压力脉动，导致机泵泵体振动较大。

2. 关键技术

（1）改变泵壳、泵盖高低压结合面的密封结构，在泵体内部增加L型密封面，将间隙配合改为轴向密封结构，减少机泵内部回流，提高机泵容积效率。

（2）对机泵叶轮的叶片进行改造，叶轮出口增加隔舌，出口叶片结构改为30°交错布置。优化叶轮内部介质的流动状态，提高机泵的运行效率，进一步降低机泵运行电流。

（3）泵盖止口前增加导向锥面并设置钉孔，简化了安装、维修的难度。

3. 工艺流程

（1）优化泵壳、泵盖密封方式，将间隙配合改为轴向密封结构。原泵体泵盖在蜗壳处采用间隙配合，该配合处为吸入室和压出室的分界面，存在泵扬程压力差。改造中为减少泵内无效回流，在泵壳、泵盖配合处增加密封结构，杜绝无效回流，可以有效防止泄漏损失，提高机泵容积效率。

（2）优化泵壳、泵盖安装结构，简化了安装、维修的难度。同时为了不增加检修时拆卸及安装的难度，将泵盖止口前增加导向锥面，另顶丝处增加一启钉孔，防止在启盖过程中将泵体端面划伤进而导致配合的同心度不能满足设计要求。结构更改前后对比如图1所示。

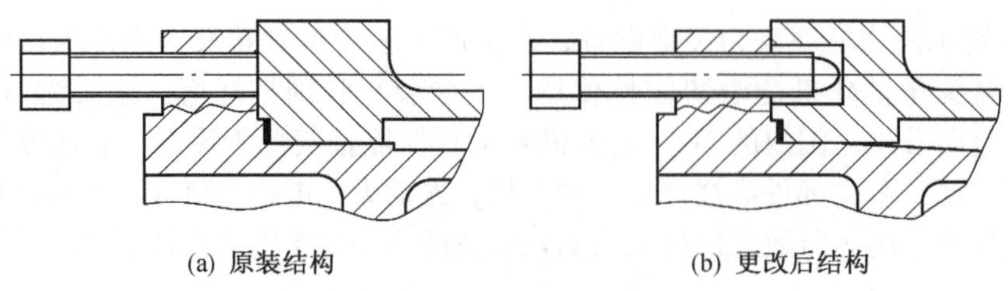

(a) 原装结构　　(b) 更改后结构

图1　泵壳顶丝改造前后对比图

(3) 对叶轮的叶片进行改造，减少机泵振动，降低机泵能耗。叶轮出口增加隔舌，出口叶片结构呈交错布置，交错式叶片可以使叶轮出口与压出室进口水流平稳过渡，可有效降低压力脉动引起的泵振动。通过模拟数值分析叶片交错角度分别为0°、15°和30°时的叶轮流态，并与原泵进口机泵数据进行了对比。结果表明：流量小于0.8Q时，随着叶片交错角度的增加，扬程值逐渐降低，效率值无明显变化；流量大于0.8Q时，扬程和效率值随着叶片交错角度的增加而逐渐增加。同一流量工况下，随着叶片交错角度的增加，压出室内同一位置处静压值逐渐增大，相对速度值逐渐减小。叶片出口附近高速值及高速区域范围随着叶片交错角度的增加逐渐增大。叶片交错角度为30°的扬程和效率试验值均大于原泵试验值。

通过数值模拟对比分析3种不同交错角度下叶轮的水力性能，最终选用水力性能最优的叶片交错角度为30°的叶轮为生产叶轮，吸入室与压出室也重新设计并加工生产。

三、创新成果的适应范围

本成果适用于MTO装置急冷塔、水洗塔塔底泵，同时也适用于API610标准下BB2型大流量离心泵的优化。

四、创新成果的应用效果对比分析

成果实施后，水洗水塔底泵改造机泵与原泵性能试验对比见表1。

表1 改造机泵与原机泵性能试验对比

测量项	改造机泵	原机泵
电流/A	56	62
水平振动值/($mm \cdot s^{-1}$)	<1.5	<4.9
轴向振动值/($mm \cdot s^{-1}$)	<1.5	<2.8
垂直振动值/($mm \cdot s^{-1}$)	<1.5	<3.8

由表1可以看出，与原泵相比，改造机泵电流从62 A降到56 A，各方向上振动值明显减小。水洗水塔的循环量由原来的2600 m^3/h提高到3600 m^3/h，水洗塔塔底温度由原来的114 ℃降到94 ℃，大大提高了水洗塔的操作弹性。泵运行平稳、噪声小且效率高，节能降耗明显，优化后单台泵的电流可以降低6 A，该泵的额定电压为10000 V，功率因数是0.89，每台泵每小时可节约用电92.5 kW·h，全年可节约7.4×10^5 kW·h工业用电。该成果的实施使水洗水塔底泵的运行问题得到了解决，水洗塔的循环量提高近1000 t/h，间接提高了水洗塔的操作弹性，缓解了水洗塔塔盘的堵塞。

五、创新成果在行业的推广价值

国能包头煤化工MTO装置水洗水塔底泵的运行安全直接影响装置的安全长周期运行。该泵优化改造成功为同行业同装置类似问题提供了技术支撑，对同类装置的长周期运行优化有很强的借鉴性，具有很好的推广价值。同时，在不改变原设备其他配件的前提下，对机泵进行优化创新改造，实现机泵的节能降耗，符合我国“节能减排”经济发展的主旋律，通过节约能源的科技创新，展现企业的科技形象。

料仓总成及粉料输送系统优化

叶　飞　肖　杰　李　成　苇振东　朱德汉

国能新疆化工有限公司

一、创新成果的背景与问题描述

粉料（如石灰）在料仓主体内向外输送时，总是中间部位的粉料先落下。料仓主体的形状如漏斗，周围仓壁位置的粉料由于物料特性吸潮，在静电作用下会增强物料与仓壁的黏附力，导致结拱。

二、创新思路与创新方案介绍

1. 主要内容

设置防止料仓壁黏附粉料的刮料刀、能够使料仓振动的振动器以及通过通气装置使粉料流化，这三种手段结合可以有效解决料仓架桥、下料不稳的问题。

2. 基本原理

仓壁位置的粉料在缺少中间粉料的支撑后下滑至输送位置，料仓较大时，堆积压力上升，粉料的堆积密度会上升，形成一定的应力阻止粉料正常下滑形成架桥。在料仓内设置刮料装置可以防止料仓壁上黏附粉料，设置振动器对料仓进行振动都可以防止料仓阻塞。但是，在空气潮湿或雨雪天气时，物料会造成料仓锥部粉料板结，此时由于刮料刀高度限制采用刮刀进行刮料较为困难，对瞬时流动函数高的颗粒采用振动方式，振动时特别容易因为物料的密集导致流动的中断，增加了结拱处的固结强度，此时可以通过通气装置向粉料仓内通气，降低应力作用使粉料流化从而疏通料仓。

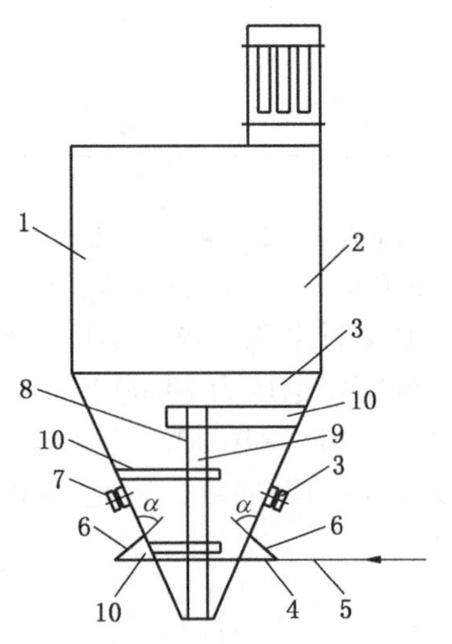

1—料仓主体；2—直筒段；3—锥形段；4—通气装置；5—通气总管；6—通气管；7—振动器；8—刮料装置；9—转轴；10—刮料刀

图 1　料仓总成图

3. 关键技术

料仓总成通过刮料刀、振动器以及通气装置的结合，可以有效解决料仓架桥、下料不稳的问题。

4. 工艺流程

仓料总成如图 1 所示，料仓主体包括位于上部的直筒段以及位于所述直筒段下方的锥形段。

由于锥形段是最容易导致粉料架桥的位置，所述通气管穿在锥形段的壁上。沿锥形段的周向间隔设置多个（两个或两个以上）通气管。

通气管设置向上倾斜的预设角度 α，以便向上吹气，向上的气流利于粉料流化。在本实施方式中，通气管伸入料仓主体内部 15~25 cm，α 大致设置为 45°角。

通气装置还包括与气源连接的通气总管，多个通气管分别连至通气总管，通气总管上设有用于调节管内气体流量的调节阀。

通过调节阀调节气体流量，避免通气量太大导致输出的粉料灰尘太大；如果通气量不足，气体不能足够流化，影响粉料架桥问题的解决。因此，需要通过调节阀将通气总管的流量调合适。

刮料装置的刮料刀设置为对料仓主体的锥形段的内壁进行刮料。刮料刀可以刮掉锥形段的内壁黏附物料。

刮料装置还有能够转动的转轴，该转轴与锥形段同轴设置，刮料刀安装在转轴上且从转轴延伸至锥形段的内壁，这样，刮料刀在随转轴转动的过程中可以对锥形段内壁进行刮料。

根据需要，轴向上可以间隔设置多个刮料刀。

振动器设置在料仓主体的锥形段上，沿锥形段的周向可以间隔设置多个振动器。

三、创新成果的适用范围

适用于所有涉及粉料料仓使用的装置。

四、创新成果的应用效果对比分析

1. 成果使用前相关指标值

原设计料仓经常因仓内架桥造成无法正常下药，影响生产运行，需进行放空，人工清理后重新装料。

2. 涉及成果主要指标及指标值

料仓改造后减少因架桥清理造成的三剂浪费成本，降低了员工工作负荷，实现了装置的平稳运行。

3. 运行成本

减少了架桥清理的三剂浪费成本，节省了人工清理产生的人工费，主要为工厂自产的工厂风成本。

五、创新成果在行业的推广价值

经过三年运行料仓没再发生过一次架桥问题，所有涉及粉料料仓使用的装置均能使用本方案。根据实际情况，可以将此方案推广至石油、煤炭、冶金、化工、电力等企业。

刮板输送机加装断链保护装置

李永刚　刘　毅　张建军　麻旭东

国能乌海能源黄白茨矿业有限责任公司

一、创新成果的特点

洗煤厂所用的刮板输送机出于安全及防尘考虑全部加装了盖板，不方便人眼观察，长期运行过程中，因为磨损或物料卡堵容易造成异型钢断裂、链条松弛飘链、断链等现象。在刮板输送机出现故障时，岗位工如不能够及时发现和停机，会造成设备损失扩大，同时给抢修、维护带来更大难题。

二、创新思路与创新方案介绍

1. 基本原理

断链失速保护器是一种能够迅速判断刮板输送机是否断链、失速的保护装置。该装置包括信号采集元件、控制单元，信号采集元件是一个检测异型钢对应设置的红外线传感器，红外线传感器安装在刮板输送机盖板的固定支架上；控制单元是安装在控制箱内的多功能脉冲信号控制器，红外线传感器的脉冲信号输出端与多功能脉冲信号控制器连接，多功能脉冲信号控制器的控制信号输出端与刮板输送机的控制回路连接。能够准确、迅速地判断刮板输送机是否断链及失速，结构简单，安装方便，信号准确稳定，更换简单，便于维护和保养。

2. 关键技术

在刮板输送机控制回路内取多功能脉冲信号控制器的电源，起动刮板输送机时多功能脉冲信号控制器同步得电。

采用感应距离 100 mm 且抗干扰的红外线传感器安装于刮板输送机盖板处并且垂直于异型钢的运行方向，探测距离有效，红外线传感器电源及信号传输线正确接入多功能脉冲信号控制器端子内。

将多功能脉冲信号控制器输出端（常闭端）串联接入刮板输送机控制回路。

3. 工艺流程

刮板输送机正常起动时每 0.76 s 检测一次刮板输送机异型钢脉冲信号，如断链或者失速时未检测到脉冲信号或脉冲信号超过 0.8 s 的时限，刮板输送机将被强制停机同时多功能脉冲信号控制器故障指示灯亮，达到断链及失速保护功能。

4. 主要指标前后对比

减轻了岗位司机的工作量，刮板输送机由专人值守变为巡岗，且故障发现及时可以迅速停止整个洗选流程，避免故障变为事故。

刮板输送机出现问题后强制停机，故障均可得到快速处理并能避免事故扩大化，降低了故障处理难度。

三、创新成果的适用范围

适用于封闭式刮板运输机，用于对链板的检测。

四、创新成果的先进性及创新性

利用红外线，检测刮板输送机链板信号，解决刮板输送机易出现的断链、异型钢拉断等问题。

刮板机正常运行时，刮板平行通过，红外线传感器接收信号，此状态下的工况如图 1 所示。

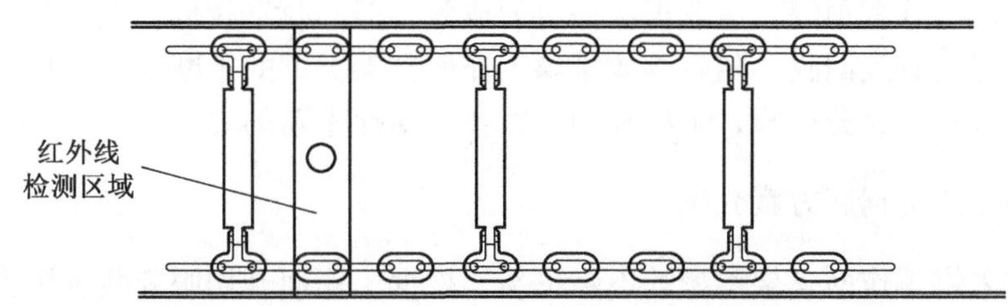

图 1　刮板输送机正常运行时红外线传感器检测到的状态

刮板输送机出现断链故障，单链牵引造成刮板跑偏，异型钢通过红外线传感器时，超过时限，多功能脉冲信号控制器发出故障信号，判断为刮板链断或故障，直接停机，此状态下的工况如图 2 所示。

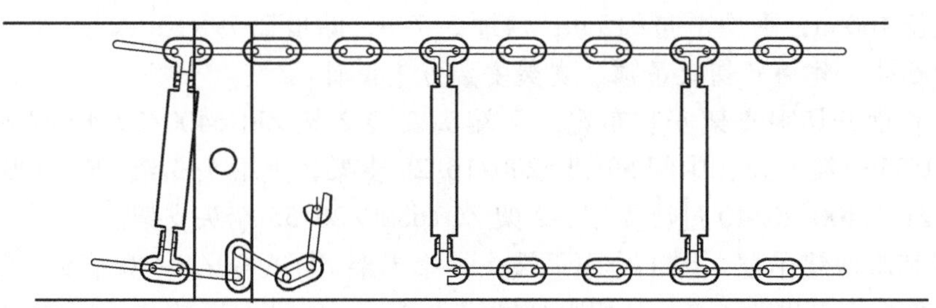

图 2　刮板输送机断链时红外线传感器检测到的状态

五、创新成果在行业的推广价值

该装置能有效地检测到刮板输送机的运行状态，可以代替员工揭盖检查，降低岗位司机的劳动强度，避免事故扩大化，很大程度上减轻了机电人员的工作强度，同时降低了维修成本。

切眼双错吊顶支护

王言波　薛立飞　黄利永　李平力　张　振

冀中能源峰峰集团有限公司大社矿

一、创新成果的背景与问题描述

井工开采煤矿综放采煤工作面上下端头的三角煤回收一直是很难解决的问题。为了最大限度地回收煤炭资源，减少资源的损失，工程师采取了很多回收三角煤的办法，比如使用支架增高帽、两巷配顶等，虽取得了一定的成效，但回收率较低，尤其是开切眼至摸底段的原煤无法得到有效回收。随着综放采煤工作面支架类型的不断更新，如何更有效地将综放工作面煤炭资源充分回收，工程师们一直在不断探索新的方法。

二、创新思路与创新方案介绍

随着综放采煤工作面支架类型的不断更新，根据工作面开切眼安装选用支架类型，引入端头支架、过渡支架。在工作面开切眼支架安装前，根据煤层厚度、支架支护高度，使用锚索、废旧轨道、槽钢、板梁进行双错吊顶支护，使工作面开切眼支架安装时直接摸煤层底板。顶部为吊顶支护接顶，形成综放工作面开切眼推采即摸煤层底板的状态，使综放工作面上下端头三角煤及原先的开切眼至摸底段原煤可以全部回收。结合本矿实际，给出了92606外工作面开切眼双错吊顶支护设计。

1. 92606外工作面基本情况

开切眼长100 m，平均走向315 m，煤厚5.7 m，储量2.79×10^5 t。

2. 92606外工作面开切眼吊顶、支架安装方案设计

（1）工作面开切眼支架安装布置。下端头安装2架ZFG6400/20/40端头支架、2架ZFG5400/20/35过渡支架，中间59架5200/16/28支架，上端头3架ZFG5400/20/35过渡支架、2架ZFG6400/20/40过渡支架、2架ZQT6800/26/55端头支架。

（2）开切眼双错吊顶。因工作面下端头，第1架ZFG6400/20/40端头支架接顶布置，要求开切眼顶板下高度为4 m，开切眼高度定为4 m。从机头煤帮往机尾方向3 m开始进行吊顶，吊顶高度如图1所示。第2架吊顶0.3 m，第3架吊顶高度为0.6 m，第4架吊顶高度为0.9 m，第5架至第63架吊顶高度为1.2 m，第64架至第68架吊顶高度依次为1.0 m、0.8 m、0.6 m、0.4 m、0.2 m。第69架、第70架端头支架接顶接底。

（3）吊顶使用7 m锚索配合长5 m、重18 kg/m的废旧轨道作为吊梁，煤壁至老空方向5 m范围内吊顶，每根轨道配合3根7 m锚索，锚索打设距道头0.5 m，间距2 m。开切眼下口往上端头方向1.5~9 m、93~99 m，轨道吊棚垂直煤壁布置，棚间距0.9 m，2个吊棚上使用ϕ1.4 cm、长1.4 m一面平杂木板梁摆架接顶。9~93 m轨道吊棚平行煤壁0.5 m

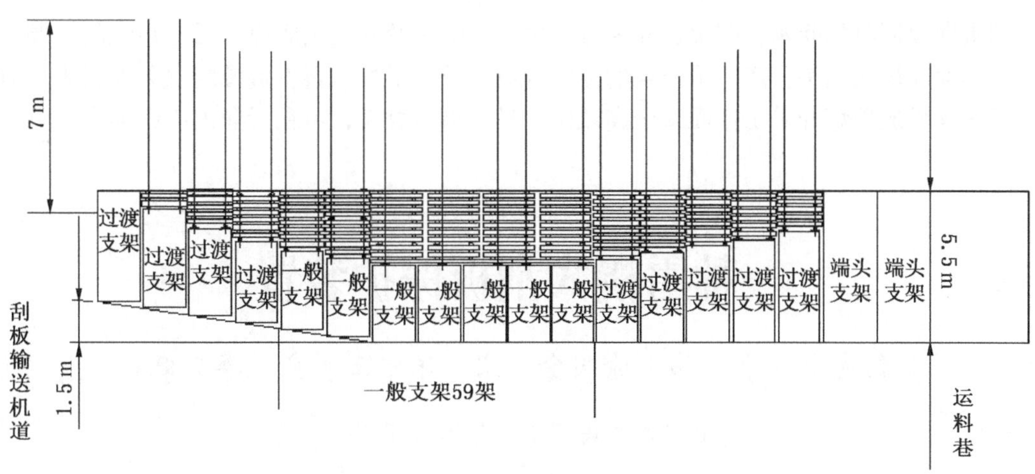

图1　92606 工作面吊顶支护示意图

打设，轨道吊棚间距 1.3 m，打设 4 路，2 个吊棚上使用 ϕ1.4 cm、长 1.8 m 一面平杂木板梁（道木）摆架接顶。为加强顶板支护，吊顶下打设液压点柱，作为补强支护，一梁四柱，间距 1 m，距吊棚头 0.5 m 开始打设，如图 2 所示。

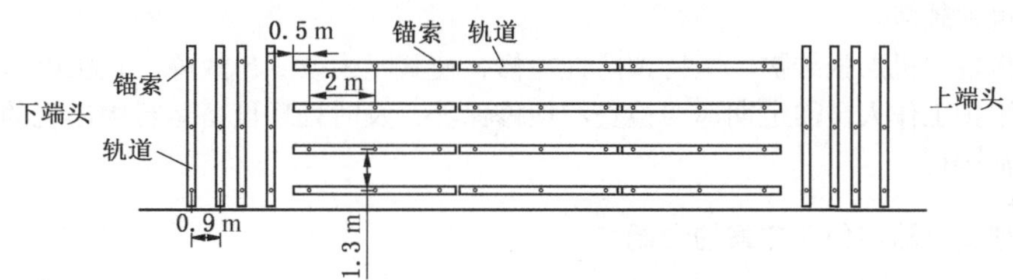

图2　开切眼吊棚及锚索布置示意图

三、创新成果的适用范围

适用于井工开采煤矿，中厚煤层，综放采煤工作面开切眼安装。

四、创新成果的应用效果对比分析

92606 外工作面开切眼使用双错吊顶支护，回收开切眼底煤 3368 t、三角煤 1453 t，共计回收煤炭 4821 t，按吨煤 500 元计算，合计可创造经济价值 241 万元。

上下巷三角煤回收：工作面平均走向 315 m，每米可多回收三角煤 65 t，则该工作面共多回收三角煤 20475 t，按吨煤 500 元计算，合计可创造经济价值 1023.75 万元。

上述两项共多回收原煤 25296 t，共产生经济效益 1264.75 万元。

五、创新成果在行业推广的价值

井工开采煤矿综放采煤工作面开切眼双错吊顶支护，解决了放顶煤开采工作面开切眼及出开切眼底煤回收的问题，解决了回采过程中上下端头及巷道丢底煤、丢三角煤的问题，提高了工作面原煤采出率，产生了极高的经济效益，减少了不可再生资源的永久性丢失。对于井工开采煤矿放顶煤开采工作面安全高效生产具有借鉴意义，可在行业内广泛推广应用。

一种雪橇式刮板保护装置

何光太　宋　伟　徐同金　宋　军　王　良　李兴旺

山东能源集团枣矿集团柴里煤矿

一、创新成果的背景与问题描述

刮板输送机作为一种运输设备，因其特有的优点被广泛应用于生产活动中，其是否可靠、稳定、高效运行将直接影响着企业的生产能力和企业的经济效益。然而，在使用过程中，由于磨损、碰撞、高强度拉伸、负荷过大、物料等原因，经常发生刮板拉斜、掉链、飘链、断链等事故，事故发现得越晚、持续的时间越长，处理的难度也越大，投入的人力物力财力也就越多。

对刮板输送机加强维护、坚持预防性检修，使其不出或少出故障，是机电管理中的重要一环。维护工作人员需定期巡回检查和检修保养，及时处理设备运行中出现的问题，保证设备正常运行。

二、创新思路与创新方案的介绍

采用一种雪橇式刮板保护装置实现上述目标，该装置包括固定架、雪橇板、雪橇连板、螺栓、弹簧、接近开关、接近开关支架、链条。两个弹簧贯穿固定架内部，两个雪橇连板连接雪橇板，呈对称布置，雪橇板和雪橇连板通过弹簧与固定架相连，弹簧的内侧安装螺栓，接近开关安装在接近开关支架上，接近开关支架通过螺栓固定在雪橇连板上，固定架通过链条相连。

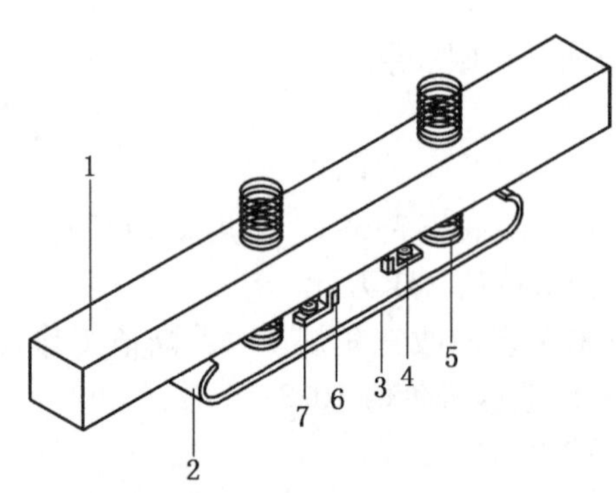

1—固定架；2—雪橇板；3—雪橇连板；4—螺栓；5—弹簧；6—接近开关；7—接近开关支架

图 1　一种雪橇式刮板保护装置示意图

固定架、雪橇板、雪橇连板、接近开关支架均采用不锈钢材质；接近开关装配警报器并与刮板接触；链条有两个，能够连续连接多个保护装置。

创新成果在正常工作的情况下，两个接近开关能同时与刮板接触（两个开关与刮板接触的时间差小于 500 ms），时间差大于 500 ms 时设备报警，需要进行纠正。在运行状态下当时间差大于 5 s 时，可以判断链条是否断裂。

一种雪橇式刮板保护装置结构示意如图 1 所

示，实物如图2所示。

图2　一种雪橇式刮板保护装置实物

三、创新成果的适用范围

本成果广泛适用于刮板输送机技术领域，能有效保护对刮板输送机。

四、创新成果的应用效果对比分析

通过刮板保护装置的使用，实现了对不同刮板输送机的检测保护功能，通过程序编写和自学习功能开发以及光电开关故障自检功能、角度可调的拉斜故障检测、断链故障检测、失速故障检测等功能，实现了刮板输送机拉斜、掉链、断链、堵转等故障的实时监测、报警和上传功能。该保护装置保证了刮板输送机安全高效运行，让设备不出事故或少出事故，能够将事故隐患消灭在萌芽状态，降低事故率，防止突发事故进一步扩大，延长设备使用寿命，提高了运行效率，节约了运行成本，降低了职工劳动量和劳动强度，提升了设备安全性能。

五、创新成果在行业推广的价值

该创新成果在枣矿集团内部推广应用，相互学习和共享发明成果，互相促进，共同提高，实现了全集团在刮板机使用效果上的进步，凸显了成果推广的价值。

一种管状带式输送机涨肚预警装置

何光太　宋　伟　宋　军　徐同金　顾剑涛　张　涛

山东能源集团枣矿集团柴里煤矿

一、创新成果的背景与问题描述

针对管状带式输送机的保护较齐全，但还没有管状带式输送机涨肚预警的有效检测方法。一旦出现此类故障，如不及时处理，会导致涨肚输送带沿线过长出现涨肚现象。当带式输送机被卡死而保护跳闸时，往往错过了事故处理的最佳时间。发现不及时，再进行处理时就需要投入更多的人力和时间清理堵卡的物料。

通过自行设计加工的涨肚预警停车装置的使用，大大降低了管状带式输送机的涨肚现象。

二、创新思路与创新方案的介绍

涨肚预警停车装置主要由滚动轮、支架、拉簧、接近开关等组成。滚动轮用尼龙材料加工而成，减轻了对输送带的磨损。支架用 50 角钢、扁钢加工而成，固定在带式输送机机架上。拉簧用来调节滚动轮涨紧度，对其进行实时调整并使其复位。涨肚检测装置用支架固定在输送带两侧的机架上。

装置安装示意图如图 1 所示，装置结构如图 2 所示。

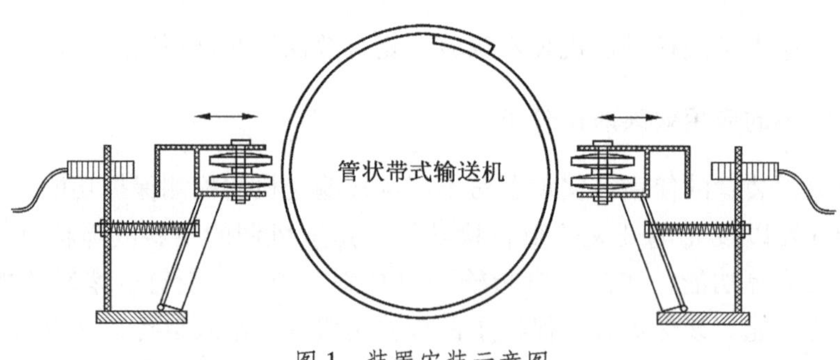

图 1　装置安装示意图

工作原理：带式输送机运行时，装置通过限位器对输送带管径进行检测，滚动轮在拉簧的作用下，自动调节与输送带的松紧度，滚动轮在输送带表面进行伸缩运动。当输送带内出现物料淤积或异物，导致管径涨大超过预设限位时，与滚动轮连接的接近面靠近接近开关，通过接近开关触发涨肚故障预警和停车信号，并使 PLC 柜内带式输送机保护的故

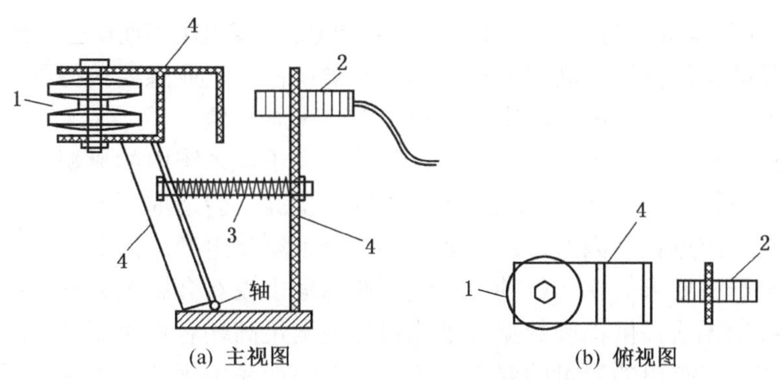

(a) 主视图　　(b) 俯视图

1—滚动轮；2—接近开关；3—拉簧；4—支架

图2　装置结构图

障继电器端子带电，通过环网传输给调度台以弹出故障预警的显示信息，方便通知相关人员及时处理以防事故进一步扩大。

三、创新成果的适用范围

本装置结构简单，安装方便，适应狭小空间工作，灵敏度高，故障率低，适用于各类管状带式输送机。

四、创新成果的应用效果对比分析

通过该装置的安装和投入使用，当出现此类现象时，调度和巡岗司机能及早发现矸石输送机涨肚故障，发现得越早处理难度就越小，排除故障所用的时间也就越少。方便密控员根据矸石的多少调整入洗原煤量，有效提升设备的运行质量和运行效果。改造后能对管状带式输送机进铁器起到一定的保护作用，减少了因铁器引起的输送带损坏的可能。

五、创新成果在行业推广的价值

本装置在各类在用管状带式输送机中有较好的推广使用价值，降低因输送带涨肚引起的停车事故。

建立精己二酸中钙含量的分析方法

邓亚丽　赵艳红　贾文敬　马　燕　宋建伟

开滦集团唐山中浩化工有限公司

一、创新成果的背景与问题描述

我国的己二酸行业发展十分迅速，产能从 2011 年的 7.45×10^{5} t/a 增长至 2019 年的

2. 45×10^6 t/a，几乎全球所有的己二酸新增产能均来源于我国。随着己二酸生产规模的增大，己二酸产品的市场价格不断走低、盈利空间被挤占。企业想要获得更好的发展，就要不断提升改进产品质量，在激烈的市场环境中占有一席之地。

己二酸生产过程中会引入金属钙离子，随着钙离子在系统内的累积，精己二酸产品中也会有残存的金属钙离子。如果己二酸产品中钙含量高，会造成下游产品聚合反应催化剂失活，进而影响反应进程。因此，己二酸下游部分聚氨酯生产厂家对精己二酸产品中金属钙离子含量提出严格要求。在执行的己二酸行业标准中没有金属钙离子的检测方法，使己二酸在销售过程中无法提供检验数据，不能很好地满足高端客户对于己二酸产品的质控要求。为满足下游客户提出的质量的要求，建立己二酸产品中钙离子含量分析方法，弥补行业标准检测空白，增加下游客户对产品质量的认可度，提高产品在高精尖行业市场的占有率。

二、创新思路与创新方案的介绍

（1）实验仪器选定。己二酸中微量金属钙离子的分析方法未见国内文献的报道，一般微量金属离子的分析方法主要有原子吸收分光光度计法，该法灵敏度高，但操作烦琐，且基体干扰严重。而电感耦合等离子发射光谱具有准确度好、谱线选择范围广、检测限低及可多元素同时测定等特点，在食品、化工等领域得到了广泛应用。实验采用电感耦合等离子发射光谱法进行方法探究。

（2）样品的预处理。由于己二酸在水中及常见有机溶剂中的溶解度较小，同时考虑降低环境污染、减少废液排放的原则，最终选择无机法进样。通过将己二酸在坩埚中燃烧炭化至无烟后，再放入马弗炉中高温灰化，加入一定量盐酸加热溶解灰分，用超纯水定容。

（3）样品测定。通过对比实验考察射频功率、载气流量、雾化器流量、试液提升量等主要因素对元素测定的影响，选定 ICP 仪器工作参数。

实验中选取 2~3 条灵敏度较高的特征波长，对标准溶液和样品进行测定，根据谱线形状、在波长附近有无干扰、信备比等选择出合适的分析波长，按照实验方法导入不同浓度标准溶液，测定标准曲线，经测定选择曲线相关系数为 0. 9999 的波长（317. 933 nm），工作曲线线性关系良好，分析结果稳定可靠。

连续测定 11 次空白溶液（2%盐酸溶液），由测定值计算标准偏差（s），将相应信号的 3 倍标准偏差所对应的待测物浓度定为检出限，用样品 1 测定本方法的精密度，计算 5 次结果的相对标准偏差（RSD），待测结果见表 1。

表 1　待测结果统计

元素	标准偏差 s/($\mu g \cdot mL^{-1}$)	相对标准偏差（RSD）/%	检出限/($\mu g \cdot mL^{-1}$)
Ca	0. 001717	4. 18	0. 005152

从表 1 中可见，金属钙离子分析方法的相对偏差（RSD）为 4. 18%，方法的重现性较好，可满足分析要求。进行加标回收实验，加标结果见表 2。

表 2　加标回收实验结果统计

样品号	测定值/（μg·mL⁻¹）	加标/（μg·mL⁻¹）	加标测定结果/（μg·mL⁻¹）	扣除本底值测定结果/（μg·mL⁻¹）	回收率/%
1	0.322	0.1	0.420	0.097	98
		0.1	0.426	0.106	106
		0.1	0.414	0.092	92
2	0.455	0.2	0.654	0.199	99.5
		0.2	2.64	1.88	94
		0.2	2.70	1.94	97
3	0.455	0.3	0.759	0.304	101.3
		0.3	0.761	0.306	102
		0.3	0.754	0.299	99.7

从表 2 中可知，测定方法的回收率为 92%～106%，说明方法准确、可靠，可用于实际样品的分析。

三、创新成果的适用范围

通过对样品的分析可知，不同批次己二酸产品含有的钙离子含量差别较大，因此可以通过制定分析频次，定期对产品中钙离子进行测定，生产部门根据检测结果了解产品中钙离子的变化，及时调整工艺参数，通过加大水系统的置换频率、及时更换滤布等措施减少产品中钙离子的残留，提高产品质量，满足下游厂家的质量要求。

四、创新成果的应用效果对比分析

通过定期对己二酸产品中钙离子检测，中浩公司产品中钙离子含量保持在 0.5×10^{-6} 以下，完全满足下游客户提出的 1.5×10^{-6} 的要求，保证产品持续供应，该方法建立以来没有收到产品中金属钙含量高的投诉反馈。

五、创新成果在行业推广的价值

精己二酸是由粗己二酸脱色提纯得到的高纯己二酸，广泛应用于化工生产、有机合成工业、食品医药、润滑剂制造等领域。精己二酸中金属杂质元素含量关系到精己二酸的品质，直接影响其应用范围。因此，在生产过程中监控金属杂质元素的含量具有重要意义。

实验建立的金属钙离子检测方法是一种非标准分析方法，该分析方法的应用可以补充精己二酸行业标准检测项目。通过改变测试条件，不仅可以测定精己二酸中钙离子的含量，还可以测定其他重金属元素，如铜、钒、铁、铬、汞等金属离子。

配煤技术优化提质增效的应用

陈 霞 李栋柱 刘金波 李文晴 瓮双太

内蒙古恒坤化工有限责任公司

一、创新成果的背景与问题描述

中国的煤炭利用以燃烧为主，在加工利用方面比较薄弱，原煤入洗率低，只有1/4左右，大部分原煤在使用前不经洗选。因而商品煤质量较差，平均灰分为20.5%，平均硫分为0.8%。

型煤技术虽已有较长的发展历史，但技术、设备的改进与提高效果不尽如人意，技术推广速度缓慢，型煤产量仍较低。动力配煤与水煤浆技术的发展可以说还处于初级发展阶段。中国的煤炭洁净加工与高效利用虽然前途光明，但是任重道远。

以内蒙能源自产气肥煤、冶炼精煤两种煤为主原料，生产硫含量较高的焦炭。制定全年计划目标，加强小焦炉实验，不断优化配煤配方，深度脱硫项目投用提升脱硫能力，集团公司下达了“降低环保风险，对配煤进行优化，确保2021年自产高硫气煤和气肥煤年用量4.00×10^5 t以上且达到全年消耗总煤量的40%”的任务。

二、创新思路与创新方案的介绍

1. 基本原理

（1）根据集团公司工作任务目标全年计划、节点和焦炭市场行情、客户需求，结合公司生产实际，不断调整优化配煤配方，确保自产高硫煤全年度最大限度使用。

（2）加强质检化验管理，确保原料煤、配合煤、煤气组分各项分析数据精准可靠，为优化配煤工艺提供第一手数据。

（3）加强小焦炉实验管理，新配方使用前要得到充分的试验论证，确保生产系统稳定。

（4）完成深度脱硫项目，提升脱硫能力，确保煤气净化指标合格，为提高高硫煤配比提供技术支撑。

2. 关键技术

（1）调整配合煤比例，有计划地进行试验。坚定不移地探索冶金焦生产方向，认真总结冶金焦生产经验，研究出成熟可行的生产方案。

①利用100 kg捣固式小焦炉研究高硫冶金焦生产方案，研究配合煤煤种和用量，探索生产高硫冶金焦最佳配合煤比例。

②建立大焦炉生产试验模型，根据大焦炉规格建立直径350 mm、高450 mm的圆柱形试验模型，贴近真实生产。

（2）8月26日，深度脱硫项目投用，为完成自产高硫气煤和气肥煤年用量4.00×10^5 t以上且达到全年消耗总煤量的40%任务的提供技术力量。

3. 系统构成

为完成集团公司2021年度重点工作要求，成立了工作小组，由公司负责人任组长，生产、技术副经理任副组长，生产技术部、基建办、经营管理部、财务部为成员，工作组在生产技术部下设办公室，生产技术部负责人为办公室主任，具体负责相关方案的督促、推进。各生产车间及有关部门人员配合完成。

4. 工艺流程

以提产提效为中心,科学生产,制定合理月度生产任务指标,合理调整生产工序,强化配煤管理,强化质检化验管理,稳定生产;同时,继续进行焦炭筛分优化,研究生产冶金焦。

科学谋划生产方案，研究设备以小焦炉试验和大焦炉试验为主。不断优化生产方案，满足低成本、高质量生产方案，确保完成年度重点工作任务。强化化验检验管理，反应产品真实质量。进一步优化方案，同时优化产品种类，提高产品收益。焦化行业和有类似技术难点的企业可以实现降本增效，形成企业独特风格的技术管理。

三、创新成果的应用效果对比分析

1. 高硫煤消耗对比

截至12月23日，共调整配比29次，累计消耗高硫煤 51.16×10^4 t，完成全年总任务量的127.91%，达到全年消耗总煤量的40.73%。

2. 工艺系统稳定运行

深度脱硫项目投用后，净化后煤气含硫量明显降低，项目投用前，净化后煤气硫化氢含量稳定在0.33 g/m^3，波动较大；项目投用后，净化后煤气硫化氢含量稳定在0.18 g/m^3，波动较小，整体较稳定。项目投用后，高硫煤用量平均提高了约6%，净化前的煤气硫化氢含量提高了3~5 g/m^3。

3. 环保达标

通过不断优化配煤方案，投用深度脱硫项目，提高脱硫效率，降低净化后煤气硫化氢含量，加强锅炉运行管理，加强锅炉烟气脱硫指标管控及设备的维护保养，确保锅炉烟气在线数据达标。

4. 提升产品，提高销售竞争力

通过优化配煤方案，提升了产品质量，降低了焦炭水分，减少了焦炭焦末的产生量，提高了粗苯、焦油等化产品的质量。

通过优化配煤方案，提高产品产量，截至12月23日，焦炭产量已完成 1.03×10^6 t，预计2021年全年可完成产量 1.05×10^4 t；焦油产量已完成 6.13×10^4 t，预计2021年全年可完成产量 6.25×10^4 t；粗苯已完成 1.67×10^4 t，预计2021年全年可完成产量 1.70×10^4 t；硫铵已完成 1.32×10^4 t，预计2021年全年可完成产量 1.36×10^4 t；LNG产品已完成 3.42×10^4 t，预计2021年全年可完成产量 3.50×10^4 t。

5. 强化安全，降低安全风险

深度脱硫项目投用后增强了煤气净化效果，为后续生产提供更优质的净煤气，减少后续设备的腐蚀，降低设备故障率及生产过程中的安全风险，进一步强化安全生产；同时，延缓催化剂的消耗，降低药剂的使用量，进而达到降耗提效的目的。

五、关于创新成果在行业推广的价值

配煤优化技术可以增加焦化企业配合煤原料种类，降低焦化企业配合煤成本；提高企业产品产量、质量，提高经济效益；进一步清洁煤气，提高生产系统的稳定，确保企业安全生产；降低药剂、催化剂的适用，从而达到提产增效的目的。

配煤优化技术使生产系统各项指标合格，保证脱硫脱硝在线监测、锅炉在线监测等指标符合《炼焦化学工业污染物排放标准》（GB 16171—2012）的要求，确保生产系统稳定运行。

300 MW 循环流化床锅炉流化风系统优化调整

王利俊　王　刚　尹　朋　张立兴

辽宁调兵山煤矸石发电有限责任公司

一、创新成果的背景与问题描述

循环流化床燃烧是一种新型的高效、低污染的清洁燃煤技术。随着科学技术不断进步，高参数、大容量循环流化床锅炉逐渐投入运行。与此同时，因分离器、炉内空间、炉内换热量等原因，新型 600 MW 及以上循环流化床锅炉再次将外置床系统投入运行。因外置床内受热面处于高浓度物料循环区域，运行环境恶劣，受热面磨损速率快，易发生泄漏，同时外置床内存在大量物料与密布的受热面管，检修空间小，一旦发生泄漏，将造成机组长时间停运，影响发电经济效益。

二、创新思路与创新方案介绍

外置床内流化风由高压流化风系统提供，设计流化风系统母管压力为 50 kPa，外置床空室流化风量为 2×1000 m^3/h，中过、高再等仓室流化风量为 5000 m^3/h。每台炉设有 4 台高压流化风机，正常运行时三用一备，高压流化风机额定电流 124. 2 A，额定电压 6000 V，额定功率 1150 kW。为降低各外置床内受热面磨损速率，延长机组运行周期，降低检修、维护成本，降低厂用电率，提高机组运行经济性，调兵山电厂对两台炉各外置床下部流化风量及运行期间流化风母管压力进行优化调整。具体内容如下：

（1）逐渐降低流化风母管压力，降低流化风速，调整初期每次降低流化风母管压力 0. 5 kPa，降至 49 kPa 后经各负荷段运行一周未见异常，后采取小幅度调整方式，每次降低流化风母管压力 0. 2 kPa，直至将母管压力降至 48 kPa，通过长周期运行，流化风母管压力控制在 48 kPa 并未影响外置床内换热，可保持该风压运行。

（2）外置床内受热面换热主要以对流换热为主，通过外置床下部流化风扰动进入外置床内循环物料，使受热面与循环物料之间产生换热，因此外置床内所需换热量与负荷基本对应。为降低受热面垂直方向磨损速率，同时确保外置床内换热量，调兵山电厂采取开大外置床灰控阀开度，增加进入外置床内循环物料量，调整下部流化风量，同时根据不同负荷及灰控阀开度，实时调整下部流化风量，使机组处于动态调整状态。该方式既能降低外置床内受热面磨损速率，又可降低流化风机厂用电率，提高机组运行安全经济性。通过以往启机实验，该机组外置床内流化风量在 2000 m^3/h 时即可进入流化状态，因此调整期间确保各风量不低于该风量，以免影响机组安全运行。

三、创新成果的适用范围

所有流化床机组均有高压流化风系统，因此该技术适用于所有循环流化床机组。

四、创新成果的应用效果对比分析

根据风机电流及耗电情况试验数据显示：技术改造前单台流化风机最小运行电流在 90 A 左右，流化风母管压力为 50 kPa，应用该调整方式后单台流化风机最小运行电流降至 80 A 左右，下降 10 A，流化风母管压力降至 48.5 kPa，下降 1.5 kPa，可降低厂用电率 0.2%，降低供电煤耗 0.8 g/(kW · h)，年节约燃料成本 128 万元。

该项目在现有状态下进行调整，不增加任何设备及投资，该系统风机为 6 kV 电机，每台风机电流下降 10 A，降低厂用电率 0.2%，降低供电煤耗 0.8 g/(kW · h)，年节约燃料成本 128 万元，机组运行两年共降低成本 256 万元。采用该调整方式后还可减少机组因受热面泄漏造成的非停事故，机组每启停一次费用约 45 万元，非停一次影响电量约 20 GW · h，按 0.37 元/(kW · h) 计算，因多发电增收 740 万元，外置床内受热面检修每次费用约 10 万元，如按两台机两年减少一次非停计算，间接收益可达 397.5 万元/a，由此可见采用该调整方式所产生的间接收益是巨大的。

五、创新成果在行业的推广价值

该项目属于自主创新项目，无须增加任何改造，无须任何投资，利用现有系统，通过对机组运行状态参数分析、对比，不断实验，总结最佳运行风量及风压参数，从而达到节能降耗、提高机组运行安全性的目的。

静电除尘器电控系统的改进

马 驰

铁法煤业（集团）有限责任公司热电厂

一、创新成果的背景与问题描述

热电厂 1 号电除尘器电气部分使用的负高压直流供电装置是工频可控硅整流电源，由控制柜和整流变压器组成。其电路结构是单相 380 V、交流 50 Hz 电源经过两只反并联可控硅输出可调非正弦交流电后，送整流变压器升压整流，经限流电阻形成 100 Hz 的脉动电流送至除尘器。设计除尘效率大于 99.2%，排放浓度不大于 600 mg/Nm^3。未能满足除尘排放要求，对脱硫系统运行造成影响，降低脱硫剂利用效率，增加脱硫系统设备检修量，石膏品质低，难以进行综合利用。因此有必要对 1 号电除尘器进行技术改造，降低烟气排放浓度，减少脱硫系统运行成本。

二、创新思路与创新方案介绍

工频可控硅电源高压直流供电装置效率低、能耗高，易造成配电系统三相不平衡，电晕电压低，可控硅和电源熔断器损坏率较高。尤其是在热电厂高浓度粉尘、高比电阻运行情况下，电除尘器除尘效率很难提高。

热电厂 1 号电除尘器因设备基础、布局及工艺系统限制，电除尘器本体难以进行技术改造。电除尘器的高压直流供电装置和低压自动控制系统 20 年间技术有了较大进步，因此改造高压直流供电装置和低压自动控制系统适度提高电除尘器除尘效率是可行的。

变频电源工作原理：主回路包括整流电路 V1、滤波电路 LC、IGBT 逆变器和整流变压器 T_1 四部分，如图 1 所示，采用 AC→DC→AC→DC 变流方式，将三相进线交流电压整流为直流电压，然后经 SPWM 逆变后升压整流，输出电压纹波系数低于 5% 的平滑直流高压电压，相比工频电源可减少电场火花率并提高电场电晕功率，可作为单相工频电源/三相电源的升级换代产品。变频电源工作频率在 50~500 Hz 范围内可调，采用 SPWM 开关工作模式，变频控制技术可实现与电除尘器电场阻抗的动态匹配，使电除尘器电场获得较好的电功率和最佳的供电效果。原理结构如图 1 所示。

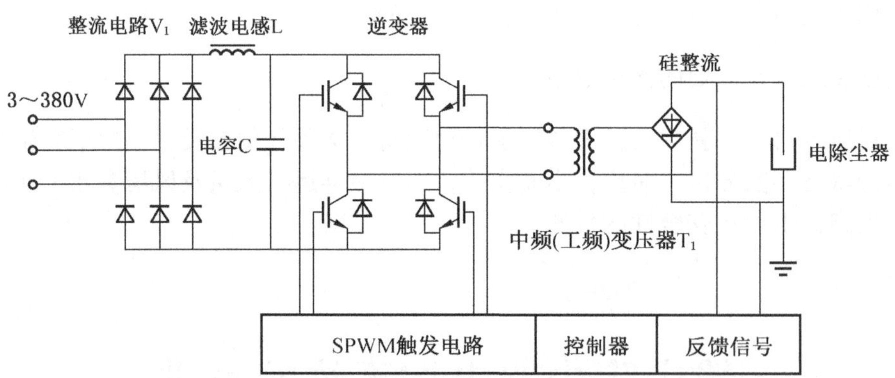

图 1　变频电源主回路

变频电源与工频电源对比，变频电源为三相输入，用电平衡，均衡负载，电源功率因数和效率都高于 0.9，可解决工频电源存在的三相不平衡及功率因数和效率低的问题。变频电源输出频率 100~1000 Hz，可以给电除尘提供接近纯直流的电压，输出二次电压纹波系数在 5% 以内，远好于工频电源 35%~45% 的纹波系数。适应中高比电阻粉尘工况，可提高电场的电晕功率，减少闪络的产生，提高电场除尘效率。变频电源输出直流电流单波周期最小为 1 ms，间歇脉冲供电方式灵活可调，间歇比 1∶2~1∶100 可调，调节范围大，同时可更改工作频率以调整脉冲波形，具有很好的工况适应性。对电场工况适应能力好于工频电源。

热电厂 1 号电除尘器是单相工频电源供电，共计 3 个电场，电场结构不进行改造。要求高压直流供电电源改造后电除尘器烟尘排放浓度降低 25%~30%。按此要求，改造高压直流供电电源 3 个电场全部采用变频电源。

3 个电场全部采用变频电源，使用变频电源控制柜直接更换原单相工频电源控制柜，配套中频硅整流变压器，设备价格低，改造工程量小，仅需敷设 40 m 新电缆，其余电缆利用现有电缆，改造成本低，改造工期短。控制柜放置在控制室内便于操作维护。

在达到改造后电除尘器烟尘排放浓度降低 25%~30% 目标的前提下，选用变频电源对 3 个电场高压直流电源装置进行技术改造，技术可行，性价比高，工期短。可作为今后加装脉冲高压电源的脉冲基础电源，也可安装布袋除尘器，实现烟尘超低排放。

2018 年 5 月，对 1 号电除尘器电源及控制系统进行技术改造，3 个电场全部采用变频电源，低压程控柜采用 PLC 自动控制。当月完成改造施工，进行电气试验和设备静态调试，均合格。

三、创新成果的适用范围

适用于工频电源供电的静电除尘器提效改造，替代工频单相电源，提高除尘效率，对粉尘适应范围广，可实现全过程控制自动化，无人值守，远程监控。

四、创新成果的应用效果对比分析

2018 年 3 月 15 日，1 号电除尘器进行改造前锅炉烟气检测。3 个电场全部投入运行，电除尘器运行平稳，1 号锅炉负荷保持在 92% 稳定运行。第三方检测机构使用自动烟气测试仪、取样管等仪器在 2 个分支烟道垂直直管段各 3 处测量点进行检测及实验室分析。检测结果 2 个分支烟道烟尘排放浓度分别为 579 mg/m^3、548 mg/m^3。

2018 年 7 月 12 日，1 号电除尘器进行改造后锅炉烟气排放浓度检测。3 个电场变频电源全部投入运行，控制方式为断电振打模式。第三方检测机构在改造前原测量点进行检测。检测结果 2 个分支烟道烟尘排放浓度分别为 171 mg/m^3、165 mg/m^3。

通过此次电除尘器变频电源技术改造，对比改造前后烟尘排放浓度，电除尘器烟尘排放浓度较改造前降低 70%，远好于降低 30% 的预期目标。同时根据电度表计量统计，在烟尘排放浓度低于 200 mg/m^3 状态下，变频电源较工频电源节电 16%，具体对比数据见表 1。

表 1　电除尘器变频电源技术改造前后对比

检测项目	改造前烟尘排放浓度/($mg \cdot m^{-3}$)	改造后烟尘排放浓度/($mg \cdot m^{-3}$)	除尘效率/%	节电率/%
1 号检测点	579	171	70.47	16
2 号检测点	548	165	69.89	

五、创新成果在行业的推广价值

变频电源替代工频单相电源用于静电除尘器提效改造，除尘效率显著提高，改造资金及工作量少，技术成熟可靠，工期短，性价比高，可广泛用于电站锅炉治理烟尘污染。

加氢稳定装置催化剂卸剂退油系统优化

王 虎 董 辉 迟占秋 张继鹏 田 刚

中国神华煤制油化工有限公司鄂尔多斯煤制油分公司

一、创新成果的背景与问题描述

煤液化生产中心加氢稳定装置采用沸腾床技术为煤液化提供合格的供氢溶剂，沸腾床反应配有催化剂在线加卸系统，当催化剂活性降低，溶剂油供氢效果差，且寿命进入使用末期就要对反应器内催化剂进行全部更换。由于从催化剂储罐（D-308）全部卸出催化剂需要经程控阀→卸剂添加罐（D304）→卸出剂冷却罐→废催化剂储罐→催化剂卸出罐，催化剂卸剂完成后再通过污油罐用氮气压油送至罐区，两项工作耗时长，影响检修进度。提高催化剂卸剂退油效率成为一项重要的研究课题。

二、创新思路和创新方法介绍

加氢稳定装置催化剂系统对催化剂储罐进行卸剂时采用经程控阀→卸剂添加罐→卸出剂冷却罐→废催化剂储罐→催化剂卸出罐，催化剂储罐（D308）催化剂全部卸出，卸剂添加罐（D304）需充卸压约 70 次，氮气用量约 3000 m^3，为了节省时间，在程控阀后增加一条卸剂临时线，可以实现卸剂流程变更为催化剂自催化剂储罐卸出，经程控阀→卸剂临时线→卸出剂冷却罐→废催化剂储罐→催化剂卸出罐，此流程跨过卸剂添加罐（D304），不影响催化剂在卸出剂冷却罐中控油，免去卸剂添加罐（D304）频繁充卸压操作，节约氮气。

催化剂储罐（D308）卸完催化剂后，要将包括催化剂储罐（D308）在内的催化剂系统中存油全部送至罐区。首先通过走密闭流程排油至污油罐（D408/409），然后用氮气升压后走压油流程送至罐区。由于污油罐容积限制，每次升压-压油-卸压可外送油品约 10 t，用时约 50 min。催化剂系统存油约 260 t，全部退油完毕需要压油 26 次，用时约 22 h，消耗氮气 500 m^3。在催化剂输送油泵（P301）出口与污油外送泵（P402）出口增加一条临时线连通，催化剂系统存油通过催化剂输送油泵（P301）走退油临时线，通过 P402 出口流程送至罐区储罐，节约退油时间，节省氮气用量。

三、创新成果的应用效果对比分析

优化卸剂流程后，卸剂流程跨过卸剂添加罐，免去卸剂添加罐频繁充卸压操作，节省氮气 3000 m^3，费用 360 元。

优化卸剂流程后，卸剂流程跨过卸剂添加罐，免去卸剂添加罐频繁充卸压操作，节约检修时间 10 h，按每小时生产油品 120 t，每吨油品按照 2000 元收益计算，多生产油品创造的效益约为 240 万元。

优化退油流程后，免去污油罐频繁氮气充卸压操作，节省氮气 500 m^3，费用 60 元。

优化退油流程后，免去污油罐频繁氮气充卸压操作，节约检修时间 10 h，按每小时生产油品 120 t，每吨油品按照 2000 元收益计算，多生产油品创造的效益约为 240 万元。

上述两项合计创造经济效益 480.04 万元。

四、创新成果的适应范围及推广价值

本成果适用于有催化剂在线加卸系统的沸腾床加氢反应装置，可以在停工检修对催化剂全部卸出更换时，减少卸剂人员劳动强度、节省停工检修时间、节约氮气消耗。

低温高压密封水与次高压锅炉给水互备技术改造

鲍金源　淡树林　宁英辉　李培丰　刘永光

国能榆林化工有限公司

一、创新思路和创新方法介绍

1. 基本原理

气化装置将低温高压密封水与变换装置次高压锅炉给水管线增设连通工艺流程，在低温高压密封水泵或次高压锅炉给水泵任一故障时，可实现次高压锅炉给水与低温高压密封水之间切换，增加管线如图 1 所示，提高了煤制甲醇生产企业运行稳定性。

随着化工生产规模的不断扩大，设备的大型化、减量化及单台设备的稳定运行，影响整个装置乃至全厂的稳定运行。不同装置相近工艺介质互为备用，可提高生产企业装置生产稳定性和企业经济效益。

2. 关键技术

通过给气化装置低温高压密封水管线与变换装置次高压锅炉给水管线间增设连通线，达到互备的技术改造，解决了气化装置低温高压密封水中断和变换装置次高压锅炉给水中断，整个煤制甲醇生产被迫停车的生产难题。

二、创新成果的适用范围

该改造项目适用于煤制甲醇等大型煤化工生产企业，综合考虑各装置相近工艺物料互

D-9101
除氧器
氨水加药
丙酮肟加药
P-9102A/B
氨水加药
P-9101A/B
次高压锅炉给水泵
PT 9013C
PT 9013B
PT 9013A
PY 9013
RO 9012
FT 9012
低温高压密封水自气化低温高压密封水泵
洗涤水冷却器
FT 9050
FT 8141
FT 7141
FT 8072
FT 7072
FG 9131
FV 9050
RO 9003
FV 8141
FV 7141
FV 8072
FV 7072
HT-9001
T-9003
T-8002
T-7002
T-8001
T-7001
E-7016
E-8016
E-7008
E-8008
去气化工序
图1　增加的管线布置图

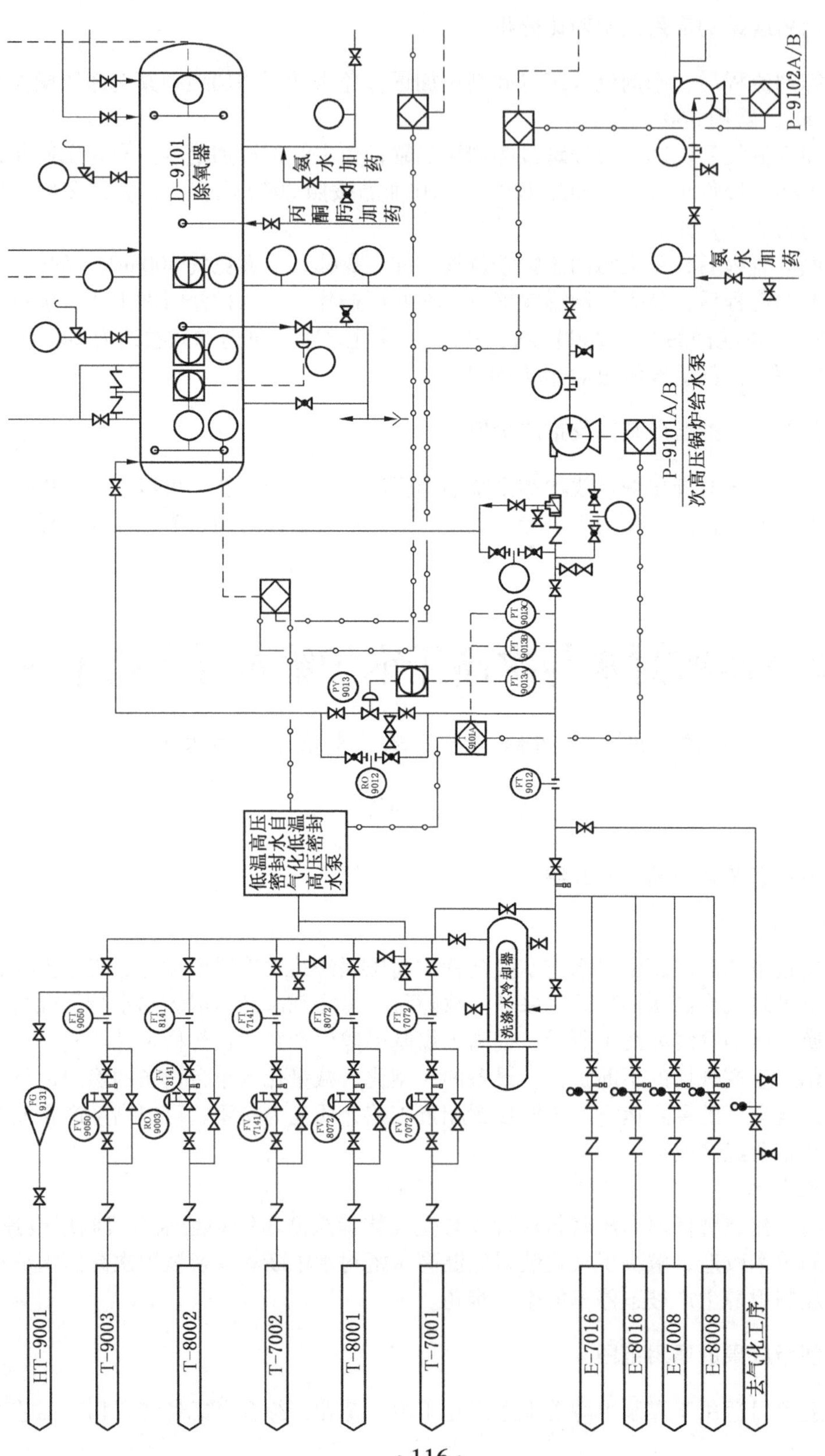

为备用的特点，保证大型化工生产连续性。

三、创新成果的应用效果对比分析

低温高压密封水泵故障导致气化装置激冷水泵等高压设备机封冲洗水中断，气化炉被迫停车。计算单次低温高压密封水泵故障造成的经济损失：低温高压密封水泵故障处理时间 5 h，气化炉等煤制甲醇各装置停车到再开车至少 40 h，处理时间最低 45 h，实际生产每小时甲醇产量约 260 t，期间影响甲醇产量 11700 t。每吨甲醇利润按 300 元计算，造成的经济损失约 351 万元。

气化炉投料至产出合格甲醇需要 36 h，期间气化炉半负荷运行，合成气放空，造成原料煤损失量 8820 t。原料煤价格按 800 元/t 计算，单次可节约原料煤费用 705. 6 万元。期间的氧气损失未计算。

变换装置次高压锅炉给水泵故障导致合成气洗氨水中断，造成送至酸脱装置合成气氨含量超标，酸脱装置将被迫切气停车。计算单次次高压锅炉给水泵故障造成的经济损失：次高压锅炉给水泵故障，处理时间 5 h，酸脱、甲醇合成单元停车再开车 20 h，处理时间共计 25 h，实际生产每小时甲醇产量约 260 t，期间影响甲醇产量 6500 t。每吨甲醇利润按 300 元计算，造成经济损失 195 万元。

酸脱装置停车至再开车期间，气化炉减半负荷运行，合成气放空，造成原料煤损失量 4850 t。原料煤价格按 800 元/t 计算，单次可节约原料煤费用 388 万元。期间氧气损失未计算。

四、创新成果的先进性及创新性

低温高压密封水与次高压锅炉给水互备技术改造，为大型煤化工企业在不同装置间相近物料互备、保证企业连续生产提供设计、改造思路。

五、成果的运行成本和效益

实施低温高压密封水与次高压锅炉给水互备技术改造，未增加运行成本。提高了煤制甲醇生产企业的生产稳定性。

气化装置单次低温高压密封水中断，造成经济损失 1056. 6 万元。

变换装置单次次高压锅炉给水中断，造成经济损失 583 万元。

六、创新成果的适用范围及推广价值

通过低温高压密封水与次高压锅炉给水互备技术改造，解决了气化装置在低温高压密封水中断条件下，装置的连续稳定运行；解决了变换装置在次高压锅炉给水中断条件下，装置的连续稳定运行。此项改造成本低、作用大。低温高压密封水与次高压锅炉给水互备技术改造和在线切换运行经验，有效解决影响装置长周期运行的瓶颈，同时为其他系统互备提供改造思路。这种改造可在同类大型生产装置设计阶段推广使用。

干熄焦放散气SDS法脱硫废气采集点位的创新

赵宝杰　蔡伽旺　王　丹　孟祥来

开滦集团唐山中润煤化工有限公司

一、创新成果的背景与问题描述

开滦中润现有两套处理能力140 t/h的干熄焦装置，干熄焦废气治理工艺为干式脉冲布袋除尘，处理后的废气通过31 m排气筒排放。《关于推进实施钢铁行业超低排放意见》（环大气〔2019〕35号）明确要求焦化企业干熄焦废气SO_2排放浓度不高于50 mg/m^3，现有的废气治理设施已完全不能够满足污染物排放要求。因此，开滦中润决定建设干熄焦放散气脱硫项目以降低颗粒物、二氧化硫的排放浓度为目的，达到国家、地区对环保的要求；同时在建设设计过程中，探求降低能耗的思路。

二、创新思路和创新方法介绍

1. 创新思路

就干熄焦生产工艺而言，各部分放散气时二氧化硫的浓度有很大差异，循环风机常规放散口的浓度最大，炉顶装焦烟气次之也最难收集，底部排焦浓度相对较小。根据干熄焦放散气的特点，开滦中润决定将循环风机放散气、底部排焦放散气两点位单独引出来脱硫。经过脱硫部分干净的放散气再与其他部分烟气汇集后经过原有的污染物排放口进行排放，实现SO_2排放浓度低于50 mg/m^{3}的目标。由于循环风机放散气、底部排焦放散气有浓度高、风量小、要求对烟气有较高脱除率的特点，因此选择SDS法脱硫工艺。SDS法脱硫工艺的脱硫剂（碳酸氢钠）反应最佳的温度区间为170～220 ℃，在该区间内，碳酸氢钠的利用率最高，同时也能达到最大的脱硫效率。

2. 创新内容

传统的干熄焦循环风机放散气采集点位位于热管换热器之后的循环风机放散口，该点位距离地面约15 m，烟气量为22200 m^3/h，烟气温度在130 ℃左右；双叉中部槽放散烟气烟气量为6600 m^3/h，烟温160 ℃左右，两股烟气混合后温度约为137 ℃，达不到碳酸氢钠所需的最佳反应温度。

考虑到上述因素的影响，开滦中润打破传统，将循环风机放散气采集点位由循环风机放散口修改到循环风机出口位置，该点位位于地面，且烟气温度为190 ℃左右，使混合烟气温度达到183 ℃。

通过部分工艺管线的改进，不仅大幅度降低了施工、维护难度，而且有效降低了后期的系统运行成本。

3. 工艺说明

开滦中润干熄焦放散气脱硫除尘系统采用SDS钠基干法脱硫工艺，在原有的干熄焦地面站废气净化系统基础上辅以一套脱硫除尘系统，完成整个烟气处理过程的主体环节。

两套干熄焦装置引出部分的放散气汇合后进入一次除尘，除去烟气中的焦粉，完成一次除尘的烟气通过电加热器升温（废气采集点位创新后作为备用）至170 ℃以上后，进入SDS脱硫反应器，在反应器内烟气中的硫化物与经激活后的碳酸氢钠反应，硫化物得以脱除。

脱硫之后的烟气进入布袋除尘器，脱硫生成的固态产物与其中的烟尘一起被二次除尘器高效捕集，最终通过增压风机送至原有的烟囱达标排放。

开滦中润干熄焦放散气脱硫项目工艺流程示意如图1所示。

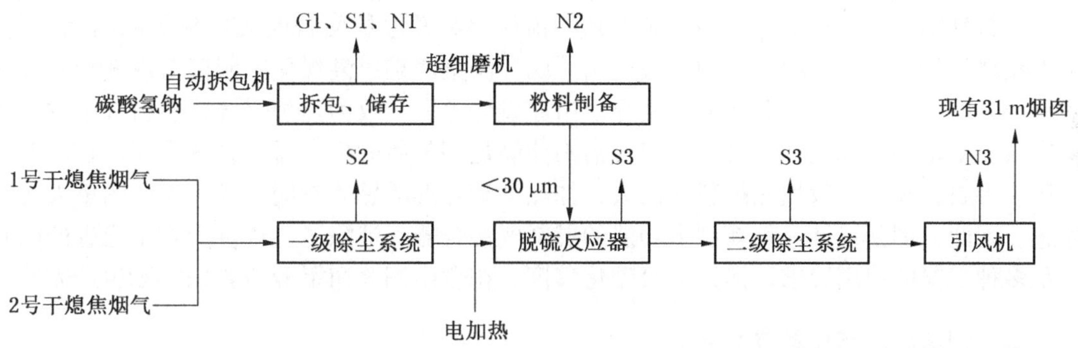

图1 开滦中润干熄焦放散气脱硫项目工艺流程示意图

三、创新成果的应用效果对比分析

SDS钠基干法脱硫能够有效降低二氧化硫排放浓度，两级布袋除尘器的应用可以进一步减少颗粒物的排放量，满足各级生态环境部门更加严格的排放标准；通过部分工艺管线的创新，达到降低能耗的效果。

经过SDS法脱硫除尘一体化工艺的处理，二氧化硫、颗粒物的排放浓度可以远低于国家允许的排放标准。经过专业的数据计算，预计每年可以减少二氧化硫排放量97.064 t，减少颗粒物排放量1.967 t。

经过废气点位的创新，将原有的电热器升温加热环节变为备用，每年约节省电量600万kW·h，符合国家及开滦集团“节能减排”的政策方针。

四、创新成果在行业的推广价值

“绿水青山就是金山银山”，企业在发展经济的同时对保护生态环境的认识更应该提升高度；“创新是时代发展的创造力”，随着时代的发展，新技术和新工艺逐步应用在各个领域，在应用过程中对相应的内容进行创新，从而满足时代发展的需要。

SDS脱硫除尘工艺的使用是时代发展的必然，应该得到更加广泛的技术推广，针对存在的问题进行解决，进一步优化工艺，实现更加优质的发展。

一种新型多功能燃料气混合器

邓　晶

开滦集团唐山中润煤化工有限公司

一、创新成果的背景与问题描述

燃料气混合器是焦炉煤气制甲醇工艺中预热炉和升温炉两台明火加热炉的附属设备，负责燃料气的混合缓冲和简单的气液分离。因开滦集团京唐港煤化工园区对煤气和驰放气的重新分配，燃料气混合器内的常用介质由原设计驰放气改为焦炉煤气，燃料气中的油水携带量大幅增加，原设计的燃料气混合器不能满足调整后的生产需要，冬季管道积液严重易形成水封，经常导致加热炉断火回火，加热炉炉膛形成爆炸空间，成为生产的重大安全隐患。因此，创新设计一种新型多功能的燃料气混合器，消除了生产重大安全隐患的同时满足多种工况的使用要求，提升了自动化程度，符合中润公司甲醇装置的实际生产需要。

二、创新思路与创新方案介绍

中润公司有两套 1.00×10^5 t/a 的焦炉煤气制甲醇装置，在正常生产的情况下，园区驰放气供需平衡，焦炉煤气用作燃料气，流通量 1500 m^3/h，焦炉煤气中含有凝结水、焦油、苯、洗油等液体杂质，该部分液体极易在管道低点位置形成水封堵塞气体流通。在甲醇合成催化剂使用后期，驰放气的产出量较大，园区驰放气有富裕的情况下，鉴于驰放气更干燥清洁，也为了节省焦炉煤气，驰放气仍然要作为燃料气使用。在充分考虑多种工况生产条件，兼顾焦炉煤气和驰放气两种燃料气使用需要的情况下，以实际生产运行数据为基础，重新设计出了新型多功能燃料气混合器，并对其附属管道进行了重新敷设。

（1）防止在管道低点位置堆积形成水封堵塞气体流通，对燃料气混合器前的焦炉煤气管道进行了重新设计敷设。去掉管道所有低点 U 弯，减少管道积液点，并将燃料气混合器前的管线按照 5‰坡度敷设，进气三阀组由上下垂直布置改为水平横向布置，管道变径采用偏心异径管，焦炉气中夹杂的液滴和雾滴在管道中自然冷凝分离后，可通过自流进入后续的燃料气混合器，避免因管道积液引发气堵。

（2）根据需要重新设计设备尺寸和结构。设计两个进气口，因两种燃料气的带液量不同，焦炉煤气从筒体上部进气口进气，驰放气从筒体中部进气口进气。将两个进气口全部设计为旋切进气，并将顶部的出气管道向设备内部延伸 0.6 m，为燃料气混合器增加旋风分离功能。同时将设备高度增加 1 m，增加气体在设备内部的内旋行程和外旋行程，旋风的分液能力得到增强，气液两相的分离效果更彻底。这种结构更适合焦炉煤气作为燃料气的情况，可提高预热炉的安全性。

图1　储液装置、液位计现场安装位置

（3）在燃料气混合器下部增加储液装置、液位计和自动排液阀组，现场安装位置如图1所示，实现液位自动控制，提高自动化水平，生产运行更稳定，操作人员工作更便捷。

三、创新成果的适用范围

该设备可广泛用于加热炉的燃料气预处理，特别适用于多种不同气体作为燃料气的气液两相分离，可有效减少燃料气的带液量，燃气加热炉运行更加安全、连续。

四、创新成果在行业的推广价值

第一台新型多功能燃料气混合器于2020年9月在中润公司一期甲醇装置中投用，第二台新型多功能燃料气混合器于2021年10月在中润公司二期甲醇装置中投用，两台设备投入使用后运行正常，分离效果明显，尤其是在冬季气温较低的环境下运行时，每天的分离水排液量在0.8 t左右。分离水的及时有序排出避免了因水堵断气引发的加热炉断火熄火生产紧急停工事故，提高了明火加热炉运行的稳定性和安全性。

氯乙烯切水管线的优化改造

牛　猛　郭英良　王　敏　陈　峰　陈旭光

山东泰汶盐化工有限责任公司

一、创新成果的背景与问题描述

在电石法聚氯乙烯生产工艺中，经过碱洗的VCM单体虽然经过多级冷却和气液分离，但其中仍含有大量水分（质量分数＞0.2%）。VCM中含水较多会导致VCM发生水解反应，生成大量的酸性物质，对后续系统的钢制设备造成腐蚀和损坏，同时生成的铁离子还会直接影响PVC树脂的质量，促使氧与氯乙烯单体发生氧化反应，大大降低了PVC的聚合度，增加VCM单耗，降低单体纯度，极大地影响PVC树脂的质量和生产系统的稳定。

山东泰汶盐化工有限责任公司聚氯乙烯车间氯乙烯脱水方式主要采用静置重力脱水，分层后采用人工现场操作方式进行直接切水作业。因液相氯乙烯密度与水相近，故在切水过程中不可避免地会夹带少量的氯乙烯，既污染环境也造成了巨大的浪费。另外，液相氯乙烯放水采用人工操作，缺少应急反应手段，无法保证放水作业的安全性。

二、创新思路与创新方案介绍

1. 基本原理

优化改造主要利用氯乙烯沸点低（-13.4 ℃）、在水中溶解度低并且随温度升高溶解度显著降低的特点，将设备、管线切水操作中的氯乙烯与水分分离，并对切水操作中排放的氯乙烯进行回收。氯乙烯切水管线示意如图 1 所示。

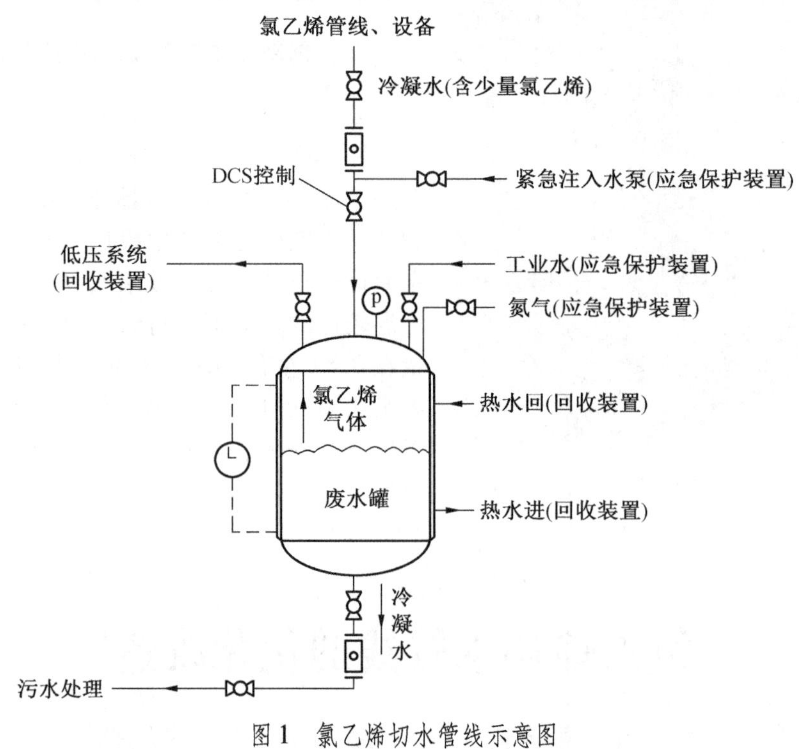

图 1　氯乙烯切水管线示意图

2. 关键技术

在氯乙烯管线、设备切水管线后增设废水罐，废水罐上设置加热盘管和夹套，将随冷凝水排出和水中溶解的氯乙烯气体通过气相平衡管道进行回收。

废水管道上设置氮气管道、工业水管道，当氯乙烯发生泄漏或者废水罐排水管道发生火灾，可通过开启工业水或者氮气阀门在废水罐处进行密封和灭火。

液相氯乙烯管线、设备切水管线设置 DCS 远程控制切断阀，实现切水操作的双人操作。并设置紧急注入水管线，在液相氯乙烯管线设备发生泄漏时，通过紧急注水实现水封，减少氯乙烯的泄漏。

3. 系统构成

山东泰汶盐化工有限责任公司涉及氯乙烯切水作业的地点共16处，其中高压（≥0.5 MPa）液相8处、高压（≥0.5 MPa）气相2处、低压（≤20 kPa）气相6处。该切水系统根据各个放水点切水位置、介质、压力的不同，分别增加排水、冷凝水收容、氯乙烯回收、泄漏保护装置。

其中，废水罐作为系统主体，承担着冷凝水收容、氯乙烯回收、泄漏保护的作用。冷凝水和氯乙烯经切水管道收至废水罐中，废水罐通过夹套加热及低压系统气相平衡管道吸收其中的氯乙烯。当发生泄漏时，通过废水罐上工业水管道和氮气管道通入工业水和氮气，起到阻断、灭火的作用。

4. 工艺流程

（1）排水。氯乙烯管线、设备通过两道阀门（液相为一个DCS控制切断阀，一个手阀；气相为两个手阀）视镜将冷凝水排入废水罐中，废水罐设置压力表和温度计，当高压端管线、设备排水时，废水罐压力突然升高，可视为排水结束；气相管线、设备排水时，视镜中出现气相，可视为排水结束；液相管线、设备排水时，废水罐压力突然上升、温度突然下降，可视为排水结束，关闭排水阀门。

（2）氯乙烯回收。废水罐气相平衡阀保持开启，人工调节废水罐温度至（40～50)℃，通过气相平衡管将随冷凝水排出的氯乙烯和溶解在水中的氯乙烯进行回收。当废水罐压力降低至（2~5）kPa、温度保持稳定，视为氯乙烯回收结束。

（3）废水罐排水。待废水罐液位升至70%时，保持气相平衡阀开启，打开废水罐两道排水阀门，观察废水罐液位，降至20%时视为排水完毕，关闭废水罐排水阀门。

（4）应急处置。当液相氯乙烯设备发生泄漏时，启动注水泵，打开注水阀门，向泄漏氯乙烯设备注水以形成水封，减少氯乙烯泄漏；当废水罐发生泄漏，或者废水罐排水口发生火灾时，打开废水罐工业水阀门形成水封并进行灭火，或者打开氮气阀门形成氮封并进行灭火。

三、创新成果的适用范围

该项目改造所需费用少、运行成本低、可操作性强，实现了切水操作的全密闭性，有效减少了氯乙烯管线、设备切水过程中氯乙烯气体的散失，降低了生产损耗并减少了VOCS物质对大气的污染，改善了现场操作人员的作业环境，提高了作业现场的应急处理能力，降低了工艺操作的危险性，可在电石法聚氯乙烯生产切水作业中应用，也可延伸至与水密度差小的液化烃的切水作业。

四、创新成果的应用效果对比分析

山东泰汶盐化工有限责任公司氯乙烯切水系统投入使用以来，现场作业环境得到了明显改善，现场有毒有害报警系统因氯乙烯切水作业导致的现场报警次数明显降低，具体见表1。另外，通过增加紧急注入系统和废水罐应急处理装置，现场的应急处理能力得到很大提高，降低了现场氯乙烯泄漏事故发生的可能性。

表1　装置投入前后报警次数对比

时间	8月8日至9月1日			时间	11月30日至12月18日		
序号	设备名称	报警次数	产生原因	序号	设备名称	报警次数	产生原因
1	加压精馏机前冷却器之间	28	氯乙烯管线放水	5	加压精馏机前冷却器之间	27	氯乙烯管线放水
2	氯乙烯压缩机 D	32	氯乙烯管线放水	6	氯乙烯压缩机 D	0	
3	氯乙烯压缩机 E	23	氯乙烯管线放水	7	氯乙烯压缩机 E	0	
4	氯乙烯气柜（南）	32	氯乙烯管线放水	8	氯乙烯气柜（南）	0	

五、创新成果在行业的推广价值

该装置可在电石法聚氯乙烯生产企业大规模推广，具有巨大的环保和降耗意义。该装置仍有继续改进的空间，可向自动化方向发展，继续提高装置的自动化水平和安全性。

一种焦煤生产炭化室烟尘收集装置

王　起　牛　鑫　郝瑛轩　史春现　宁晓东

河南中鸿集团煤化有限公司

一、创新成果的背景与问题描述

近年来，捣固炼焦技术得到广泛应用，国家对环境保护的要求越来越高，解决捣固式炼焦炉装煤产生的烟尘污染，已经成为捣固炼焦技术的关键问题。严格的环保要求倒逼焦化企业对炼焦产生的污染物进行治理改造，推焦及熄焦过程的烟尘大都采用可靠有效的环保技术措施得以改善，而装煤中机侧炉头产生的烟尘尽管采用了多种工艺进行捕集与净化，但效果不佳，使其成为焦化行业一个难题。

二、创新思路与创新方案介绍

将原有的湿式密封收烟改造为干式密封收烟。将原有的湿式密封收烟管道全部拆除，改为干式除尘钢管，对应炭化室炉口位置开孔并密封连接收烟管，在收烟管上部对应位置安装重锤阀，通过连杆传动实现装煤作业时的启闭。通过改造简化了传输管道的连接数量，减少了管道传输的距离，进而降低烟气收集的阻力，显著提升了负压吸附的利用率，同时采用连杆配合重锤阀座的设计，能够控制主传输管与炭化室炉头之间的连通，操作简单方便，后期的使用及维护成本低。

三、创新成果的适用范围

该成果适用于所有上升管在焦侧的侧装捣固焦炉，可以有效将装煤时外逸的荒煤气收集到除尘站进行过滤。

四、创新成果的应用效果对比分析

1. 研究重锤阀式输送管路系统在捣固焦炉中的适应性

机侧重锤阀式输送管路系统包括集尘罩（利旧）、重锤阀装置、输送总管以及输送总管与端台处管路间的连接管路等。

机侧重锤阀式输送管路系统位于机侧水封式输送风管支架上，每孔对应设立一套重锤阀，重锤阀与原集尘罩连通，用于收集装煤时炉门口冒出的烟尘。为了达到更好的收集输送效果，两座焦炉的重锤阀式输送管路各自设立独立的出口，从端台位置的地面站管路接口处设置三通管，分别与两座焦炉的重锤阀输送管路相连，并在两座焦炉重锤阀输送管路交汇的三通管处设置两台电动切换阀，使地面站风机到达两座焦炉的风量及阻力分配较为均匀。

2. 研究一种新型炉头烟捕集装置及系统

炉头集尘罩改进为锥型喇叭状收集罩，收集方式改进为全覆盖收集，增大了炉头烟捕集效率。集尘罩后直接与除尘干管相连，省略了中转管道，减小了炉头烟捕集装置阻力。

3. 研究了加煤除尘管道阻力及密封技术，最大程度提高除尘干管的吸力

U 形管水封式除尘干管密封性差的主要原因是装置外表面积大，U 形管封盖相同但结构易变形，象鼻管在运行过程中因水面变化易形成缝隙，造成漏风。U 形管水封式除尘干管系统中收尘车收烟套管到象鼻管的过程因装置间转换，阻力过大，造成除尘风机吸力损耗。重锤阀式除尘干管系统减小了管道外表面积及附属装置，省略了收尘车的中间转换步骤，且烟尘从收集罩的吸力作用下直接进入除尘干管，增强了除尘系统密封性，减小了阻力，从而提高了除尘风机的利用效率。

五、创新成果在行业的推广价值

该成果适用于所有上升管在焦侧的侧装捣固焦炉。使用后炉头收烟效果明显，可以有效将外逸荒煤气收集至除尘站进行过滤，在行业内有较高的推广价值。

六、项目创新社会及经济效益

经济效益：机侧重锤阀式输送管路系统运行后，加煤时间平均缩短 30 s，每孔增加回收煤气约 30 m^3，2020 年 9 月运行以来，日增加煤气约 3600 m^3，创效约 30.24 万元。按此运行每年可增加收益 91.98 万元。

社会效益：河南中鸿集团煤化有限公司位于平顶山市，属于大型焦化企业，公司对焦炉炉头烟尘治理有利于减少烟尘排放，为提升石龙区环境空气质量做出巨大贡献。

煤气鼓风机控制系统升级改造

刘志有　牛　鑫　李志刚　杨建平　刘　辉

河南中鸿集团煤化有限公司

一、创新成果的背景与问题描述

煤气鼓风机是焦炉生产的核心设施，肩负着焦炉煤气加压输送的重要任务。在正常生产情况下，产生的荒煤气量约为 62000 m^3/h。鼓冷加压系统由两台型号为 D1500-27 的煤气鼓风机和配套的变频系统组成。变频系统重故障会导致煤气鼓风机跳车，造成焦炉煤气放散，系统停产检修，对环境污染严重。

多方考证后对煤气鼓风机控制系统进行改造，当正在运行的风机变频器发生故障时，无须人为操作，实现一键倒机（简称飞车），做到煤气无放散，工艺系统无波动，避免对环境造成污染。

二、创新思路与创新方案介绍

煤气鼓风机变频器在发生重故障时，设备控制系统运行方式由变频器秒级转换至工频，无须人为操作，实现一键倒车。其基本原理如下：飞车起动装置可以作为任何一台高压变频器的热备设备。在选择好某一风机变频运行后，飞车起动系统就相应地开启这台设备的热备状态，当变频器出现重故障停机时，飞车系统按控制程序检测、捕捉高速旋转的风机电动机设备，在现场条件允许的情况下秒级投入 10 kV 煤气风机电动机设备。

DCS 系统在运行状态下，不能进行整体点检等方面的维护，且 DCS 系统已运行多年，存在安全隐患，现有控制系统、模块均采用单卡方式，如果控制模块出现故障，将导致煤气鼓风机停车，焦炉冒烟。研究在正常生产的情况下更换版本高的 ECS 系统软件及硬件，实现双冗余，连续运行时对变频器、ECS 系统进行在线优化。

变频器的控制、冷却系统增加过压、过流、缺相转旁路保护功能，从源头避免重故障的发生。

三、创新成果的适应范围

本成果适用于煤气鼓风机变频器故障跳车需人工启动倒车的焦化企业。

四、创新成果的主要创新点

（1）本次改造涉及焦炉煤气鼓风机变频器故障保护电路及其集散控制系统，对 DCS 系统进行在线优化，实现系统版本升级和硬件双冗余，减少卡件故障对控制系统的影响，使控制系统更可靠稳定。

（2）对煤气鼓风机变频器冷却系统改造，由外循环空冷改为内循环空冷、低温水冷却，使机房温度、湿度控制在指标范围内，减少了腐蚀、湿热等环境影响，降低了变频器模块故障率，有力地保障了煤气鼓风机的稳定运行。

（3）改造过程难度极大，需避免跳机事件发生及造成设备损害、环保方面的破坏，同时确保焦炉及化产系统的安全生产。经过全面考虑，制定了详细的施工、调试方案，确保改造不出现跳车。

五、创新成果的应用效果对比分析

项目改造已于 2019 年 6 月完成改造，投用后达到满载负荷。该技术保证了焦炉、化产等多系统运行的可靠性和稳定性，避免了煤气鼓风机变频跳车事故（跳车一次预估经济损失 20 余万元），减少了环境污染，经济效益和社会效益显著，具有广阔的发展前景。

双层钢带成型机在煤直接液化油渣成型装置的应用

王喜武 刘家兵 杜小军 陈传富 郭正良

中国神华煤制油化工有限公司鄂尔多斯煤制油分公司

一、创新成果的背景与问题描述

煤液化项目是世界首套百万吨级煤直接液化示范工程，被列为国家重点战略工程，沥青成型机是煤直接液化工艺重要的一环，负责处理及输送煤液化的液态沥青，该成型机的钢带为全国最长，达 115 m，处理介质温度达 310 ℃，给运行带来极大挑战；钢带在生产运行过程中时常出现跑偏、撕裂的情况，影响煤液化整条生产线的运行，因此，实验探索新型的沥青下料成型机，降低设备故障率，保障煤液化生产成为一项重要的研究课题。

二、创新思路与创新方案介绍

1. 关键技术

（1）双层钢带长度短，采用上下两层钢带来冷却介质，介质从两层钢带之间通过，上钢带工作长度 15 m，下钢带工作长度 20 m。

（2）钢带设计自带防跑偏功能，钢带与轮鼓的接触面两侧装有纠偏胶条，胶条卡住轮鼓两侧，可防止钢带跑偏。

（3）冷却快，冷却均匀，每一冷却段的上部为滑板式的钢带支承，中间为用吊钩悬挂的、带喷嘴的喷淋管，下部为收集回水的集水盆，两侧为起挡水作用的、半透明的水帘，以便观察喷嘴喷水情况，在每一冷却段的下面装有水箱、阀及过滤器，形成循环。

（4）自带刮水装置，避免钢带非工作面带水打滑，在主动端钢带冷却面的终端装有钢带刮水装置，刮除剩余冷却水使其进入钢带与轮鼓之间。该装置由毛刷、胶皮、分隔板和支架组成。

（5）钢带托轮创新避免磨损钢带，在冷却机机脚横梁上装有钢带托轮，该托轮为橡皮托轮，既可托住回程钢带又不会对钢带产生磨损。

（6）自带安全刮除装置，防止意外的物体进入钢带和轮鼓之间，对钢带造成损坏。本机在被动端下部钢带处安装了安全刮除装置，该装置由毛刷、背板和支架组成。

（7）钢带运行模式创新，下层钢带由电机驱动运行，上层钢带通过中间冷却的物料在摩擦力带动下运行。

2. 主要创新点及解决的主要问题

该项目的双层钢带成型机是煤制油油渣成型工艺中唯一成功的应用，填补了煤制油油渣成型工业设备使用领域的空白。主要解决了以下问题：

（1）解决了钢带受热冷却变形问题。双层钢带下料成型机通过双重冷却，解决了钢带冷却不均匀、易变形问题。

（2）解决钢带时常跑偏被撕裂的问题。双层钢带下料成型机比同类产品输送距离短，且有自动纠偏系统，在运行过程中不易跑偏，解决钢带时常跑偏被撕裂的问题。

（3）解决了循环冷却水携带液态沥青造成的水质污染问题。双层钢带下料成型机采用的是上下喷水冷却，液态沥青从双层钢带之间输送通过，介质上下面同时被水冷却，冷却成型快，不需要直接向液态沥青喷水，解决液态沥青带水问题。

（4）缩短了物料的输送冷却距离，减少了设备占地，节约了生产成本。

三、创新成果的适用范围

本创新成果适用于煤直接液化、石油化工沥青成型装置，可以改善成型机的运行性能。

四、创新成果的应用效果对比分析

（1）新增双层钢带成型机比现有钢带成型机单机采购价格降低了 262 万元。

（2）新双层钢带机减少了外部纠偏系统，约节省成本 5 万元。

（3）双层钢带成型机每条钢带减少长度约 35 m，每条钢带节约采购费用约 18 万元。

（4）新钢带机每小时能成型输送物料约 5 t，提升煤液化装置负荷约 3%，每小时洗精煤加工量为 271. 1 t，每小时多加工洗精煤 8. 1 t，按照转换率 85%、油收率 41% 计算，每小时多生产的油品 2. 82 t，每吨油品按照 2000 元收益计算，原先成型机一个月影响 2 次负荷，每次影响 10 h，增加双层钢带成型机后，年多生产油品创造的效益约 135. 36 万元。

合计创造的经济效益 420. 36 万元。

脱硫塔二级循环系统改造及工艺优化

杨 立 石玉锋 王力飞 牛 强 高宏波

国能榆林化工有限公司

一、创新成果的背景与问题描述

氨法脱硫塔内结晶工艺运行过程及出料阶段，由于二级循环液硫酸铵密度高，出料时固含量高达20%以上，浆液通过喷嘴雾化后部分浆液落到塔壁上，塔壁冲洗水冲洗不干净，再和逆流而上的高温烟气接触硬化板结贴于塔内壁，久而久之形成塔壁挂料，最终受重力作用或者定期冲洗时自动脱落落入脱硫塔底部，掉落的大块结晶物部分在浆液中溶化，但饱和状态下未溶化的块料被搅拌器破碎吸入二级泵入口，被滤网拦截，继而造成滤网堵塞、二级泵循环量不足、浓缩段超温、影响出料等一系列后果，严重时脱硫系统无法维持运转，锅炉被迫停运。

二、创新思路与创新方案介绍

1. 基本原理

本成果创新性地改变传统的固定频次冲洗方式，脱硫塔浆液未饱和阶段加大冲洗、饱和阶段减少冲洗或者不冲洗，通过长期数据分析摸索不同锅炉负荷下塔壁挂料的形成和脱落时间、浓缩段除雾器的压差变化、二级泵出口压力的变化等参数动态调整冲洗频次和时长，减小挂料脱落和正常出料相遇的概率。此外，从设备升级改造入手，增大塔底搅拌器功率、二级泵和硫铵排出泵入口管道改造、后处理包装机升级等措施多管齐下，最终系统性地解决了二级泵堵塞问题。

2. 关键技术

塔内冲洗动态调整、加强塔内搅拌、升级包装系统、浓缩段机泵管线改造等。

3. 具体措施

（1）升级现有的包装机，确保出料系统运行稳定，包装机升级前后对比如图1所示。

（2）二级泵入口滤网孔径根据堵塞颗粒的大小由14 mm调整到20 mm，有效降低了堵塞频次，实物对比如图2所示。

（3）锅炉负荷350 t/h以下时塔内冲洗不做调整，350 t/h以上时冲洗频次和时长同时放大一倍，可有效防止除雾器形成大的块料，阻止塔壁硫酸铵挂料的生成。

（4）出料阶段塔内固含量控制在15%~25%。

（5）每天严格执行白天出料晚上冲洗化料的运行方式，化料阶段塔内浆液密度

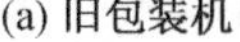

(a) 旧包装机

(b) 新包装机

图 1　包装机升级前后对比

图 2　二级泵入口滤网改造对比

1.24 g/L 以下，保证块状料落入塔底后有足够的时间破碎融化。

（6）两台二级泵入口管道“单”改“双”，避免共用一条入口管堵塞备泵，实物对比如图 3 所示。

（7）两台排出泵入口管道“单”改“双”，每台泵各有自己的管道，并于塔内增加向下套管，增强排出泵入口的抽吸和扰动作用，排出泵入口管道改造如图 4 所示。

（8）增大搅拌功率，提高搅拌效果，避免塔内物料局部堆积。搅拌器改造前后对比如图 5 所示。

三、创新成果的适用范围

本成果适用于氨法脱硫塔内结晶工艺及运行过程中遇到的以上类似问题。

(a) 改造前　　(b) 改造后

图3　二级泵入口管道改造前后对比

图4　排出泵入口管道改造现场

(a) 旧搅拌器

(b) 新搅拌器

图5　搅拌器改造前后对比

四、创新成果的应用效果对比分析

通过优化塔内冲洗化料操作及强化塔内搅拌，浆液饱和状态下虽仍存在硫酸铵颗粒物，但颗粒物粒径明显减小，二级泵几乎不发生堵塞。优化实施后硫酸铵颗粒物粒径对比如图 6 所示。

(a) 实施前：颗粒度 20～25 mm

(b) 实施后：颗粒度 5～10 mm

图 6　优化实施后硫酸铵颗粒粒径对比

五、先进性及创新性

在不改变整体工艺技术的前提下对个别设备进行局部升级改造，同时创新性地优化塔内冲洗动态，一举解决氨法脱硫塔内结晶工艺的二级泵堵塞行业难题，确保脱硫系统的稳定运行。

六、成果的运行成本和效益

（1）本项目采购包装机、更换搅拌器及管道改造一次性总投入约 30 万元。

（2）本项目预估可避免非计划年倒炉次数 2 次、相当于降低运行成本 20 万元（倒炉 10 万元/次），节约检修费用 28.8 万元/年，合计 48.8 万元。

七、创新成果在行业的推广价值

该成果应用后二级泵滤网堵塞问题彻底解决，不仅减轻了检修人员的检修工作量、节约了检修费用，确保了脱硫系统稳定运行，还避免了非计划停炉事件的发生，为行业其他单位提供了一种行之有效的解决类似问题的办法。

一种烟气再循环耦合 SNCR 脱硝系统

张　朝　王鹏涛　王学文　孟长芳　张广琦

煤科院节能技术有限公司

一、创新成果的背景与问题描述

煤粉工业锅炉燃烧优质煤时具有高效率、低耗能、低磨损、低占地面积的优点，是实现燃煤高效利用时优先考虑的形式。随着国家环保排放标准的提高，当前煤粉工业锅炉 NO_X 排放已经不能满足要求，因此经济有效地降低煤粉工业锅炉 NO_X 排放，对于实现超低排放具有重要的意义。选择性非催化还原 SNCR（Selective Non-Catalytic Reductive）技术和烟气再循环等脱硝技术占地面积小、建设周期短，投资及运行成本与其他烟气脱硝技术相比较低，更适合煤粉工业锅炉这种小容量工业锅炉。应用于煤粉工业锅炉的 SNCR 技术，脱硝效率在 30%～60%，主要是因为煤粉工业锅炉适宜氮氧化物脱除的温度区间较窄，同时停留时间较短。相关研究表明，还原剂在适宜的温度区间停留时间增加 1～2 s，氮氧化物脱除效率将增加至 80% 以上。

二、创新思路与创新方案介绍

1. 基本原理

该技术的提出是基于烟气再循环燃烧技术可以限制主燃区的燃烧强度，采用主燃区集中送风的同时引入烟气再循环，借助烟气再循环降低主燃区的氧浓度，煤颗粒燃烧得以推迟且析出的大量挥发分在相对低氧气氛下燃烧，有利于 N 转化成 N_2，抑制了 NO_X 的生成。采用低氮燃烧技术措施后，燃烧室燃烧推迟，炉膛内烟气温度升高，有利于扩大布置 SNCR 的烟温窗口，延长还原剂在适宜温度区间的停留时间，提高煤粉工业锅炉的脱硝效率。

2. 关键技术

（1）低氧预燃室式煤粉燃烧器稳燃技术。利用烟气再循环系统，将一定比例低氧的烟气投入预燃室式燃烧器中，使其稳定燃烧。

（2）烟气再循环耦合 SNCR 脱硝技术。利用烟气再循环燃烧技术使燃烧室燃烧推迟，炉膛内烟气温度升高，扩大 SNCR 的烟温窗口，极大提高了燃煤锅炉的脱硝效率。

3. 系统构成

高效煤粉工业锅炉的烟气再循环耦合 SNCR 脱硝系统包括煤粉工业锅炉、炉内配风、脱硝系统和烟气净化系统，炉内配风包括一次风系统、二次风系统和烟气再循环系统，各部分现场实物如图 1 所示。

图1　炉内配风现场实物

三、创新成果的适用范围

适用于有预燃室式煤粉燃烧器的煤粉工业锅炉。

四、创新成果的应用效果对比分析

（1）应用对象：某锅炉房1号炉。

（2）应用条件：供料量为900 kg/h，过量空气系数维持1.2左右，保持尿素喷枪喷射量、喷射位置不变，烟气再循环率分别在为9%、15%、22%。

（3）应用效果：从烟气再循环耦合SNCR脱硝系统应用情况表（表1）可以看出，在无烟气再循环和无SNCR情况下，锅炉初始烟气 NO_X 排放量442 mg/m³；当无烟气再循环而投入SNCR后，烟气 NO_X 排放量降为205 mg/m³，脱硝效率为53%。当烟气再循环和SNCR均投入后，随着烟气再循环率的提高，炉膛温度逐渐提高，烟气 NO_X 排放量均大幅降低，均低于35 mg/m³，脱硝效率均达到92%以上。

表1　烟气再循环耦合SNCR应用情况对比表

	烟气再循环率*/%	烟气 NO_X/（$mg \cdot m^{-3}$）	炉膛温度/℃	二次风 O_2 含量/%
无烟气再循环+无SNCR	0	442	715	20.76
无烟气再循环+有SNCR	0	205	716	20.75
有烟气再循环+有SNCR	9	31	724	19.8

表 1（续）

	烟气再循环率*/%	烟气 NO_X/($mg \cdot m^{-3}$)	炉膛温度/℃	二次风 O_2 含量/%
有烟气再循环+有 SNCR	15	21	743	19
有烟气再循环+有 SNCR	22	16	786	18.175

注：*烟气再循环率等于循环烟气量和二次风量与循环烟气量之和的比值。

五、创新成果在行业的推广价值

锅炉尾部烟气 NO_X 排放要达到 100 mg/m³，根据液氧 800 元/t、尿素 3000 元/t 及某锅炉房采暖季运行耗量统计，得出两种耦合脱硝技术方案成本对比，具体见表 2。

表 2　两种耦合脱硝技术方案成本对比

	脱硝效率/%	每吨煤所耗液氧成本/元	每吨煤所耗尿素成本/元
SNCR+臭氧脱硝技术	92~95	50	30
再循环+SNCR 脱硝技术	93~95	0	40

相比 SNCR+臭氧脱硝技术，烟气再循环耦合 SNCR 脱硝技术具有以下优势：

（1）改造成本低、工艺简单，仅需要将原来已有的烟气再循环管路与二次风管连通，安装调节阀门即可完成改造，而前者投资改造成本至少百万元以上。

（2）运行成本低。从表 2 可以看出，相比前者，烟气再循环耦合 SNCR 脱硝技术每吨煤所耗液氧和尿素成本能减少 40 元，一个 100 t/h 的锅炉房，一年可节省费用近百万元。

总而言之，烟气再循环耦合 SNCR 脱硝技术优势显著，应用推广价值较大。

破碎筛分系统优化研究与应用

边　刚　张志国　杨　勇　吴修君　林法顺

内蒙古恒坤化工有限公司

一、创新成果的背景与问题描述

焦炭市场竞争激烈，焦炭筛分效果直接影响公司的经济效益和社会效益。为了更好地满足焦炭市场多元化的需求，提高焦炭销售层次，使公司产品多样化、精细化，需将现有破碎筛分系统进行优化。在焦沫皮带下一工段新增设一套滚筒筛，丰富破碎筛分产品种类，可以利用滚筒筛将 10 mm 以下焦沫筛分出＜5 mm 的焦丁和 5~10 mm 的小焦粒。小焦粒每吨价格比焦丁价格贵220元，将焦丁和瓜子焦分离后可以大大提高公司经济效益，全年创效可达360万元。

二、创新思路与创新方案介绍

1. 基本原理

滚筒筛的主体结构是筛分筒，它是由若干个圆环状扁钢组成的筛网，整体与地平面呈倾斜状态，外部被密封隔离密封，防止污染环境。通过变速减速器使筛分筒在一定转速下进行旋转，物料进入滚筒后，靠滚筒旋转的离心力及跳汰作用来筛分物料。通过不同网目的筛网逐一筛出物料，物料自上而下通过筛分筒，细料从筛分筒前端下部排出，粗料从筛分筒下端尾部排出。滚筒筛设有梳型清筛机构，在物料筛分过程中，通过梳型清筛机构与筛分筒的相对运动，达到对筛体不间断清理的目的，使筛分筒在整个工作过程中始终保持清洁，不粘、不堵、不影响筛分效率。在现有破碎筛分系统末端，增设一套滚筒筛，将筛分出的焦丁和小焦粒分别沿着各自的输送机运至产品区。

2. 关键技术

因焦炭湿度较大，为了保证5~10 mm小焦粒产品合格，在滚筒筛一侧安装毛刷清扫器清理筛网，不掺和＜5 mm的焦丁。

3. 系统构成

滚筒筛由滚筛、机架、漏斗、减速机、电动机、带式输送机组成。焦丁进入滚筒后，一部分随着滚筒转动而被筛出，一部分粒度大的焦炭沿着倾斜的滚筒向前流动，通过不同网目的筛网被逐渐筛出。根据筛网大小第一节筛网孔要小于5 mm、第二节的要在5~10 mm之间。

4. 工艺流程图及滚筒筛结构图

优化后的破碎筛分流程如图1所示，滚筒筛结构示意图如图2所示。

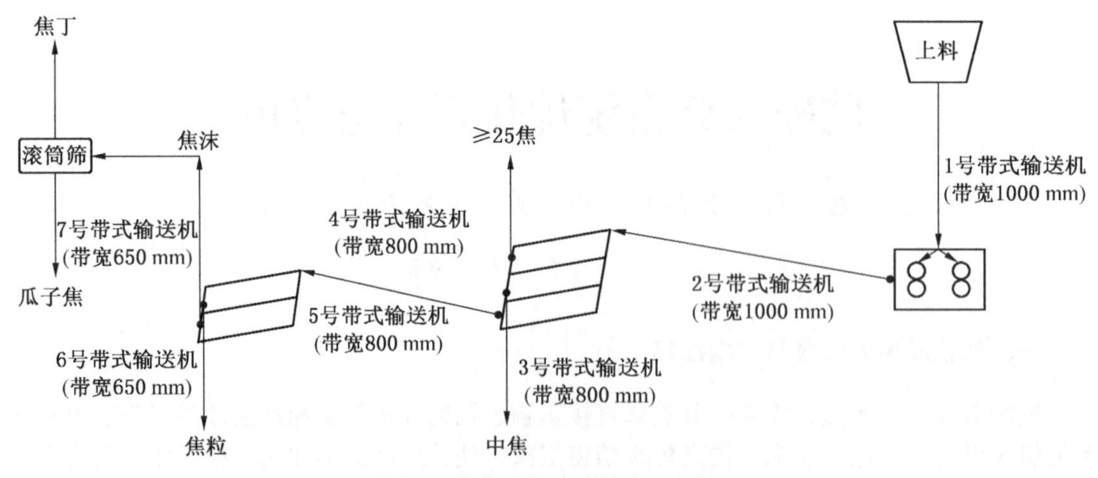

图1 优化后的破碎筛分流程图

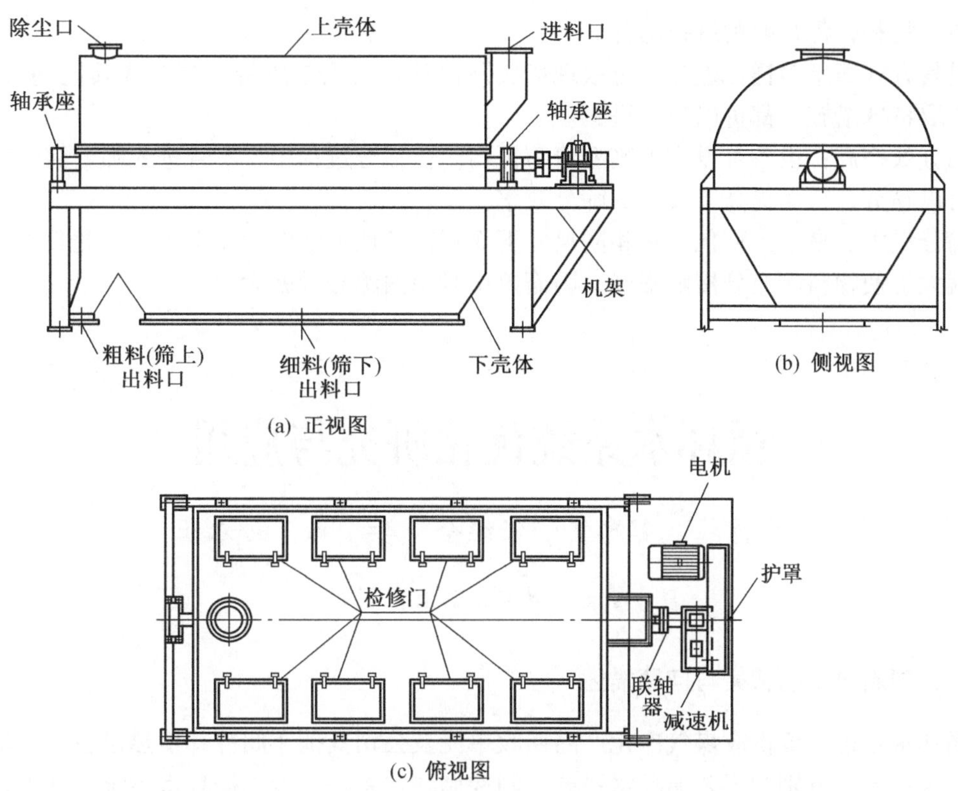

图 2　滚筒筛结构示意图

三、创新成果的适用范围

本滚筒筛成功适用于电厂、焦化厂、建材、冶金、水泥、化工、矿山等行业而研制的专用筛分设备，它克服了圆振动筛和直线筛在筛分较湿物料时出现的筛网堵塞题，提高了筛分系统的产量和可靠性。适筛分种性质的物料以及焦炭、白灰等潮湿易堵塞物料，筛下产品最大粒径＜100 mm，中等粒径的为 10～50 mm，最细粒径≤3 mm 以下。

四、创新成果的应用效果对比分析

为进一步提升公司精益化管理水平，车间 4 月组织 6 名维修工加班加点制作滚筒筛及其配套皮带输送机系统，经车间调研周边破碎厂家，采用丝径 1.5 mm 不锈钢筛网进行安装制作，6 月 23 日运行正常，目前将 10 mm 以下焦丁筛分为两种产品（＜5 mm 焦丁、5～10 mm 小焦粒），达到预期筛分效果，焦丁价格为 980 元/t，小焦粒价格为 1200 元/t，自焦棚增设滚筒筛后，每天筛分出小焦粒 50 t，月产 1500 t，可以看出增设滚筒筛后为公司创造更多经济效益，预计全年创效 360 万元。

五、关于创新成果在行业推广的价值

物料适应性广：滚筒筛广泛应用于各类物料筛分，无论是劣质煤、泥，还是烟以及其他焦炭类物料，都是顺利进行筛分。

进料方式简单多样：进料口可根现场实际设计，无论是皮带、漏斗或其他进料方式，不用采取特殊措施，都可以顺畅进料。

筛分效率高：设备可设有毛刷型清筛机构，在筛分过程中，不管进入筛分筒的物料多杂都可以筛分，从而提高了设备的筛分效率。

筛分量大、易于大型化。在相同尺寸下面积比其他形状的面积都大，因此其筛分有效面积就大，使物料能充分接触筛网，因而单位时间内筛分量就大。

循环水系统优化研究与应用

李栋柱　郭忠良　任继全　李　森　孙永正

内蒙古恒坤化工有限公司

一、创新成果的背景与问题描述

循环水系统主要供应煤气净化产品回收单元及公司其他车间冷却换热设备，现场有三套循环水系统，分别为工艺循环水系统、制冷循环水系统、冷冻循环水系统，其中，冷冻循环水系统夏季运行（6—8月）。

循环水系统存在的主要问题：

（1）腐蚀率超标，管线、换热器、大型设备腐蚀、堵塞严重，影响安全生产及管线、换热器、大型设备的使用寿命。

（2）系统浓缩倍数偏低。浓缩倍数控制在2.7倍左右，补水量和排污量较大，每年循环水补水约为85万m^3，运行成本相对较高。

（3）自动化水平低，职工劳动强度大。冲击加药不但增加了职工劳动强度，还使其直接接触化学品的风险上升，形成安全隐患。

二、创新思路与创新方案介绍

1. 基本原理

本成果主要有两部分组成：一是3D TRASAR自动控制加药装置；二是高效水处理药剂。该技术改进了传统的冲击式加药方式，使用荧光剂对系统内的循环水进行标定，再辅助实时在线监测设备，对循环水电导率、药剂浓度、pH值等数据进行动态监控，将监测结果反馈给分析装置，对系统当前状态实时评估，根据评估结果自动调节加药泵的药量。对传统药剂进行升级，使用高效药剂后，可以保证系统在高浓缩倍数下换热设备不腐蚀、结垢。

2. 关键技术

本成果的关键技术是自动控制加药，硬件设备有荧光标定分析装置、检测设备、加药装置。

（1）荧光标定分析装置主要由荧光计与远传流量开关组成。

（2）检测设备包括：腐蚀率探头和腐蚀挂片，用于在线检测水系统进水侧的金属腐蚀速率，电极、挂片的材质可选择碳钢、铜合金等；环形电导率探头检测范围为（200~99999）μs/cm（小于200 μs/cm的水质使用接触式电导率探头），探头检测包括三通和环形电极两部分，并有温度电极用于电导率温度补偿；pH值及OPR在线检测探头；药剂含量检测探头。

（3）加药装置：由加药泵、加药箱、加药管线组成。加药说明如下：缓释阻垢剂3DT470（循环水系统）：用高应力标记聚合物控制高应力冷却水系统中的铁、镁、磷酸钙、锌和悬浮固体沉积物。加药量/加药点：循环水保有浓度为$40\sim45\times10^{-6}$。缓释阻垢剂3DT537（低温水系统）：用高应力标记聚合物控制高应力冷却水系统中的铁、镁、磷酸钙、铜、锌和悬浮固体沉积物。加药量/加药点：循环水保有浓度为$40\sim50\times10^{-6}$。缓释剂3DT125：对碳钢的腐蚀具有高效的抑制功能，配合3DT470/537使用，可以达到最佳的使用效果。加药量/加药点：循环水保有浓度为$5\sim8\times10^{-6}$。

3. 循环水系统构成图

改进的循环水系统如图1所示。

图1　改进的循环水系统

4. 工艺流程

改进后的循环水系统工艺流程如图2所示。

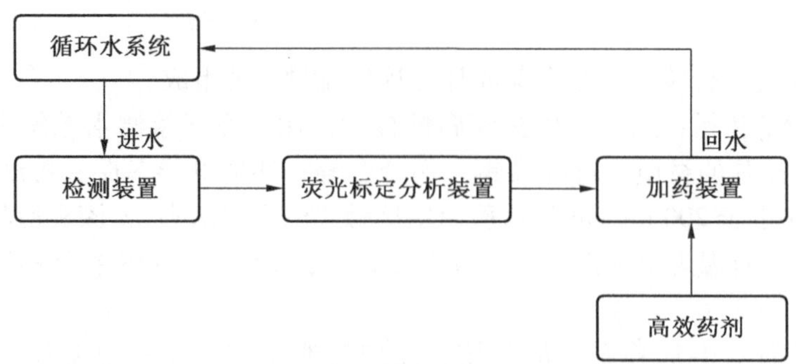

图 2 改进后的循环水系统工艺流程图

三、创新成果的适用范围

成果主要适用于开式循环水系统节水提质。

四、创新成果的应用效果对比分析

循环水系统改进前后效果对比见表 1。

表 1 循环水系统改进前后效果对比

	设备腐蚀率（碳钢）/($mm \cdot a^{-1}$)	循环水细菌数/(万个 · mL^{-1})
传统加药	0.1~0.12	7~9
自动加药	0.07~0.075	3~6

循环水系统改造后，药剂总体费用约为 97.32 万元，比现在药剂多用 31.24 万元，但该药剂为专利产品，避免了其他的一些副作用，并且有其可观的经济效益：

（1）该装置投用后，可将循环水浓缩倍数由原先的 2.7 左右提升至 4.0 以上，每年可减少循环水置换排污量 150000 m^3，每立方米河水价格按 4.2 元计算，每年为公司创经济效益 63 万多元。

（2）极大地延长了管线及换热设备的使用寿命，初步估算每年可节约管线、设备更换费用约 50 万元；换热设备清洗费用每年可节约 15 万元。另外，可确保系统长期安全稳定运行，潜在的经济效益巨大。

（3）该装置设有一体化操作系统，大大降低了人力资源配置，可少配置两人，每人每月工资按 5000 元计算，年节约费用 12 万元。

该项目投入实施运行后，每年可节约总费用约 108.76 万元。

此项目实施后，不但大大提高了自动化水平，降低了人为控制的风险，有效保证了循环水系统的稳定运行以及公司整体的安全稳定生产，还有非常可观的直接经济效益。

五、关于创新成果在行业推广的价值

该成果已在部分焦化企业应用，经济社会效益显著，具有推广价值。

焦炉上升管余热回收与利用

陈 霞 许 贵 史 亮 瓮双太 穆克涛

内蒙古恒坤化工有限公司

一、创新成果的背景与问题描述

内蒙古恒坤化工有限公司有 5.5 m 焦炉 2 座，共 130 孔，年产焦炭量约 $1.30×10^6$ t。在炼焦过程中，炭化室产出大量的荒煤气，经过焦炉上升管、桥管、集气管冷却集合后送入化产系统进行净化处理。在一个结焦周期内，单孔炭化室产出的荒煤气约 10000 m^3 以上，荒煤气经过焦炉上升管时温度高达 400~800 ℃，含有大量的显热，为降低焦炉荒煤气温度便于后续焦化工艺处理，传统工艺采用喷氨水急冷的工艺冷却高温荒煤气，使荒煤气温度急速降至 80~85 ℃。传统工艺流程不仅浪费了大量的荒煤气显热，而且需要大量的循环冷却水和冷却电力，浪费能源。

二、创新思路与创新方案介绍

1. 基本原理

本系统利用上升管换热器及配套系统吸收荒煤气的显热，产生 0.6~1.2 MPa（表压）的饱和蒸汽并将其并入厂区蒸汽管网。除盐水槽送来的除盐水经过除氧补水泵送入除氧器除氧，再经汽包给水泵送至汽包，通过强制循环泵进入 1 号、2 号焦炉 130 组上升管换热装置（其中，10 根为上升管过热器），通过换热装置利用焦炉荒煤气显热将水加热，出换热装置的是汽水混合物，返回汽包进行汽水分离，产生饱和蒸汽，并入已有的蒸汽管网。该回收系统流程如图 1 所示。

2. 关键技术

焦炉上升管余热回收系统主要技术是利用上升管换热器，吸收荒煤气带出的显热产生饱和蒸汽，最后并入总网，其中 10 根上升管是将饱和蒸汽再回换热器，产生过热蒸汽进入富有加热系统，为富有加热提供热源。上升管实物如图 2 所示。

3. 系统构成

上升管余热回收利用装置进口荒煤气温度为 650~870 ℃，共设置 130 台上升管余热回收利用装置，通过该装置使荒煤气温度降至 500 ℃。装置由内、中、外六部分组成，内一层为耐高温纳米导热层，内二层为耐高温抗腐蚀材质，内三层为金属结构层，内层结构抗氧化、渗碳、渗氮，在防内渗水和提高热效率方面有优势，焦炉荒煤气环境下年腐蚀 0.02 mm。中间第四层为汽化装置（换热交换层），采用特殊几何形态结构，进出水口为独立单元，高温烟气与除盐水在这部分进行充分的热交换，既利用了上升管的余热，又保证了利用余热后的荒煤气的温度不致降低过快造成煤焦油的凝结

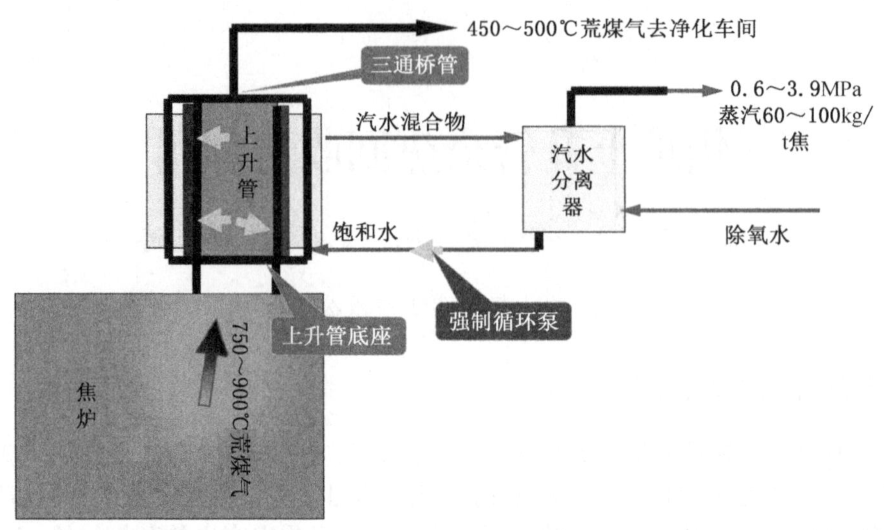

图1　焦炉上升管余热回收系统

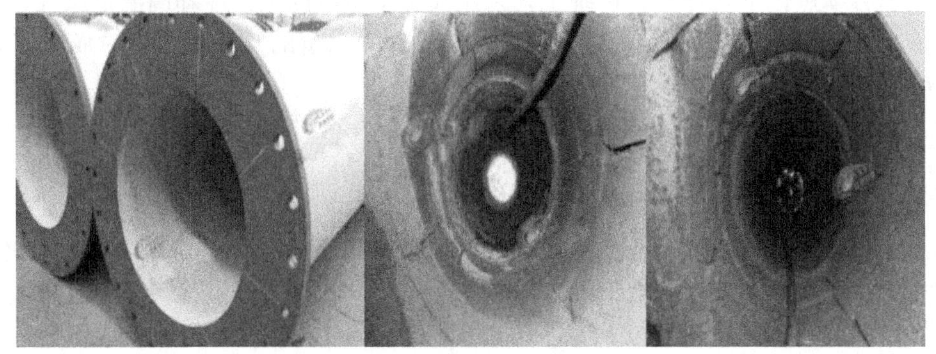

图2　上升管实物

和积碳，换热管道为合金材质。第五层为隔热保温层，采用特殊纳米保温材料，改善了原有上升管存在的表面温度过高的问题，同时对中间层的换热核心部分进行保护，最大限度地让热量保持在中间层进行换热，防止热量外泄。第六层为外保护层。新型上升管结构如图3所示。

由里到外各层特点如下：

（1）纳米导热最大程度避免大面积结焦（第一层）。

（2）耐磨耐腐合金保证设备使用寿命（第二层）。

（3）耐高温合金无缝钢管形式的保证无水渗漏（第三层）。

（4）特殊结构水套管保证换热稳定可靠（第四层）。

（5）纳米保温层保证热交换效率和降低环境温度（第五层）。

（6）不锈钢外保护层保证使用安全及使用寿命（第六层）。

4. 工艺流程

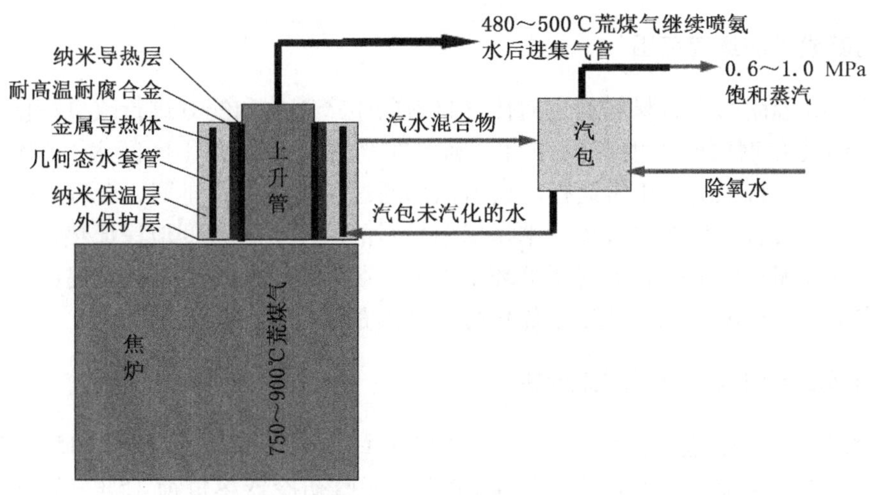

图3　新型上升管结构图

焦化工艺中为冷却高温荒煤气仍然是必须喷洒大量70～75 ℃的循环氨水，降低荒煤气温度后，进入煤气初冷器，再由循环水和制冷水进一步降低温度到21 ℃左右，高温荒煤气带出无法利用。

上升管换热装置利用高温荒煤气带出的显热加热水产生蒸汽，通过除氧水泵分别由除盐水箱将除盐水送到热力除氧器进行除氧，除氧后的除氧水通过汽包给水泵向汽包中给水，汽包通过强制循环泵向1号、2号焦炉上升管换热器供水。焦炉炼焦过程中，炭化室产生高温荒煤气通过上升管换热器流到集气管。在上升管换热器中与水进行换热，水吸收荒煤气显热形成汽水混合物，汽水混合物流到汽包，在汽包处分离出饱和蒸汽送到蒸汽管网。当汽包压力超出额定压力，弹簧安全阀自动跳启。本装置主要由上升管换热器及汽包系统、供水系统组成。余热回收装置流程如图4所示。

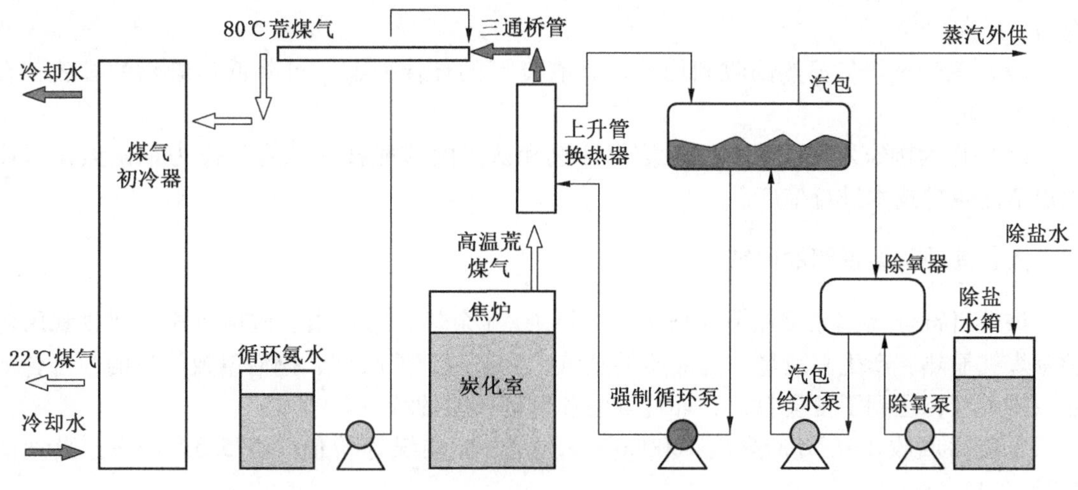

图4　余热回收装置流程图

三、创新成果的适应范围

新型的耐高温耐磨合金材料通过对传统材料的生产工艺和配方进行改良，使特殊材料的耐磨耐高温性和钢材的强度有机结合，确保在高温、温度变化区间大、腐蚀（氧化、还原、H_2S 等）运行工况下正常运行。设备内部通过科学的结构排列、合理换热材料的选择，保证了整个装置最佳换热效果。纳米保温材料的应用最大限度地保证热量不外散，使换热在有限的封闭空间进行，同时降低环境温度。装置外壁采用抗氧化和腐蚀的不锈钢材质，适应焦炉运行环境。成果适用于焦化行业高温荒煤气余热回收系统。

四、创新成果的应用效果对比分析

项目建成后，每年饱和蒸汽产量约 1.00×10^5 t，折合标准煤等价值 11575. 59 tce/a，焦化吨焦工序能耗降低 8~10 kg 标煤，减少煤气回收初冷器热负荷 15%~30%，减少煤气初冷器循环水 15%~30%，减少循环水系统电耗和补充水消耗约 15%。同时可以减少一台燃气锅炉运行，每小时可减少废气排放 11300 m^3，减少了燃气锅炉对环境造成的污染，节能减排保护环境，同时每小时可以节省 2000 m^3 焦炉煤气，每天可增产液化天然气 10 t。

本项目回收 1.0 MPa 蒸汽 100000 t/a，折合标准煤等价值 11575. 599 tce/a，当量值 9405. 75 tce/a。

该项目充分回收利用焦炉荒煤气显热，产生高数量、高品质的蒸汽，实现节能减排、挖潜增效的目的，符合节能减排政策，达到了社会效益、环境效益和经济效益的统一。

五、关于创新成果在行业推广的价值

（1）焦炉荒煤气显热回收利用技术已经成熟，获得了国家和行业认可，具备全面推广实施的条件。

（2）项目的实施能带来可观的节能效益，可缓解焦化行业节能降耗的压力，对企业有益。

（3）焦炉荒煤气显热回收利用技术具有良好的环保效益，可降低污染物的排放，有效改善环境。

（4）作为国家发展改革委、工信部评选和认可的节能技术，有望作为钢铁焦化行业重点节能减排技术进行推广。

六、其他需要说明的内容

该项目符合《国家重点节能技术推广目录》（余热利用）项。该项目充分回收利用焦炉荒煤气显热，产生高数量、高品质的蒸汽，能实现节能减排、挖潜增效的目的，符合节能减排政策，达到了社会效益、环境效益和经济效益的统一。

本项目回收 1.0 MPa 蒸汽 100000 t/a，折合标准煤等价值 11575. 59 tce/a，当量值 9405. 75 tce/a。

一种浮选尾矿煤泥梯次减量系统

曾庆刚　李振成　李延奇　李永凡　吕佳伟

平顶山天安煤业八矿选煤厂

一、创新成果的背景与问题描述

平顶山天安煤业股份有限公司八矿选煤厂原煤泥处理工艺，煤泥经浓缩机浓缩后，采用压滤机对煤泥进行一次脱水，滤饼水分达到25%左右，脱水后滤饼采用天然气烘干炉进行二次烘干脱水，水分控制在15%左右。压滤机及烘干设备处理能力低制约原煤小时入选量。天然气烘干设备消耗大量天然气，烘干成本高，煤泥处理环节经济效益长期亏损。天然气的匮乏造成停产，环保压力的增加，为月排放总量达标会限制生产。

二、创新思路与创新方案介绍

浮选尾煤煤泥不加药剂采用 ϕ20 m 高效浓缩机进行一段浓缩截粗。一段高效浓缩机溢流堰增高 50 cm，通过增高溢流堰高度降低浓缩粗颗粒下限，达到提高粗颗粒回收量的目的。一段浓缩机底流粗颗粒通过泵输送至 TBS 分选机尾矿振动弧形筛布料箱内与 TBS 分选机尾矿混合后一次通过振动弧形筛、高频振动筛脱水回收，掺入中煤产品。通过分析一段浓缩粗颗粒粒度组成特性、TBS 分选机尾矿粒度组成特性，在 0.2 mm 级两种物料粒度组成特性相似，合并后可均衡各粒级含量，混合后脱水可借助粗颗粒提高细粒级脱水效果，借助细粒级含量的增加在脱水设备筛面形成密实床层提高粗煤泥回收率。合并脱水在不新增新设备基础上不但可保证产品水分，而且增加了粗煤泥回收率。筛下水及离心机离心液返回中矸桶，利用中矸粗煤泥回收系统，进行二次拦截回收，回收在脱水过程中筛下粗颗粒错配物。一段高效浓缩机溢流加药后采用两台 ϕ30 m 浓缩机进行浓缩，二段达标溢流水作为选煤循环水使用。二段浓缩后底流经泵输送由旋流器组进行三段浓缩分级，分级浓缩旋流器浓缩底流输送至重介中煤脱介筛二段喷水后端进行脱水回收，重介中煤筛二段喷水后端中煤介质已完全脱除，并在筛面形成松散均匀的床层，将三段浓缩后物料沿筛面均匀无压布料，借助中煤床层厚度及煤粒间隙延长细煤泥的脱水时间，提高脱水效果，借助煤粒间吸附性提高细煤泥的回收率。三段浓缩分级旋流器溢流通过管道自流压滤入料桶，再由泵经管道连接压滤机细煤泥预脱水，脱水煤泥用刮板输送至烘干炉进行二次烘干。压滤机滤液通过管道连接自流入二段浓度机入料井。煤泥梯次减量回收工艺的煤泥水流程如图 1 所示。

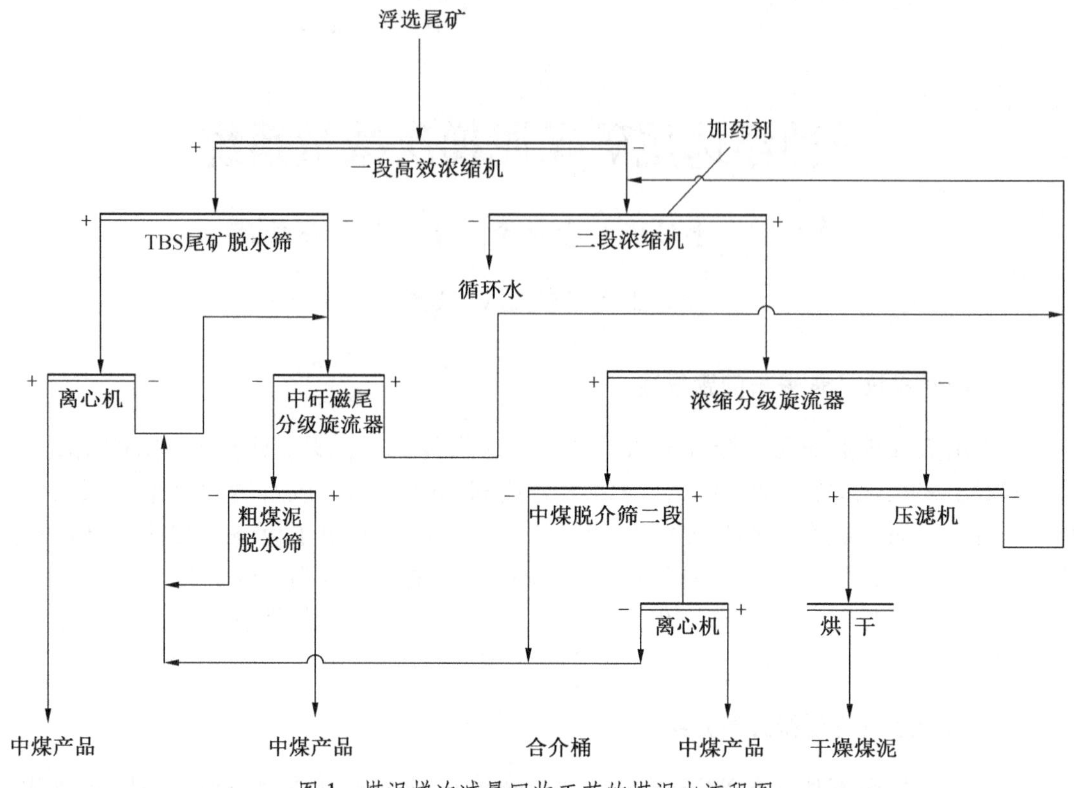

图 1　煤泥梯次减量回收工艺的煤泥水流程图

三、创新成果的适用范围

本成果使用于煤泥水处理工艺，浮选尾矿在不添加沉淀剂的情况下先经一段浓缩机截粗，把 0.25~0.5 mm 自然沉淀后，与 FBS 尾矿合并提高物料均匀度，提高煤泥脱水回收率，并将煤泥转化为价值较高的中煤；经一段浓缩机截粗后剩余的 0~0.25 mm 粒级煤泥水、中矸分级浓缩旋流器溢流及滤液加药后进入二段浓缩机浓缩沉淀，澄清水作为循环水使用。底流再经浓缩分级旋流器浓缩和分级分成 0~0.1 mm、0.1~0.25 mm 两部分，0~0.1 mm 部分由压滤机压滤脱水成为煤泥滤饼，经烘干后作为煤泥销售。0.1~0.25 mm 部分给到中煤脱介筛物料上，靠中煤形成的再生过滤介质层过滤和夹带回收煤泥成为价值较高的中煤，提高了经济效益。

四、创新成果的应用效果对比分析

（1）一段采用不加药浓缩截粗，与 TBS 分选机尾矿混合脱水不但有效控制了产品水分，而且减少了药剂消耗量，降低了加药后煤泥脱水难度。创新性地利用两物料粒度特性，在未新增常规煤泥脱水设备的基础上，借助物料在脱水设备筛面形成的床层特性达到粗煤泥脱水的目的，同时提高了粗煤泥回收率。

（2）三段浓缩底流借助脱介筛筛面物料特性进行脱水回收。不但达到了煤泥回收的目的，而且将煤泥转变成为价值更高的中煤产品，提高了资源利用率。

（3）通过煤泥梯次减量工艺，大大减少了压滤及烘干环节煤泥量，减少了烘干使用的天然气量。同时杜绝了因粗颗粒进入压滤环节造成的压滤机跑料、成饼差、卸料难的现象。

项目实施前后的生产情况和混煤销售情况见表 1。

表 1　2019 年 1—4 月（项目实施前）和 5—10 月（项目实施后）的生产情况和混煤销售情况表

实施前						
月份	原煤量/$\times10^4$ t	原煤灰分/%	混煤产率/%	混煤量/t	混煤售价/元	混煤销售额/万元
1	53	39	8	45018	254	1142
2	44	35	10	42942	264	1132
3	49	34	14	69194	242	1672
4	43	38	11	49482	261	1291
平均值	47	36	11	51659	255	1309
实施后						
月份	原煤量/$\times10^4$ t	原煤灰分/%	混煤产率/%	混煤量/t	混煤售价/元	混煤销售额/万元
5	42	37	16	66369	276	1829
6	39	38	20	76649	307	2349
7	45	38	18	79428	342	2712
8	51	38	12	59963	344	2060
9	48	36	14	68082	317	2159
10	54	35	10	52382	306	1600
平均值	46	37	15	67146	315	2118

从前后对比可以看出：在入洗原煤质量基本稳定，月入洗量基本相同的情况下，混煤产率提高 4%，每月多生产混煤 1.50×10^4 t，混煤售价提高 60 元/t，每月多增加收入 800 余万元；加上每月减少 80 万元的燃气费用，每月增收节支 880 万元，2019 年 5—10 月累计增收节支 5300 余万元，预计 2019 年全年增收节支 7000 余万元。

五、创新成果在行业的推广价值

该厂尾煤泥水系统改造后，经两段浓缩回收至中煤产品，剩余的二段底流，经压滤车间进行处理，彻底解决了压滤烘干能力不足的情况，同时减少了燃气消耗，为该厂创造了巨大的经济效益。尾煤泥梯次减量技术的改造优化，为选煤厂设计以及选煤厂解决尾煤泥处理问题提供了新的方法，具有重要的现实意义。

PE装置共聚单体、异戊烷脱气塔节能改造

马立春

国能宁夏煤业有限责任公司烯烃二分公司

一、创新成果的背景与问题描述

聚合车间共聚单体、异戊烷脱气塔正常生产时脱除轻组分排火炬，去火炬废气组分中含有85.41%的共聚单体和89.86%的异戊烷，造成共聚单体、异戊烷浪费较多，为推进节能降耗工作，对共聚单体、异戊烷脱气塔排火炬管线进行改造。

二、创新思路与创新方案介绍

1. 方案要点

（1）将共聚单体脱气塔顶部去火炬管线流量计后导淋配管，接至精制乙烯回收总管。

（2）将异戊烷脱气塔顶部去火炬管线流量计后导淋配管，接至精制乙烯回收总管。

2. 流程示意图

项目改造前后流程如图1所示。

3. 改造/改动流程说明

（1）将共聚单体脱气塔顶部去火炬管线流量计后导淋配管，接至精制乙烯回收总管。

（2）将异戊烷脱气塔顶部去火炬管线流量计后导淋配管，接至精制乙烯回收总管。

（3）乙烯精制塔再生前泄压时及再生完成充塔置换时，缓慢打开安全阀副线新增回收乙烯管线阀门，观察总管压力不大于1.0 MPa，防止乙烯回收管线压力过高造成共聚单体、异戊烷脱气塔压力升高。

三、创新成果的适用范围

适用于聚合车间PE装置共聚单体、异戊烷脱气塔的节能降耗改造。

四、创新成果的应用效果对比分析

1. 经济效益

（1）共聚单体脱气塔排火炬流量40 kg/h，火炬气中乙烯含量85.41%，共节约273万元。

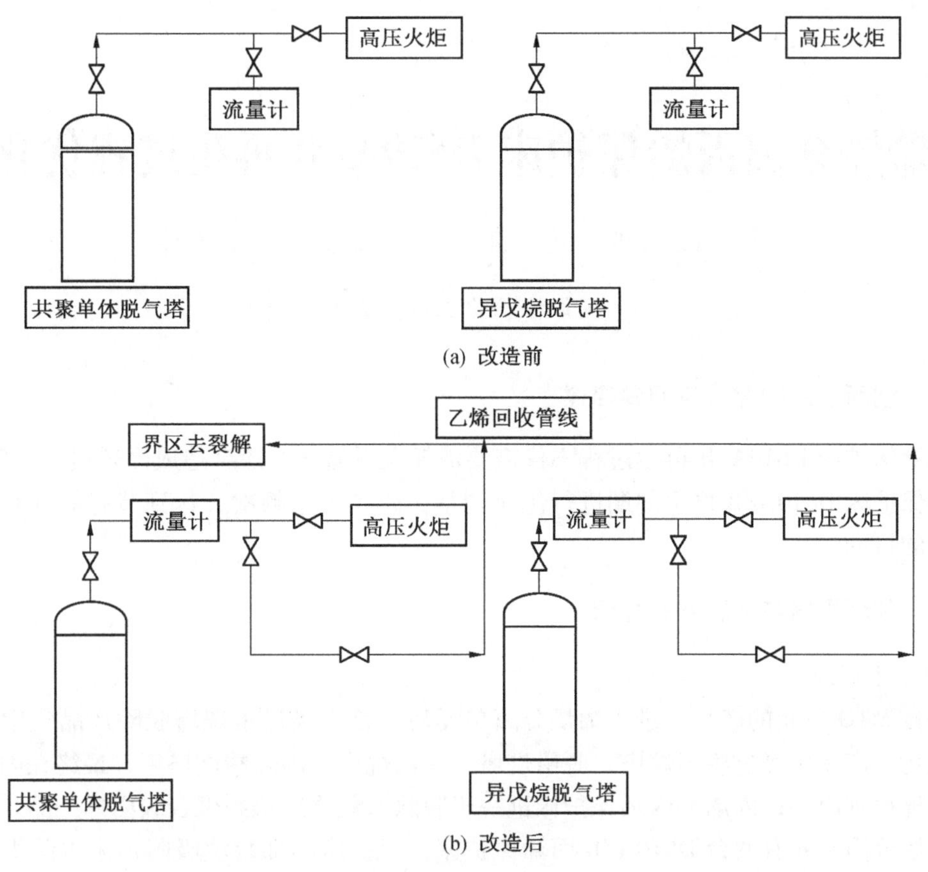

(a) 改造前

(b) 改造后

图1 项目改造前后流程图

（2）异戊烷脱气塔排火炬流量25 kg/h，火炬气中乙烯含量89.86%，共节约116.8万元。

每年总计节约389.8万元。

2. 社会效益

减少共聚单体、异戊烷放火炬燃烧生成的CO_2约520 t。

五、创新成果在行业的推广价值

项目改造的费用包括材料购置费、人工费，两者共计2.82万元，成本不高。

成果的成功应用产生了良好的经济及社会效益，是值得进行推广的，同时也可为同类装置提供借鉴。

六、风险评价

乙烯回收管线压力过高，造成共聚单体、异戊烷脱气塔压力升高。

防范措施：控制乙烯回收总管压力低于0.1 MPa。

烯烃分离丙烯保护床 D610A/B 再生过程优化

张　锐　邓　昇　高志荣　王雪峰　王为林

国能榆林化工有限公司

一、创新成果的背景与问题描述

丙烯保护床 D610A/B 再生过程不仅需要消耗大量氮气，还会造成丙烯损失。鉴于此，对丙烯保护床 D610A/B 再生周期进行优化调整，减少再生频次，达到节省氮气和减少丙烯损失的目的。

二、创新思路与创新方案介绍

1. 基本原理

来自 MTO 单元的产品气进入烯烃分离单元后，首先经过水洗塔脱除产品气中的大部分氧化物，产品气经过脱丙烷塔、脱甲烷塔、脱乙烷塔、丙烯精馏塔后，最终在丙烯精馏塔内分离得到丙烯，丙烯经丙烯保护床进一步脱除氧化物后得到聚合级丙烯产品。

烯烃分离单元有两台 D610A/B 丙烯保护床，保护床内部装填吸附剂来去除丙烯产品中的氧化物，保护床设计再生周期为 48 h，当保护床达到运行周期后，利用氮气进行再生，使吸附剂恢复吸附能力。

针对上述内容做出如下调整，以降低丙烯保护再生频次，最终达到节省氮气、减少丙烯损失的目的。

（1）优化水洗塔操作，提高水洗塔洗涤效果，降低产品气进入精馏系统的氧化物含量。

（2）调整精馏系统操作，提高丙烯产品纯度，延长丙烯保护床的吸附周期。

2. 关键技术

（1）烯烃分离单元水洗塔采用 MTO 单元汽提水作为洗涤水，但由于汽提水中的固体物料以及油类物质较多，洗涤效果差。通过调整将水洗塔原设计洗涤液由 MTO 单元汽提水改为透平凝液，增加了洗涤效果，有效降低了产品气进入后系统中的氧化物含量。

（2）由于丙烯精馏塔塔釜丙烷中含有大量氧化组分二甲醚，故将脱甲烷塔丙烷洗由 3 t 调至 2 t，此调整减少了丙烯精馏塔塔釜丙烷与氧化物在系统中的循环，在同样操作条件下，提高了丙烯产品纯度，延长了丙烯保护床 D610A/B 的吸附周期。

（3）通过逐步调整，将丙烯保护床 D610A/B 再生周期由 48 h 提高至 3 个月，同时加强监控丙烯保护床 D610A/B 出口氧化物分析仪及丙烯产品每日分析化验数据，保证氧化物含量$\leqslant 10^{-6}$，当氧化物含量上升时，及时切换保护床。

3. 工艺流程

优化技术方案中对原水洗塔流程进行了调整：烯烃分离单元在现有流程基础上，从透平凝液管线接一条管线至水洗塔汽提水缓冲罐 V410 补水管线（图 1），利用透平凝液代替原来的 MTO 汽提水作为水洗塔的洗涤水。水量维持在 20 t/h 左右，能够达到预期的洗涤效果。

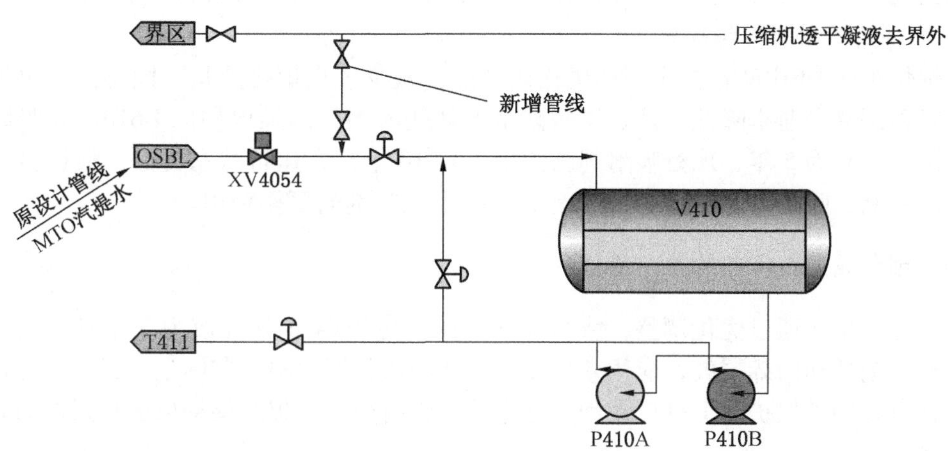

图 1　改造后的水洗塔流程

三、创新成果的先进性及创新性

丙烯保护床 D610A/B 再生过程优化基于装置实际运行情况，对水洗塔洗涤水流程进行改造；根据甲烷塔顶丙烯损失，调整丙烷洗数据；通过在线监控和离线分析的方法保证优化过程中丙烯产品合格。优化后有效降低了装置的运行成本。

四、创新成果的应用效果对比分析

工艺优化前后部分指标对比见表 1。

表 1　工艺优化前后部分指标对比

指标	应用前	应用后
丙烯产品氧化物	0	0
D610A/B 再生周期/h	48	2160
再生次数/(次 · a^{-1})	167	4
氮气消耗量/($\times 10^4$ m^3 · a^{-1})	2338	56
丙烯损失/(t · a^{-1})	1002	24

从表 1 中可以看出，通过工艺优化调整后，在保证丙烯产品中氧化物含量合格的前提下，将丙烯保护床再生周期由 48 h 调整为 2160 h，减少了再生频次，达到节省氮气和减

少丙烯损失的目的。

1. 预期（年）经济效益

丙烯保护床 D610A/B 设计再生周期 48 h，每年按 8000 h 计算，则每年再生次数为 167 次。通过优化调整，将丙烯保护床 D610A/B 再生周期改为 90 d，则每年只需再生 4 次。丙烯保护床 D610A/B 每次再生消耗氮气 140000 m^3，丙烯损失约 6 t。每年共节省氮气金额约 616.14 万元，每年节省丙烯损失金额约 684.6 万元，年经济效益 1300.74 万元。

2. 社会效益和间接经济效益

丙烯保护床 D610A/B 再生周期优化调整后，减少了火炬排放量。同时由于再生周期延长，吸附剂衰变速率降低，延长了吸附剂的使用时间，丙烯保护床 D610A/B 吸附剂设计最高使用年限为 5 年，现有吸附剂已使用 5 年 10 个月，运行状态良好，根据目前生产运行情况判断，吸附剂还可使用 1~2 年，节省了吸附剂的更换费用。

五、创新成果在行业的推广价值

烯烃分离单元通过优化调整，将丙烯保护床再生周期由 48 h 改为 3 个月，大大减少了再生氮气消耗和丙烯损失，应用效果良好。此项优化调整根据实际生产运行情况进行分析调整，可在同类保护床上推广使用，通过减少吸附介质，提高保护床的吸附能力。

高流动、超高抗冲聚丙烯 K9928H 试生产

相伟明　孙爱光　赵文亮　张建宏　李　建

国能榆林化工有限公司

一、创新成果的背景与问题描述

榆林化工烯烃事业部双聚 PP 单元紧紧围绕“以销定产”的公司经营策略，积极开展市场调研，根据市场需求确定新产品的试生产方向，持续开展高附加值新产品开发工作，不断完善公司产品牌号结构，提升公司创效能力和抵御市场公司变化风险能力，实现公司终端产品差异化、高端化、品牌化高质量发展。

2021 年 9 月 25—29 日双聚 PP 单元试生产 K9928H 一次成功。K9928H 是一种生产难度大、熔融指数高的超高抗冲共聚产品，相较于普通抗冲聚丙烯树脂，拥有更高的抗冲击性能，同时又通过加入增刚成核剂取得了较好的刚性，下游生产和改性企业满意度较高的产品。K9928H 采用氢调法生产，熔体质量流动速率高，具有很好的流动性，产品成型性好、注射压力低、注射周期短、制品尺寸稳定性好，满足了制作大型薄壁产品注塑成型的技术要求。该产品具有成核低光泽、优异刚性、无异味、低气味的特点。K9928H 典型用途为注塑级应用，在汽车专用料方面应用优良，用于汽车制品如保险杠、仪表盘、内衬板等汽车内外饰件的生产，满足驾驶室内安全环保的要求。同时也用于气味性要求严格的大

型注塑成型的塑料制品，如食品包装箱、家电制品等领域。

二、创新思路与创新方案介绍

1. 基本原理

在 Innovene 气相聚丙烯工艺中，抗冲共聚物（ICP）生产方法是在 R201 中生产较高 MFR 的均聚物（HP），而在 R251 中生产较低 MFR 的乙-丙无规共聚物（也称之为ICP 的“RC 嵌段”）。RC 嵌段使抗冲共聚物具有良好的抗冲击性能，而 HP 嵌段则赋予 ICP 刚性。ICP 的主物理性质主要体现在高抗冲击性（尤其在低温条件下）、高刚性、高耐热性、良好的外观（可控制的光泽，良好的表面光洁度，高度耐磨性）、良好的加工性能方面。

不同 ICP 牌号产品物理特性不同。对于特定牌号产品，若兼顾各种特性需要权衡，如增加抗冲击能力就会降低刚性。产品最终性能取决于用户需求。

ICP 颗粒从 R201 的 HP 颗粒开始，HP 起外壳作用，催化剂包裹在里面。在 R251 中，非晶体的 RC 嵌段嵌入 HP 外壳里面，形成一个 ICP 颗粒。RC 嵌段有一定的黏性，但被 HP 外壳包裹，颗粒整体表现为非黏性或低黏性，图 1 所示为 ICP 反应模型。HP 和 RC 嵌段的相对数量取决于在 R201 中的停留时间。停留时间长，HP 相对较多，RC 相对较少；停留时间短，HP 相对较少，RC 相对较多，相当于催化剂颗粒在 R201 中短路，HP 外壳不完整，加进 RC 嵌段时，非晶的 RC 不能被 HP 外壳完全覆盖，颗料发黏。柱塞流气相反应器可将此现象降到最低限度，所有的粉料都具有同样的停留时间，催化剂短路情况会减少，产生的黏性粉料颗粒量也减到最低。

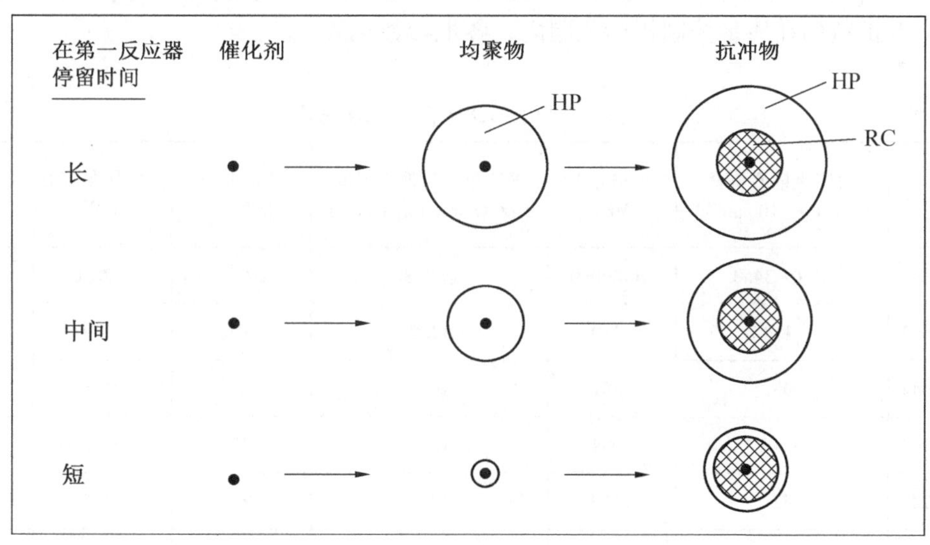

图 1　ICP 反应模型

2. 关键技术

（1）研究不同外给电子体对氢调响应性、乙烯响应性、产品质量的影响。

（2）研究乙烯含量、橡胶相含量对抗冲聚丙烯产品刚韧性能的影响。

（3）研究添加剂组成、配方及对聚丙烯产品刚韧性能的影响。

（4）研究高抗冲聚丙烯产品在生产中黏度升高的匹配控制问题。

三、先进性及创新性

（1）开发了一种高品质汽车聚丙烯注塑专用产品生产技术。

（2）形成了高熔融指、超高抗冲共聚聚丙烯专用树脂 K9928H 新产品的生产方案，得到下游加工用户一致好评，产品性能达到市场同类产品水平。

（3）通过持续开发新产品，不断完善公司聚丙烯产品结构，更好适应化工公司“以销定产”销售策略，提升公司创效能力和抵御市场风险的能力，实现公司终端产品差异化、高端化、品牌化高质量发展。

（4）研究确定了不同外给电子体对氢调响应性、乙烯响应性、产品质量的影响。

（5）研究确定了乙烯含量、橡胶相含量对抗冲聚丙烯产品刚韧性能的影响。

（6）研究确定了添加剂组成、配方及对聚丙烯产品刚韧性能的影响。

（7）研究确定了高抗冲聚丙烯产品在生产中黏度升高的匹配控制问题。

四、创新成果的适应范围

该项目适用于 INNOVENE 气相聚丙烯工艺新产品牌号开发。

五、创新成果的应用效果对比分析

2021 年 9 月 25—29 日，双聚 PP 单元试生产 K9928H 一次成功。本次 K9928H 共计生产 6 批，6 批料均在质量控制指标范围内。各批参数见表 1。

表 1　6 批 K9928H 产品参数统计

批号	熔体质量流动速 MFR/（$g \cdot 10\ min^{-1}$）	弯曲模量 Ef/MPa	简支梁缺口冲击强度（23 ℃时）/（$kJ \cdot m^{-2}$）	负荷变形温度/℃	拉伸屈服应力 σ_y/MPa	黄色指数/%
控制指标	22.0~34.0	≥1000.0	≥2.8	≥65.0	≥20.0	≤0
2021092643	31.1	1280	12.2	80	21.9	−1.5
2021092644	33	1251	10.4	79	21.6	−1.5
2021092745	32.9	1094	12.5	77	21.7	−1.5
2021092746	32	1169	14.8	79	21.5	−2
2021092847	29	1064	11.5	78	21.4	−1.4
2021092848	27.2	1111	13.4	79	21.1	−1.4

S1003 与 K9928H 的销售价差平均在 500 元/t，增加经济效益 101.82 万元。

干法制浆系统在煤直接液化催化剂制备装置的应用

王喜武　刘家兵　陈传富　李春秋　武海东

中国神华煤制油化工有限公司鄂尔多斯煤制油分公司

一、创新成果的背景与问题描述

煤直接液化催化剂制备装置水煤浆制备工序使用 2 台溢流型球磨机（简称“溢流磨”），该设备产能低、能耗高、故障率高。在单台溢流磨故障检修时，对生产负荷影响很大，不能满足煤液化催化剂供应，对装置长周期高负荷运行形成制约。煤直接液化备煤装置设 6 条制粉生产线，五开一备。在煤液化装置 90% 负荷生产时，五条生产线满负荷情况下可产生 21 t/h 煤粉产能余量。单台溢流磨检修时会造成 17. 6 t/h 催化剂供应缺口，利用液化备煤装置余量煤粉产量配制水煤浆可生产 23. 8 t/h 催化剂，完全满足因溢流磨检修造成的催化剂供应缺口，保证煤液化装置高负荷运行，同时还可为煤直接液化二、三条生产线提供数据支持。

二、创新思路与创新方案介绍

干法制浆系统设置于粉煤框架 14 层，主要设备有混捏机（102S702）、煤浆配制罐（102T701）、煤浆输送泵（102P701）、煤浆给水泵（102P702）。系统使用 101 单元 A 系统煤粉与水混合后，配制成水煤浆，供给 102 单元催化剂制备使用。

配制水煤浆的煤粉来自 101X105A（煤粉含水量≤4%，粒度分布与 102 单元催化剂制备水煤浆相同）经下料溜管进入混捏机（102S702）与水混合进入煤浆配制罐（102T701），利用搅拌器（102-M-701）混合均匀，通过煤浆输送泵（102P701）运送至 102 单元煤浆配制槽（102D201A/B）。

煤粉下料量通过手动插板阀和气动插板阀 HV15201 控制，配煤浆用水通过 102FI15201 计量，煤粉与水比例为 1. 44：1，煤浆输送泵（102P701）出口设有质量流量计和密度计，控制水煤浆浓度为 40%。

干法制浆系统各项指标如下：

（1）生产能力指标。本装置按液化装置 90% 负荷生产时，液化备煤装置运行五条生产线，干法制浆进料煤粉量不低于 17 t/h 设计。

（2）进、出料及产品指标。水煤浆浓度在 40%～45%。

（3）装置消耗指标。装置消耗无额外增减。

（4）装置稳定性。干法制浆系统稳定运行，催化剂及制备装置制浆系统相当于增加一条备用生产线。

（5）操作弹性。该设计实施后，使用干法制浆系统提供水煤浆，催化剂及制备装置可减少因溢流磨、煤仓、给料机、破碎机、隔膜泵等设备故障时引起的煤液化负荷波动。

三、创新成果的应用效果对比分析

干法制浆系统，依据现有条件煤粉进料量最大达到29 t/h，折算为洗精煤为33.5 t/h，水煤浆产量达到52 t/h，可代替煤直接液化催化剂制备装置78.8%的负荷。煤浆浓度最高达到56%，系统运行正常，产品满足现有生产要求，操作弹性达到176%。

干法制浆系统充分利用了液化备煤装置运行5套系统时的额外能力，完全可以替代一台溢流磨运行，解决了溢流磨因故障率高影响负荷的问题，提高了煤直接液化装置运行的稳定性。

四、创新成果的适应范围及推广价值

本创新成果适用于煤直接液化催化剂制备装置和水煤浆制备装置，可以提高装置的运行稳定性。

一种焦炉烟气源头控硫控硝综合技术方法

张波波　陈　金　郭立强　王　明　韩向东

开滦集团唐山中润煤化工有限公司

一、创新成果的背景与问题描述

焦炉烟气是炼焦炉生产焦炭过程中由焦炉煤气燃烧后产生的废气，其中二氧化硫、氮氧化物是对大气有害的气体成分。二氧化硫是由焦炉煤气中的硫化氢等含硫物质燃烧生成；氮氧化物主要为热力型氮氧化物，与燃烧火焰中心温度成正比。

现有技术是通过烟气脱硫脱硝技术手段后将污染物控制在国家允许的范围内，如何从源头降低二氧化硫、氮氧化物污染物的产生总量是本成果创新的主要出发点。

本成果主要应用在开滦中润炼焦分厂，对现有工艺装置进行改造，优化焦炉加热制度，从源头降低焦炉烟气的二氧化硫、氮氧化物污染物的产生总量，降低后续脱硫脱硝设施的运行压力，进而降低脱硫脱硝处理成本。

开滦中润现有四座JN60-6焦炉，焦炉加热介质为焦炉煤气，焦炉排出烟气的SO_2指标在200 mg/m^{3}以上，NO_X指标在1000 mg/m^{3}以上，2017年建设了两套半干法脱硫+低温SCR选择性催化还原脱硝除尘装置。随着国家环保要求的提高，排放指标管控越来越严，现有大气排放标准明确要求排放指标要达到以下标准，如$NO_X \leq 130$ mg/m^3，$SO_2 \leq 30$ mg/m^3，颗粒物≤ 10 mg/m^3，$NH_3 \leq 2.5$ mg/m^3。

而2017年新上的两套脱硫脱硝装置已无法完全满足现在的环保要求，同时考虑到新

建最新工艺的脱硫脱硝装置成本高还无建设场地，因此考虑从源头降低焦炉烟气的二氧化硫、氮氧化物污染物的产生总量，降低后续脱硫脱硝设施的运行压力，同时降低脱硫脱硝处理成本。

二、创新思路与创新方案介绍

1. 创新思路

（1）增加回炉煤气 PDS 湿法脱硫装置，将回炉煤气中 H_2S 由 300 mg/m^3 降至 20 mg/m^3 以下。

（2）采用自动控温技术，根据所述焦炉状态参数控制焦炉标准温度的波动在预设范围内。

（3）采用烟气回配技术，将焦炉加热空气中氧含量控制在 14%～15%，从而拉长煤气燃烧火焰，降低燃烧火焰中心温度。

（4）采用陶瓷焊补技术修补焦炉炉肩缝，采用在线修复方法翻修焦炉小炉头，采用空压密封技术修复炭化室墙面的微小裂缝，将焦炉炭化室窜漏率控制在 3% 以下。

2. 创新内容

（1）新增回炉煤气 PDS 湿法脱硫装置。装置包含脱硫塔、贫液槽、富液槽、喷射氧化再生槽、硫泡沫槽、富液泵、贫液泵、泡沫泵、离心机等设备。

焦炉煤气进入脱硫塔下部与塔顶喷淋下来的脱硫贫液逆流接触，经过洗涤的焦炉气将硫化氢由 300 mg/m^3 脱除至 20 mg/m^3 后送往焦炉。

（2）采用自动控温技术：①获取在炼焦过程中检测到的焦炉状态参数，如标准火道测温温度、焦炉煤气回炉压力、焦炉机焦侧分烟道吸力等；②根据所述焦炉状态参数控制焦炉标准温度的波动在预设范围内。一般情况，不同焦炉炉型、不同结焦时间、不同配煤比等条件对应燃烧室不同标准温度，该步骤中，通过在线测温、自动调节技术手段精准、及时控制全炉标准温度。

（3）采用烟气回配技术。风机从焦炉烟道将高温废气抽出并送入废气开闭器，和空气均匀混合后进入蓄热室，混合后废气经蓄热室进入燃烧室参与燃烧，降低燃烧空气的含氧量，从而控制燃烧强度，降低氮氧化物。

（4）通过以下方法将焦炉炭化室窜漏率控制在 3% 以下：①采用陶瓷焊补技术，采取堆焊形式，对焦炉炭化室炉肩缝砌体上出现的 10～20 mm 的剥蚀、裂缝、溶洞、凹面或其他缺陷进行修补；②采用硅质薄层活性喷射维修技术修复 10 mm 以下的炭化室炉墙裂纹，降低炉墙窜漏率；③采用在线修复方法翻修焦炉小炉头，减少炉体窜漏。

（5）附图：①新增回炉煤气 PDS 湿法脱硫装置工艺流程示意图（图 1）；②焦炉烟气源头控硫控硝综合技术方法逻辑图（图 2）；③焦炉烟气回配工艺简图（图 3）。

三、创新成果的适应范围

成果适用于焦化厂各型号焦炉，采用此技术后，能有效从源头控制焦炉烟气 SO_2、NO_X 产生量，相对于末端治理更有效、更节约成本。

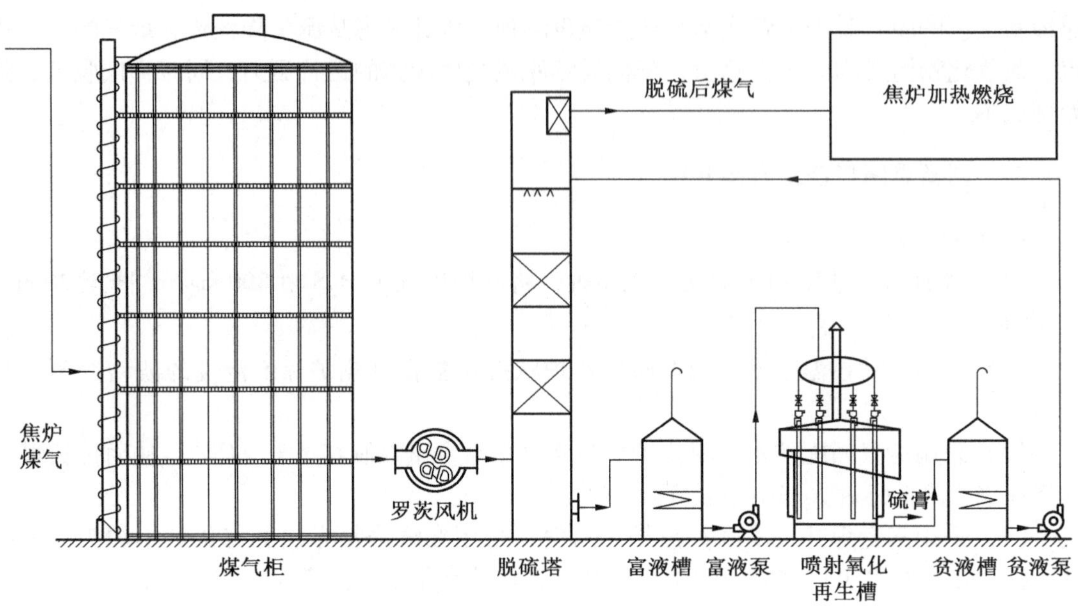

图1　新增回炉气 PDS 湿法脱硫装置工艺流程

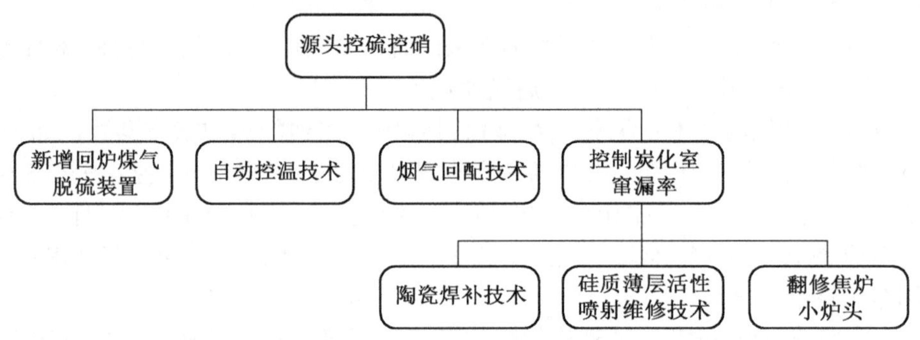

图2　焦炉烟气源头控硫控硝综合技术方法逻辑图

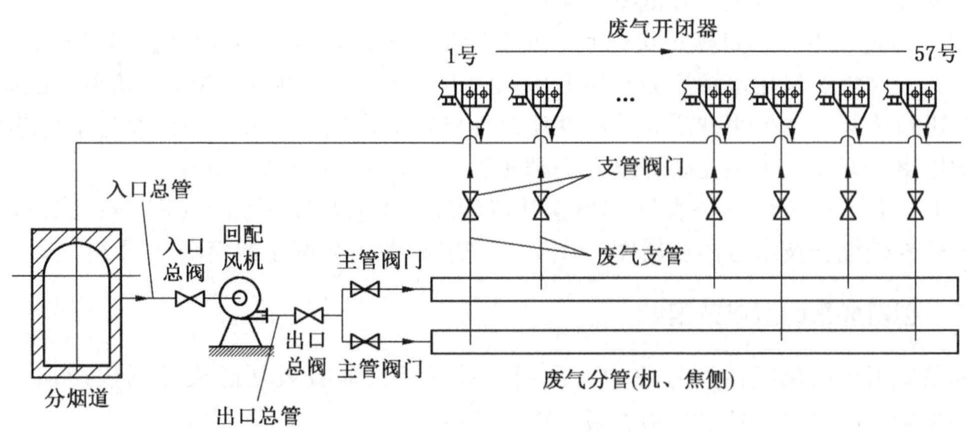

图3　焦炉烟气回配系统示意图

四、创新成果的应用效果对比分析

开滦中润公司自2021年实施此项改进后各项数据变化及脱硫脱硝消耗脱硫剂、脱硝剂情况见表1。

表1　项目改进前后各项数据统计

项　　目	投用前	投用后
焦炉入口 H_2S/(mg·m^{-3})	500	20
焦炉出口 SO_2/(mg·m^{-3})	250	10
焦炉出口 NO_X/(mg·m^{-3})	1500	500
脱硫脱硝出口 SO_2/(mg·m^{-3})	30	1
脱硫脱硝出口 NO_X/(mg·m^{-3})	130	60
耗碱量/(t·a^{-1})	1095	73 t
耗氨气量/(t·a^{-1})	894	298

从表1可以看出，通过此项改造，焦炉废气各项数据明显降低，特别是脱硫脱硝工段脱硫剂、脱硝剂消耗下降明显，达到了预期效果。

五、创新成果在行业的推广价值

成果分别从焦炉回炉煤气系统、焦炉炉体系统和焦炉废气系统方面进行新技术改造创新优化，焦炉废气排放指标优化显著，大大减少了焦炉废气中 SO_2、NO_X 的排放量，取得了良好的社会效益和环保效益。

缩短低温甲醇洗净化气合格时间

卢利飞　张延斌　邬　隆　倪　昂　雷　聪

国能榆林化工有限公司

一、创新思路与创新方案介绍

国能榆林化工有限公司净化甲醇装置低温甲醇洗工序采用Lurgi低温甲醇洗专利技术，设计100%负荷处理有效气 $66×10^4$ m^3/h，为国内单系列处理能力最大的低温甲醇洗装置。

装置于2020年12月27日投料试车并一次成功，12月27日4时30分接气，28日零时30分净化合成气分析合格，甲醇合成单元开始接气。低温甲醇洗接气调整至净化气合格共耗时20 h，放空时间长，有效气损失大。

经摸索和优化，该装置技术管理人员提出并实施了以下措施，有效缩短了低温甲醇洗净化气合格时间。

（1）通过同步升压，缩短变换气/未变换气均压时间。低温甲醇洗在引入工艺气前已经建立甲醇循环，系统循环降温，并利用高压氮气将系统压力维持在3.0 MPa左右。在变换单元升压过程中联系变换单元提前打开其界区阀待酸脱界区阀前压力接近3.0 MPa时，现场全开变换气/未变换气界区大阀将低温甲醇洗工序与变换连通，同时保持低温甲醇洗净化气放空阀关闭，使变换单元与低温甲醇洗同步升压，缩短开车引工艺气均压时间。

（2）通过优化接气方式，主动控制接气速率，减少净化气放空时间。低温甲醇洗均压完成后，手动打开低温甲醇洗净化气放空阀将变换气、未变换气引入系统内，通过放空阀开度控制接气速率。变换单元可以将两系列洗氨塔出口放空阀投自动，或者根据系统压力手动关小放空阀。使用此接气方法低温甲醇洗可以根据系统工况有效控制接气速率，避免被动接气带来的不必要波动，从而可以使净化气合格时间缩短。

（3）通过优化接入变换气、未变换气配比，缩短系统降温时间。与变换单元沟通协调好，将大部分粗煤气引入变换侧，从而增加低温甲醇洗工序的变换原料气接入量。因为变换气中CO_2含量较高，这部分CO_2被循环甲醇吸收，随后在低压区解吸，将为系统提供充足的冷量，使循环甲醇温度能快速降至-50 ℃以下，提高贫甲醇吸收效果，从而使净化气在最短的时间内达到合格标准。

（4）通过优化洗涤甲醇分配，防止脱硫段硫穿透，造成富碳甲醇污染，延长净化气合格时间。在导气过程中，提前增加吸收塔脱硫段洗涤甲醇流量，使脱硫洗涤甲醇处于过量状态，防止接气速度过快或气量大幅波动造成脱硫段硫化物吸收不彻底，穿透至脱碳段，造成富碳甲醇污染，进一步造成半贫甲醇、主洗甲醇污染含硫，致使净化气总硫指标难以合格，延长净化气合格时间。

（5）通过优化合成气总管置换方式，缩短采样分析时间。根据低温甲醇洗吸收塔各项工艺指标及在线分析仪表判断净化气合格后，打开合成气在合成界区前放空阀对合成气总管进行置换。置换一段时间后再合成单元界区取样分析，每次取两个平行样，中间间隔5~6 min，分析合格后合成单元开始导气。使用此方法可省略低温甲醇洗各吸收塔顶净化气人工采样分析时间，从而缩短净化合成气合格时间，减少净化气放空损失。

二、创新成果的先进性及创新性

制定了有效的应对措施，通过优化均压接气方式，调整接气配比及洗涤甲醇分配，改良净化合成气总管置换方法等方式，达到了大幅度缩短低温甲醇洗净化气合格时间的目的，做到了最大限度地减排降本。

三、创新成果的适应范围

该成果可应用于已经投产运行的所有低温甲醇洗装置接气调整时间优化操作。

四、创新成果的应用效果对比分析

以国能榆林化工净化甲醇装置为例，开车初期低温甲醇洗有效气处理量应满足甲醇合成单元最低运行负荷（60%）需求。按照甲醇合成最低60%接气负荷计算，每小时产出MTO级甲醇139.5 t，水含量5%，折纯132.52 t，缩短净化合成气合格时间10 h，可多生产MTO级甲醇1325 t，按照甲醇2600元/t的核算，可增收344.5万元。

五、创新成果在行业的推广价值

成果接气调整方式效果明显，在实现低温甲醇洗装置开车过程中的减排降本方面有显著成效，同类装置均可借鉴。

利民洗煤厂重介系统高灰细泥脱除工艺研究与应用

闫玉森　朱志鸿　唐海元　李伟涛　王洪涛

内蒙古利民煤焦有限责任公司洗煤厂

一、创新思路与创新方案介绍

重介质选煤分选过程是在某种重介质悬浮液中进行的，悬浮液的性质对重介质分选的影响必须重视，它不仅影响分选精度（效率），还影响设备的生产能力，有时甚至是决定性的。重介质悬浮液由颗粒状的固体（加重质）和水混合而成，属于粗分散悬浮液，是一个不稳定的体系，静置时会发生沉降分层，使分选机内部各处的密度不同，导致实际分选密度与重介悬浮液的平均密度有差异，所以稳定性-抵抗浮降能力是悬浮液的一项重要性质。

由于煤泥含量和性质对悬浮液的稳定性有较大影响，基于悬浮液稳定性的考虑，分选工艺对工作悬浮液中非磁性物含量（主要为煤泥）有一定的要求，重介脱泥分选旨在减少进入重介质旋流器分选系统的煤泥量，其积极意义有：①可降低悬浮液的黏度，改善洗颗粒煤的分选效果；②可以改善脱介和介质回收设备的工艺效果；③可以简化分流环节，介质系统的控制因素减少、控制规则简化，减低了介质参数控制的复杂性和难度。

利民选煤厂采用“不脱泥、不分级，无压三产品旋流器+浮选”联合工艺流程，主要入洗本矿16号、9号原煤及部分内调煤种，生产中悬浮液的煤泥含量在45%~55%，虽然可通过分流降低悬浮液中煤泥的含量，但效果不明显，影响系统的稳定运行，加重脱介及介质回收环节的负担。由于煤泥含量高，磁性物含量偏低，中损高至5%~10%，中煤灰分偏低，旋流器二段分选密度在1.85~1.90 g/L，中煤含矸量低，造成资源浪费。

以上问题严重影响利民洗煤厂的精煤回收率和经济效益，亟待予以攻关解决。

二、创新成果的先进性及创新性

1. 基本原理

采用选前脱泥方法，扩大矸石磁选机型号，对原进入合格介质通的高灰细泥脱介后，矸石磁选机尾矿进入浓缩池，掺入混煤，排出系统，脱除部分高灰细泥。

2. 关键技术

（1）采用选前脱泥方法，扩大矸石磁选机型号，对原进入合格介质通的高灰细泥脱介后，矸石磁选机尾矿进入浓缩池，掺入混煤，排出系统，脱除部分高灰细泥，实现重介系统煤泥含量有效降低，有效提升三产品重介质旋流器一段浓缩效果，提高二段实际分选密度，中煤含矸量可实现提升明显，中煤灰分有所提高，进而提高经济效益。

（2）矸石磁选机型号的选取。保证矸石磁选机满足介质回收处理能力的需要。

（3）改造前后各生产数据积累与分析。要科学、准确统计分析改造前后各项生产数据情况，对比改造前后数据变化，确定改造真实成果。

3. 系统构成

（1）尽量保持原有工艺系统整体不变的前提下，对重介 B 系统三产品重介质旋流器底流悬浮液回收系统进行改造，控制改造成本。

（2）将现有矸石磁选机（规格 HMDA-6 914×1829）更换为新磁选机（规格 HMDA-6 914 mm×2972 mm）。

（3）改造重介系统矸石筛筛下液回介箱及管路，拆除现有 B 系统矸石弧形筛，将现有矸石筛一段和二段筛下液全部自流至更换过后的矸石磁选机内脱介。

（4）矸石磁选机尾矿自流至矸石磁选尾矿桶，经截粗后直接回流至一段浓缩池处理，磁选精矿自流至合格介质桶，其他工艺不变。

（5）原有集密控已经很完善，此次技术改造无须对其进行调整。

三、创新成果的适用范围

适用于对高灰煤泥有脱除需求的工作场景。

四、创新成果的应用效果对比分析

1. 效果前后对比

（1）成果使用前相关指标值：中煤损失为 5%，二段旋流器实际分选密度为 1.85 g/L 左右，中煤带矸量为 7%。

（2）成果使用后相关指标值：中煤损失降至 2%，二段旋流器实际分选密度达到 2.0 g/L 以上，新增中煤带矸量提高至 15%。

2. 经济效益分析

（1）降低中损带来的效益：中煤损失降低 3%，按照精煤价格 856 元/t，中煤价格 274 元/t，年入洗 2.00×10^6 t 原煤，中煤产率 45% 计算，可带来收益 1571.4 万元。

（2）增加中煤带矸量带来的效益：由生产统计可知，原中煤产率 45%，新增中煤带矸量由 7% 提高至 15%，中煤产率提高 3.15%，按照年入洗量 2.00×10^6 t，中煤价格 243 元/t 计算，可带来收益 1530.9 万元。

年入洗量按照 2.00×10^6 t 计算，技改完成后每年可实现利润 3577.5 万元。

五、创新成果在行业的推广价值

在重介系统高灰细泥脱除工艺优化与应用方面，为行业内其他单位提供了指导性解决方案。

关于“粒度分离筛”在煤泥回收系统中的应用

丁旭光　李永军　胡　鹏

国能乌海能源五虎山矿业有限责任公司

一、创新成果的背景与问题描述

浮选沉降离心机精煤泥灰分偏高，人为降低重介精煤灰分影响精煤回收率。如浮选沉降离心机处理的粗煤泥灰分指标为14%左右，导致浮选精煤灰分偏高（为12%），为保证整体精煤灰分符合销售标准（不大于10.5%），只能降低重介分选密度。若精煤灰分达9.5%左右，产率则下降2%左右；中煤灰分达35%左右，则中损不小于10%，热值5000 kcal/kg左右，矸石矸损大于3%。现存浮选设备严重影响煤质指标和经济效益。

二、创新成果的可行性分析

为解决这一问题，洗煤厂组织相关人员认真分析煤质指标及各项试验数据，最终发现沉降离心机粗精煤泥中小于0.30 mm粒度物料、产率大于50%、灰分大于12.0%，是导致灰分偏高的主要因素。根据现有条件及技术改造浮选沉降离机，将粒度小于30 mm的高灰分物料分离，从结果看改造可行。

三、创新思路与创新方案介绍

根据弧形筛的特性及存在的问题，洗煤厂自行设计、制作、安装了一台筛缝为0.5 mm、规格为4200 mm×1300 mm、倾角为45°的浮选入浮煤泥水“粒度分离固定筛”，把小于0.30 mm粒度的高灰物料分离到浮选机进行浮选，降低沉降离心机产品灰分，保障浮选精煤灰分，符合掺入重介精煤灰分指标，推进了年初制定的“煤质均质化”重点工作。

四、经济效益或预期效果

通过安装“粒度分离固定筛”，有效将粒度小于0.30 mm的高灰分物料分离进行浮选，浮选后沉降离心机粗煤泥灰分由原来的14%左右，降至11%左右，整体浮选灰分小于11%，符合掺入重介精煤指标。同时重介精煤灰分指标调整为10.0%~10.5%，中损降至6%以下，发热量为（4600±1000）kcal/kg，精煤产率提高2%左右。

一车间2021年计划入洗原煤6.00×10^5 t原煤，精煤产率提高2%，精煤量为1.20×10^4 t，按精煤平均销售价大于1800元/t计算，全年增加效益金额大于2160万元。

安装、制作“粒度分离固定筛”总费用不到10万元，此设备属于无动力运行，后期维护简单，创效显著。

煤直接液化项目开工工艺优化

王喜武　逯　波　马　翔　赵鹏程　卢　军

中国神华煤制油化工有限公司鄂尔多斯煤制油分公司

一、创新成果的背景与问题描述

煤液化装置开工时引入低含固的污油致使边油运边升温，升温从系统循环线开始，当减压塔底物料固含量达到 10% 时，停止系统循环，减压塔底物料开始外甩罐区。当煤液化第一反应器入口温度升至 390 ℃以上时，煤浆系统开始下煤粉，配置煤浆进入系统，通过煤浆浓度的提升逐步提升系统的物料固含量，直至减压塔底物料成型。在投煤后至减压塔底物料成型之前的这段时间减底物料外甩罐区，外甩过程中需配有溶剂油将外甩物料稀释、降温。

二、创新思路与创新方案介绍

开工过程中，通过罐区来含固污油线回炼至煤浆罐，常压塔物料经减压炉全部送至减压塔，常压塔和减压塔侧线油一部分通过油品外送线将系统提纯的油品送至罐区，另一部分通过大循环线返回煤浆罐，调节煤浆罐液位和温度。减底物料在固含量小于 10% 前或目测无堵塞风险的前提下可通过大循环线返回煤浆罐，当固含量达到 10% 以上时则通过减压塔底外甩线与跨含固污油线返回煤浆罐。在投煤时减底物料固含量可达 20% 左右。

循环回炼污油时，系统进料负荷尽量维持在 50% 以上，反应器温度维持在 390 ℃以上。减压炉出口要尽量保证在 400 ℃以上，常压塔底温度维持在 330 ℃以上，减压塔底温度维持在 260 ℃以上。操作减压塔时要尽可能将真空度控制在 1 kPa（a）以下。在满足减压塔底液位可见的前提下尽量提高生产负荷，保证减压塔底温度。

系统投煤后，减压塔底物料固含量提升较快，可以节省成型时间。

三、创新成果的适用范围

适用于煤直接液化装置。

四、创新成果应用效果对比分析

（1）回收洁净油品。在装置开工初期，引入含固污油开始进行反应、分馏系统的循环升温，在升温过程中，分馏系统侧线拨出的干净油品通过集合管或者油品外送线流出装置，达到从含固污油中回收洁净油的目的。

（2）节省成型时间。在系统投煤初期，减压塔底物料固含量可达 20% 左右，当系统投煤后，减压塔底物料固含量上升的速度较原来的开工方式快，节省了投煤到成型的时间。

（3）减少外甩减压塔底物料，降低溶剂油的消耗。系统循环升温过程中，改变了系统物料固含量达到 10% 左右时就从减压塔底外甩罐区的方式，直接将含固污油通过流程的改变返回煤浆系统继续循环提浓，减少了污油外送量，同时也降低了溶剂油的消耗。此外，减底物料成型时间变短，减压塔的外甩时间也有所缩短，减少了溶剂油的消耗的同时降低了油品罐区的罐容压力。

五、创新成果在行业的推广价值

2020 年 4 月，煤直接液化项目第一次在开工回炼含固污油过程中减压塔底物料通过污油线返回煤浆罐循环，将系统物料固含量浓度提至 20% 以上，并在投煤前使减压塔底物料成型。2020 年 11 月的开工过程中继续沿用了此项优化流程，取得了开工投煤后减压塔底物料 10.3 h 成型的成绩。表 1 为 2020 年 11 月推广过程的生产数据。

表 1　煤液化装置污油回炼期间主要参数

日期	时间	污油回炼量/（$t\cdot h^{-1}$）	负荷/%	循环量/（$t\cdot h^{-1}$）	反应温度/℃	减底温度/℃	P315B 电流 A	减压塔真空度 kPa（a）	减底固含量/%
11 月 5 日	16：40	60	39		377	245	173	1	9.54
	20：40	60	50		380	252	176	0.66	14.88
11 月 6 日	0：00	60	43		395	252	179	0.07	14.21
	4：00	60	50	50	396	249	184	0.28	15.12
11 月 7 日	2：00	60	45	134	403	254	15（P315C）	0.4	21.69

推广生产过程如下：

11 月 1 日，煤浆系统和分馏系统分别通过 715 线和 414 线引固含量 0.4% 左右的低含固污油实现自身循环；11 月 2 日 15：20，反应系统开始引油，18：30 实现装置煤浆、反应及常压塔系统大循环；11 月 3 日 11：30，减底漏点处理好后，常压塔油经 F302 进减压塔，系统开始循环升温，并逐步给减压塔底物料进行循环提浓，由于初期所引污油固含量极低，所以减压塔提浓时间较长。11 月 5 日 16：00，715 线开始回炼固含量 10% 左右的污油，16：40 减底物料固含量达到 9.54%，停止开工循环线，减底物料改经 712 跨 414 线返回 D102 继续进行系统提浓，在投煤时减底物料即达到了 20% 左右，投煤后 10 h，减底物料即可成型。

通过 2020 年 11 月开工统计，在装置油运升温过程中，系统固含量由 10% 提至 20% 成型过程中共用时 24 h，期间按以前的开工的情况，此过程中减压塔底物料外甩量为 160 t/h，其中，为降低外甩温度需添加冲洗油 60 t/h。在此期间可以省溶剂油 1440 t，按溶剂油 3200 元/t 计算，共节省 460 万元。

系统投煤后至成型前，减压塔底全量外甩，外甩量 220 t/h，其中，需要消耗溶剂油 110 t/h，通过该工艺技术优化后成型时间由原来的 12.5 h 降至 10.3 h，降低了（12.5-10.3）×110=242 t 的溶剂油消耗，节省 242×3200=774400 元。

两项共计节省 4608000+774400=5382400 元。

第五部分

制 造 维 修

智能型蓄电池电机车综合安全运行监护装置研究及应用

马桂云　雍治国　王小向　马　云　王学鹏

国能宁夏煤业有限责任公司灵新煤矿

一、创新成果的背景与问题描述

随着现代科学技术的快速发展，我国煤炭行业发生了显著变化，原煤产量与日俱增，矿井类型由技术落后中小型矿山向智能型、数字化、大中型矿山发展。轨道运输系统是矿井的主要运输方式，蓄电池电机车是轨道运输系统的主要设备，因其具有自备电源、随车行走、操作简单灵活等特点，而被广泛使用。随着科技的进步，蓄电池电机车也在不断更新换代，其零部件、设备设施、监控技术都在朝着智能化方向发展，基于此提出该课题。

二、创新思路与创新方案介绍

1. 基本原理

该成果设计上采用了模块化结构，软件简单合理，硬件简洁紧凑，大大增强了整体抗干扰能力和可靠性。采用高性能矿用本安转速传感器、霍尔传感器及甲烷传感器，分别对速度、门闭锁、离座和档位状态进行采样，信号经光电隔离、运算处理后送入可编程控制器 PLC，由 PLC 进行判断处理，结果送显示终端。机车运行电压、电流、漏电流信号由传感器采集，经 A/D 模块输入 PLC 进行采样，适时显示机车的运行参数。当机车运行过程中出现欠压、过载、漏电、瓦斯超限等故障时，由主机控制继电器动作，输出断电信号，控制机车停止运行，扬声器发出报警。数据通过参数设置按钮输入主机，掉电后数据不会丢失。其工作原理示意图如图 1 所示。

（1）电压显示、低电压预警及电池过放电保护功能：在线显示当前电压值，当电压低于充电电压设定值时，显示屏提示需进行充电。若继续行驶，电压低于机车最低运行电压设定值时，扬声器声音报警，同时输出断电停车信号。低电压预警提示驾驶人员及时安排机车充电，电池过放电保护防止过放电缩短电池寿命或损毁电池。

（2）电流显示、过载保护（机车超载保护）：在线显示机车运行电流，可设定过载保护电流值，当电流大于设定值时，显示屏过载报警，扬声器声音报警，延时输出断电停车信号。机车动力线路发生短路故障时，缩小了事故范围；正常使用中遏制了驾驶人员超载行驶。

（3）速度和里程显示、超速预警、超速保护：在线显示机车运行速度和行驶里程。可设定超速保护值和超速时限，当速度超过设定值时，显示屏提示超速，扬声器声音报

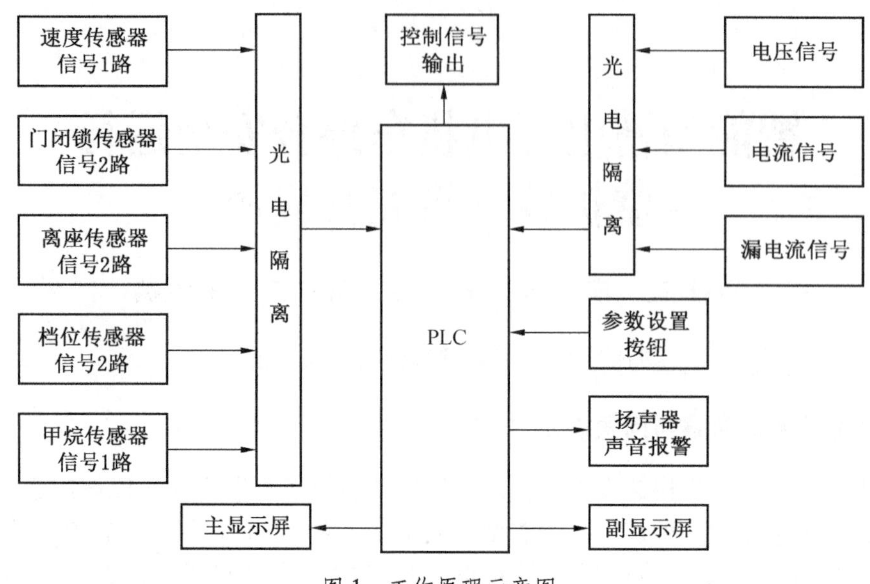

图1　工作原理示意图

警，持续超速大于设定超速时间后，延时输出断电停车信号。

（4）绝缘监测保护：当电机车漏电流大于 20 mA 时，电流互感器输出不小于 5 V 的直流电压信号（电压的正负表示漏电方向），主机显示屏显示“漏电故障”，扬声器声音报警，延时输出断电停车信号。起到防止漏电事故扩大的作用，杜绝了漏电线路持续打火。

（5）门闭锁保护：在停车状态驾驶室门未关闭到位时，主机显示屏“门状态”闪烁，显示屏提示门未关闭，闭锁机车不能运行。在运行过程中若门开启，显示屏提示门开启，同时扬声器声音报警，延时输出断电停车信号。起到遏制机车门不关闭或关闭不到位时机车行驶，规范了驾驶人员驾车习惯。

（6）离座闭锁保护：在停车状态当驾驶人员离开驾驶座椅时，显示屏“离座状态”闪烁预警，闭锁机车不能行驶。在运行状态，当驾驶人员离开驾驶座椅时，显示屏“离座状态”闪烁预警，持续离座时间数秒（可设定）后扬声器声音报警，输出断电停车信号。在停车状态下驾驶人员离开驾驶座椅时，闭锁机车动力电源不能启车；遏制了驾驶人员低挡位、低速行驶中下车动力电源不断电带来的安全隐患。

（7）瓦斯断电保护：主机外接瓦斯传感器，当瓦斯浓度超限时，瓦斯传感器输出瓦斯超限断电信号，主副显示屏显示“瓦斯断电”，扬声器声音报警，输出断电停车信号，控制装置主机内部直流真空接触器动作，切断机车供电电源断电停车。代替了瓦斯断电仪，节省了机车驾驶室的空间。

（8）档位闭锁：当机车在运行过程中，非正常断电停车，档位没有回复到零位时，闭锁机车不能启动运行。装置输出断电信号控制机车停止行驶后，只有调速手柄搬回零位时，才能解除闭锁，方可从低速挡继续开动机车，否则闭锁机车不能运行。杜绝了驾驶人员高档位启车，大电流冲击对设备造成损坏和突然高速启车带来的安全隐患。

（9）授权开启：有三种授权开启方式，可根据需要选装，防止无机车驾驶资格人员操作机车，减少事故隐患。密码开启，只有输入密码正确后，方可开启装置，解除对机车闭锁。标识卡开启，带有标示卡的工作人员在距离设备 0~5 m 内时，装置自动开启（设备不间断刷新识别标示卡），解除对机车闭锁。特殊情况下有权限的管理人员可将授权开启功能关闭。

（10）行驶记录及故障查询：记录机车累计行驶里程（运行时间、行驶里程）、故障类别（漏电、瓦斯断电、过载故障）、故障时间、超速值（超速时刻、超速值）等各类故障并能查询。装置自动保存最近的运行状态和故障信息，包括累计行驶里程、故障名称、故障时间、超速记录等。为使用方的安全管理及故障分析提供科学依据。

（11）实时参数设置功能：该装置具有直接修改各保护参数的功能。通过对各保护参数在标准允许范围内安全值的设置，确保机车在使用过程中对设备的安全运行和司机的安全操作起到有效的控制、监护作用。

（12）联机/脱机功能：装置可设置为脱机或联机两种工作状态。脱机：装置正常运行。各项参数和故障状态正常显示，发生故障时（瓦斯超限除外），机车正常运行。联机：机车受装置功能保护，发生故障时断电停车。

三、创新成果的适用范围

智能型蓄电池电机车综合安全运行监护装置运用智能控制技术针对蓄电池电机的运行和司机的操作而设计，不但能够为电机车的安全管理及故障分析提供科学依据，而且为人员的安全操作保驾护航，应用于蓄电池电机车上能够确保人员和设备的安全，安全系数大大提高，使用安全可靠，成果可应用于行业内使用蓄电池电机车的矿山企业的电机车保护装置的使用、检修、维护、保养工作。

四、创新成果的应用效果对比分析

国家能源集团宁夏煤业有限责任公司灵新煤矿位于灵武矿区，经过技术改造后现矿井生产能力为 390 万 t/a，现有三个采区，分别为一采区、五采区、六采区。主提升系统采用带式输送机运输系统，担负矿井的原煤运输任务。矿井辅助运输采用矿车运输，提升运输系统采用斜井轨道提升系统和地面轨道运输系统组成，主要用于采掘设备、矸石、材料等提升运输，矿车牵引设备全部选用防爆特殊型蓄电池电机车进行牵引。目前，全矿共有 30 台电机车在三个采区分布使用，2020 年以前，电机车的保护装置均为生产厂家随电机车配套自带装置，技术均为落后的传统技术，对于电机车的使用和司机的操作无法从根本上起到安全监控、监护的作用。

2021 年通过对智能型蓄电池电机车综合安全运行监护装置进行调查研究后，灵新煤矿将电机车原有的保护装置全部进行更换升级改造，目前，30 台电机车运行状况良好，对于电机车的安全运行和司机操作起到了较好的监控、监护作用，有效地解决和完善了传统的蓄电池电机车保护装置自身功能的缺陷和性能的局限性以及存在的各种问题，装置具有较高的安全性、实用性。

五、创新成果在行业的推广价值

装置设计科学合理、经济性好、实用性强、安全系数高，目前已在集团内推广应用，该装置具有广泛的推广应用前景，可在行业内进行广泛的推广。

便携式多功能液压系统处理装置

王海龙　王宇航　梁忠峰　李涛宇　连亮亮

陕煤集团神南产业发展有限公司

一、创新成果的特点

便携式多功能液压系统处理装置，移动方便，自带流量表、压力表以及容器，可根据工作需要，满足设备的酸洗、打压、加油工作，解决了设备维修过程的复杂性问题，提高了生产效率。

二、创新思路与创新方案介绍

1. 基本原理

以酸洗作为说明：在酸洗设备时将气管接到气水分离器接头上，气水分离器会将气管中含有的水分进行分离，拧开气水分离器进气开关，压力表显示气压（可自行调整气压大小），气流带动射流泵进行工作，将耐腐蚀水桶内的酸液经流量计（可观测实时流量）、截止阀到出液口，注入到需要酸洗的设备中，设备上接一根回液管，使设备中流出的酸液经回液口回流到耐腐蚀水桶内，达到循环酸洗目的。打压时将射流泵截止阀关闭，回液口截止阀关闭，即可完成打压工作。加油时回液口不接管路，直接将耐腐蚀水桶内油脂抽入到需要加油的设备中即可。

2. 关键技术

通过调节便携式多功能液压系统处理装置的进气口阀门，可将气压调至所需压力大小，并且可以观测实时流量，该装置的主要作用是为设备维修过程中的酸洗、打压、加油提供方便，提升设备维修效率。

三、创新成果的适用范围

该创新成果适用于地面设备维修过程，为设备进行酸洗、打压、加油工作。

四、主要涉及指标及应用前后指标对比

解决了设备酸洗、打压、加油工作烦琐复杂、工作效率低的问题；提升了设备维修速度。

五、创新成果在行业的推广价值

便携式多功能液压系统处理装置集酸洗、打压、加油于一体，使用环节中可降低员工工作强度，提高工作效率，提升设备维修质量。

围岩移动传感器测量回弹装置改进及应用成果

张　辉　王正胜　李　帅　马　冰　刘跃东

中国煤炭科工集团开采研究院有限公司

一、创新成果的背景与问题描述

矿用围岩移动传感器是一种利用弹簧弹力拉动钢丝，使其发生位移变化从而测量围岩变形量的矿压监测仪器。该仪器测量转换部分的核心部件是回弹装置，目前该部件存在采购成本较高，回弹一致性差导致测量不准确等问题。通过本次改造可很好地解决上述问题。

二、创新思路与创新方案介绍

1. 基本原理

主要是改进矿用围岩移动传感器测量回弹装置。改进前：在定制的铝合金轮内部安装钢片构成回弹装置，将轮组安装在底板支架上，轮组上缠绕长 800 mm 的钢丝，拉动钢丝时轮组转动。改进后：使用定制拉线盒和支架，在拉线盒内置 1 m 钢丝和钢片回弹装置，将拉线盒安装在支架上代替原有铝合金轮组件。

2. 关键技术

改进围岩移动传感器测量回弹装置的关键是改进围岩移动传感器测量部分核心部件的结构设计，且要求使用的回弹组件弹力一致，改进之后配套的固定支架和更方便安装的测量转换机构都保证了围岩测量工作的可靠性和稳定性。

3. 工艺流程

产品结构调整后，取消了绕钢丝和底板安装工序，原有组装工序为 10 个，结构更新后组装工序缩减为 8 个（图 1）。

三、创新成果的适用条件及应用范围

1. 应用环境

工作温度：−10～+40 ℃；相对湿度：≤95%（25 ℃时）；大气压力：(80～106)kPa；机械环境：无显著震动和冲击的场合；煤矿井下有甲烷或煤尘爆炸性混合物，但无破坏绝缘的腐蚀性气体场合。

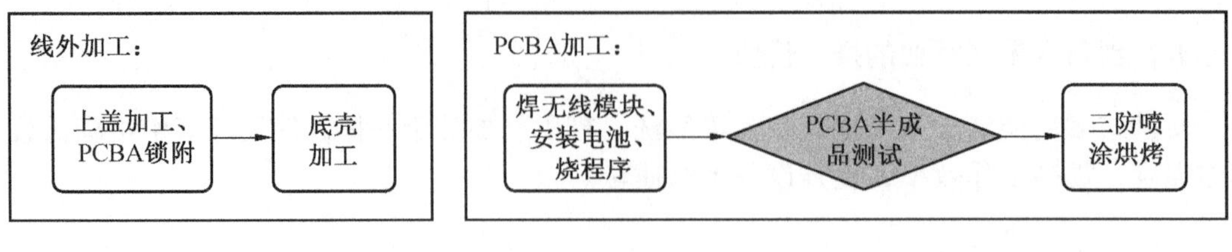

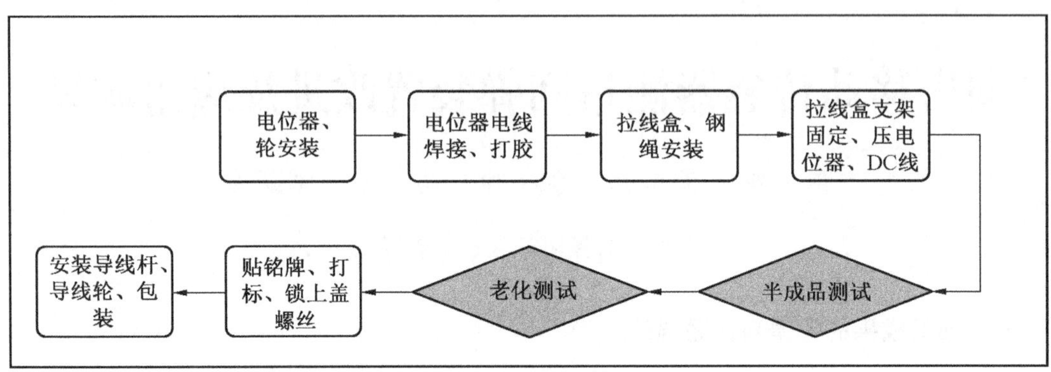

图1　组装工艺流程图

2. 应用条件

测量量程：0~500 mm；测量精度：±2 mm；分辨率：1 mm。

3. 应用范围

GUW300W（C）矿用本安型无线围岩移动传感器、GUW500W 矿用本安型无线围岩移动传感器、GUW300 矿用围岩移动传感器及 GUW500 矿用本安型围岩移动传感器。

四、创新成果的应用效果对比分析

1. 成果使用前相关指标值

铝合金轮组件组装后回弹拉力差异较大，成品拉力测试各通道拉力差值明显，最大和最小差达到 1.6 N。

2. 成果使用后相关指标值

拉线盒生产制造过程和出厂均做拉力测试，成品实测 4 通道最大差值为 0.3 N（图2）。

通道	拉力/N
1	4.1
2	4.2
3	4.0
4	4.3

图2　拉线盒组件拉力测试

3. 经济效益分析

目前，开采研究院年销售围岩传感器产品上千台，产值达上百万。改进的围岩传感器带来的经济效益主要是降低生产成本和提升客户体验；同时，更稳定可靠的测量结构，为现场监测分析提供了更多的基础数据，也提高了产品的市场竞争能力。

4. 社会效益分析

围岩移动传感器的改进，解决了以下几个方面的问题：

（1）回弹结构更成熟可靠。在降低生产成本的同时，提高了生产效率。

（2）回弹结构弹力一致性好。解决了测量结构导致的测量不准问题，提高了煤矿围岩监测结果的准确性。

（3）产品的升级改造。改造后可为矿压监测基础数据提供更准确的信息，为工作面采掘、巷道支护等工程项目提供了有效技术支撑，进而可以更好地保护工人的生命安全和企业的财产安全。

（4）提高测量精度。改进后，测量回弹用拉线盒已经批量开模生产，具有严格的制程质量控制和产品寿命验证，拉力一致性更高。

五、创新成果在行业的推广价值

该成果从 2021 年 3 月开始推广应用，截至 2021 年 12 月已出货 857 台，订单待生产 525 台，合计生产数量为 1382 台。

随着传感器产品性能的提高，产品优势扩大，该产品在矿压监测产品市场方面具有广阔的推广应用前景。

全自动绕线机的研发及应用

秦 辉 姚忠厚 陈繁佳 王晓晓 曹光耀

枣庄矿业（集团）付村煤业有限公司

一、创新成果的背景与问题描述

20 世纪 90 年代，随着市场经济的发展，以制造业为主导的许多领域进入了高速发展阶段，促进了绕线机的发展。进入 21 世纪后，中国掌握了自己的核心技术，产品生产速度更快，线圈精度、效率大大提高。绕线机的发展经历了手动绕线、半自动绕线和自动绕线三个阶段。手动绕线是指工人必须手动排线，可以想象，这种方法不仅效率低下，而且在卷绕线圈质量上也很低。半自动绕线由计数装置自动计数，虽然这种生产方式可以减轻工人的工作量，提高加工效率，但绕线的质量仍然受到工人的经验和熟练程度的限制。自动绕线机采用自动布线和自动计数。自动布线由布线装置和主轴组成，即布线装置可随主轴的旋转而实时移动相应的距离。操作人员只需在绕线前设置生产参数，绕线、排线等动作由主控制器控制。自动绕线机自动化程度高，生产效率高，卷绕线圈质量可靠，绕线精度可达0.01 mm，绕线速度可达500 r/min，大大提高了绕线效率，绕线过程中张力控制精度高，动态响应快，线圈成品的尺寸范围也较大。

二、创新思路与创新方案介绍

1. 主要结构

全自动绕线机主要由绕线电机、绕线电机控制系统、电动推拉杆、电动推拉杆控制系统、弹簧式排线板及压线装置、绕线磙子等构成。

电动推拉杆是由一台12 V直流电机带动涡轮蜗杆减速器完成往复运动的装置；绕线电机可将220 V交流电压通过开关电源整流为直流48 V、直流24 V、直流12 V、直流5 V。直流24 V为驱动电路控制电源；直流48 V电压为绕线电机电源；直流12 V连接直流继电器、电源指示；直流5 V连接微电脑控制器，由微电脑控制器分别控制转速调整、数据选择（匝数、次数），微电脑控制器再通过外置传感器识别匝数。

平行安装12 V直流电动推拉杆一个，通过调节直流电动推拉杆电压大小控制推拉杆速度，通过交流接触器及两个行程开关控制直流电动推拉杆做往复运动，控制漆包线左右摆动行程为50 mm，同时启动绕线电机及直流电动推拉杆，完成自动绕线。

推拉杆控制电路如图1所示，推拉杆正反转自保互保控制电路如图2所示。

2. 主要技术参数

（1）绕线电机。型号BM1418ZXF-500 W 48 V，电机功率500 W，电压输入220 V DC 48 V，电机转速480 r/min，电流13.5 A。

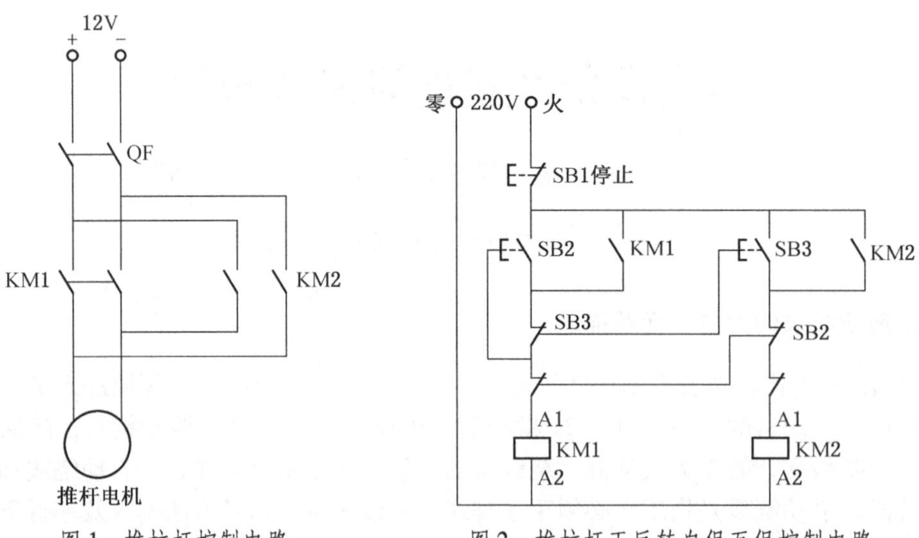

图1 推拉杆控制电路　　图2 推拉杆正反转自保互保控制电路

（2）直流推杆。型号XYDHA12-50，电机功率20 W，空载电流0.3 A，电压DC 12 V，工作行程50 mm，运行速度5 mm/s。

3. 创新成果的主要创新点

（1）直流电动推杆和绕线电机均为直流电压，确保了绕线安全。

（2）通过交流接触器及行程开关保证了直流电动推杆左右往复运动自保及互保。

（3）通过自制弹簧式排线板及压线装置对线圈进行排线，确保了绕线紧密均匀。

（4）自动计数、自动绕线、自动排线等操作真正实现了自动化。

三、创新成果的适用范围

适用于小型线圈的绕制以及液控先导阀电磁铁线圈的绕制。

四、创新成果的应用效果对比分析

（1）实施前：一人专门从事绕线工作。实施后：节约人工一人。

（2）实施前：手动拽线排线。实施后：实现了绕线自动化，减少了职工劳动过程中的危险。

（3）实施前：排线松，速度慢。实施后：排线紧密，绕线速度快，提高了绕线效率。

五、创新成果在行业的推广价值

（1）节省人工1人即年节约费用64800元。

（2）全自动绕线机为自主研发，配件连接及线路布置接线复杂，目前在市场上该设备很少见，因此经济效益可观，填补了行业空白。

（3）目前使用效果良好，具有很好的推广价值。

斜井轨道运输系统跑车防护装置定期维护、故障排查控制操作方式的改造

马桂云　雍治国　王小向　王安波　孙　新

国能宁夏煤业有限责任公司灵新煤矿

一、创新成果的背景与问题描述

跑车防护装置作为斜井轨道提升运输的主要安全保护设施，在日常生产中有着极其重要的作用。灵新煤矿一、五、六采区轨道上山安装使用的ZDC30-1.89型矿用斜巷防跑车保护装置，其PLC作为系统的控制核心，安装在地面绞车房内，主控部分采用FX2N-48MT可编程控制器，控制器内电源为24 V控制电源，通过远程通信模块控制井筒内各档跑车防护装置，采用现场总线控制方式与各挡控制开关进行通信。

日常生产中，由于轨道上山串车提升工作比较频繁，相应地井筒内各水平跑车防护装

置的设备、设施运行一段时间后就需要进行定期维护，同时要定期对各档捕车器进行手动操作实验，而且在某一档设备出现故障时也需进行故障排查检修工作。以往在进行以上工作时，都需要将 PLC 控制器控制箱拆开后完成相应的操作，经常对 PLC 控制箱进行拆装，不但会对控制器里内部部件造成损坏，而且打开控制器在里面进行相应操作时，会增加作业人员的危险性。

二、创新思路与创新方案介绍

根据设备定期维护、试验、故障检修等要求，结合跑车防护装置 PLC 控制器的控制原理，加工制作一个带有若干钮子开关按钮的控制盒。通过查询图纸，在控制器内 PLC 主控模块上找到各档跑车防护装置相对应的输入点（对应+24 V 电源点和公共端-24 V 电源点）的端子，然后用导线将找到的每一档跑车防护装置的提升、下放控制点和公共端-24 V 电源点分别连接在钮子控制按钮的两端，并在控制器端盖上标上提升、下放标识。当需要单独对某一档进行故障检修、定期维护试验时，只需将钮子控制按钮打到相应的提升、下放位置后，就能实现将跑车防护装置某一挡的挡车栏调整在提升或下放位置上，改造后的跑车防护装置外观如图 1 所示。

图 1　改造后的跑车防护装置外观图

通过改造，解决了因 PLC 主控模块接线端子较多，每次在进行设备检修、定期维护试验时，都需要通过查询图纸来在控制器内 PLC 主控模块内寻找相应的接线端子的问题，杜绝了操作工序繁杂、投入人力较多、耗时长的弊端。

三、创新成果适用范围

成果可应用于矿山企业各类环境和条件下的斜井轨道运输提升系统中跑车防护装置的日常维护和检修保养。

四、创新成果的应用效果对比分析

改造方案具有投资少、成本低的特点。通过改造，解决了原有操作方式工艺落后、工序繁杂、耗时长的问题。同时，杜绝了员工带电作业中由于麻痹大意、懒惰思想和侥幸心理造成的不安全、不确定因素，确保人员和设备的安全，安全系数大大提高。

五、成果在行业推广的价值

改造方案科学合理、实用性强、经济性好，具有很好的现实意义和非常强的适应性和实用性，可在行业内进行广泛推广。

矿用支架搬运车液力变速箱试验装置

卢志琦　尹鹏辉　马天洲　赵海兴　惠忠文

中国煤炭科工集团太原研究院有限公司

一、创新成果的背景与问题描述

目前煤矿生产中，支架搬运车使用频繁，大修频率高。支架搬运车液力变速箱的装配质量直接影响到维修质量、维修工期。传统维修工艺仅仅是在组装完液力变速箱后，将其直接装配上车，无相关测试工艺及试验装置，导致部分液力变速箱隐藏的故障在整车装配完毕调试阶段甚至是车辆出厂后才被发现，从而增加了返修风险，给客户带来停工停产的影响。为了解决上述问题，设计并制作本液力变速箱试验装置。

二、创新思路与创新方案介绍

1. 设计方案及原理

液力变速箱试验装置由结构件、挂挡控制系统、传动系统、散热系统等组成。考虑到试验装置的经济性和便利性等因素，试验装置的动力输入装置和加载装置利用车间原有传动试验装置。该装置总体结构设计如图 1 所示。

试验装置的基本原理：通过匹配车辆液力变速箱的输入功率、输出功率，模拟不同转速和不同挡位，从而得出液力变速箱的传动功率。液力变速箱试验装置机械传动路线图如图 2 所示。

2. 拟解决的关键技术

（1）试验装置传动系统的设计。为了模拟车辆传动系统，将抬高箱作为该试验装置的过渡传动部件，不等速万向节作为关节部件。经查询相关资料，传动轴的容许角度应小于 30°，抬高箱与液力变速器之间的传动轴角度为 2°。

（2）试验装置在空载和加载工况下散热系统的研究。根据支架搬运车的液力变速箱工作条件：①液力变速箱最佳工作油温 82～104 ℃；②油散热器散热量 80 kW。液力变速箱试验装置散热器的散热量应高于发热量：按照支架搬运车液力变速箱油散 85%～90% 的工艺要求来确定液力变速箱试验装置散热器尺寸：832 mm×620 mm×34 mm（芯宽×芯高×芯厚）；液力变速箱试验装置散热器确定好后，其风扇需要扫过约为 60%～80% 的芯部面积；依据散热器芯体尺寸计算确定风扇直径：$\phi590$；要求风扇的风压接近 0.3 MPa（这是

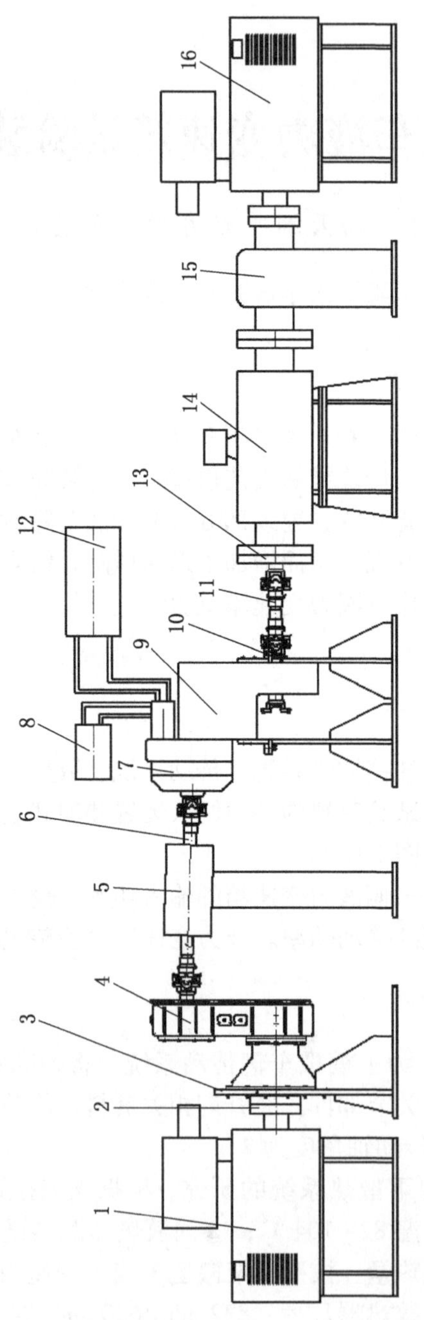

1—拖动电机；2—法兰盘 1；3—抬高箱固定架；4—抬高箱；5—护罩；6—传动轴 1；7—变矩器；
8—传动油散热器；9—变速箱；10—双变固定架；11—传动轴 2；12—液压站；13—法兰盘 2；
14—传感器；15—增速器；16—加载电机

图 1　总体结构示意图

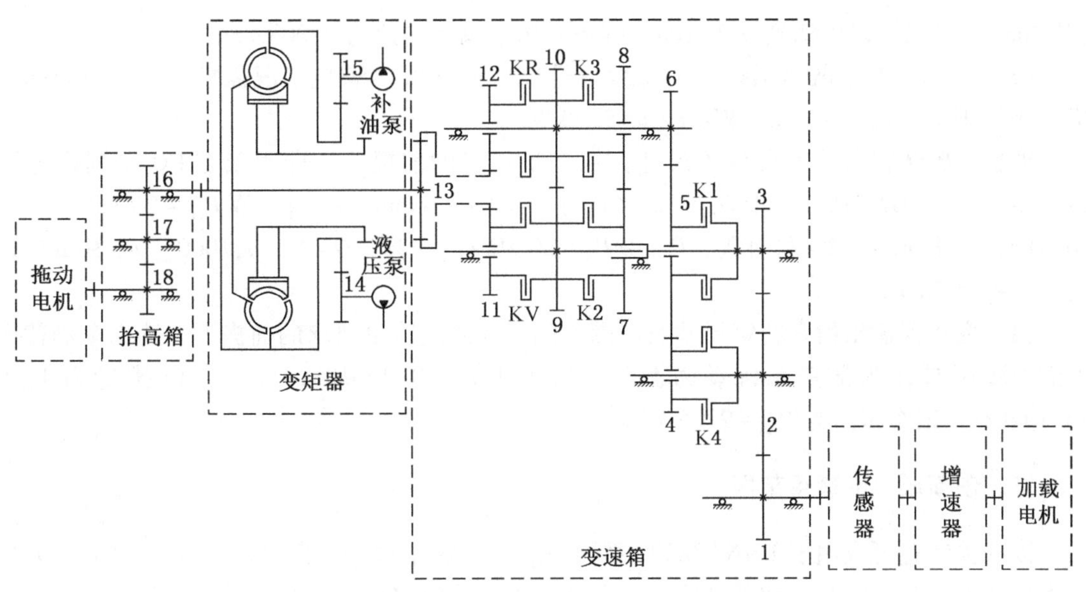

图 2　液力变速箱试验装置机械传动路线图

由散热器芯部结构决定的)，风扇的扇风量达 2.3 m^3/s，所选风扇的性能参数最终经试验检定，其尺寸和试验数据如图 3 所示。

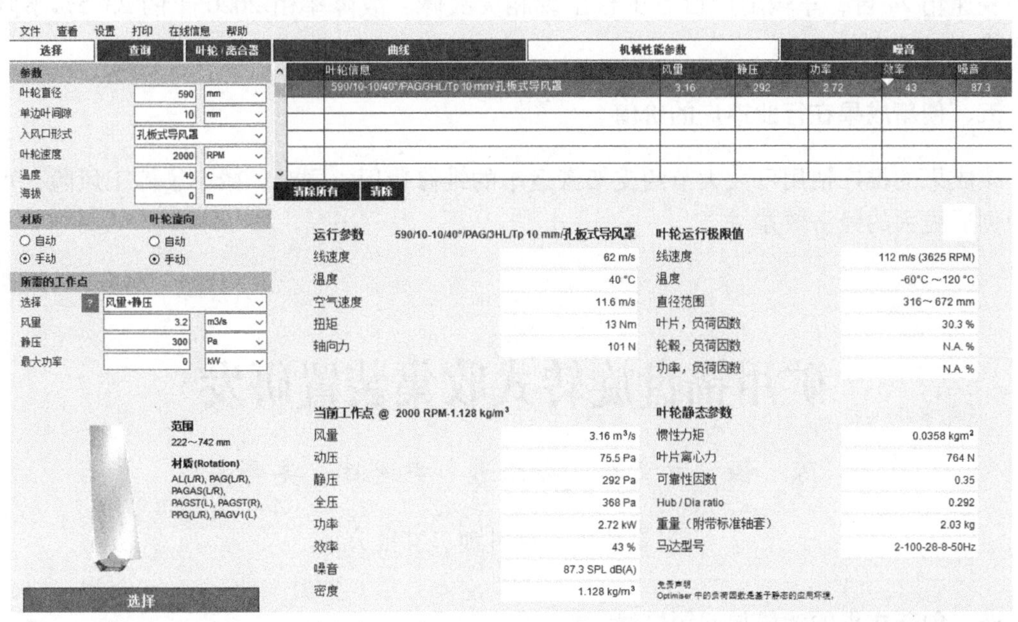

图 3　风扇试验参数

设计驱动风扇的动力源为液压马达，液压马达扭矩需大于试验检定风扇的扭矩

（13 Nm），且风扇风压达到 0.3 MPa，则需要风扇马达转速为 2200 r/min。

（3）不同工况下散热系统动力参数及性能匹配研究。满足工况需求 $n \geqslant 2200$ r/min；W 正相关于 $F \cdot n$，$F=W/n$，$W \geqslant F/n=5.9$ kW。

根据试验装置散热系统位置尺寸，在满足扭矩的前提下，选用派克 PG 系列齿轮马达，型号为：PGM315，其中 $Q_m=72$ L/min，$n \geqslant 2200$ r/min，$W=27$ kW $P_{m2}=25$ MPa，$P_o=20$ MPa；考虑 $\eta_V > 92\%$ 和内泄，$P_{m1} > P_o=20$ MPa；推算：$Q=V \cdot n/1000$，$V=36$ mL/r；要求：$V_m > 36$ mL/r。

根据变矩器输出齿套花键尺寸及周围空间，在满足流量要求的前提下，选用车辆替换下的旧液压泵作为散热系统动力源。型号为 PGP350A178EFAB17-7，其排量为 $V_m=73.1$ mL/r，工作压力为 $P_{m1}=22.5$ MPa。

三、创新成果的适用范围

该试验装置可应用于 DANA32000 系列液力变速箱空载和加载试验，也可用于其他相近类型液力变速箱空载和加载试验。可测试液力变速箱空载和重载各项性能及参数。

四、创新成果的应用效果对比分析

2020 年，山西天地煤机装备有限公司共计大修支架搬运车液力变速箱 17 台，车辆出厂后有 4 台出现相关故障。该试验装置自 2021 年 1 月投入使用后，共计试验支架搬运车液力变速箱 24 台，车辆出厂后有 1 台出现相关故障，故障率由 2020 年的 23.5% 下降到 2021 年的 4.1%。

五、创新成果在行业推广的价值

该成果的推广使用可大大节约支架搬运车的维修费用，同时，减小了停工风险，可为企业创造更大的经济效益。

矿用锚盘旋转式收集装置研发

陈　强　尹义军　公绪进　尹逊辉　吴秀亮

山东焱鑫矿用材料加工有限公司

一、创新成果的背景与问题描述

矿用锚盘作为锚杆支护的重要配套产品用量极大，目前，煤矿使用较多的为方形圆孔锚盘。生产矿用锚盘的企业大多未实现自动化生产，基本采用全人工生产，如冲压、收集码垛等均需人工操作。少部分企业采用了半自动生产工艺，由自动进料装置实现板条进给、自动冲压，但收集工序仍为人工操作，人工根据要求堆叠、穿铁丝捆扎后进行码垛、存放，该过程劳动强度大、安全隐患多、人工成本高，且现场杂乱不利于管理。

二、创新思路与创新方案的介绍

1. 基本原理

矿用锚盘冲压成型后，为便于运输、装卸及使用，需要将每件锚盘整齐堆叠在一起，一般 200 mm×200 mm 以下的锚盘为 10 个 1 捆，然后再用铁丝从中心圆孔处将堆叠好的锚盘捆扎牢固，该项工序一般由人工操作。根据锚盘的规律性，可采用机械化工装配合自动化控制系统代替人工操作，从而降低工作强度及减少作业中的安全隐患，同时减少作业人员配置，降低人工成本。

利用锚盘的金属特性，可采用电磁吸盘将锚盘抓起，代替人工挑拣。通电即可将锚盘吸起，配合其他装置实现锚盘堆叠，如图 1 所示。

2. 关键技术

旋转盘转动能否保证收集工位与传输链条精准对齐决定着锚盘能否精确堆叠在一起，影响整个工序的连贯性及生产效率。鉴于此，收集装置采用了棘轮技术，即在旋转轴处设计棘轮装置，使定位棘爪角度与各收集槽工位相对应，确保每次旋转能将收集工位与输送链条精确对齐，如图 2 所示。

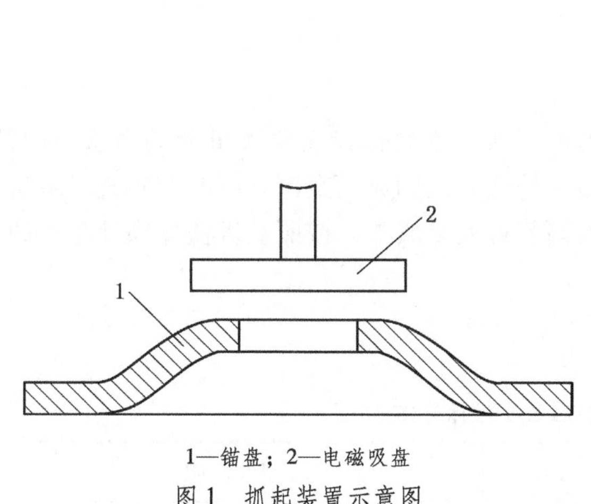

1—锚盘；2—电磁吸盘

图 1　抓起装置示意图

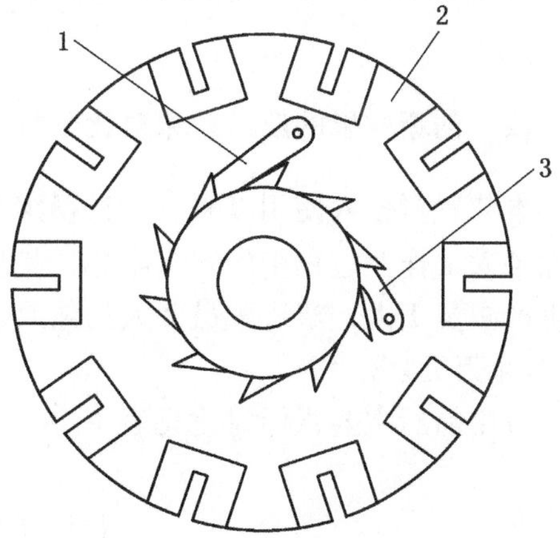

1—驱动棘爪；2—旋转盘；3—定位棘爪

图 2　收集装置示意图

3. 工艺流程

锚盘由冲压设备冲压成型后，通过滑道送入输送链条，到达链条端部触发传感器，由传感器发出有物料的信号，通过 PLC 控制抓起装置，将锚盘通过电磁吸盘抓起，然后由推动气缸将抓起装置送入收集槽工位上方，抓起装置落下，磁盘断电释放将锚盘放入收集槽内。PLC 通过磁盘断电释放对锚盘进行计数，达到设定数量，旋转盘自动旋转至下一收集工位。

4. 工艺流程

矿用锚盘旋转式收集装置的工艺流程如图 3 所示。

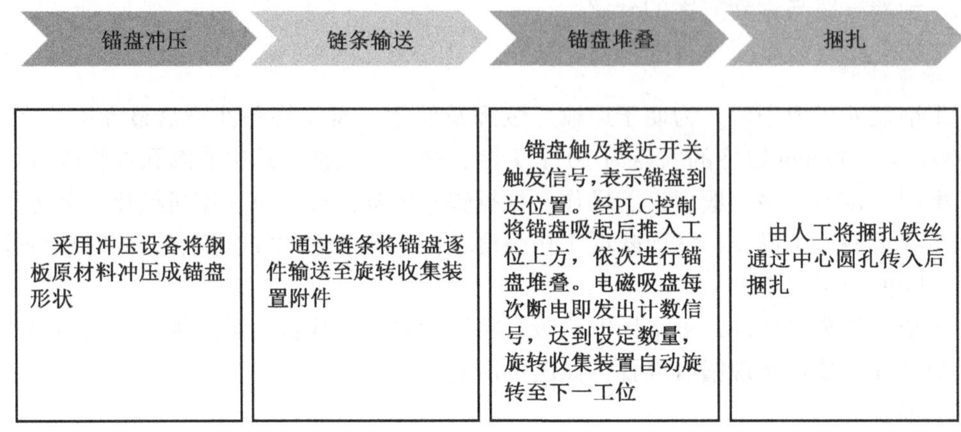

图 3　工艺流程图

三、创新成果的适用范围

本装置结构简单、制造成本低，操作简易，可应用于煤矿企业地面支护材料加工厂。

四、创新成果的应用效果对比分析

本装置自投入使用以来，运行稳定。解决了人工堆叠锚盘需要大量劳动力这一问题，消除了人工作业过程中的安全隐患，是机械化替代人工的典型案例。同时，实现了单班锚盘生产减员 1 人，双班减员 2 人的效果。大幅节省人工成本，按照双班核算预计年节约支出 60 余万元。

应用前后主要指标对比见表 1。

表 1　应用前后主要指标对比

序号	指标名称	应用前	应用后	说　明
1	人员配置	2 人	1 人	减员 1 人
2	劳动强度	低	高	机械化替代了人工堆叠
3	作业安全	低	高	因人工堆叠，经常出现破皮工伤
4	生产成本	高	低	减少 1 人工资支出

五、创新成果在行业推广的价值

本研究成果在新矿集团焱鑫公司已投入使用近1年时间，彻底解决了锚盘生产收集工序人工堆叠锚盘带来的劳动强度大、作业安全隐患多等问题，同时，提高了公司的装备水平和自动化程度。本研究成果投资小、见效快，可自行设计制作。后期通过改进自动打捆系统并增加机械手等，完全可实现收集工序的全自动无人化作业。

济柴 500 kW 燃气发电机组保护联跳电磁阀改造

王 俊 王 乐 蔡子龙 刘志荣 张文浩

晋中市阳煤扬德煤层气发电有限公司

一、创新成果的背景与问题描述

济柴 500 kW 燃气发电机组原有保护功能仅能在油温高、水温高、油压低等信号触发后出现蜂鸣报警，需要运行人员及时发现并人工紧急停机，否则容易造成事故扩大，导致损失增加。且原有电气参数超标后自动停机仅关闭燃气阀和执行器，由于燃气阀和执行器均为蝶阀，长时间运行后阀体关闭不严，每台机组均存在漏气现象，有较大运行风险。

二、创新思路与创新方案介绍

1. 基本原理

通过在控制模块中增加一个“或门”判断程序，使机组油温、油压、水温达到设定条件后，直接输出发动机故障停机命令至电磁阀，从而切断电磁阀、关闭燃气阀和执行器使发动机自动停机。

2. 工艺流程

燃气发电机组的进气电磁阀担负着发电机组运行时供气和停机时迅速切断气源的重要作用，是发电机组安全运行的重要保障。原有电磁阀于 2012 年投入使用，工作过程中频繁出现执行机构卡涩，不利于紧急停机时切断气源。

改造前控制模块程序逻辑图，如图 1 所示。这种应用的缺点是：

（1）自动停机通过切断燃气阀、执行器两个阀门实现，燃气阀和执行器为蝶阀结构，不能完全切断燃气，经常导致发生自动停机输出命令后，机组仍有 300~400 r/min 左右转速，极易导致事故扩大。

（2）原有电磁阀长时间运行后执行机构卡涩、不能及时切断燃气。

（3）发动机重要参数如水温、油温、油压超标后不能自动停机，运行人员如果未及时发现参数异常极易导致发动机发生事故。

（4）发动机超参数后需要运行人员发现后跑至并网控制柜手动停机，需要一定反应

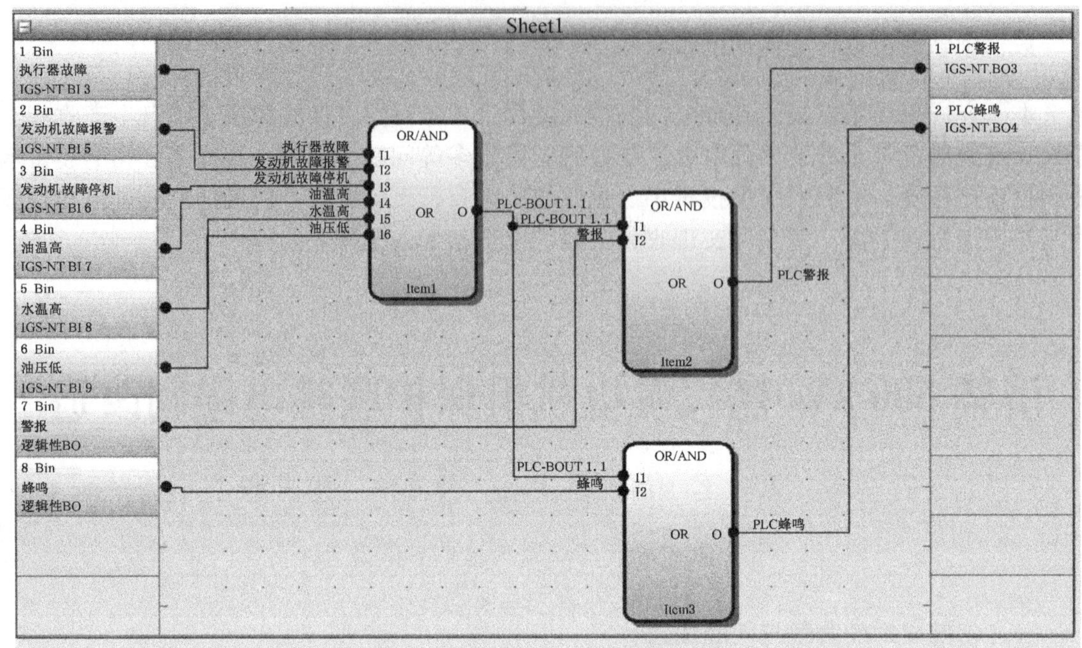

图1　改造前控制模块程序逻辑图

时间，一定程度上加重了事故损害。

（5）运行人员监盘工作量大，需要专人负责查看机组报警情况。

经过多次现场研讨、试验，自主研发升级程序，形成了我们的创新成果。具体做法是：

（1）更换新型电磁阀，降低进气管路压损约 1 kPa，同时杜绝电磁阀卡涩故障发生。

（2）修改控制模块程序，通过自主研发进行程序升级，设置发动机油温、水温、油压保护联跳电磁阀输出参数。

（3）通过自主修改控制模块程序，增加机组重要参数密码保护功能，杜绝运行人员私自修改保护定值情况发生。

升级后控制模块程序逻辑图，如图 2 所示，改造后，试验油压低停机过程：机组油压为 0. 645 MPa，设定停机压力为 0. 8 MPa。

三、创新成果的适用范围

该成果适用于所有安装了 ComAp 控制模块的燃气发电机组，我公司有 70 台机组进行了改造，合资公司北京扬德环境科技有限公司的低浓度瓦斯发电机组也正在实施改造。

四、创新成果的应用效果对比分析

（1）升级简单、方便。实现保护联跳电磁阀功能仅需一台电脑，并在 1 ~ 2 min 即可升级。

（2）消除了电磁阀卡涩情况，并且减少压损约 1 kPa（机组运行进气压力为 2~3 kPa）。

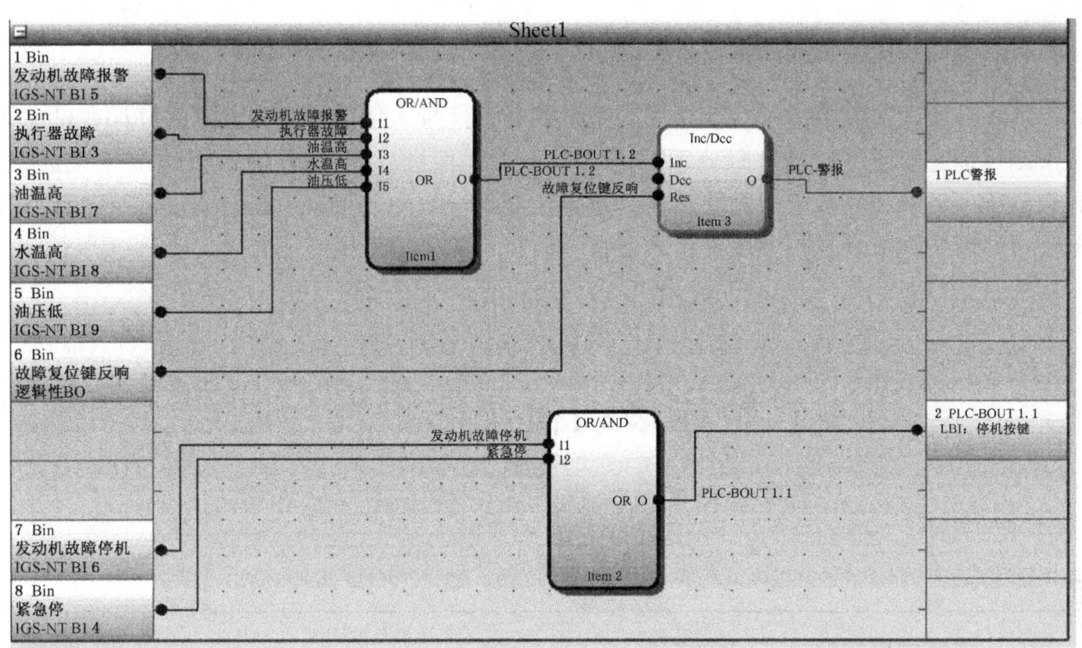

图 2　升级后控制模块程序逻辑图

（3）机组运行可靠性提高。由仅有电气参数保护升级为发动机和电气参数双保护，并且增加了自动停机时切断电磁阀的功能，从源头切断燃气供应，保证了运行安全，降低了燃气泄漏风险。

（4）增加关键参数密码保护。杜绝运行人员私自修改保护定值情况发生。

（5）主要经济技术效益指标，见表 1。

表 1　成果使用前、后相关指标对比

相关指标	设备事故次数（全公司）	管路压力/kPa	全公司电磁阀故障/（次·a^{-1}）	单机负荷/kW	单机年运行时间/h	单机年发电量/$\times10^4$（kW·h）
使用前	10	1~2.5	18	400	6500	260
使用后	2	2~3.5	2	420	6800	285.6
差额	-8	+1	-16	+20	+300	+25.6

按照公司 70 台济柴 500 kW 机组来计算，公司年发电量增加 1.79×10^7 kW·h，电费收入 912.12 万元。

五、创新成果的运行成本

创新成果成本投入：新型电磁阀 5900 元/台，安装人工费用 100 元，总计费用 6000 元/台。全公司更换 70 台机组，费用为 42 万元。无维护成本。

六、创新成果在行业的推广价值

本次升级改造简单方便，改造后安全可靠，一经投入使用便受到大家的好评，已在晋中市阳煤扬德煤层气发电有限公司下属 3 个电厂全面推广，共有 70 台机组应用该成果。北京扬德环境科技有限公司的新建、改建电厂全部应用此成果；中国石油集团济柴动力有限公司的调试人员现场拍下照片，准备在今后出厂的机组上推广该成果。

迈步式整体移动机尾的研发与制造

胡继峰　段明波　张正东　杨士涛　徐春雷

新泰惠众经贸有限公司修理厂

一、创新成果的背景与问题描述

在煤矿的生产工序中，巷道掘进直接影响着煤矿生产的整体接续，高效掘进至关重要。现在井下掘进工作面大都采用综掘机作业，但随着工作面施工进度的推进，需频繁拖移整体机尾。拖移整体机尾是项极其繁重的工作，通过综掘机拖拽完成整体机尾的拖移工作，每次拖移需投入大量的时间和人力，且存在一定的安全隐患，同时在使用过程中往往出现输送带跑偏的问题，严重制约了掘进工作面的安全高效推进。

二、创新思路与创新方案介绍

1. 基本原理

迈步式整体移动机尾实现自移需以下几个操作步骤，先是支撑操纵阀通过支撑千斤顶将整部机尾抬起，接着推移操纵阀，使推移千斤顶带动机尾整体向前推移，然后将支撑千斤顶收回让机尾整体落地，最后将推移千斤顶收回推动导轨向前移动。机尾可根据移动距离按上述步骤循环操作。

2. 关键技术

根据带式输送机运行状况，通过操纵阀调节液压千斤顶的长短、高低来实现带式输送机的左右高度调节，此装置可有效保护带式输送机的正常运转，防止撕带情况的发生。

3. 系统构成

自移整体机尾由液压泵站、高压胶管、移动道轨、液压千斤顶、自动调偏装置、液压龙门架顶梁、导轨、支撑腿、滚筒、托辊、操纵阀等部件进行加工、组合安装而成。其外形图如图 1 所示。

迈步式整体移动机尾主要通过液压驱动的方式实现自移，液压驱动装置主要由液压龙门架顶梁、推移千斤顶、支撑千斤顶组成。

图1 迈步式整体移动机尾外形图

三、创新成果的创新点及适用条件

（1）可操作性：由工字钢、槽钢、高压胶管、液压阀组、液压油缸等材料加工而成，结构设计简单，利用公司加工设备加工制作，成本控制在18万元内。

（2）功能：通过液压阀组控制每一步操作，简单直观便于操作人员上手。

（3）适用环境：适用于井下综掘机掘进作业，同时可应用于回采工作面桥式转载机的整体移动机尾。

四、创新成果的应用效果对比分析

（1）减少了施工人员劳动强度，大大缩短了整体机尾的拖移时间，提高了工作效率。

（2）实现了自动化操作，提高安全系数，减少了人员伤害事故的发生。

（3）保证推进时输送带平、稳、直，能防止输送带刮伤、撕带，降低发生机械事故的概率。

（4）机尾采用长轴式滚筒及各类液压油缸结构，实现了整机多功能设计要求。

（5）该自移机尾可应用于不同的巷道底板状况，杜绝了生拉硬拽的野蛮施工，保证了自移机尾的快速移动。

五、创新成果在行业推广的价值

国内整套自移式机尾设备价格都在50万元以上，我公司自主设计改造的这套设备，成本只需18万余元，节约资金32万余元。生产过程中，自移式带式输送机机尾跟随掘进机自行移动，实现了延移机尾与迎头支护平行作业，人员从6人精简到2人，每天节约作业时间180 min，工作效率提升了14%。自主设计的自移机尾达到了预期的各项设计要求，解决了制约综掘单进水平的最大难题，让我们向智能、高效掘进工作面迈出了坚实一步。

第六部分

其他（煤炭销售、企业管理、设计研究、铁路运输）

煤泥深度回收末精煤系统工艺改造

靳家成 徐 宾 任 虎 杨海振 杨 飞

山东能源枣矿集团滨湖煤矿

一、创新成果的背景与问题描述

煤泥产品是传统洗煤厂在原煤加工过程中的一个副产品。产品主要用于煤炭电厂动力用煤的参配物，由于其本身具有一定热值，因此，既能满足电厂需求又能降低供应企业的成本。但是国家对环保要求日益严格，同时电厂对原料要求也逐步提高，因此，对作为参配物的煤泥的需求逐渐减少。在洗煤厂对原料“吃干榨净”的目标下，如何对煤泥内可回收的精煤进行回收，并且研究出相应的工艺和设备显得十分重要。2021 年山东能源集团提出洗煤加工达到“去煤泥化”的目标，消除煤泥产品品类。滨湖煤矿在与中国矿业大学协商基础上进行合作，对该项目进行研发。研发目标要求选煤厂煤泥产品的灰分达到75%以上，使煤泥成为废弃物，不再作为产品销售，从而在最大程度上提高精煤回收率，提升经济效益。

经过研究改造，在设备不进行大的工艺改造的情况下，对关键设备进行改造，通过调节工艺参数，实现了“去煤泥废弃化”的目标。

二、创新思路与创新方案介绍

根据消除“去煤泥化”目标，研究了煤泥废弃化的可行性，对煤泥产品的性质进行了分析，并探索了不同工艺条件下的煤泥浮选结果。

项目研究改造主要从三个部分进行：一是粗煤泥回收系统改造；二是中煤泥系统改造；三是浮选系统改造。该项目主要难点是如何在精煤综合灰分不超出设定值的情况下，对精煤末精煤进行“截粗”，同时还要最大可能回收，从而在浮选时保证浮选的稳定性。对浮选系统改造需要对循环压力、循环量以及能够保持稳定浮选的药剂配比。主要研发改造具体内容：

1. 粗煤泥回收系统改造

（1）对粗煤泥回收系统进行改造，滨湖煤矿洗煤厂使用 0. 35 mm 筛缝高频筛时，粗煤泥回收率低。使用 0. 25 mm 的筛缝的叠层筛代替现有高频筛后，粗煤泥回收效果较好，减少入浮量，从而降低综精水分和尾煤泥热值，如图 1 所示。

（2）通过对精煤泥旋流器工艺参数进行调整（如增大底流口尺寸），减少了溢流跑粗，减少进入浮选系统的粗煤泥，减少了尾矿跑粗。

（3）通过改造煤泥离心机，使用沉降式离心机，降低精煤水分（目前粗精煤水分

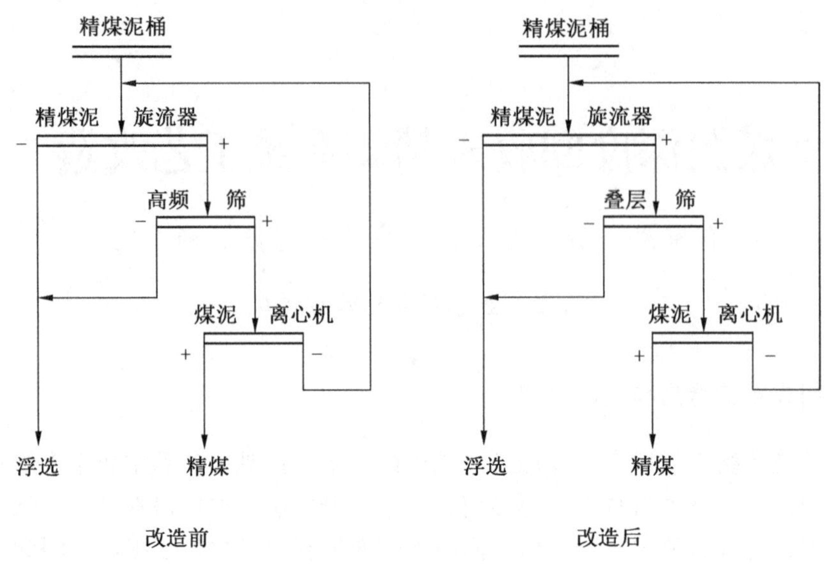

图1　粗煤泥回收系统改造

是2.06%，进一步降低的空间有限，因此通过减少离心液跑粗，从而提高粗精煤回收率）。

2. 中煤泥系统改造

（1）将中煤磁尾与矸石磁尾连接管路断开，将中煤磁尾引入精磁尾桶，使中煤磁尾跟随精煤磁尾一起进入浮选系统，降低尾煤泥热值。

（2）原中矸石磁尾旋流器出料管由中煤筛改到矸石筛上，如图2所示。

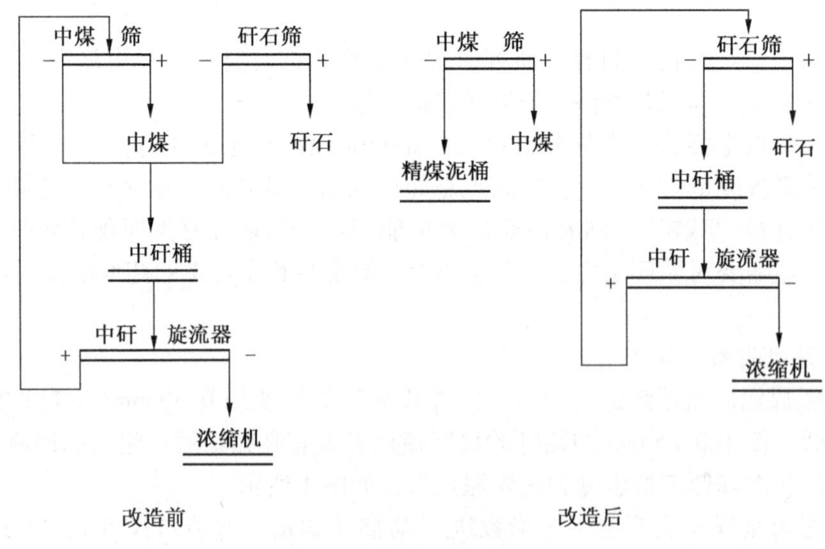

图2　中煤泥回收系统改造

3. 浮选系统改造

（1）提高浮选精矿桶的缓冲能力，加强精煤快开压滤机以及其他设备的操作，避免浮选柱频繁开停车现象（停浮选时浮选柱内存料进入浓缩机，部分精煤进入煤泥），使其连续稳定运行。

（2）优化浮选柱工艺参数，使入浮浓度稳定在 65 g/L，并适当提高循环压力（约 0.18 MPa），加强浮选柱的维护保养，提高浮选尾煤灰分。

三、创新成果的应用效果对比分析

（1）煤泥灰分达到 75%。

（2）精煤回收率升高 2%~3%。

（3）中煤产率降低（由 5%降低到 3%），热值升高（6280 kJ 左右升高到 12560 kJ）。中煤灰分比改造前有所降低（改造前中煤里有部分矸石细泥颗粒，改造后矸石颗粒进入矸石产品）。

（4）矸石产率略微升高。中煤磁尾与矸石磁尾分开处理后，中煤回收率降低，矸石回收率提高 1%。

（5）经济效益提高。按照精煤平均价格 800 元，煤泥价格 100 元，每年产出 6.5×10^5 t，回收率提高 2%~3%。当精煤回收率提高 2%时，仅精煤可以产生 910 万元；当精煤回收率提高 3%时，仅精煤可以产生 1365 万元。

四、创新成果在行业的推广价值

目前，国内没有对煤泥产品取消的成果案例。市场需求分析是为了说明研发技术的商业价值，除做宏观的分析和展示外，也可用具体的范例来做分析。

动力煤脱粉入洗工艺优化改造

贺文鹏　惠怀寅　姜　涛　褚　强　杨洪周

新汶矿业集团有限责任公司洗煤分公司

一、创新成果的背景与问题描述

水帘洞煤矿原煤提升上井后通过双层圆振动筛实现+110 mm 大块、70~110 mm 中块及 70 mm 的原煤分级，大块、中块通过人工拣选后作为大块和中块煤产品销售，70 mm 原煤进入选煤厂由无压三产品重介旋流器分选，得到喷吹精煤、中煤和矸石产品；煤泥处理采用一段浓缩回收洗末+二段浓缩压滤工艺，一段浓缩底流通过卧式沉降过滤式离心机回收后掺入重介中煤，与重介精末煤掺配后得到洗混煤产品；细粒级煤泥浓缩后由压滤机回收得到煤泥产品。

因水帘煤矿选煤厂原煤没有预先脱粉，煤泥又无相关分选工艺，副产品煤泥产率高，煤泥沉降及压滤回收难度大，二段耙式浓缩机物料积聚存在压耙风险，制约当前洗煤生产，影响矿井原煤正常提升。同时煤泥水分大，发热量低造成煤泥产品滞销、环保压力大等难题，影响企业信誉。

二、创新思路与创新方案介绍

水帘煤矿选煤厂入洗原煤受煤质影响，由于其细粒级颗粒的占比大，细粒级泥矸遇水发黏，经博后筛、香蕉筛筛分时极易造成筛孔堵塞，从而降低筛分效率，影响筛分分级的连续性。而弛张筛的弛张运动能有效克服筛孔堵塞，显著提高原煤筛分能力，逐渐在国内选煤厂投入应用，并取得良好的效果。

水帘洞煤矿选煤厂针对当前生产工艺现状及存在的问题，实施弛张筛原煤脱粉入洗工艺改造，如图 2 所示，在精煤和洗混煤产品仓上安装一台型号为 AHFDS3673 的双层弛张筛，上层为 25 mm 固定筛，下层为 6 mm 弛张筛。在产品仓上装设输送带栈桥，安装转载带式输送机，使预先分级后 70 mm 原煤通过输送带运输到弛张筛，原煤经弛张筛筛分后，6~70 mm 块煤入洗，精中块破碎后作为高炉喷吹精煤，精末煤、洗末煤与脱粉后 6 mm 以下末原煤掺成洗混煤销售。原煤脱粉工艺改造前工艺流程如图 1 所示，原煤脱粉工艺改造后工艺流程如图 2 所示。

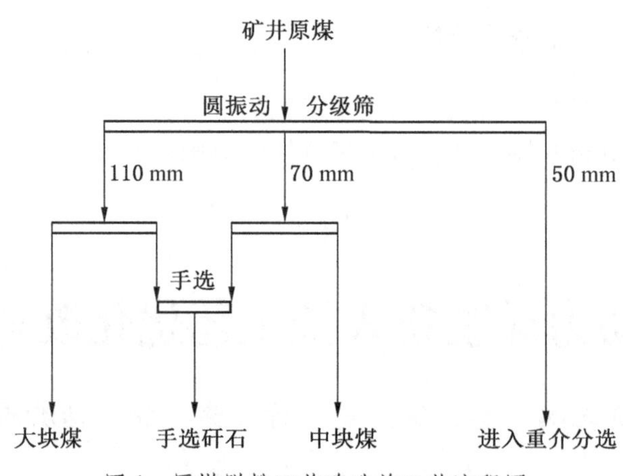

图 1　原煤脱粉工艺改造前工艺流程图

通过改造可使原煤中 6 mm 以下末原煤直接通过配煤作为洗混煤销售，有效解决了选煤厂煤泥产率高，煤泥产品回收能力不足制约洗煤生产的现状。

三、创新成果的适用范围

该创新成果适用于矿井煤泥占比大且脱水困难、矸石易泥化及煤泥产品销售困难环保压力大的动力煤选煤厂，通过原煤预先干粉脱粉后配煤销售或单独销售，从而降低低热值煤泥占比，提高企业效益，降低环保风险。

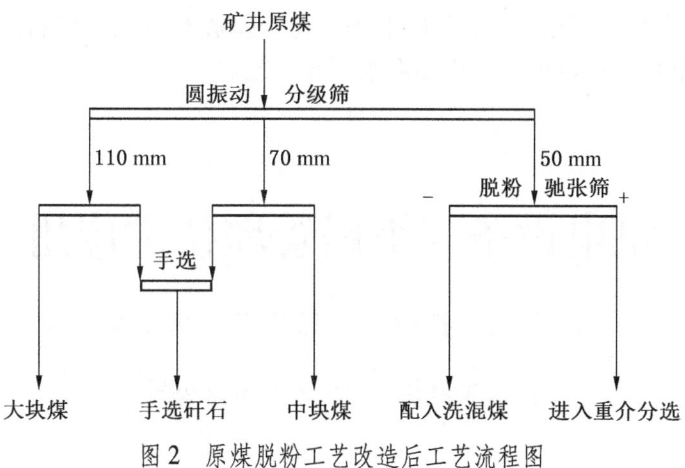

图 2　原煤脱粉工艺改造后工艺流程图

四、创新成果的应用效果对比分析

通过弛张筛原煤脱粉工艺改造，极大的优化产品结构，确保产品质量稳定，降低了煤泥产率，解决了原煤泥化严重时副产品煤泥处理难度大，且无市场的痛点，促使矿井产能释放，增强企业抗风险能力，有效盘活高端产品市场。原煤脱粉入洗后，筛下末原煤直接配煤销售，根据运行数据统计分析，煤泥产率降低了 5.38%，吨煤综合售价提高了 101 元/t，年可创造经济效益 8000 余万元，同时脱粉后末原煤不再入洗，减少了洗煤加工费用支出。选煤厂原煤脱粉改造前后综合售价对比见表 1。

表 1　选煤厂原煤脱粉改造前后综合售价对比表

原煤脱粉入洗改造实施前			原煤脱粉入洗改造实施后		
商品煤名称	产率/%	单价/(元·t^{-1})	商品煤名称	产率/%	单价/(元·t^{-1})
喷吹精煤	14.26	1050	喷吹精煤	10.71	1050
洗混煤	73.69	900	洗混煤	82.62	900
煤泥	12.05	70	煤泥	6.67	70
综合	100	821	综合	100	922

五、创新成果在行业的推广价值

（1）通过原煤脱粉入洗工艺的研究与应用，有效降低了煤泥产率，实现了煤泥减量，增加了煤泥附加值，在动力煤选煤厂具有较好的推广应用价值。

（2）通过原煤脱粉入洗工艺的研究与应用，减少了原煤无效入洗，降低商品煤综合水分，提高产品质量。

（3）选煤厂原煤脱粉入洗项目通过干法脱粉，能够有效减少矸石的泥化，降低重介入洗下限，提高重介分选效果，优化煤泥水回收工艺。

机电设备二维码管理技术应用

徐元龙　杨迎平　张二军　宋小鹏

陕煤集团神南产业发展有限公司

一、创新成果的背景与问题描述

随着公司机电设备管理规范化，日常机电设备管理过程中有大量的基础资料需要整理、建档，尤其在特种设备管理方面，特种设备的合格证、注册证书、定检报告等资料时常发生丢失现象。基于该背景下，公司积极组织调研，开发使用“草料二维码”管理软件，将机电设备各项资料进行有效整合，实现了“一机一码”，通过二维码查看每台设备的全部资料。

二、创新成果思路与创新方案介绍

1. 成果内容

（1）设备实现动态化管理。该管理创新的实施，改变了以往传统的资产管理模式，给机电设备赋予了身份证，利用信息化手段，实现了设备的高效便捷管理，为日后资产的变动、处理、盘点等工作提供很多便利。

（2）管理员作用得以发挥。有效发挥了后勤公司各科室、区队机电设备管理员的管理作用，规范了后勤公司机电设备管理制度，提高了工作效率。

2. 创新方案

（1）收集信息。收集统计每台机电设备信息，形成台账，并编号。

（2）信息录入。根据机电设备台账信息，在“草料二维码”管理系统内录入设备信息。

（3）打印标签。每台设备信息做到准确录入，打印设备二维码标签。

（4）粘贴标签。每台设备准确粘贴对应的二维码标签，使每台设备都具有身份信息。

（5）实时更新。根据设备变更情况，实时更新二维码信息，确保机电设备管理及时、信息准确。

设备二维码标牌如图 1 所示，扫码查看设备信息如图 2 所示。

陕北矿业神南产业后勤服务公司

设备名称：消防栓泵

设备编号：HQ-SB-11
设备型号：XBDV7/40-125-235-45/2CD-144m3
启用日期：2010年09月20日
负 责 人：杨迎平
联系方式：13468800300

图1 设备二维码标牌

三、创新成果的适用条件

该创新成果适用于机电设备各项资料整合。

四、创新成果的先进性及创新性

（1）设备信息方便查阅。机电设备标签增加了二维码，通过手机扫码，即可全面查看该设备的全部详细信息，方便检查，同时减少了纸质资料的整理工作。

（2）设备监管更加便捷。“二维码”的应用，为日后机电设备的变动、处理、盘点等工作提供了很多便利，实现了机电设备管理有序无误，所有设备状态清晰可查、可追踪。

（3）信息变更更加方便。机电设备管理员通过手机扫码，即可管理机电设备，随时扫码进行修改，实现机电设备动态管理。

（4）各类报表快速生成。后勤机电管理员可随时导出机电设备台账，实时掌握后勤公司机电物资状态。

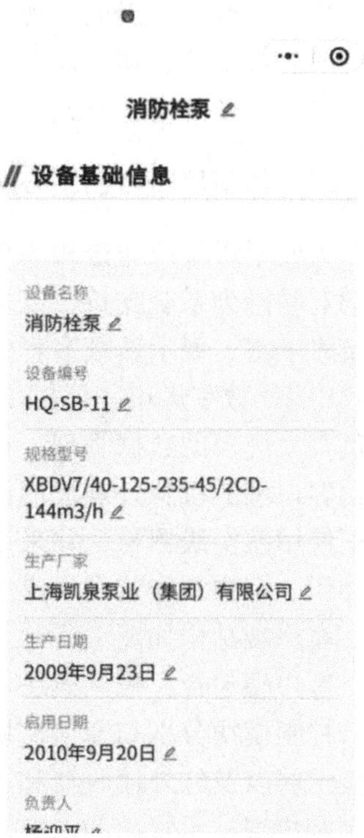

消防栓泵

设备基础信息

设备名称
消防栓泵

设备编号
HQ-SB-11

规格型号
XBDV7/40-125-235-45/2CD-144m3/h

生产厂家
上海凯泉泵业（集团）有限公司

生产日期
2009年9月23日

启用日期
2010年9月20日

负责人

图2 扫码查看信息

五、创新成果应用效果评价及推广前景

该创新项目在全公司范围内已成功推广，应用良好，将在企业未来发展中长期适用。后续将对后勤公司所有机电设备二维码进行信息更新，持续规范后勤公司的机电设备信息化管理。该创新成果同样适用于其他企业，具有较强的推广价值。

CCTD 数字煤市一体机

冯　雨　龚大勇　顿康康　马春生　彭晓虎

北京中煤时代科技发展有限公司

一、创新成果的背景与问题描述

近年来，国际环境和全球能源格局、体系发生深刻变革，我国能源发展面临新的挑战。煤炭作为我国的基础能源，在经济、社会发展中发挥着举足轻重的作用。随着我国经济的高速发展，煤炭期、现货市场的日益活跃，煤炭产业链相关单位对煤炭市场实时动态信息的需求十分迫切，而其内部普遍缺少科学高效的数据处理、分析方法，以及快速部署、专业清晰的展现方式和工具。

二、创新思路与创新方案介绍

为便于煤炭产业链相关单位实时获取煤市动态信息，避免重复劳动，公司以大数据和移动互联网为系统支持，以多媒体和数字化技术为呈现技术，开发出了部署方便快捷、内容及时丰富、展示新颖多彩的 CCTD 数字煤市一体机。

CCTD 数字煤市一体机由客户端和服务器组成，客户端负责接收服务器的数据，服务器负责大规模的数据管理、存储和计算。

客户端的机身外观玻璃面采用 4 mm 高透显示钢化玻璃，钢化玻璃丝印黑边 21.2 mm；前框使用航空级铝材，并采用喷砂+拉丝处理；整机全部为五金结构，坚固一体可扛百吨级冲压。客户端安装在底座上，可进行拆卸，方便运输，同时底座设置有万向轮，移动方便。客户端结构如图 1 所示。

客户端包括：控制模块、通信模块、显示模块。

控制模块分别与通信模块和显示模块连接，用于控制所述显示模块。控制模块配置触摸显示屏以及红外接收器和遥控装置，可通过触摸屏幕或使用遥控装置发送红外控制信号控制客户端显示状态和内容。

通信模块用于所述客户端与服务器通信。通信模块自带 5G 网卡，无须配置即可联网，可在任何地点进行部署，不受当地网络环境限制，同时配备 GSM 通信天线、Wi-Fi 接收天线以及有线网络接口，用户可以自由选择联网方式。

显示模块用于显示请求信息对应的结果。支持以网页、文字、PPT、图片、视频、音频等多种方式进行显示，并支持循环、定时、插播等多种播放模式。

客户端不是将不同软、硬件简单堆砌，而是将数据分析、传输、存储、呈现及远程管理进行融合，解决了企业在数字化应用方面（数据提取、处理、分析和输出）存在复杂、重复部署的问题，实现了方便、快捷的投入和使用。

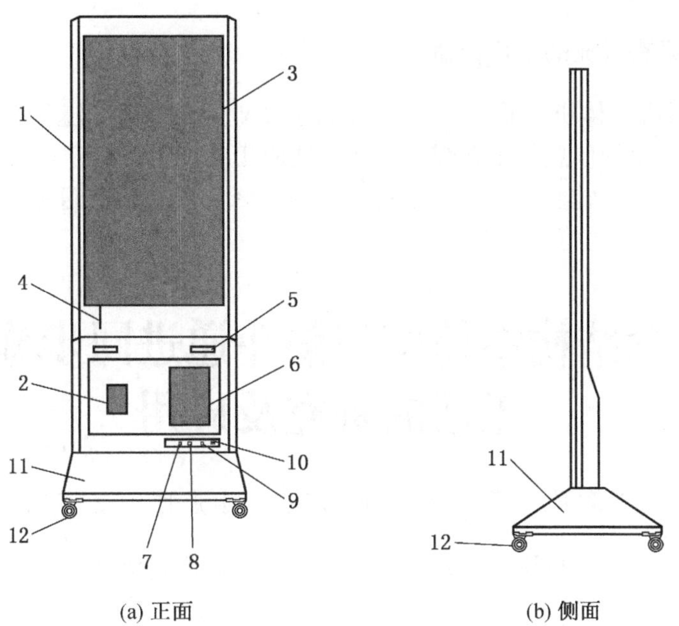

1—通信模块；2—控制模块；3—显示模块；4—信号接收天线；5—把手；6—电路主板；7—开关；8—电源接口；9—有线网络接口；10—USB 插口；11—底座；12—万向轮

图1　客户端结构图

客户端可以采用服务器提供数据融合服务，还可实现单机数据存储、分析及输出一体化设计，在客户端上部署应用分析软件，可以采用定制化、模块化安装与部署。服务器作为数据和应用软件的集中存储和分发设备，客户端作为数据存储和应用软件的安装端。

服务器的计算部分除了算力还包括算法引擎，服务器根据客户端反馈的请求，将经过数据分析之后的结果数据推送至客户端进行数据接收和呈现。服务器与企业各类信息系统进行数据对接，在服务器内实现数据自动采集、处理、存储。服务器与客户端传输部分可以通过有线网络和 WiFi 无线网络进行数据传输，也可以通过 4G 或 5G 网络进行数据传输。

三、创新成果的适用范围

CCTD 数字煤市一体机适用于煤炭行业监管机构，以及煤炭生产、运销、消费、贸易商、金融公司等煤炭产业链相关单位，可放置于单位楼宇大厅、前台、电梯间、会议室、办公室、走廊、活动展区等区域，帮助相关人员随时随地掌握最新煤市动态。

四、创新成果的先进性及创新性

数据处理和数据展示由专业数据分析师进行设计并由专业算法模型进行运算而产生，内容专业性强，弥补了传统业务人员数据处理和分析能力不足的问题，为企业提供了更专业的行业数据服务。

数据发布及时、设备部署简单，插电即用，可远程进行维护，避免了大量的人员维护，节约了人工成本，快速提升企业数字化水平。

五、创新成果在行业的推广价值

CCTD 数字煤市一体机的推广应用，有利于企业及时掌握最新煤市动态，促进数字化、自动化、智能化的信息技术在煤炭行业落地应用，助力提升企业科学决策能力，促进煤炭产业链数千家企业转型升级，助力我国“碳达峰、碳中和”目标的实现。

筒仓结构中筒壁与漏斗递进同步施工工艺的研究及应用

丁润民　李　杰　聂彦飞　刘贵财　赵宇斌

山西宏厦建筑工程第三有限公司第九项目部

一、创新成果的背景与问题描述

随着我国煤炭洗选加工业的迅猛发展，大型的洗选煤厂拔地而起，各式各样的储煤仓也一座座建设起来，储煤仓的结构形式主要为钢筋混凝土筒仓结构，目前钢筋混凝土筒仓通常采用滑模工艺施工，但筒仓结构受中间层现浇漏斗的影响，导致滑模模板施工工艺达不到最佳的施工效果和经济效益，采用本工艺可以有效地发挥滑模模板筒仓施工中提高外观质量和经济效益的优势。

本工程为甘肃省宁县米家沟选煤厂产品仓工程，仓体内直径为 22 m，仓壁厚度为 0.32 m，漏斗以下仓壁高度为 8.7 m，漏斗以上仓壁为 27 m，漏斗为层分为 6 个矩形锥体漏斗，本工程应用了筒壁与漏斗递进同步施工工艺方法施工，在保证不改变设计图纸、保证施工质量的前提下顺利地完成了本工程主体施工，达到了预期效果并缩短了施工工期，受到了建设单位、总包单位和监理单位一致好评。

二、创新思路与创新方案介绍

2020 年 5 月在接到本工程施工图纸后，项目部分析了目前筒仓结构的几种常规施工形式，一是常规的倒模形式，漏斗环梁以下均采用常规方木竹胶板模板进行施工，然后对漏斗层的梁板及漏斗结构进行施工，最后在仓内外搭设双排脚手架并安装滑模，完成漏斗以上仓壁施工；二是自基础顶开始筒壁滑模，施工至漏斗时，在筒壁内预留漏斗钢筋插筋，滑模系统继续上行，待筒壁施工完成后，再返回施工内部漏斗；三是自基础顶开始筒壁滑模，施工至漏斗时，拆除滑模模具，施工完漏斗后在仓内外搭设脚手架安装滑模，完成漏斗以上仓壁施工；由于本工程施工周期短，施工任务重，以上三种施工方法都不能满足本工程的要求，因此结合 BIM 技术三维模型，根据图文资料及施工方案等技术文件，在不影响施工质量和不改变设计的前提下，建立设计和制作了全部施工工艺的三维几何模型，和三维动态施工效果图，经过各种受力计算，实现了预期的效果，最终经项目部研究决定采用筒壁与漏斗递进同步施工的施工方法。

使用本工艺可以实现滑模系统地面一次性组装，不再重复拆除和安装，具有以下优点：

（1）便于操作，避免高空作业，实现作业环境安全。

（2）减少架体重复搭设的工程量，提高施工效率，降低工人劳动强度。

（3）减少材料吊装时间，降低筒仓施工期间施工材料对塔吊的依赖，提升塔吊利用率，主供筒壁主材运输，降低工序间隔，压缩工期。

（4）筒壁与漏斗同步施工，筒壁与漏斗连接处不需预埋插筋，漏斗钢筋与筒壁处漏斗环梁钢筋同步施工，可以更准确的安装漏斗钢筋。筒壁环梁与漏斗整体性浇筑，且连接处不产生竖向施工缝，提高筒仓投入使用后漏斗在装载料竖向荷载作用下的安全性。

1. 基本原理

本工艺原理构思理念及工艺设计如下：若要在滑模过程中实现漏斗整体浇筑，需要将漏斗结构暴露在滑模系统外部。因此，滑模系统提升至漏斗层上部，形成滑模系统空举，将漏斗结构暴露在滑模系统外部，以便施工漏斗，从而实现漏斗与筒壁递进同步施工的目的。

2. 工艺流程

空滑前的准备工作→支撑杆加固→滑模系统空滑→漏斗层施工→滑模滑升。

（1）空滑前的准备工作：

①应依据设计图纸控制标高，将标高控制点引至筒仓，控制滑模空滑标高；

②附加支撑杆、钢筋、电焊机、水准仪、经纬仪、铅垂仪等材料，设备、仪器准备妥当；

③将滑模系统上部无关荷载全部卸除，并将上部必需的设备、材料等对称均布；

④校核滑模系统的垂直度，确保空滑阶段垂直运行；

⑤作业前，向作业人员进行技术、安全交底。

（2）支撑杆加固：滑模系统在漏斗以下实施正常滑升，当达到漏斗层时实施空滑，将漏斗层裸露在滑模系统外部，实现漏斗与筒壁穿插进行，同步施工的目的，为保证空滑阶段滑模系统自身稳固，需对支撑杆进行加固。在滑模模板顶标高至漏斗底标高时，需将滑模系统堆放的施工材料、滑模内吊架等无关材料全部卸净，减少滑模系统上部荷载，并保持滑模系统荷载对称均布。当滑模模板顶标高滑至距漏斗环梁底标高约 1 m 时，开始对滑模系统支撑杆进行加固，确保在空滑阶段滑模系统自身稳固。

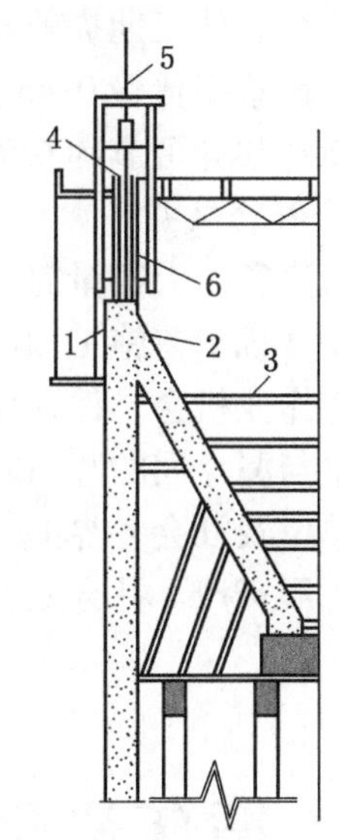

1—环梁模板；2—漏斗模板；3—模板横向支撑；4—受力钢筋；5—支撑杆；6—附加支撑杆

图 1　环梁与漏斗同时施工

加固方案：每根支撑杆附加 2 根同规格 $\phi48$ 的钢管，用 $\phi14\times300$ mm 钢筋将三根钢管连接到一起，与原系统支撑杆呈三角形分布，形成稳定三角形格构柱，如图 1 所示。

（3）滑模系统空滑：滑模系统按照设定的速度继续滑升，滑升过程中每滑升一步，加固一步。加固、滑升循环作业，直至滑模模板底标高至漏斗层顶标高时停止滑动。滑模系统停滑后，立即对滑模系统进行校核，在筒仓两侧对称位置设置 4 道缆风绳临时拉结。

（4）漏斗层施工按照常规的方法施工，施工漏斗层时应注意以下几点：

①漏斗施工前，对滑模系统进行整体检查，卸去多余荷载；

②施工过程中，对滑模系统进行检查，保持稳固状态；

③筒壁与漏斗环梁相交处的施工缝应仔细进行处理，施工缝剔凿成V字形，需将施工缝中的松动石子全部剔除并浇水清理干净，在浇筑前抹同配比去石砂浆湿润；

④漏斗模板支设时，应严格按照既定方案搭设模板支撑满堂脚手架，并按要求设置剪刀撑；

⑤由于漏斗层框架梁体、漏斗荷载均较大，混凝土浇筑时，严格落实浇筑顺序，先框架梁、后楼板，先漏斗底口，后漏斗斜板，要分层有序进行。

（5）滑模滑升：漏斗层施工完成后，将漏斗层环梁与筒壁交接处施工缝按前述处理完毕，对滑模系统进行整体校验，确定支承杆、滑模位置等均合格后，方可按照原方案进行逐步滑升。

三、创新成果的应用效果对比分析

1. 经济效益

通过本工艺在实际工程中的应用，经济效益突出，工期价值明显，经与常规施工方法比较，单仓经济效益分析如下：

筒仓总体工期提前8 d，可节约费用支出4.2万元；下部脚手架搭设可节约人工费0.6万元、钢管租赁费0.45万元、材料费1.01万元、安装费0.3万元；节约水费0.2万元；每个筒仓共计可节约6.76万元，本工程共计8个筒仓，共计可节约54.08万元。

2. 社会效益

大直径、大容量筒仓在当前工业建筑领域应用越发广泛，通过本工艺应用，施工过程中改变常规工艺施工顺序，实现筒壁与漏斗递进同步施工，降低施工过程中上下交叉作业及高空作业机会，保证作业人员环境安全，提升企业安全管理水平。施工工艺改变后规避了筒壁与漏斗间的竖向施工缝，提升筒仓使用期间安全性，减少筒仓后期维护费用。得到建设单位及社会各界的一致好评，在社会上树立了良好的企业形象，为企业获得了一笔宝贵的无形资产。社会效益显著，具有较高的推广价值。

循环流化床锅炉机组深度滑参数停机方法

孙宏亮　王利俊

辽宁调兵山煤矸石发电有限责任公司

一、创新成果的背景与问题描述

调兵山电厂拥有两台300 MW循环流化床汽轮发电机组，锅炉型式为亚临界一次中间再热、自然循环、单炉膛、平衡通风、固态除渣紧身封闭布置、全钢架悬吊结构，双布风板 CFB 燃煤锅炉。汽轮机型式为亚临界、一次中间再热、单轴、双缸双排气、直接空冷凝汽式。

发电机组滑参数停机，是在保证机组安全的情况下，手动控制主、再热气压力和温度的下降速度及降低机组负荷，使汽轮机本体及锅炉本体尤其是各联箱能够均匀而迅速的冷却，然后停止汽轮机进汽而停机，达到缩短冷却时间，增加锅炉及汽轮机主体设备检修时间的目的。调兵山电厂经过多年摸索和技术总结，探索出一套适合本厂锅炉和汽轮机特点的滑参数停机方法，利用此方法可以在锅炉和汽轮机的机组正式停运前使锅炉本体及蒸汽管道、汽轮机本体温度大幅度降低，从而缩短了停机后各设备，特别是锅炉和汽轮机本体部分的自然冷却时间。这样可以为相关设备提供更充足的检修时间，对检修质量和工期的控制极为重要。

对于循环流化床汽轮发电机组，深度滑参数停机主要有以下几个难点：

（1）锅炉低参数运行时燃烧不稳，容易发生灭火、结焦等现象。

（2）负荷低，蒸汽流量低，一旦减温水量控制不稳容易造成蒸汽带水、甩气温等异常现象。蒸汽带水后，汽轮机通流部分易发生强烈振动。

（3）锅炉床温过低，无法达到尿素的反应温度，氮氧化物难以控制。

（4）当锅炉燃料量过少时，排烟氧量过高，床温的下降速率难以控制。

（5）汽轮机低参数运行时内部蒸汽量少，分配不均，局部区域易产生涡流和死角。汽缸夹层冷却蒸汽流动慢，易产生上、下缸温差过大的现象。

（6）低压缸进汽温度对末级湿度的影响最大，进汽压力次之，排气压力最小。机组进汽参数低时，低压缸末级、次末级区域湿度增大，易产生叶片水蚀。

（7）汽轮机进入冷却过程，各部件冷却速率不一致，汽轮机胀差减小，易产生动静摩擦。

二、创新思路与创新方案介绍

总结机组深度滑停难点后，对各难点进行逐一解决。将滑参数停机步骤与各节点注意事项进行整理，规范每一项运行操作，具体各项操作步骤如下：

（1）滑停前将机组负荷稳定在 180 MW，停运湿煤泥，吹灰，通过压力偏执设定控制主汽压力在 14 MPa 以上，待燃烧稳定解除协调，解燃料自动，投入功控方式，解除 FSSS 保护中汽包水位保护、汽机跳闸保护，及 MFT 中全部燃料丧失保护。

（2）主汽温度下降至 500 ℃时，停运四段抽气，将除氧器起源切换至辅汽，除氧器压力根据其滑压曲线进行调整，以增加高中压缸夹层冷却蒸汽流量。

（3）保持煤量不变，增加过热器减温水量，降低左一、右一灰控阀开度逐渐降低主、再热气温，在此期间注意控制各段受热面出口温度不低于对应压力下饱和温度，同时主、再热气温过热度不低于 100 ℃，此时主、再热气温应降至 490 ℃，该时间预计 1. 5 h。

（4）当减温水基本全开后，可适当关小左二、右二灰控阀开度，注意控制床温不超 950 ℃，此时主、再热气温降至 470 ℃该时间预计 0. 5 h。

（5）机组负荷下降至 150 MW 时，可停运 1 号、2 号高加，保留 3 号高加运行。其目的是保持中压缸抽气口和汽缸夹层有足够的蒸汽流动。

（6）按每 5 min 减 4 t 煤的速率开始降低燃料量，煤调整半小时煤量停止降煤半小时给机侧留出足够降温时间，该操作预计 2 h，可减少煤量 48 t。在此过程中如遇煤质变差，主汽压力下降过快，可适当降低减煤量。

（7）机组负荷下降至 120 MW，或发现中压缸抽气口上、下温差上涨，将 3 号高加危急疏水门开启，利用抽气与排汽装置的压差尽可能增加汽缸夹层内的蒸汽流速，使上、下缸均匀冷却。

（8）为避免滑停过程中低压缸末级叶片出现水蚀，应适当提高汽轮机背压至 15～25 kPa。

（9）最后 0.5 h 按 5 min 减 4 t 煤的速率降低燃料量直到机组停运，汽机打闸前 10 min 停运中心给煤机，汽机打闸后无论称重是否拉空均将称重停运，拉空刮板，尽可能排空床料，当床温低于 400 ℃锅炉 BT。

（10）停机前 1 h 开始降低床压，控制风室压力 12～12.5 kPa，汽机打闸前 20 min 控制风室压力为 11～12 kPa。

（11）机组打闸前切除辅汽至除氧器供汽，退出 3 号高加汽侧运行。

（12）滑停过程中汽机调门随炉侧减煤降压、降温过程自动开大，以免主汽压力过低。

（13）其他按正常机组滑停操作进行。

经过规范、细化滑停操作步骤，更改以往滑停中不合理的操作规程，可将锅炉、汽轮机温度降至较低。2021 年 4 月，2 号机组滑停期间，利用此方法进行滑停后，汽轮机缸温降至 348 ℃，锅炉排渣后温度降至 350 ℃。锅炉、汽轮机、蒸汽管路的温度较以往停机都有大幅下降。

三、创新成果的适用范围

应用于所有循环流化床汽轮发电机组，特别是汽轮机在滑停过程中有上、下缸温差过大缺陷的机组。

四、创新成果的应用效果对比分析

通过此项方法进行深度滑参数停机，可使机组以较低温度状态停机，可将锅炉、汽轮机等重大设备的检修时间至少提前 72 h。如果将此时间按节省检修工期计算，机组可多出 72 h 发电时间。计算 72 h 纯发电效益为 72 万元。

五、创新成果在行业的推广价值

循环流化床发电机组可按此方法进行深度滑停，特别是汽轮机存在上下缸温差过大的机组，按此方法，可在汽轮机缸温大幅降低后停机。

二氧化碳在有机硅催化利用技术

姜玉刚　马伟锋　秦　昊　王泽宇

潞安化工集团（山西潞安工程有限公司）

一、创新成果的背景与问题描述

地下混凝土对建筑物安全和功能至关重要。但地下室墙壁、水池池壁等混凝土表面，长期存在于土壤接触的潮湿环境，土壤中外部自由水可进入混凝土产生冻融、电化学反应等破坏，酸性气体、盐类会长期持续接触和进入混凝土内部进行侵蚀，对结构安全、使用功能和耐久性造成影响，易出现水池渗漏、地下室渗水等质量通病。

有机硅溶液具有独特的防水和保护优势，但具有反应速度慢，易蒸发等缺陷，不适用于进行表面喷涂作业，因此，研发和应用有机硅溶液，提高防水等级和使用寿命势在必行。

二、创新思路与创新方案介绍

有机硅溶液的主要成分为甲基硅醇钠（CH_3H_2SiONa），甲基硅醇钠由甲基，硅，钠，氧等组成，通过在二氧化碳和水分子的作用下生成甲基硅醇，生成物甲基硅醇含有极性基因-OH，易生成氢键。氢键的形成影响着甲基硅醇的性质，使它的沸点较高（110 ℃），且耐低温（-45 ℃）。

溶液中存在水解反应，该反应使溶液呈碱性（pH 值为 12～13）。甲基硅醇在该碱性环境中进一步缩聚，分子间脱水，生成甲基氧烷和水，其中甲基硅醇为非电解质，油液状憎水物。反应继续生成枝状链，在混凝土表面与水汽反应脱醇生成一层极薄的高分子网状硅树脂憎水层，与混凝土材料之间由稳定的共价键连接，由此在混凝土表面构成一层不封闭毛细孔的憎水层，液态水无法通过毛细管渗入，但是水蒸气仍然可以从毛细孔中扩散出来，使混凝土不仅具有憎水性而且具有透气性，混凝土表面不能再被水浸湿。

有机硅溶液大幅降低混凝土的毛细吸水率、降低氯离子侵蚀和冻融破坏。同时还填补了混凝土中的微孔隙，能有效弥补小裂纹，与基材永久结合，使混凝土微观结构致密，提高了混凝土的耐久性，使混凝土的抗渗、防水性等得到综合改善。

本溶液制备过程分为三个阶段。

将有机硅溶液与二氧化碳进行催化反应，二氧化碳宜低浓度、低速进行催化，在液体出现肉眼可见悬浮物时停止，使有机硅溶液与二氧化碳进行不完全反应，形成甲基硅醇和硅树脂混合溶液；采用的二氧化碳可由煤基合成油项目产生的二氧化碳废气净化形成，进一步提高节能、环保效果。进行静置，将形成的混合溶液装入塑料容器内进行常规材料储存；使用时，按本方案和氢氧化钙溶液混合形成保护液。

三、创新成果的适用范围

可有效提高处于一类至二类环境的地下混凝土表面密实度、阻挡水分、酸性气体、盐类对混凝土侵蚀；对毛细孔不封死，混凝土水气容易散出而内部保持干燥；碱性对钢筋钝化无腐蚀；不因参与混凝土水化反应而引起碱性骨料反应；且环保对土壤环境和操作人员无害；采用刷涂或喷涂，对复杂地下混凝土容易施工；价格低廉性价比高。本有效确保防水效果和寿命。并且具有防渗效果明显、性价比高、价格低廉、施工简单特点。

（1）在裸露的混凝土、砂浆等水泥基表面，采用经二氧化碳催化反应的有机硅溶液，有效加速了反应速度，使混凝土表面构成一层不封闭毛细孔的憎水层，液态水无法通过毛细管渗入，但水蒸气仍可以从毛细孔中扩散出来，起到了混凝土保护作用，延长了混凝土结构和外观寿命；提高了防水质量和使用年限，可在一定程度上有效解决混凝土和防水质量通病引起的社会困扰。

（2）地下室渗漏治理不易找出渗漏点时，可将有机硅类渗透型材料采用蓄水法施工，浸泡在漏点附近，利用有机硅分散性、亲水性特点使其渗透“靶向”寻找渗漏点，使漏点附近混凝土产生防水效果，综合治理地下室渗漏现象。

四、创新成果的应用效果对比分析

1. 实施效果

该成果在汽车卸煤沟工程进行应用。该工程为地下箱式混凝土结构，内部安装有带式输送机和电气设备。外侧及顶部设 SBS 卷材防水，为防止土壤水分通过卷材接缝等处浸入，为减少沥青对环境影响，由沥青漆改成喷混凝土保护液，起到了良好的效果。

该成果同时在消防水池进行运用。消防水池为半地下混凝土结构，水池顶部采用素土找坡，素土上面为 C30 混凝土找平层刚性防水保护。为防止混凝土找平层防水失效造成素土沉降，增喷一层混凝土保护液体，防水效果良好。

2. 经济效益分析

随着国家对环保要求的不断提高，煤化工及石油行业将不断提升工业污水处理能力，甚至提出零排放的要求。这就意味着钢筋混凝土水池等构造物将不断建设和改造。因此，不断提高水池等地下构造物防渗和防水技术势在必行。

通过对二氧化碳在有机硅催化利用技术的研究、探讨、实施，使地下防水工程的整体质量取得显著的效果，避免维修等带来的工期延误和后期人力物力的浪费。

3. 环境效益分析

环保工程是一项利国利民、造福千秋万代的工程。由于地下混凝土产生渗漏、因冻融产生破坏现象属于质量通病，问题存在比较普遍。

通过二氧化碳在有机硅催化利用技术，使地下防水质量和寿命取得了显著的效果，减少了防水维修造成的固体垃圾排放和经济损失，环境效益明显。

4. 社会效益分析

起到了混凝土防水和防渗作用，延长了混凝土结构和外观寿命；提高了防水质量和使用年限，可在一定程度上有效解决混凝土和防水质量通病引起的社会困扰。

通过创新使地下混凝土质量和寿命取得显著的效果，积累较丰富和全面的经验，对于今后同类型结构施工质量提供了有效的保证，保证工程高质量完工。

具有良好市场前景，符合国家碳中和、碳利用产业政策，推广前景广阔。

内燃机车微机控制系统线路改造

郭　瑾　杨　帆　陈　雷　王永明　马　磊

潞安化工集团铁路运营公司

一、创新成果的背景与问题描述

潞安化工集团有限公司铁路运营公司主要负责矿区的煤炭运输任务，机务段主要负责内燃机车的检修与运输。机车电气系统是机车的重要组成部分，对机车起着控制、调整、保护及检测作用，结构复杂，专业性强。近年来随着机车老化严重以及运输任务的加重，机车电器故障频发，已影响到机车正常运行。

小组人员通过调查统计 2019—2020 年机车故障分类对比（表 1），发现机车电器故障占比较高：2019 年为 219 件次，占比达 60%；2020 年为 232 件次，占比达 59%，因此降低机车电气故障率成为当务之急。

机车电气故障主要包括：微机控制故障、空调故障、接触器故障以及其他一些等等，通过对不同故障进行分类统计得出：机车电气故障中微机控制系统故障数较多，达 125 件，所占比例高达 54%，所以，降低机车电气故障率首先要降低微机控制系统故障率（图 1）。

因此，创新小组决定通过改造内燃机车微机控制系统线路，降低机车电气系统故障率，进一步提高机车安全运行效率。

二、创新思路与创新方案介绍

1. 创新成果现状调查

（1）小组人员详细统计了 2021 年 1—3 月机车微机控制系统故障情况，为了数据的直观性，小组统计了平均故障率（图 3），计算得出 2021 年 1—3 月机车微机控制系统平均故障率为“1.01 件/千公里”。其中最低故障率为：2021 年 1 月，0107 机车故障率“0.46 件/km”，详见图 2。

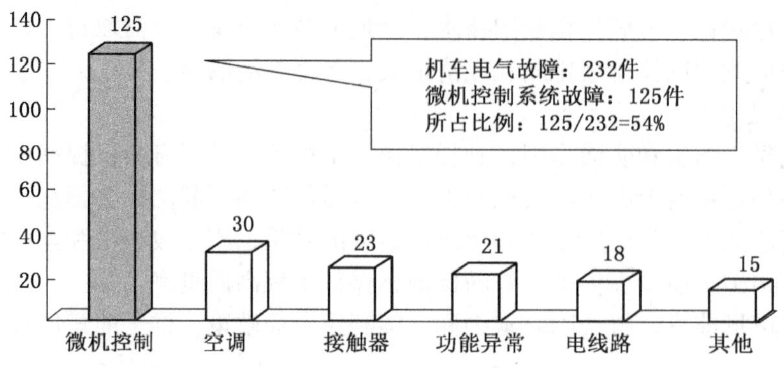

图1　2019年内燃机车电气故障对比柱状图

机车型号	0285机车			0107机车			0108机车			合计
时间	1	2	3	1	2	3	1	2	3	
故障件数	5	5	2	2	4	3	3	3	5	32
走行里程/千公里	3821	3174	2589	4378	3385	3473	3325	3477	4207	30621
故障率/(件/千公里)	1.31	1.58	0.77	0.46	1.18	0.86	0.90	0.86	1.19	1.01

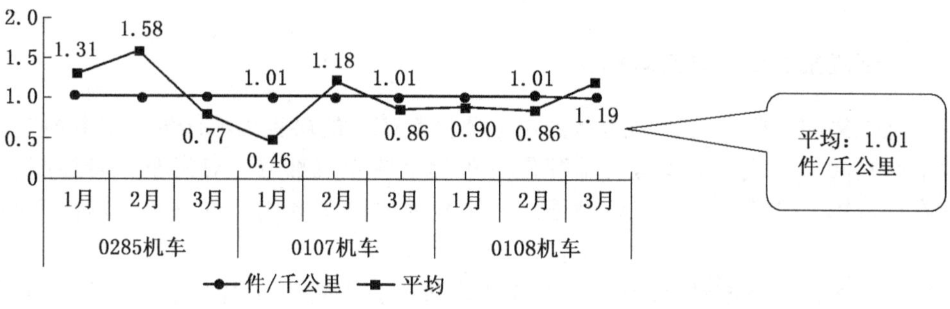

图2　2021年1—3月机车微机控制系统故障统计

（2）为了数据的可靠性，小组人员继续统计了2020年7—12月机车微机控制系统故障情况，计算得出2020年7—12月故障平均率为1.06件/千公里，接近“1.01件/千公里”，详见图3。

2. 故障原因分析

了解了平均故障率后，小组人员进行了症结问题分析：微机控制系统故障大概可分为转速控制电路故障、插件插头故障以及其他。通过分析统计，发现在微机控制系统故障中，转速控制电路故障占比较高，达77.8%（详见表1），也就是说想要降低微机控制系统故障率，首先需要降低转速控制电路故障率，因此小组人员决定从改造“机车转速控制电路故障”入手（图4）。

找到症结问题后，小组人员针对转速控制电路故障这一主要问题进行了总结分析，绘制出故障关联图，共找到三条主要因素，分别为：启发电机励磁绕组反电势高；小辅修未做好司控器清洁工作；机车防水不良。

月份	7	8	9	10	11	12	合计
故障件数	14	11	10	7	9	12	63
走行里程/千公里	11055	9891	10013	8821	8954	10554	59288
故障率/(件/千公里)	1.26	1.11	0.99	0.80	1.01	1.14	1.06

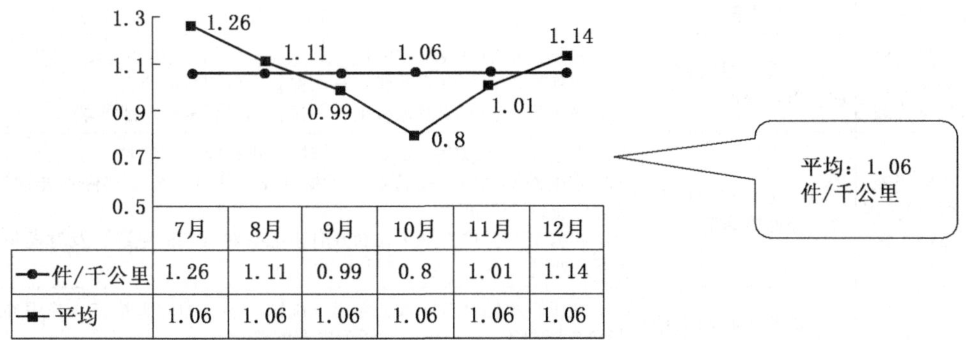

图3 2020年7—12月机车微机控制系统故障统计

表1 2020年7—12月机车微机控制系统故障统计表

序号	故障类型	件数	频率
1	转速控制电路	49	77.8%
2	控制板故障	5	7.9%
3	插件插头故障	4	6.3%
4	Rgf、Rdt故障	3	4.8%
5	其他	2	3.2%
合计		63	100%

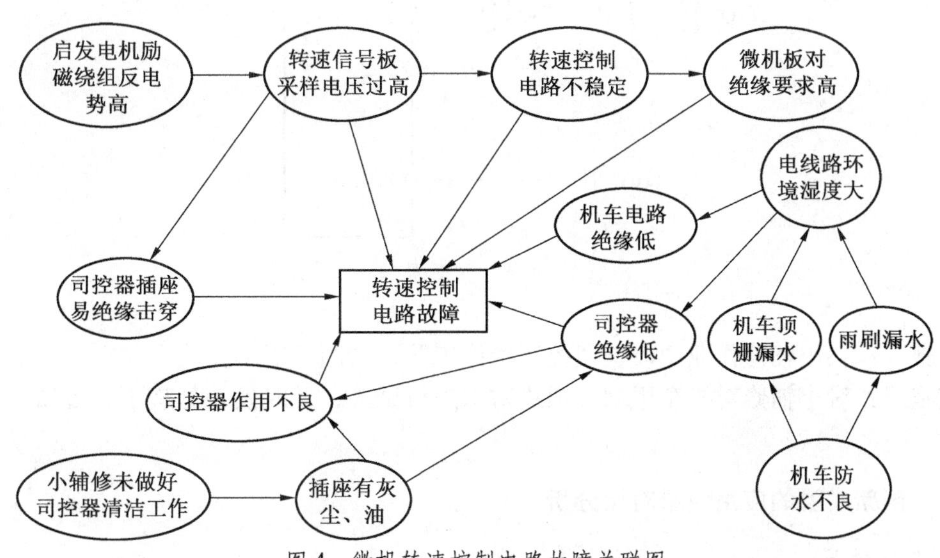

图4 微机转速控制电路故障关联图

3. 制定对策表

小组人员针对三条要因，制定出了相应的改造对策实施表，详见表2。

表2 对 策 表

序号	要因	对策	措 施
1	启发电机励磁绕组反电势高	在转速信号线路上加装阻容保护	1. 根据微机信号板采样电压计算选取合适的电阻、电容、二极管 2. 将所选电容与电阻并联，与二极管串联组成阻容保护 3. 将阻容保护装在绝缘板上，并接在信号板采样电压两端
2	小辅修未做好司控器清洁工作	在小辅修作业中改进司控器检修工艺	1. 在机车小辅修时，要对司控器插座进行吹灰、清扫 2. 在配件检修时，司控器主手柄弹簧、簧片、传动部件不能加油太多，以避免油脂污染插座 3. 检修交验要检查触头在断开时正触头对负端的绝缘，及时发现处理绝缘不良处所
3	机车防水不良	对机车小辅修对雨刷、顶篷防水能力进行试验，及时发现处理不良处所	1. 在机车小辅修范围增加对机车雨刷、顶篷的防雨检查，并用冲水方式进行防水试验，防止机车漏雨到电器线路上 2. 保持电器、电线路干燥，发现电线路有水要及时清理干净，使电线路绝缘符合要求 3. 雨天要求乘务员及时关好门、窗，防止雨水进入车内

4. 对策实施

对策表制定后，小组人员根据对策表的要求实施相应对策。

实施一：加装阻容保护，降低启发电机运行时产生的反电势对转速信号采样电压造成的影响，原理图如图5所示，实施过程如图6所示。

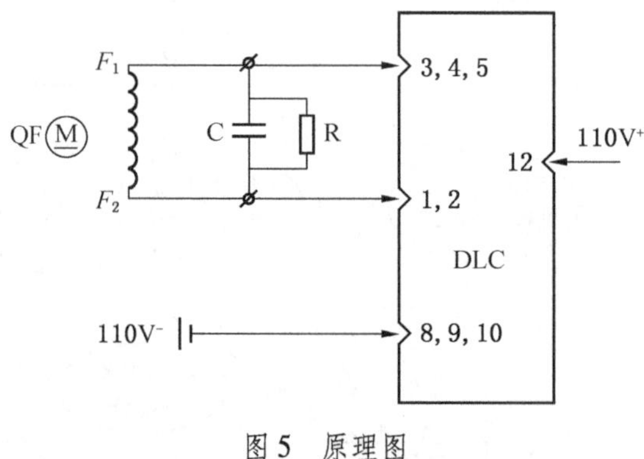

图5 原理图

实施二：在小辅修作业中改进司控器检修工艺，如图7所示。

实施三：对小辅修对机车雨刷、顶篷防水进行试验，及时发现处理不良处所，如图8所示。

三、创新成果的应用效果对比分析

1. 改造效果

通过对比发现：项目改造前后，机车微机控制系统故障率由原来的平均故障率1.06

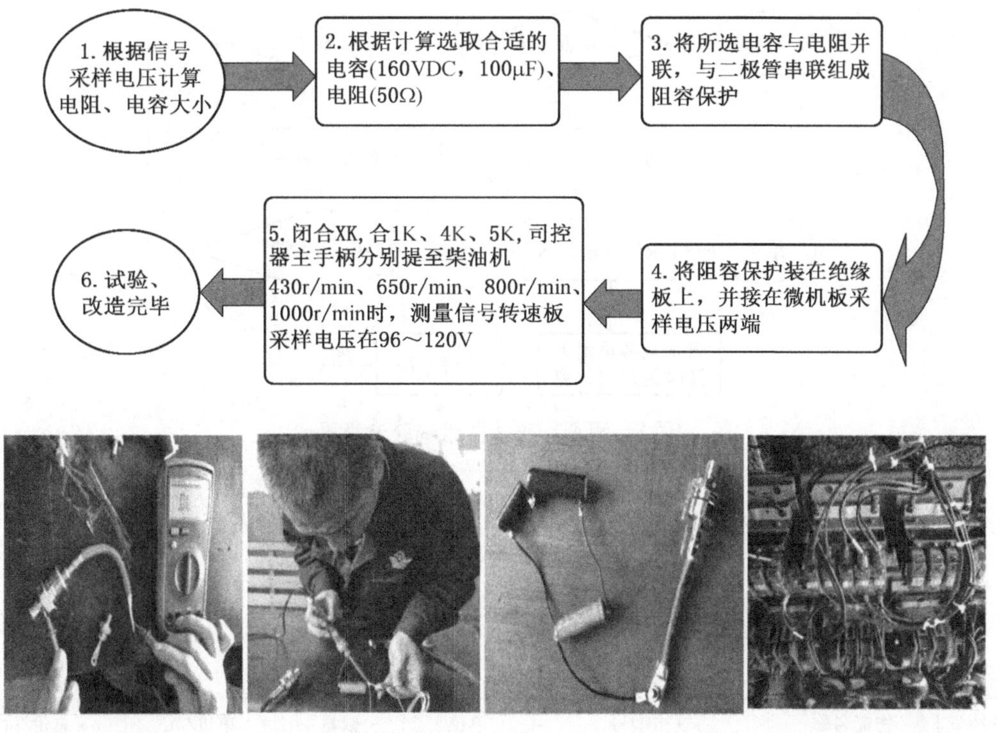

图6　实施过程

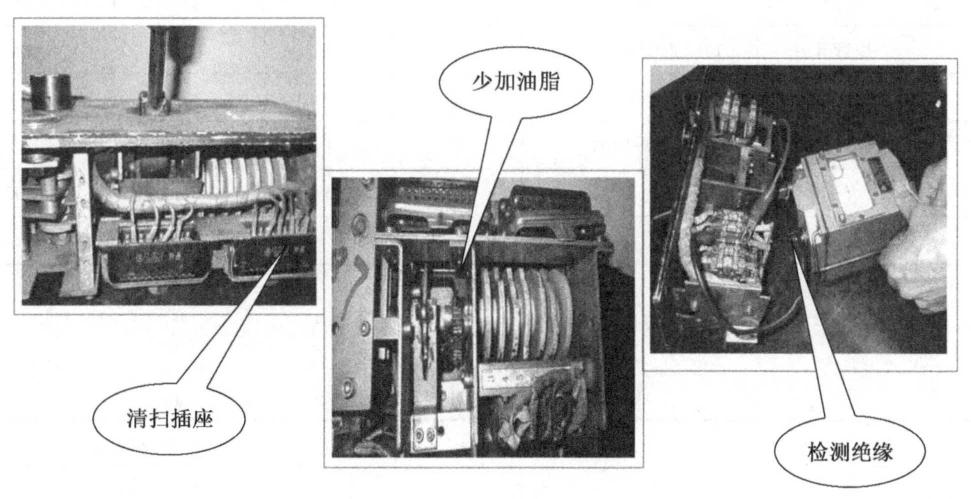

图7　检修工艺

（件/千公里）降为0.43（件/千公里），超过2021年1月0107机车最低故障率“0.46件/公里”，改造效果良好。

2. 主要问题检查

小组人员对主回路故障症结问题进行了效果检查，发现项目改造后，转速控制电路故

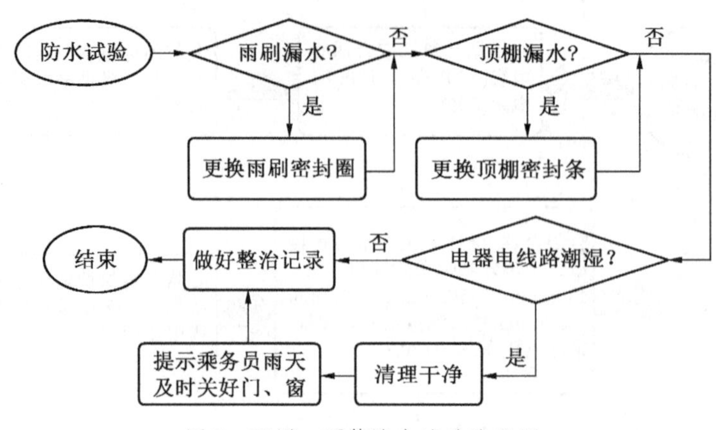

图8　雨刷、顶篷防水试验流程图

障已由原来的主要问题变为次要问题，大大降低了机车微机控制系统故障率。

3. 效益检查

（1）经济效益。本次活动投入费用，详见表3。

表3　费用投入统计表

序号	物资名称	规格型号	单位	数量	单价/元	总价/元
1	电容	160VDC、100 μF	个	2	25	50
2	电阻	50 Ω	个	2	15	30
3	二极管元件	ZP2OOA	个	1	100	100
4	阻燃线	ZR-BVR	卷	1	144	144
5	数字万用表	890D-PRO	个	1	128	128
6	人工		个	5	500	2500
小计		0.3万元				

一次路外机车故障产生费用详见表4。

表4　一次故障产生费用统计表

序号	项目	产生费用/元
1	人工	1500
2	救援运输	1000
3	材料配件	500
合计		0.3万元

2020年7—12月节省费用详见表5。

表5 节省费用统计表

项目	改造前	改造后
故障件数	63	22
节省费用	12.3 万元	

本次活动创造的经济效益约 12 万元；预计创造年经济效益约 24 万元。

（2）社会效益。完善了微机转速信号采样电路，减少了机车因转速控制电路故障导致转速失控，造成列车超速等严重事故的发生，进一步确保了机车的运行安全。

K18 型铁路货车车轴轴承拆装小车自制

郑 陈 魏保东 张国晟 赵毅夫 陈 伟

铁法煤业（集团）有限责任公司铁路运输部

一、创新成果的背景与问题描述

运输部现有 K18 型铁路货车 395 辆，如果按照铁路货车检修规程规定，货车使用每满 5 年需对车轴轴承进行一次更换（换新），则运输部每年将有 75 辆 K18 型货车需更换车轴轴承（每台车有 8 套轴承），每年将有 600 套轴承需要更换，更换轴承时若采用常见的三爪轴承扒子则操作人员工作效率极低，无法满足生产任务需要而且安全得不到保证，为此运输部决定研制电动液压轴承拆装装置。

二、创新思路与创新方案介绍

车轴轴承拆装装置是将一台小型液压站、一个拉拔油缸和一台升降油缸安装在一台小车上组成的移动式油压设备，小型液压站的油箱作为基座，油泵、电机、控制阀及压力表等都安装在油箱盖上，其实物图如图 1 所示。

工作过程如下：打开动电机，使电机驱动泵轴及斜盘旋转，每转一周，受斜盘控制的各柱塞泵的柱塞往复运转一次。卸荷阀关闭后，油泵排出的油液经换向阀进入油缸，通过推拉活塞进行装卸作业。油泵启动时打开卸荷阀可实现卸荷启动，当油泵工作完毕后，打开卸荷阀可将系统中的油液排出油箱。换向阀的作用是改变压力油的流向，或流入油缸后端将活塞杆推出（拆卸轴承时），或流入油缸前端将活塞杆拉入油缸（组装轴承时）。

主要部件：承载平台、升降机构、压缩机构、行走机构、泵站等五部分。

主要技术指标：最大拆卸力为 80 t，最大组装力为 64 t，油缸内径为 180 mm，油缸行程为 450 mm，油缸伸出速度为 80 mm/min，油泵额定压力为 32 MPa。其液压原理图如图 2 所示。

图 1　K18 型铁路货车车轴轴承拆装小车

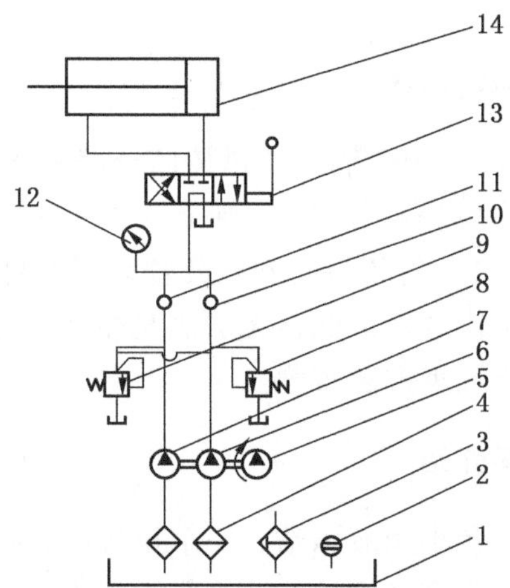

1—油箱；2—液位计；3—空气滤清器；4—滤油器；5—电机（2.2 kW）；6—柱塞泵（1.6 L）；7—齿轮泵；8—高压溢流阀；9—低压溢流阀；10—高压单向阀；11—低压单向阀；12—压力表；13—手动换向阀；14—油缸

图 2　液压原理图

三、创新成果的适用范围

可适用于铁道车辆 K18 型铁路货车车轴轴承组装和拆卸。

四、创新成果的应用效果对比分析

货车车轴轴承拆装装置自制完成后，完成了 45 台 K18 型铁路货车车轴轴承的更换任务，该成果在实际应用中安全性好，压力充足，节省人工且作业效率极高，为 K18 型铁路货车大修发挥了重要作用。

五、创新成果在行业的推广价值

该成果对于铁路行业 K18 型铁路货车大修车轴轴承更换检修具有推广意义。

DF7C 内燃机车车载安全防护系统

周朝阳　陈　平　孟宪平　李　鑫　权永刚

陕西彬长矿业集团铁路运输分公司

一、创新成果的背景与问题描述

DF7C 系列内燃机车是一种三相交-直流电传动内燃机车，该车装有一台 12 V240 型柴油机，柴油机主要由燃油、机油、冷却水、采暖、预热和进排气等辅助系统组成。

在机车运行过程中，若柴油机系统中出现燃油压力低、滑油压力低等信号时，直接将柴油机卸载，并将转速降至 430 r/min，会导致机车停止运行，出现机车延时等安全运行事故。

在机车停机待备期间，根据规程要求，DF7C 内燃机车在润滑油温度，柴油机冷却水温度低于 20 ℃时不得启机，在润滑油温度，柴油机冷却水温度低于 40 ℃时不得加载，否则将会引起柴油机轴瓦磨损，导致柴油机发生不可逆的损伤。通过实际运用证明，DF7C 机车微机处理系统并未设置此规定，因此机车在运行过程中存在安全隐患。

针对现有技术存在的不足，本创新成果的目的在于，在 DF7C 机车运行过程中，实时采集柴油机燃油、机油压力、水温等信号并绘制数据曲线，当信号值超出正常运行曲线范围时，系统立即发出声光报警，提醒机车司乘人员及时查看相关参数，并做出针对性预防措施，以免出现机车停运等安全事故。

二、创新思路与创新方案介绍

1. 创新思路

DF7C 内燃机车车载安全防护系统是基于可编程控制器（PLC）的内燃机车车载安全防护装置，包括数据测量传感模块、数据采集模块，数据运算与处理模块、指令实现模块、触屏操作模块、声光显示模块。数据测量传感模块将内燃机车柴油机运行数据信息上传至数据采集模块，数据运算与处理模块根据柴油机运行功率曲线发出指令来控制内燃机车柴油机运行，通过触摸屏操作模块可实现人机交互，同时声光显示模块提供显示及报警功能。DF7C 内燃机车车载安全防护系统保障了内燃机车运行的安全性、可靠性。

2. 基本原理

DF7C 内燃机车车载安全防护系统包括：数据测量传感模块，数据采集模块，数据运算与处理模块、指令实现模块、触屏操作模块、声光显示模块。

指令实现模块 6601 芯片输出电路通过 RT9245 芯片对内燃机车柴油机运行进行控制；触摸屏操作模块用于人机交互，实现设备操作和故障确认及故障切除功能；声光显示模块提供显示及报警功能。

（1）数据测量传感模块将内燃机车柴油机运行数据信息（温度采集单元及变送单元、压力采集单元及变送单元）进行采集，并进行整理。

（2）数据采集模块与数据测量传感模块相连接，用于将柴油机运行数据信息处理后上传至数据运算与处理模块。

（3）数据运算与处理模块采用 HIP6302 芯片对所接收信号进行误差放大，信号矫正，与基准电流比对后送至 HIP6601 芯片进行计算后给出相关指令。数据运算与处理模块根据内置的相关模型及柴油机运行曲线来判断柴油机运行工况，当柴油机运行工况偏离正常曲线的 10% 后即发出相关指令。

（4）指令实现模块根据运算与处理模块发出的指令来控制机车柴油机。

（5）触摸屏操作模块用于人机交互，实现设备操作和故障确认及故障切除功能。

（6）指令声光显示模块根据数据运算与处理模块进行声光报警。

3. 关键技术

（1）信号采集：根据信号的传输方式，机车信号分为模拟量信号和开关量信号。

（2）模拟量信号：对柴油机油水温度、风缸压力、燃油压力、机油压力、励磁电流、主发电流等信号增加新的传感器（型号与我公司新购进 DF12 机车相同）来采集数据，其优点一是均采用 4~20 mA 电流信号，并具备断线检测功能（原理是电流低于 3.5 mA 后 PLC 判断为传感器断线），二是可以和 DF12 备件通用，方便物资部门统一采购。

（3）开关量输入信号：柴油机综合保护、各主要接触器状态、司控器状态采用硬接线方式，利用接触器上备用触点接入 PLC 开关量模块，由 PLC 根据预先设定的程序来判断工况，如乘务人员产生误操作，根据严重程度由 PLC 发出对应等级的声光报警信号，直至 PLC 发出柴油机停机指令，或者根据机车方向信号“前向”或者“后向”来判断机车换向手柄的位置，当机车方向手柄改变方向时，如果机车速度不为零，则禁止机车加载牵引。

（4）开关量输出信号：开关量输出信号功能一是串入机车控制信号中，如油水温度低于 20 ℃，则切断启动柴油机控制回路，使柴油机不得启动，油水温度低于 40 ℃，则禁止机车加载；二是根据机车运行工况来控制警报播放模块来发出语音提醒（同时具备切除功能，以备紧急情况下使用）。

（5）通信控制模块：通信控制模块主要控制 PLC 和触摸屏来进行数据交换。

三、创新成果的适用范围

该项目的实施，可以有效地提高 DF7C 机车的自动化程度，提高我公司装备自动化水平，提升机车运行、待备过程由人防到机防的防护水平。

该项目主要应用于 DF7C 内燃机车微机系统升级，升级后可以根据使用单位的需求，对机车运行实现个性化需求，针对用户侧重点的不同可以选用不同的算法，只需要对程序进行修改即可。

四、创新成果的应用效果对比分析

自2021年7月我公司DF7C内燃机车车载安全防护系统在DF7C 5834机车上成果运行后，效果相当显著，司乘人员对于该系统评价很高，认为该系统能有效地对机车作业过程中出现的问题及时、有效的发出警报信息，适用于我公司实际使用状况。同时机车运行数据存储和导出功能，能有效地提高机务管理人员的工作效率，使机务管理工作做到了数据化、可视化。

目前我公司DF7C 5833、5835机车正在进行升级改造。

五、创新成果在行业的推广价值

DF7C内燃机车车载安全防护系统内置模型严格执行《铁路技术管理规程》《内燃机车柴油机使用维护说明书》等相关规定，有力的保障内燃机车运行的安全性、可靠性。所以对DF7C机车用户可进行全面推广使用。同时先进的可编程控制器（PLC）技术可以根据使用单位的需求，对机车运行实现个性化需求，针对用户侧重点的不同可以选用不同的算法，只需要对程序进行修改即可。

煤炭输送防冻剂融冰性能检测与防冻验证新方法的开发

赵　鹏　刘　敏

煤炭科学技术研究院有限公司北京煤化工分院研发中心

一、创新成果的背景与问题描述

煤炭输送防冻剂是一种能够降低冰点，有效防止物料中水分结冰的化学物质，是缓解煤炭冬季压车，压线，压港的重要保障。在煤炭防冻剂研发过程中，融冰性能检测和防冻效果检验最为关键，现有的融冰性能检测采用密闭表面浸渍法测定（GB/T 23851—2017），流程如图1所示，这种方法的重复性和再现性均较差，无法为实际生产提供关键的数据支撑，另外，防冻剂防冻效果实验室检测与验证也没有成型的手段，严重制约了当代防冻剂的升级优化与研发进程。

（1）融冰性能检测方法的问题分析：水在冬季结冰过程中，冰体表面凹凸不平，冻涨不一，冰体内部有大量不规则裂缝，如图2所示。现有的融冰性能检测方法，防冻剂仅与冰表面接触，缺少与侧面和底面的接触，不能全面反映防冻剂的融冰性能。图1步骤4中融冰液倾倒时残留的裂缝，也进一步导致准确性降低。另外，目前的方法没有规定融冰

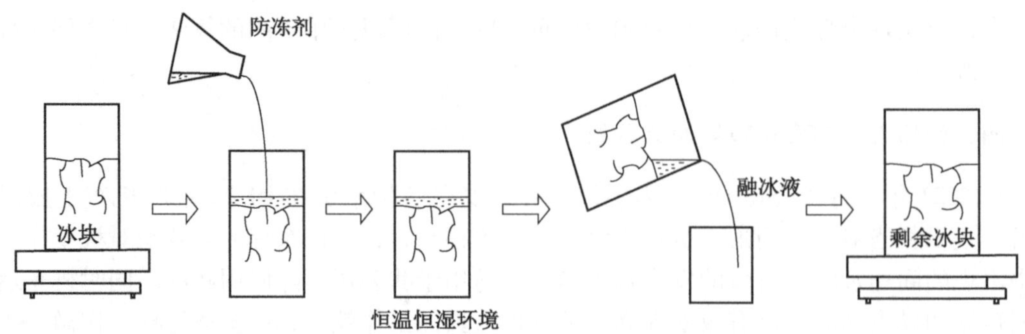

图 1　融冰性能的密闭表面浸渍法流程示意图（原有）

液倾倒时的环境温度，倾倒时间等关键操作参数，也会影响结果的准确性和重现性。

（2）防冻检验缺少模拟真实工况的装置和方法。

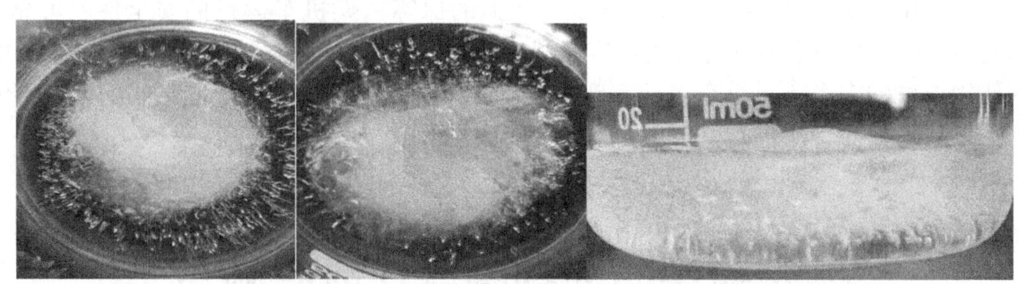

图 2　冰体不规则的表面与内部结构

二、创新思路与创新方案介绍

1. 防冻剂融冰性能检测新方法

在问题分析的基础上，提出了与原有国标方法完全不同的融冰全浸渍法，测试硬件和软件（操作参数）均有创新性的改变。融冰全浸渍法的流程检测示意图如图 3 所示，融冰性能的全浸渍法试验装置外观如图 4 所示。

首先，采用软硅胶模具将原有大块冰体改变为小块冰体，旨在降低融冰液在冰块中的滞留。

其次，彻底改变检测硬件装置，采用上-下-周身的网眼篮承载小冰块，网眼篮带有网眼封盖，能够有效防止冰块飘浮篮外。

再次，与原有的表面浸渍不同，新方法将载有冰块的网眼篮浸没至防冻液中一定时间后取出，将网篮中的融冰液淋净，解决了密封烧杯中冰体周围滞留融冰液的问题，有效提高了测试结果的精确度。

最后，经过大量实验研究，明确了融冰液的倾倒时间，倾倒温度等关键操作参数，并明确融冰测试新方法的整套操作流程。

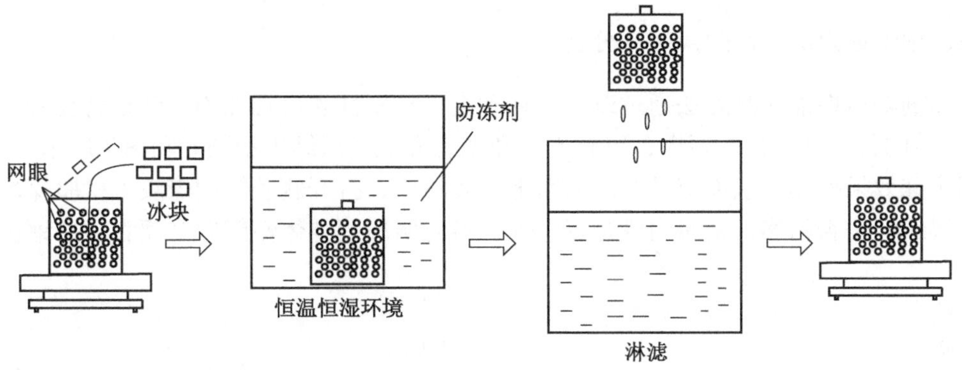

图 3　融冰性能的全浸渍法流程示意图（现在）

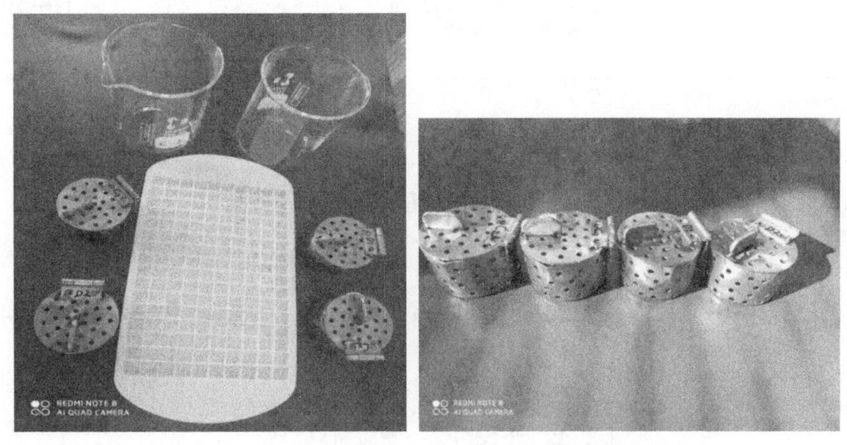

图 4　融冰性能的全浸渍法试验装置外观图（现在）

2. 防冻剂防冻效果验证的新方法

目前，防冻检测没有成型的借鉴手段，有效真实模拟工况和环境是防冻剂防冻检验装置的核心。防冻剂的防冻检验装置采用表面粗糙的碳钢材质，侧面折页设计为全开启模式，顶部安装紧固卡套，尺寸比例与 C80 煤炭输送车皮一致，该检测手段已用于神东洗煤输送防冻剂的腐蚀性、防冻性、挂壁性的全面验证。防冻剂的防冻检验装置如图 5 所示。

图 5　防冻剂的防冻检验装置图

三、创新成果的应用效果对比分析

防冻剂融冰性能检测方法通过改进，精确度、重复性和再现性均得到显著提升，达到了小于5%的行业技术指标要求，原有方法和现有方法测试结果如图6和图7所示。另外，防冻剂防冻效果检测装置模拟了车皮的粗糙度和材质，打开侧盖倾倒煤炭可检验煤炭是否挂壁，煤炭间是否粘连，金属内壁是否锈蚀，可对防冻剂整体性能做全面直观的评价与检验。

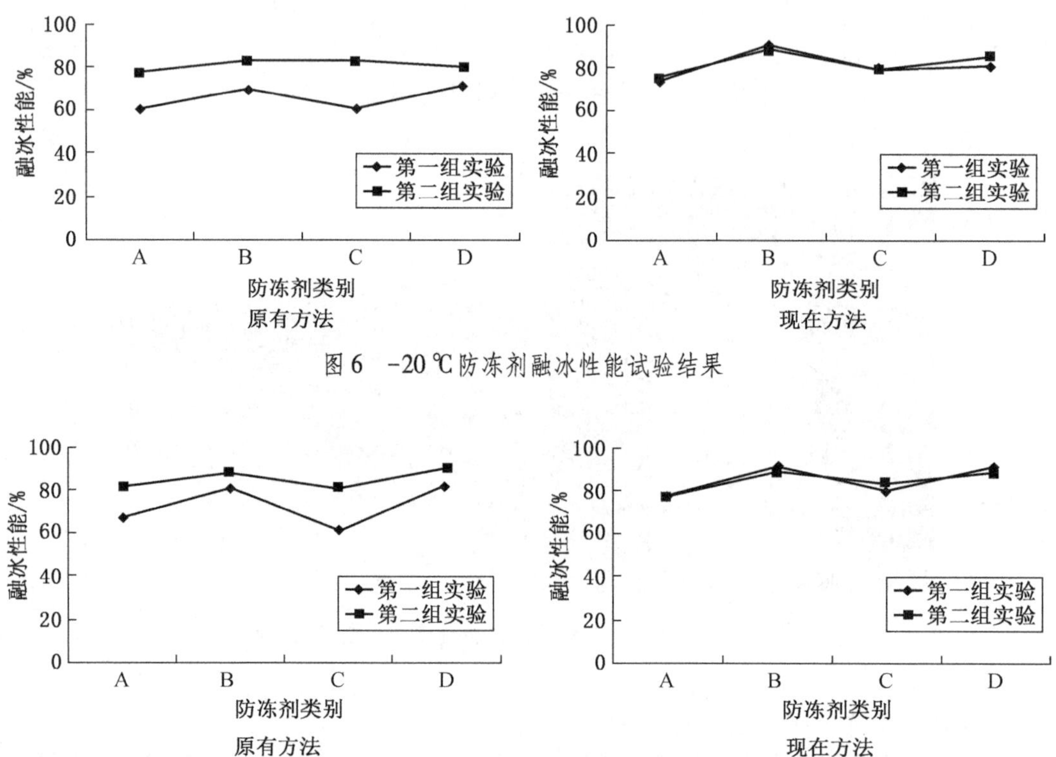

图6 -20℃防冻剂融冰性能试验结果

图7 -10℃防冻剂融冰性能试验结果

四、创新成果在行业的推广价值

防冻剂融冰性能全新的检测方式与自行开发的防冻剂防冻检测手段的耦合检测技术，大大提高了实验室的检测效率，形成了检测-验证全景式技术链条，为缩短当代防腐环保新型防冻剂的研发周期提供了良好的技术支撑，在此基础上必定会促进当代新型防冻剂的快速问世，有望进一步提高车皮的周转效率，进一步缓解车皮因冻煤压线压港的冬季煤炭输送行业难题，同时，也有望进一步降低输送管道阀门、列车内构件、沿途桥梁和车道的腐蚀，具有潜在的社会效益和经济效益。

附录一　2021 年度煤炭企业"五小"技术创新成果二等奖获奖项目(排名不分先后)

序号	专业	成果名称	成果内容及创新点	推荐单位及发明人
1	地质勘探	震电结合在岩溶陷落柱探测中的应用研究	新景公司 3 号煤 3216 工作面内存在一定范围的打钻遇矸区域，钻孔施工期间存在遇矸、瓦斯喷孔等异常现象，首次采用震波、电磁波综合探测成像技术的原理分析，建立工作面内地质构造模型，通过模型模拟，初步形成地质构造震波场特征，结合钻孔资料辅助分析，最终确定工作面内存在 4 条断层、3 个物探陷落柱，为生产提供了可靠的地质资料	华阳集团新景公司 任海波、张维滨、王海东、李振江、刘建伟
2	地质勘探	全方位多姿态调节机架	针对我国中小型煤矿巷道普遍断面小、定向钻机无法全断面施工的难题，发明了多姿态全工况机架调节机构，在此基础上研发了国内唯一具备狭窄巷道（≤3.5 m）钻孔施工的 ZYWL-4000/4500/6000/6500D 系列全断面多姿态定向钻机，填补了国内狭窄巷道定向钻机应用的空白，在实际应用中瓦斯治理效果明显，保障了煤矿井下安全生产	中煤科工集团重庆研究院有限公司 闫保永、朱利民、陈泽平、孟祥辉、王杰
3	地质勘探	定向钻机基于"刹车优先"逻辑的刹车液压控制系统	通过将先导控制油路设计成逻辑控制结构，即刹车状态下，操作旋转控制手柄，动力头主轴不旋转；解锁状态下，操作旋转控制手柄，动力头主轴旋转。从根本上解决了因频繁误操作造成的刹车"打滑"、孔底马达弯头方向改变，进而导致刹车可靠性低、钻孔定向精度差的问题，保证了刹车装置工作的可靠性和定向钻孔轨迹的精确性	中煤科工集团重庆研究院有限公司 王杰、张晓泽、闫保永、孟祥辉、陈泽平
4	地质勘探	送钻轨迹仪保护装置改进	针对重庆院自主研发的回转钻进钻孔轨迹测量仪送钻测量使用的保护装置从材质、结构、使用操作等方面进行升级改进，使保护装置适应恶劣工况和实际使用条件，提高设备整机稳定性、延长使用寿命和提升设备现场应用成效	中煤科工集团重庆研究院有限公司 张先韬、王国震、闫保永、赵胜天、阳廷军
5	地质勘探	胶套式快换卡盘设计	研制了新型快换式卡盘，对卡盘内部结构进行重新设计，将多块卡瓦进行集成，卡盘卡瓦更换耗时由 3 小时以上减至半小时左右，效率高，无油液污染。本项目研究成果成功应用后，提高了定向钻机的市场竞争力，对于市场的开拓和经济效益的提高有十分重要的意义	中煤科工集团重庆研究院有限公司 郝少楠、朱利民、刘思聪、张晓泽、曹柳
6	地质勘探	带有点下对中功能的全站仪	井下开展测量作业时，使用悬挂垂球的方法进行对中操作时，垂球摇摆不定，很难快速对中，对中精度也很难保证，尤其在进行仪器对中及高度测量作业时，存在钢尺触及架线、遭受电击的可能性，安全无法保证，发明了一种带有顶部矫正功能的全站仪，满足测量精度的同时，操作起来既安全又简单快捷，主要解决普通支架拉移过程中对巷道破坏大、速度慢及空顶作业等问题	华亭煤业集团公司砚北煤矿 丁超、高轩、罗东辉、王立泽、周钰杰

（续）

序号	专业	成果名称	成果内容及创新点	推荐单位及发明人
7	地质勘探	钢丝绳在线监测系统的设计及应用	通过钢丝绳在线监测系统的安装，可以 24 h 实时在线监测主、副井提升机主提钢丝绳运行状况，实现了对提升机钢丝绳运行情况的科学管理和智能化分析，避免人为因素影响，提高了工作效率，节约了人工成本。通过系统及时发现钢丝绳隐患并通知更换，或检查钢丝绳有无异常，延长主提钢丝绳的使用寿命	枣庄矿业（集团）付村煤业有限公司 渠润生、张勇
8	地质勘探	钻孔定位注浆器	钻孔定位注浆器的作用是在钻孔因塌孔成孔困难时，对成孔困难段进行预注浆，增强松散破碎岩层的稳定性。 钻孔定位注浆器通过钻杆挤压使橡胶套膨胀，起到孔壁止浆作用，保证只对止浆器前方注浆。连接管腔内放置 3 组 V 形管（橡胶），尺寸为 50 mm×75 mm×30 mm，通过堵头的连接丝扣上紧，可保证浆液不从孔内流出，只对止浆器前方注浆。弥补了全孔注浆的不足之处，防止钻孔塌孔	中煤集团上海大屯能源股份有限公司工程咨询公司 吴洪海、王峰、马延庆、周永刚、孙刚刚
9	地质勘探	新型防喷装置与气水分离器结合应用	当钻探时孔内瓦斯气流突然喷出时，新型防喷装置与气水分离器结合，可以利用设置的孔口防护结构可对喷出的瓦斯气流进行导向和汇聚，并由外置水箱完成孔口喷出气流的收集，有效避免孔口处的瓦斯气流外泄，提升安全性，保护孔口处操作工	中煤集团上海大屯能源股份有限公司工程咨询公司 李国勇、赵飞、刘泰雄、马延庆、孙聪聪
10	地质勘探	一种新型泥浆材料的应用与探讨	2021 年 3 月，在秦华煤矿施工井筒放水孔，当钻进 10 余米时，钻遇中粒度流沙层，该地层涌水量比较大，当时钻孔涌水达 50 m^3/t。为进行堵水，先后采用泥浆堵漏材料、水泥浆、马丽散、水泥浆加水玻璃双液等材料注浆堵水 25 d，涌水量减少到 45 m^3/t，注浆效果都不太理想。换用博特宁泥浆材料注浆堵水作业 15 d，涌水量减少到 5 m^3/t，取得了良好的效果	新汶矿业集团地质勘探有限责任公司 王勤明、张型勇、任保东、邵长宝、高彬
11	地质勘探	利用成像测井技术分析钻孔内套管情况	成像测井是根据钻孔中地球物理场的观测，对井壁和井周围物体进行物理参数成像的方法。将常规测井与成像测井相结合，利用常规资料进行参数定量计算，而成像测井将有用信息以彩色柱状图、平面展开图、立体网络图以及三维立体图等成像模式显示出来，具有分辨率高、信息容量大的优势，发挥各自的技术特点对固井质量、套管损伤进行综合解释，形成可视化效果好、解释结果精细直观的成果图像，使解释结果更精细、更具体，测井资料解释精度更高	新汶矿业集团地质勘探有限责任公司 高瑞、王芳、牛淑敏
12	地质勘探	老式钻机快速运输装置	采用钢管、钢板及轴承焊接好钢轮装置，固定好老式钻机，提升老式钻机的运输效率	新汶矿业集团地质勘探有限责任公司 朱瑞、姜月涛
13	地质勘探	双泵合流式反向孔底注浆法的研究与应用	井下水文钻孔在揭露含水层涌水量较大，需要注浆封堵时，传统的施工工艺，是从孔口直接密闭注浆，浆体通过注浆泵从孔口直接压入，弊端较多。通过实施双泵合流式反向孔底注浆法的研究与应用，单孔节约水泥等注浆材料 53.6%，节省注浆施工时间 46%，注浆效果提升 35%，实施效益明显	新汶矿业集团地质勘探有限责任公司 张峰

（续）

序号	专业	成果名称	成果内容及创新点	推荐单位及发明人
14	地质勘探	适应于砾石层抗掰小径无心钻头研制	在钻探施工中经常会遇到坚硬砾石地层，使用普通钻头易掰片损坏，影响使用寿命，生产效率低。为此研制一种适应坚硬地层的抗掰石油复合片无心钻头，创新使用石油复合片，改进布齿设计及铣制切削齿弧形槽，调整切削角度，调整钎焊工艺。钻头结构简单，可在各种深度坚硬地层小直径钻孔应用，延长了使用寿命，提高了钻进进尺效率	新汶矿业集团地质勘探有限责任公司 赵乾、王川、李明、段光成、牛永磊
15	地质勘探	智能监测自动风门一体化系统	应用该创新成果后，启动风门时，PLC扫描完成初始化复位任务，保证风门处于关闭状态；风门开启后，如果风门未关闭时，按照设定的时间，风门会自动关闭，确保井下通风系统正常运行	陕煤集团神木柠条塔矿业有限公司 李智
16	井工开采	基于3DGIS技术的透明化矿山系统	基于3DGIS技术的透明化矿山建设是一套完全基于网络的三维空间数据交互式可视化解决方案平台。 在网络技术、地理信息系统技术、虚拟现实技术等基础上，利用获取的地面钻探数据、三维地震数据、测量数据、数字影像数据、地形图数据等，构建包含各种复杂地质构造的高精度三维地质模型，模拟出矿井中自然实体和人工实体等在三维空间中的状态。 在高精度地质模型基础上，可实现掘进工作面灾害预警、生产辅助管理、生产运行系统的调度集成等应用，通过接入其他系统的数据，可显示瓦斯监测、人员定位等实时数据，浏览、查询井下设备的各种参数和实时状态信息。实现全矿井“监测、控制、管理”的一体化	山西华阳集团新能股份有限公司一矿 高国强、安瑞芳、任阳阳、李文、李凯强
17	井工开采	设计新型弧形结构筛板解决湿煤筛分问题	解决了原煤通过直线香蕉筛时，煤料在筛板上的时间过短、筛分效率低的问题。通过各种实验将筛板由平面做成弧形，不仅可以增加煤料通过筛板的时间，而且可以增加筛板的有效筛分面积。设计出一种新型筛板，命名为弧形结构弹性杆筛板	山西华阳集团新能股份有限公司一矿 高鹏飞、张盛栋
18	井工开采	井下作业面综合防尘技术应用分析	在煤矿井下作业过程中受回采工艺、煤层赋存条件等因素影响，在煤层回采、巷道掘进及煤炭运输过程中不可避免地产生高浓度粉尘，这些粉尘的出现不仅会严重威胁作业人员的身体健康，还会显著降低作业面工作质量和安全性，严重的甚至会引起粉尘爆炸事故。在常规的井下作业中多采用喷雾洒水的方式对粉尘进行处理，但因水雾颗粒对粉尘吸附力相对有限，降尘效果较差。同时喷雾降尘作业还会浪费井下静压水，增加作业面积水量。鉴于此，针对井下综采作业中的粉尘防治技术开展优化探究，总结更加行之有效的粉尘综合防治技术	山西华阳集团新能股份有限公司一矿 高廷瑞、王晋生、吕军林、张永红、李红
19	井工开采	综采工作面超大直径钻孔抽采采空区瓦斯技术研究	本设备用于采空区瓦斯抽采，以大直径钻孔代替联络巷，以大流量、低负压抽采治理采空区瓦斯，可大量减少横贯，缩短工期，节省人力物力，预计每年节省经济成本577.72万元以上。超大直径钻孔代替回风侧的联络横贯，可有效提高工作效率、降低工作成本、加强作业安全性；对采空区瓦斯进行抽放，可防止上隅角瓦斯超限、采空区瓦斯积聚；减少采空区瓦斯涌出量，消除瓦斯对工作面安全生产的威胁。该成果成功解决了多年来采空区瓦斯抽放一直未解决的难题	山西华阳集团新能股份有限公司一矿 王晋生、张跃丰、张永红、贾常飞、刘学斌

（续）

序号	专业	成果名称	成果内容及创新点	推荐单位及发明人
20	井工开采	一种锚索上顶筒	生产队组打好锚索后，需要使用钻机向上顶起托盘和钢带，使托盘与锁具之间产生间隙，再通过人工将锁具向上推，增加外露段的长度。这种操作方式存在较大的安全隐患，如果钻机突然打滑，就会出现意外事故。 一种锚索锁具上顶筒通过套筒筒体与锚索锁具连接，由推片托住锚索锁具的内芯，从而代替人手进行固定，再通过钻机升力实现锁具的上托（推），操作过程简单且安全	华阳集团山西新景矿煤业有限责任公司 张雪峰、郝晓飞、白文林、邓鹏、李鹏举
21	井工开采	智能员工绩效考评管理系统	系统结合公司自身性质，通过挖掘新技术、寻找好做法，实现信息化工作创新管理。利用大数据、智能分析等技术，对员工日常工作绩效、考勤、完成情况等进行智能综合打分，通过智能评估、创新管理，采取合理的考核与激励机制；同时，系统实现了微信信息推送，通过微信接口平台推送信息及时提醒员工工作进度以及考勤情况	华阳集团山西新景矿煤业有限责任公司 孙志斌、李军刚、高学明、李庆龙、苏伟
22	井工开采	井下煤仓自动化放仓控制系统的研究与应用	设计一种基于无人值守要求下的井下煤仓自动化放仓控制系统，利用先进的光纤通信技术，并根据视频监控系统实时采集的仓位信息进行辅助判断，通过上位机来控制煤仓放货嘴的运行，实现远程操作	铁法煤业（集团）有限责任公司大隆矿 舒适、杨起、张金、张博、张鑫
23	井工开采	液压自动调偏装置的应用	在选煤厂部分带式输送机上安装改进液压自动调偏装置后，输送带出现跑偏时，自动调偏装置能够及时调整输送带，杜绝了带式输送机因跑偏造成刮卡损坏输送带的现象，减轻了检修维护人员的劳动强度，提高了带式输送机的使用寿命及安全性能，确保安全生产	铁法煤业（集团）有限责任公司大隆矿 高勇、刘健、邱晗、张涛、舒适
24	井工开采	采煤机截割变角装置	设计一种基于调整采煤机截割角度的装置。输送机机尾及过渡槽位置过高时，采煤机滚筒无法截割至底板，为保证输送机机尾及过渡槽位置符合生产需求，需要作业人员去上帮拉底作业，上帮作业人员处于临时支护下方容易引发安全事故。同时输送机的刮板弯曲度超标易造成机尾过渡槽磨损及输送机刮板的过度磨损。采煤机截割变角装置的成功应用，大大提高了综采工作面采煤的效率	铁法煤业（集团）有限责任公司大隆矿 张鑫、李开峰、杨易、霍百胜、邵奇
25	井工开采	防冲液压支架自行装置	大隆矿南一 1207 回风巷超前支护使用 ZT9200/22/42 型防冲液压支架，总重量达 10.5 T，原有的运输方法为利用一个白班的时间，至少 6 个人使用 4 台 5 T 手拉葫芦配合 ϕ18 mm× 64 mm 链条、接链环、M20×75 mm 螺栓将防冲液压支架的顶梁与底座分解后分别装车，待运输到指定地点后，再利用一个白班时间将防冲液压支架的顶梁与底座卸车后重新组装，职工的劳动强度极大。通过使用防冲液压支架自行装置，节约工序，降低人员作业风险	铁法煤业（集团）有限责任公司大隆矿 张鑫、李开峰、杨易、霍百胜、舒适
26	井工开采	自制油雾器在掘进中的使用	自制油雾器固定在掘进机上不随钻机、风煤钻移动，以免搬动挂卡造成损坏，同时自制油雾器一次注油可供 3 个原班使用，给风动工具提供了稳定持续的注油方式，解决了掘进中不能连续供油的问题 自制油雾器制造成本低、工作效率高、安全性能强	铁法煤业（集团）有限责任公司大隆矿 赵磊、童帅、杨茂奎、胡洋、陈平

（续）

序号	专业	成果名称	成果内容及创新点	推荐单位及发明人
27	井工开采	新式防突液压钻机的改造与应用	使用原钻机施工测试钻孔，需要人力推移钻机使钻机向前移动，人员在上帮作业时刻面临着顶板掉块、煤壁片帮、钻机失控，易扭伤手腕或钻头飞出伤人。使用自主研制的新式液压钻机在成功地避免了以上风险的同时，还达到了减少作业人员和减轻劳动强度的目的	铁法煤业（集团）有限责任公司大隆矿 王冲、张庆林、张鑫、杜伟、王永征
28	井工开采	主井喂煤机摇臂偏心轴改造	晓南矿主井喂煤机摇臂偏心轴由原固定式改造为分解连接式，连接轴一般焊接在偏心轴上，这种焊接结构经常会在有缺陷处或结构不连续处引发脆性断裂，带来灾难性的后果。改造后喂煤机摇臂使用安全，大大提升了生产提煤效率	铁法煤业（集团）有限责任公司晓南矿 张东卉、王庆林、纪永刚、王林涛、陈德新
29	井工开采	刨煤机液压支架液压循环系统改进	刨煤工作面第四套 ZY4800/06/16.5D 液压支架推移液压系统在工作中推移管路出现大量渗漏现象，在液压系统里起稳压节流作用的阻尼阀故障率高。阻尼阀位于支架电磁阀上和所有管路的集中处，维护极其困难。对于上述严重影响生产的问题，制定了合理的改进方案，经过有效的改进，降低了液压支架推移系统的故障影响，提高了支架的稳定性	铁法煤业（集团）有限责任公司小青煤矿 申玉玺
30	井工开采	洗煤机自动化控制升级改造	通过 CWC-1 型超声位移传感器、浮标，测试跳汰机一、二段重物料层厚度；再通过数控风阀控制系统控制跳汰机各室的进/排气时间、频率、相位，同时通过 TKX 集成控制系统对两段重物料层厚度进行采样和数据分析处理，从而控制一、二段重物料的排放量，实现一、二段重物料的自动排放及自动给煤。达到精准控制洗煤机的目的	铁法煤业（集团）有限责任公司小青煤矿 刘景文
31	井工开采	选煤厂降低入洗下限增大入洗比率的工艺改造	选煤厂将现有的二次筛分机三台圆振筛改造为高效自清分级筛，筛分效率可达到90%，分级下限可达到 6 mm，可将原煤中 6~13 mm 粒度级的物料分选出来送入选煤系统。在同等入洗量的前提下减少了 6 mm 以下的细粒级入洗，减少选煤系统中原生煤泥量，缓解了选煤压力。改造后经实际测算洗粒煤回收率可提高 8.52%	铁法煤业（集团）有限责任公司小青煤矿 刘景文
32	井工开采	北一 201 掘进工作面区域预测技术应用	大兴煤矿北一 201 工作面为 2 煤层收尾阶段的工作面，2 煤层具有突出危险性，邻近层均已回采完毕，无法采用顶、底板瓦斯道施工穿层钻孔掩护两顺掘进，无岩石巷道施工穿层孔进行区域预测。将掘进工作面分割成若干“小块”，逐个进行区域预测，贯通后，再利用数据形成回采区域的预测报告	铁法煤业（集团）有限责任公司大兴煤矿 王俊宇
33	井工开采	侧卧式挖掘机的研制	利用液压传动原理设计组装液压千斤顶，进行回转、伸缩、卧底、侧卧、挖掘等动作的执行，液压动力源取自煤矿井下的液压泵站。千斤顶做直线往复运动，带动侧卧式挖掘机的动臂和铲斗，实现挖掘机的挖掘、行走、装货和清理场地功能	铁法煤业（集团）有限责任公司大兴煤矿 王德刚

（续）

序号	专业	成果名称	成果内容及创新点	推荐单位及发明人
34	井工开采	基于煤层瓦斯解吸理论的煤层群活化瓦斯分带技术	基于突出矿井近距离煤层群工程背景，通过观测采场瓦斯涌出变化和下邻近层瓦斯压力变化情况，探讨出了上保护层开采时下邻近被保护层卸压瓦斯的分带涌出活动特征与规律。通过立体网格化实施底板瓦斯道+穿层钻孔的措施，直接抽采被保护下邻近层卸压瓦斯，更能降低被保护层残余瓦斯含量，实现卸压瓦斯抽采最大化	铁法煤业（集团）有限责任公司大兴煤矿 陈志平
35	井工开采	提升机液压站紧急回油功能电控系统改造	采用一阀控两路的方式，将两台液压站上的G9电磁阀一并取消，对回油管路进行改造。改造后，电控紧急回油功能经测试效果良好。同时，将每台液压站上的原G9电磁阀作为备用，减少了液压站备用件的投入，节约了材料费用。改造后，紧急回油电控部分更简单，减小了电气控制部分的维护量，电磁阀等电器元件故障率明显降低，反复进行保护试验，可确定现控制方式可以完全取代原有的控制方式。现控制方式下，紧急回油功能灵敏可靠，保证了提升机安全高效运行	铁法煤业（集团）有限责任公司大兴煤矿 张洋
36	井工开采	首个煤矸分运系统施工建设与应用	创新地设计了储矸仓地沟，突破完成了不规则断面、非常规的高强支护施工。根据储矸地沟的实际情况选定、改造和安装了架空输送带、地沟转载机和储矸平台以及刮矸装置等分矸设备，利用新安设的分矸设备将掘、维工作面生产出来的岩石先卸在储矸平台的铁板上。制定了分矸管理制度，利用W3-101工作面不出煤的时差，通过逐一收放插板，将储矸台上的岩石放到地沟转载机外运到主井大仓，最后通过箕斗提到地面。在选煤厂100号带式输送机处将提上来的岩石刮落到地面，实现井下矸石的分运、分提，有效减少了原煤中混入矸石的比例	铁法煤业（集团）有限责任公司小康煤矿 王宝权
37	井工开采	自制加工风门研制与应用	自制加工的新式风门，在门框内安装弹簧，受到巷道压力后，风门具有伸缩性，减少了风门因受力产生的变形，提高了风门的使用寿命，减少了风门的更换频次	铁法煤业（集团）有限责任公司小康煤矿 黄晓辉
38	井工开采	综采工作面冷却循环水设计与应用	通过西三采区循环水系统的应用，将原有综采工作面机电设备的冷却水由清水改为循环水，既减少了矿井水的消耗，同时也有利于煤矿环保工作的要求	铁法煤业（集团）有限责任公司小康煤矿 杨俊鹏
39	井工开采	软岩条件下注浆锚索技术应用	大平煤矿巷道围岩主要由泥岩、油页岩、煤和泥质粉砂岩组成，岩石成分中含有大量膨胀性软岩矿物，岩石遇水膨胀破碎、易风化，属于典型的流变性软岩。围岩自身强度低，表现出巷道变形量大、塑性变形时间长、难支护的软岩特性。为解决这一问题，大平煤矿在S2S6综放工作面回风巷及外围巷道进行注浆锚索支护，对巷道支护进行加固	铁法煤业（集团）有限责任公司大平煤矿 阚春雨

（续）

序号	专业	成果名称	成果内容及创新点	推荐单位及发明人
40	井工开采	S2采区各部带式输送机集控系统改造	大平煤矿采用的带式输送机集中控制系统，可实现综采工作面巷道输送带、固定带式输送机等的保护、控制、沿线通话、故障检测、现场工业电视接入、汉字图形显示和语音报警等功能。系统采用嵌入式技术与现场总线技术相结合，并配有以太网口、RS485等丰富接口，易与其他子系统和设备连接，方便与全矿井自动化系统汇接，实现各种信息的共享	铁法煤业（集团）有限责任公司大平煤矿 闫益欧
41	井工开采	高速活动抱锁器架空乘人装置无人值守	可摘挂吊椅式架空乘人装置是煤矿井下常见的运输人员设备，架空乘人装置自动化运行的意义在于减少固定岗位人员，提高生产效率，优化生产结构。创新项目主要通过调整储杆器段导轨的角度形成吊椅的自滑趋势，满足吊椅自滑需要；通过增加储杆器段的排杆架形成吊椅随放杆动作持续跟进的效果；通过增设摄像装置实现主要地点的远程监视功能；通过PLC技术实现连续自动放杆及点动放杆等运行模式。 改造成功后，架空乘人装置具备远程启停、远程监视及远程放杆等功能，在原有保护功能有效的前提下，增设了控制室监视、急停功能，提高了设备运行的自动化水平和集控水平。控制室操作人员一岗多责，负责监视设备运行的基本状态、记录运行基本参数。架空乘人装置停机时同时兼职井下运输生产调度工作	铁法煤业（集团）有限责任公司大平煤矿 伍岳
42	井工开采	新型风动输送带清扫器的制作与应用	对带式输送机清扫装置进行多次研究试验，最终确定采用风动清扫器对输送带进行清洁。这一清扫方式可有效减少输送带造成的滚筒摩擦力下降等问题，彻底消除被动式清扫器对输送带接头刮伤的现象，为带式输送机的安全高效运行提供强有力的保障	铁法煤业（集团）有限责任公司大平煤矿 闫益欧
43	井工开采	可移动多绳径液压钢丝绳拉紧装置	装置采用液压顶升技术和起吊臂楔铁夹绳技术设计而成，由机械代替人工作业，主要通过打压泵和片阀对四个液压油缸打压，油缸伸出带动起吊臂升起，起吊臂内楔铁带动钢丝绳向上移动，拉紧多余钢丝绳，为更换钢丝绳后调绳作业缩短作业时间打下基础	铁法煤业（集团）有限责任公司大平煤矿 何勇
44	井工开采	快速更换井筒罐道新工艺	新工艺适用于立井井筒临时性少量罐道更换施工。受井筒作业空间有限、井筒中更换位置不固定、要求作业时间短、避免长时间作业中断生产等诸多因素影响，施工时需要快速更换井筒罐道，新工艺解决了上述问题。该工艺主要利用施工平台的快速搭设、罐道吊运和罐道更换工艺，解决了施工安全隐患，确保设备安全运行	铁法煤业（集团）有限责任公司大平煤矿 何勇

（续）

序号	专业	成果名称	成果内容及创新点	推荐单位及发明人
45	井工开采	首个煤矸分运系统施工建设与应用	创新地设计、施工了储矸仓地沟，突破完成了不规则断面，非常规的高强支护施工。并根据储矸地沟的实际情况选定、改造和安装了架空运输胶带、地沟转载机和储矸平台以及刮矸装置等分矸设备，利用新安设的分矸设备将掘、维工作面生产出来的岩石先刮卸在储矸平台的铁板上，制定了分矸管理制度，利用W3-101工作面不出煤的时差，通过逐一收放插板，将储矸台上的岩石放到地沟转载机外运到主井大仓，最后通过箕斗提到地面，在选煤厂100号带式输送机处将提上来的岩石刮落到地面，如此实现井下生产的矸石分运、分提，有效减少了原煤中混入矸石的比例	铁法煤业（集团）有限责任公司 王宝权
46	井工开采	改变施工工艺实现综采工作面快速拆除	以往工作面回采结束都需要进行铺网、劈帮，一个220 m长的工作面劈帮宽度3.2 m，从铺网到劈帮结束至少15 d。提前施工回撤巷工艺的铺网时间只需2 d，然后可达到撤除条件，至少节省13 d，保证了矿井出煤的有效时间，兼顾了矿井的安全生产和经济效益	铁法煤业（集团）内蒙古东新煤炭有限责任公司 李伟
47	井工开采	转载输送机特殊槽体易磨损段中板可拆卸改造	将原来SZZ800/400型转载机弯槽、凸槽的结构进行优化，中板改成可单独拆卸方式，选用进口JFE-400耐磨板。将原来凹槽的槽邦压链位置改造成可拆卸方式，板材也采用进口JFE-400耐磨钢板。堆焊耐磨层增加耐磨性能，耐磨层也为设备安全平稳运行提供保障，增加设备使用寿命的同时大大降低井下维修人员劳动强度，保证了安全生产	铁法煤业（集团）有限责任公司物资供应分公司 郝胜礼
48	井工开采	晓南矿SE 1402大倾角工作面ZY6800-15/35型液压支架防倒防滑装置设计应用	ZY6800-15/35型液压支架设计防倒防滑装置，解决了晓南矿SE-1402工作面大倾角煤层开采管理难题。设计防倒、滑装置及控制系统来保证综采工作面安全，防止液压支架挤压倾倒和运输机作业时滑移，减小液压支架立柱受力，保证立柱工作阻力。保障工人作业安全，创造了较大的经济效益和安全效益，也为集团公司发展提供了装备保障	铁法煤业（集团）有限责任公司物资供应分公司 郝胜礼
49	井工开采	新型煤矿卷与切割废旧输送带一体机	该成果集"卷与切割废旧输送带"于一体，内部新增了防跑偏系统、调速装置、输送带宽度卡槽等；按下按钮启动电机后，在主动辊、从动辊、调节辊的作用下，废旧输送带卷入该设备，快速地把宽1200 mm的输送带切割为宽800 mm的输送带，被切割好的输送带自动卷在一起，用于掘进工作面。一体机使旧胶带变废为宝，降低了工人的劳动强度，实现了卷切自动化	晋能控股煤业集团朔州煤电有限公司 郑僖、张众意、何兴霖、范希杰、张欢
50	井工开采	自制煤矿无级变速旋转式可升降输送带清煤器	该清煤器与带式输送机进行了联锁控制，启停及运行的快慢都与带式输送机一致，保证清煤器不"过""欠"清水煤泥；因能上下移动，保证了清煤器的滚筒硬毛物尽其用，不造成浪费；聚氨酯清煤器材料为高分子聚氨酯，磨擦因数低，高耐磨、高强度，具有稳定的清扫效果，防腐蚀、防断裂又不会伤及输送带。矿用带式输送机清煤器适合与电力、冶金、矿山等行业的输送带配套使用，节能、降耗的效果明显	晋能控股煤业集团朔州煤电有限公司 郑僖、张众意、何兴霖、范希杰、张欢

（续）

序号	专业	成果名称	成果内容及创新点	推荐单位及发明人
51	井工开采	综采工作面液压自移式设备列车的研究与制作	该成果主要应用于煤矿井下综采工作面运输巷，使用该成果可实现设备列车的自动移动，不需要大量人员进行操作，节约了人力成本，降低了事故率	晋能控股煤业集团朔州煤电有限公司 郑僖、张众意、何兴霖、范希杰、张欢
52	井工开采	2000D钻机自动卸杆装置	利用自制的连接盘将原钻机夹持器固定在动力头上，夹持器与动力头分别采用不同的阀组和油管进行控制，由夹持器夹住所卸钻杆，动力头正常旋转完成卸杆程序，整套动作全部由钻机自行完成，不需要人员辅助操作。自动卸杆装置更高效便捷，消除了日常井下卸钻杆作业过程中的安全隐患	山西沁新煤业有限公司新源煤矿 宁建东、席栋梁、芦苇、李传江、王旭东
53	井工开采	一种绞车控制装置	传统绞车控制方式较烦琐，设计一种绞车控制装置，集绞车远程控制、警示灯、越位急停及警示灯闭锁功能于一体，解决由外接按钮、红灯万能转换开关、急停过卷开关等联合使用环节多、故障率高的问题，装置取得了国家实用新型专利证书	山西沁新新达煤业有限公司 杨雁峰
54	井工开采	选煤厂中煤仓远程控制系统	安装可以控制中煤仓放煤闸板的远程控制模块，并将其联入集控系统，使集控室可以根据监控系统和语音播报系统与装煤司机进行交流放煤，同时节省装载机辅助环节，将原放煤装车过程由12 min缩短至3 min，提升了人员工作效率	准格尔旗荣祥煤焦化有限责任公司山不拉煤矿 曹清杰、孙永兴、刘猛、王成鑫、程志强
55	井工开采	矿用本安型激光射线仪	本产品用于有爆炸性气体（甲烷）和煤尘的矿井下，射线仪可以发射两条绿色十字激光线，用来校正井下水平或垂直度，特别适合工作面掘进操作中巷道两帮和顶板的垂直度及水平度校准。仪器发射的激光线有效射程可达60 m，强度高、线宽稳定、待机时间长达40 h，备用电池更换方便。本产品可为掘进司机提供准确的方位参考，进而提高掘进效率	中煤科工集团沈阳研究院有限公司 赵洪瑞
56	井工开采	井筒井壁风化治理研究	根据东滩副井实际风化破裂情况，参考兖州矿区井筒破裂治理的经验，提出了副井粉化破裂治理的方案：先采用壁后注化学浆封堵井筒内的淋水，然后用锚网+喷射混凝土的方式，加固修复井壁的粉化脱落区域，最后用壁面喷洒硅烷浸渍剂的方式，对井筒井壁进行表层处理，达到治水和防止风化的目的	兖州煤业股份有限公司东滩煤矿 侯俊华、王修明、谢春雷、李如堂、潘俊伟
57	井工开采	井下高低压防爆开关五防电子锁保护装置	在各分开关安装五防电子锁后与上级馈电开关形成可靠电气闭锁，打开各分开关上接线腔盖板和下腔控制室门盖板的瞬间，能够使上级电源开关跳闸并形成可靠电气闭锁，使上级电源开关无法恢复送电，从而确保了电气作业人员的人身安全及电气设备不被损坏	内蒙古蒙泰不连沟煤业有限责任公司 汪刚

（续）

序号	专业	成果名称	成果内容及创新点	推荐单位及发明人
58	井工开采	综放工作面电缆保护声光报警装置	在综采（放）工作面生产作业中，采煤机割通上端头的煤壁后可继续前行一段距离进行装煤作业，此时采煤机滚筒靠近上端头出口处的电缆和液压管路，极易发生割伤电缆和液压管路的事故；另外，采煤机在上端头进刀或卧底作业时也很容易割伤、割断电缆和液压管路。为杜绝上述事故的发生，设计一种采煤机到达端头极限位置时进行声光报警的装置，提醒采煤机司机注意作业安全，防止操作采煤机继续前行割伤电缆和液压管路	内蒙古蒙泰不连沟煤业有限责任公司 郭瑞、牛耀、张鑫飞、高洋、马正武
59	井工开采	综放工作面采空区全断面快速注浆灭火方法	通过大口径探水钻钻杆内部孔径对综放工作面采空区进行全断面灌浆，预防采空区初期火灾的发生	内蒙古蒙泰不连沟煤业有限责任公司 郭瑞、何继、周玉金、王天宇、马正武
60	井工开采	综放工作面采空区全断面气体检测及防灭火技术	该成果属于综放工作面采空区火灾检测、防治技术。从高位向采空区钻孔并利用钻杆内径安放束管进行气体检测，利用气体分析数据确定发火区域，通过钻杆内径对采空区全断面注浆（注氮），达到灭火封堵的目的	内蒙古蒙泰不连沟煤业有限责任公司 周鹏、周玉金、王天宇、牛耀、周云创
61	井工开采	放顶煤液压支架尾梁、插板联动保护装置	正常放煤操作时应先缩回插板，然后尾梁下摆，打开放煤口让顶煤落到后部输送机中部槽中。设计一种尾梁千斤顶和插板千斤顶的液压联动控制管路，实现尾梁下摆联动插板同时回缩、插板伸出联动尾梁同时上摆的保护功能，实现放煤作业时的本质安全和误操作时的自动保护功能。液压支架尾梁和插板控制管路中简单增设4个液控单向阀、2个单向阀和若干液压胶管即可实现上述功能	内蒙古蒙泰不连沟煤业有限责任公司 周鹏、韩伟、刘绪玉、马正武、高洋
62	井工开采	综掘工作面带式输送机机尾快速拉移装置的研制	随着采煤技术和装备的不断发展，采煤工作面的推进速度也在不断加快，矿井生产接续工作的压力越来越大。提高综掘工作面机械化生产水平，实现快速掘进，可有效缓解生产接续工作的压力。基于现实需求研制了综掘工作面带式输送机机尾快速拉移装置	内蒙古蒙泰不连沟煤业有限责任公司 何继、韩伟、高洋、刘绪玉、王天宇
63	井工开采	双轨抓举车装置设计	综采一队13220综采工作面在正常生产推进过程中，平均每四天就得拉一次设备列车，设备列车轨道由钢轨制成，每根轨道重量达200 kg，列车车轮在双轨上行走，每次拉完设备列车后都会在小绞车前聚集15节左右列车双轨，这些双轨都得运至大绞车前，以便下次拉列车继续作为列车轨道使用。以往每次拉完设备列车班车都会组织十多个员工耗费三个小时左右人力将双轨抬至运输巷带式输送机上，再由输送带运输至大绞车前。双轨抓举车装置解决了人工抬轨的问题，节省了人力成本，提高了工作效率	陕西华电榆横煤电有限责任公司 王强、杨苏龙、吴勇、余从

（续）

序号	专业	成果名称	成果内容及创新点	推荐单位及发明人
64	井工开采	矿井智能化电缆清洗装置	矿井智能化电缆清洁装置可以随巷道内电缆的高低进行调整，确保电缆能得到全方位的清洗。该装置采用 8 寸的方向轮，内置 400 mL 的水箱和 400 mm 的升降台，配置 127 V 交流或 24 V 直流电源，实现长时间在巷道内灵活可靠的作业，大幅提高了工作效率，降低了劳动成本	陕西华电榆横煤电有限责任公司 赵谢辉、刘建强、杨苏龙、梁水利、高虎飞、宁鹏
65	井工开采	110 kV 变电站 SVG 散热装置改造	SVG 在保留原有散热风机的基础上加一套散热装置，装置主要由集热罩、风道、出风口百叶三部分组成。集热罩主要将 SVG 装置自备的 3 组散热风机排出的热量集中起来，通过风道自压，将 SVG 装置产生的热量排到室外，保持室内环境温度正常	陕西华电榆横煤电有限责任公司 曹楠、乔汉锋、廉洁、任小刚、肖建华
66	井工开采	螺旋分选机分选改造	将旋流器底流完全改入螺旋分选机的入料箱；螺旋分选机分选出的精煤和中煤进入弧形筛初步脱水，分选出的矸石由高频筛脱水后进入矸石输送带；经末煤离心机脱水的产物由原来去末煤输送带的中部槽改为去精煤输送带	陕西华电榆横煤电有限责任公司 程涛、张世宏、王龙、高向荣、陈勇
67	井工开采	四臂锚杆机湿式打钻改造	粉尘防治是煤矿的重点工作，工作人员严格按照“粉尘防治方案实施专题会议纪要”要求落实各项防治方案。在四臂锚杆机湿式打眼的改造过程中遇到了困难，迟迟未能实现湿式打眼。通过现场摸索，工作人员提出了使用液压锚杆钻车水钻钻箱安装到四臂锚杆机上的方案，最终通过实践证明了该方案的可行性	陕西华电榆横煤电有限责任公司 侯兴山、王飞、杨旭、宋春雷、拓亚雄
68	井工开采	202－212 辅回撤通道引水工程设计	（1）测量 202-212 辅回撤通道，绘制《202-212 辅回撤通道引水工程设计》施工图纸； （2）设计 202-212 辅回撤通道底板流流水坡度，根据设计的流水坡度对回撤通道底板进行起底调坡，起底区域帮部采用锚网喷支护，底板使用混凝土进行硬化。202-212 辅回撤通道的采空区涌水实现自流； （3）按照《212 清水仓》设计图，改造 212 泄水巷清水仓，优化排水系统，为后期调整 202 辅回撤通道至 212 泄水巷通道系统创造条件； （4）回收 202-212 辅回撤通道水泵、开关、管路、电缆； （5）封闭 202 辅运、运输巷和 216 运输巷移变列道巷； （6）调整 202 辅回撤通道至 212 泄水巷通道系统	神木县隆德矿业有限责任公司 李志华、冯宇、刘芳
69	井工开采	空压机余热利用改造	改造将空压机房 4 台压缩机和制氮机房 4 台压缩机产生的余热作为热源，8 台空气压缩机型号均为 FHOGD-160F，电机功率为 160 kW。其中，空压机房 4 台压缩机全年运行，为稳定热源；制氮机房 4 台压缩机间歇运行，为补充热源。通过回收利用空压机余热和制氮机房余热为综合楼、瓦斯抽采泵站供暖，同时解决了职工的洗浴需求。降低了电能的消耗，节约了成本	山西锦兴能源有限公司 李思岩、侯成明、李营、白彪

（续）

序号	专业	成果名称	成果内容及创新点	推荐单位及发明人
70	井工开采	二采区巷道布置设计优化	将12采区皮带运输下山与21采区下运皮带搭接运输调整为12采区皮带运输下山直接与11采区煤仓搭接。因现11采区煤仓容量为900 t，容量小，影响后期12采区正常生产以及煤质配比。可将现煤仓由6 m直接扩成10 m，煤仓容量可提升至2500 t；12采区辅运下山穿8号煤时，与邻近12皮带运输下山施工联络巷，形成回风、运输系统；12采区辅运下山穿13号煤时，与邻近22回风下山施工联络巷，可形成皮带运输系统。调整后一条联络巷由132 m岩巷，变为两条共计104 m的煤巷，12辅运下山可实现炮掘和综掘双头掘进，工期提前8个月	山西锦兴能源有限公司 安丰存、高成波、魏恒征、王洁、张瑾
71	井工开采	超滤冲洗药剂替换试验技改	因超滤车间原加药装置空间狭小给加药装置建造了二层加药平台，为使氨基磺酸药剂能在水中充分溶解，更好地发挥清洗效果，特加设了溶药装置，溶药装置的加热功能由锅炉房提供的热蒸汽实现。试验期间每日对氨基磺酸药剂使用量做记录，同时记录下对应药剂量的清洗效果。通过近20 d的试验记录对比，最终确定氨基磺酸日消耗量约为25 kg	山西锦兴能源有限公司 刘西海、刘林生、任强、李富升、白波
72	井工开采	三轨双道辅助运输系统研究及应用	为降低调度绞车倒车造成的事故风险，提高辅助运输工效，实现一条巷道内安装两部无极绳绞车及物料连续运输，结合现有巷道条件，将110运输巷无极绳绞车安装在主运大巷（原30108运输巷绕道），定做三轨两线道岔，轨道大巷至30110运输巷轨道敷设一根轨道，实现三轨双向运输，不仅不需要安装调度绞车和施工无极绳绞车硐室，还节约了一根轨道，有效利用了现有巷道断面，避免了巷道二次刷扩工程及巷道断面过大引发顶板事故	山西石泉煤业有限责任公司 李安原、牛凯、李雪刚、秦杰、秦飞、张小强、崔广军
73	井工开采	一种井下掘进机机载锚索预紧装置	通过输油管路连接掘进机油源的配液阀、张紧操纵阀、液压缸和锚索张拉千斤顶，在掘进机备用换向阀和锚索张拉千斤顶之间设置三通阀；配液阀的入口与掘进机供液管路连接，配液阀的出口与掘进机回液管路连接；张拉千斤顶分别与三通阀的进、回液管路连接，三通阀的第一出口管路上设置压力表；通过操作张紧操纵阀，压缩液压缸内的液压油，并将压力通过液压管路压入，使锚索张拉千斤顶动作，锚索张拉千斤顶的活塞推出实现锚索的张紧作业，通过压力表显示增压后的工作压力	甘肃万胜矿业有限公司 李忠道、黄仲佑
74	井工开采	煤矿井下大断面大坡度岩巷安全快速掘进工艺革新与应用	主斜井延伸巷大断面、大坡度岩巷，按照巷道断面大小，应配套使用EBZ-260S型综掘机，结合万胜公司实际，施工时采用EBZ-200S型综掘机，大断面、大坡度岩巷配套“小设备”，采取“一次导硐，二次扩刷成巷”工艺，实现了该巷安全快速掘进	甘肃万胜矿业有限公司 李忠道、罗瑞、刘文、王智会

（续）

序号	专业	成果名称	成果内容及创新点	推荐单位及发明人
75	井工开采	瓦斯抽采钻孔割缝注浆一体化封孔新工艺	割缝注浆一体化封孔新工艺是在传统两堵一注封孔的基础上，利用水射流切割煤体形成缝槽进行辅助注浆封孔的方法。在确定瓦斯抽采钻孔合理的钻孔封孔深度及缝槽位置后，利用超高压水射流沿钻孔径向切割周围煤体，形成环形缝槽，打通钻孔周围难以封堵的裂隙。用封孔浆液完全填充封孔段及缝槽空间，待封孔砂浆凝固后便在封孔段形成严密的“封堵隔板”，封堵钻孔裂隙带内的漏气通道，提高了钻孔密封性	中煤科工集团重庆研究院有限公司 国林东、陆占金、孟贤正、李成成、刘永三
76	井工开采	振动式网带传输大流量煤水分离装置	通过水力割缝或冲孔的瓦斯抽采钻孔排出大量煤渣，装置采用“人”字形过滤网带传输煤渣实现煤水过滤，辅助安装气动偏振块和振动隔板，提升煤水分离效果。煤水分离处理能力达到 15~20 m^3/h，分离后煤渣含水率低于 15%，有效解决了煤水分离处理能力与煤水分离效果不理想的难题	中煤科工集团重庆研究院有限公司 国林东、陆占金、孟贤正、李成成、刘永三
77	井工开采	转载机卸料槽卸料位置调节及防护装置	装置由防护板和调节千斤顶组成并铰接在转载机卸料槽挡板上。通过控制调节千斤顶，带动防护板摆动到设定位置，实现工作面运出的煤炭均匀地卸入转载机卸料槽中部，防止煤炭直接撞击卸料槽挡板造成挡板变形或损坏，延长了卸料槽的使用寿命	内蒙古蒙泰不连沟煤业有限责任公司 刘绪玉、唐小伟、王兆建、李明明、陈灿灿
78	井工开采	液压支架后部浮煤清扫装置	本创新成果设计了一种放顶煤液压支架后部浮煤清扫装置，装置由液压马达和滚筒组成。工作时利用高压液驱动双输出轴液压马达转动，进而带动两个滚筒转动，滚筒外壁上的清扫叶片旋转将支架后方的浮煤装入后部输送机中部槽内。本创新设计能代替人工开展快速有效的浮煤清理工作，实现了安全作业和高效作业	内蒙古蒙泰不连沟煤业有限责任公司 刘绪玉、唐小伟、王兆建、李明明、陈灿灿
79	井工开采	35°倾斜煤层下山综掘开切眼一次成巷技术的研究与应用	本项目以宋新庄煤矿 110302 工作面大断面开切眼为工程背景，通过设计辅助拉移装置、优化支护方式及运输系统的方式，解决了以下三个难题：一是掘进工作面坡度大，综掘机割煤后无法自行后退；二是受异常构造影响，顶板破碎，支护难度大；三是大坡度煤流运输问题，输送带打滑，煤矸滚落伤人	北京天地华泰矿业管理股份有限公司 田春阳、李正甲、姜光、王慕斗、王涛、程波、王学宣、吴杰、赵约、孔亮、金紫霄
80	井工开采	风门机械闭锁装置的优化	为了解决旧式“重锤+限位锁”型风门机械闭锁装置重锤行程不足的问题，通过分析闭锁系统中风门开启与重锤行程的关系，得出保证风门灵敏可靠闭锁的关系函数；根据“重锤+限位锁”闭锁装置的工作原理，对旧式闭锁装置进行了优化，扩大了该类型闭锁装置的适用范围，并在王家塔煤矿成功应用	北京天地华泰矿业管理股份有限公司 高运增、刘博、王前龙、赵星星、任仰志、朱涛、郑光辉
81	井工开采	一种改进的堆煤保护装置	通过加装锥形金属罐保护装置，在正常生产期间喷雾开启状态下，避免了因堆煤探头淋水导致误动作的发生，增大了堆煤保护装置的有效接触面积；避免了因煤块或者煤矸石块较大时，因存在较大空隙使堆煤探头无法接触进而导致煤块大量堆积产生安全事故；避免了带式输送机正常运转期间，煤块因惯性动作冲击堆煤探头，降低了探头的损坏率	北京天地华泰矿业管理股份有限公司 刘凯文、朱涛、郑光辉、王波、张国玉、杜文辉、邢旭东

（续）

序号	专业	成果名称	成果内容及创新点	推荐单位及发明人
82	井工开采	王家塔煤矿带式输送机智慧运输系统	针对王家塔煤矿变频器不能根据负荷自动调整运行速度，没有充分释放变频调速技术价值的问题，通过设计和安装三维摄像仪、信号处理器、视频监测主机等设备实现输送机变频多级调速、预警报警、异物检测、网络监控、监控平台手机访问等多项功能。运输系统由单台带式输送机独立控制变成了全矿井主运系统联合控制，实现了全矿井下主运系统的智慧调速	北京天地华泰矿业管理股份有限公司 刘邹县、谢建建、任江永、刘肖、谢洪涛、王波、邢旭东
83	井工开采	红三沟煤矿主斜井 CO 气体涌出治理技术研究与应用	火区范围内巷道修复及扩刷施工存在巨大风险，红三沟煤矿扩建主斜井改造就存在此类问题。为确保施工安全，设计施工区域主动制造防火隔离带，创建高风险环境的低风险作业区域，扩刷施工结束后井筒壁后充填注浆及井壁喷涂高分子材料。解决了井筒沿煤层布置时的防灭火技术难题，根治了井壁附近煤层自燃的安全隐患，达到了安全生产的目的	北京天地华泰矿业管理股份有限公司 刘庆林、刘辉、党业龙、朱涛、刘然然、苏继敏、刘凯文
84	井工开采	副井胶轮车信号声光报警装置应用与改造	本成果设计应用一套声光报警装置，在通过副井巷道时，车辆通过信号声光报警装置得知车辆上井或者下井，就近选择相邻的车辆躲避硐室进行躲避。躲避原则是轻车躲避重车，轻车选择就近躲避硐室躲避，让重车先行，保证了行车的安全，同时节省了上下车的时间，明显改善了行车秩序	北京天地华泰矿业管理股份有限公司 李如川、赵金凯、于国新、金海洲、郑光辉、张国玉、杜文辉
85	井工开采	综采工作面远距离供电液压电缆车自移装置	该装置适用于综采工作面无人值守智能化开采过程中，远程供电电缆车的自移。该装置使用全液压牵引，无电气设备，实现了本质安全、提质增效；通过加装液压锁，手动操作阀组，解决了同时使用多组油缸同时升起供液不平衡的问题；使用特殊定制滑轨，使滑轨向前推移过程中定向前移，解决了拉移过程中轨道左右偏转问题	北京天地华泰矿业管理股份有限公司 李军卫、王慕斗、程波、王海云、段建国、朱涛、张国玉
86	井工开采	仰采工作面老空水泄排新方法	采用“以孔代巷”设计，使用泄水孔替代联巷封闭墙进行老空水泄排，不仅从源头上消除了联巷掘进、贯通时可能出现的安全隐患，而且减少了因采后封闭墙破损造成的安全隐患，还可减少联巷掘进、封闭墙施工，缩短工期，确保工作面老空水正常泄排，为工作面的安全回采提供了保障	北京天地华泰矿业管理股份有限公司 王志刚、张旭、原亚鹏、李茂江、邢旭东、杜文辉、刘凯文
87	井工开采	极近距离煤层开采上覆采空区泄水系统设计	针对极近距离煤层上部煤层开采完毕后采空区积水对下部煤层开采造成威胁的问题，布置泄水系统，减少了掘进期间放水的影响时间，提高了效率，确保了生产接续。将泄水巷布置在上煤层，充分利用地质覆存情况及采空区与排水点高差，使上煤层采空区水通过自流方式进入排水点蓄水仓。在蓄水仓内布置两道滤水墙，减少多级泵的维护量，延长多级泵的使用寿命	北京天地华泰矿业管理股份有限公司 高运增、张柏铭、邢旭东、刘超杰、苏继敏、杨运章、张建义

（续）

序号	专业	成果名称	成果内容及创新点	推荐单位及发明人
88	井工开采	采煤机信号控制器研发	为了保证采煤机控制系统安全有效稳定地工作，减少资金投入，自行设计了电气原理图和 PCB 电路板	晋能控股煤业集团地煤公司姜家湾煤矿 石文华
89	井工开采	新型综采工作面阻化剂喷洒设备的研发与应用	为了提高阻化剂的利用率，使阻化剂均匀地喷洒在采空区，降低工人喷洒阻化剂时的劳动强度，研制了防灭火阻化剂泵及配套设备（矿用隔爆型真空电磁起动器、停液断电按钮、搅拌器、储液箱）。安装好后，通过铺设耐压管路与支架后喷雾。每隔 3 个支架连接一个支架，阻化剂配比完成后，按下按钮，向采空区喷洒阻化剂，每割完一刀，喷洒 5 min	晋能控股煤业集团朔州煤电有限公司 郑僖
90	井工开采	厚煤层小煤柱掘进变形破坏规律研究	经过研究发现：（1）掘进巷道开挖完成后，巷道围岩最大主应力出现在巷道煤柱帮表面以及实体帮深部约 2 m 的位置，而最大剪应力则出现在巷道两帮位置；（2）巷道顶板和两帮在巷道表面上的位移均呈抛物线分布，且其最大值与巷道开挖推进距离存在“指数衰减式”关系；（3）巷道开挖过程中，巷道煤柱侧的塑性区范围要明显大于实体侧，巷道顶板靠近煤柱侧的塑性区范围也要大于另一侧，而巷道底板则基本不发生破坏，整个巷道围岩破坏范围为 1.5~2 m	晋能控股煤业集团朔州煤电有限公司 郑僖、宁玮、李丽波
91	井工开采	综采带式输送机主电机的散热风机供电方式技术改造	将散热风机电机 1140 V 星形接线改为 660 V 角形接线，散热风机由原来变频器 1140 V 电压控制改造为工作面 660 V 电压供电系统控制，这样就与变频器供电分开而独立供电，改造后散热风机运行效果良好，未发生烧毁散热风机现象	晋能控股煤业集团朔州煤电王坪煤业有限公司 王百立
92	井工开采	自做 BPJV2—1400/3.3 kV 高压变频器本安启动先导回路	王坪煤业公司井下综采二队高压变频器采用型号为 BPJV2—1400/3.3 kV 的变频器，该变频器出厂时内部没有设计本安先导回路，而是采用外部直接启动控制方式，这种启动方式在使用过程中如果远控启动装置、按钮、开关或启动线路出现卡滞现象或遭受不可预测外力而发生短路时，容易造成变频器自启动，严重危及人身安全和设备安全。该先导回路由带式输送机综合保护电源板电源变压器（127 V/36 V）、型号为 JHK—127/5 的本安型控制继电器及普通二极管组成。该装置在公司井下综采二队高压变频器上使用，杜绝了变频器自启动现象。投入少，资金投入大约只需要 36 元，安全效益可观。该装置总体性能比远控启动装置更加安全可靠，可以有效防止变频器自启动、设备自启动，杜绝由此引发的机电安全事故，在变频器上极具推广价值	晋能控股煤业集团朔州煤电王坪煤业有限公司 刘超元
93	井工开采	低压天关漏电电路改进设计	解决了井下因为漏电造成的越级跳闸问题，同时解决了开关和移变低压箱匹配问题，为井下开关与用电设备及线路的正常配套提供保证，也大大提高了生产与安全运行的效率	晋能控股煤业集团燕子山矿 官生花

（续）

序号	专业	成果名称	成果内容及创新点	推荐单位及发明人
94	井工开采	主要通风机节能提升与软启动性能提升改造	对西风井主要通风机进行改造升级，将传统的 KZS 型 630 kW 风机更换为 1250 kW 的新式 AGF 风机，风量提升到 10000 m^3/min，采用传统的软启动可控硅分段增压启动风机，风机耗电量大幅提升	晋能控股煤业集团燕子山矿 姚永恒、王利军
95	井工开采	主运带式输送机拉紧滚筒传感器线缆自动滑移装置	为超前预防诊断大型设备故障、杜绝重大机电事故的发生，塔山矿在主运输带式输送机上安装了大型设备故障诊断系统。在拉紧滚筒上安装的振动传感器和温度传感器常由于传感器线缆与张紧小车移动不同步导致传感器线缆拉伤及传感器断线故障，严重影响故障诊断系统的正常运行。因此，塔山矿研究设计了拉紧滚筒传感器线缆自动滑移装置	晋能控股煤业集团塔山煤矿 孙小刚、高鹏飞、赵学峰
96	井工开采	综采工作面扭矩限制器改造	设计特定尺寸的 7 字板，在每个扭矩限制器上固定 3 块 7 字板，使液压盘固定在轴承上，将护液压盘部位的一边打磨至 1 mm 厚，能有效防止 7 字板与限矩模块接触，避免 7 字板在限矩模块动作后扳卡限矩模块，经过改造，井下试验效果良好。限矩模块更换方便、可手动脱开，允许在测试时将扭矩限制器手动脱开、可根据外部的扭矩调整比例尺来调整扭矩设定值	晋能控股煤业集团塔山煤矿 李超
97	井工开采	大型设备驱动系统操平找正装置优化改造	在旋转机械设备中，同轴度误差的调整对于保证设备正常运转至为关键，对于大功率、高速运转的大型驱动设备尤为重要。驱动设备由于长时间连续运行，同轴度会发生明显变化，严重影响矿井安全生产。为进一步提高同轴度精度，缩短操平找正时间，塔山矿对操平找正装置进行了优化改造，消除了同轴度偏差对主运输系统驱动装置的影响	晋能控股煤业集团塔山煤矿 孙小刚、高鹏飞、赵学峰
98	井工开采	塔山矿防爆特种车发动机散热系统技术改造	生产车队担负着塔山矿综采工作面稳装、撤退、掘进工作面掘进机等大型设备的运输任务。运输大型设备时需要用特种车辆 FBL-55 铲运车才能完成，由于 FBL-55 铲运车是从澳大利亚引进的，该车出厂设计为短距离运输，不适合长途运输。随着矿辅助运输线路不断延伸，FBL-55 铲运车长距离运输问题越发突显，常常发生发动机高温保护停机造成的辅助运输交通堵车现象，极大影响运输效率及矿井的正常生产。与维修厂家技术人员进行沟通、协商，决定对 FBL-55 铲运车发动机散热系统进行技术改造	晋能控股煤业集团塔山煤矿 代永亮、井菲
99	井工开采	矿用新型带式输送机机尾刮煤装置	为了解决传统带式输送机机尾清理残煤的方法耗时耗力、工作效率低等问题，设计了一种新型带式输送机机尾刮煤装置，通过预刮板对带式输送机的预清理，第一、第二环形输送机构的反向旋转对带式输送机从 X 轴方向的清理和第一、第二往复刷板反向摩擦对带式输机从 Y 轴方向清理结合的方式，实现了带式输送机全面清理的功能，大大提高了带式输送机的运煤效率，保障了煤矿安全生产	晋能控股煤业集团雁崖煤业有限公司 孙磊、程明、闫宁

（续）

序号	专业	成果名称	成果内容及创新点	推荐单位及发明人
100	井工开采	无轨胶轮车阻火器自动清洗装置	矿用无轨胶轮车是一种特殊性的防爆车辆，车辆的进、排气影响矿井空气质量，为了达到井下车辆尾气排放标准，在车辆进、排气口加装了阻火器。利用该清洗装置可实现高效清洗又能保证清洗质量	晋能控股煤业集团雁崖煤业有限公司 许德芳
101	井工开采	复合层顶板JW锚索梁的改进	本成果系采掘支护专业领域的一种安全可靠、经济、便捷、有效的顶板支护方式。集团公司大多数矿井顶板的支护方案采用“普通钢带、JW型钢带、组合锚索、11号工字钢梁”等方式。对于复合煤层、极易破碎顶板、硅化煤层顶板一般采取穿插打“钢针”方式，甚至采取煤体注入特殊黏结材料的方式进行管控支护。这种作业方式管控顶板时掘进安全成本投入大，劳动作业强度大、管控风险高、生产效率低；经过多年安全生产实践，采取一种特殊“JW锚索梁”支护管控破碎、松软、极不稳定煤层顶板	晋能控股煤业集团雁崖煤业有限公司 王海波、任五星、韩征
102	井工开采	自制监测装置加装352旋流器防堵解决堵塞问题	352煤泥旋流器组是选煤厂煤泥处理的主要设备，煤泥旋流器组有6组。由于矿井产量大，生产任务重，煤泥含量也大，煤泥旋流器组经常堵塞，极易出现以下问题： （1）发现不及时，堵塞严重，造成停煤影响选煤产量。 （2）由于煤泥旋流器组堵塞经常出现跑粗现象，造成加压过滤机和板框压滤机处理量加大，导致浓缩机煤泥量增加扭矩居高不下。 针对上述问题，结合生产实际情况，组织专业技术人员对以上问题进行解决攻关，决定在352煤泥旋流器组加设防堵塞预警装置，提高了煤泥旋流器组的开机率，保障了正常生产	晋能控股煤业集团精煤分公司 黄少峰
103	井工开采	液压断道阻车器	忻州窑矿主材料斜井担负着全矿井下物料、设备的运输，坡度26°，斜长605 m，按照辅助运输管理规定沿线安设3道跑车防护装置及各类阻车设施，为防止脱钩矿车冲撞开沿线阻车设施而沿着轨道冲到井下865运输大巷，将斜井底车场入口处的轨道阻车器进行升级改造，加装液压推移后使一段长度为50 cm的轨道错开的断道器，脱钩车辆行至此处掉道后停止，防止脱钩车辆冲入运输大巷，避免事故发生	晋能控股煤业集团忻州窑矿 曹学军
104	井工开采	密集孔预裂技术在石炭二叠纪小煤柱工作面过断层技术	在煤矿井下回采作业中，断层是一种十分常见的地质构造类型。受大断层影响，提前停采造成资源损失，为了提高资源回收率，过大断层就尤为重要。基于挖金湾矿山4号煤层一盘区8105小煤柱工作面过5 m大断层的实际难题，通过采用密集孔预裂技术破除该矿过5 m大断层瓶颈，实现了小煤柱工作面安全高效过断层，可供其他矿井类似工程借鉴参考	晋能控股煤业集团挖金湾煤业公司 张晓东
105	井工开采	带式输送机中部卸载破碎装置改造	该创新成果主要对原煤集中运输带式输送机中部无动力卸载与破碎一体化控制进行改进，通过在6-9煤集中运输带式输送机中部有限空间内设计、安装卸载部与破碎机，实现一部带式输送机两个卸载点，使井下所有采掘点煤流均经过破碎后进入主运系统，实现原煤运输、破碎的一体化控制	山西朔州山阴金海洋元宝湾煤业有限公司 杨继兴

（续）

序号	专业	成果名称	成果内容及创新点	推荐单位及发明人
106	井工开采	工作面顺槽输送机机头长储带装置缩短改造	成果主要是对综采工作面原115 m长带式输送机机头部分进行改造，在确保带式输送机各项保护、功能的前提下，将带式输送机机头缩至30 m，改造后的装置满足综采工作面满负荷生产需要	山西朔州山阴金海洋五家沟煤业有限公司 王聪聪
107	井工开采	工作面回采侧锚杆自动化收取装置	装置创新点在于在工作面生产过程中，可以在不停煤机、输送机的条件下，靠收取器自动收取锚杆。设备采用风能，简单可靠，避免了人为操作风险，在煤机脱离危险环境时再调整收取器的工作状态，收取方便，故障率低，效率高，人员安全得到保障，工作强度有所下降	山西朔州山阴金海洋五家沟煤业有限公司 王力生
108	井工开采	上覆采空区大面积悬顶预裂钻孔施工技术	该创新成果通过在采空区内下置套管至采空区顶板，在套管内施工钻孔至采空区顶板坚硬岩石，采用水压预裂的方法弱化顶板坚硬岩石，减小了上覆采空区大面积悬顶及采空区煤柱应力集中，确保工作面安全开采	山西朔州山阴金海洋元宝湾煤业有限公司 张喜
109	井工开采	井下三灰水疏放及水资源安全综合利用系统的研究及应用	在四采区超前设计三灰水疏放及回收利用硐室，同时施工了两个大流量集中疏放水孔，硐室内安装了一套井下恒压供水装置和净化水处理系统，将三灰水集中疏放到不锈钢水箱，通过恒压供水装置将初步处理的水用于整个矿井生产及消防洒水，多余的水溢流外排保证三灰水保持在安全的水位。另将精密反渗透处理的纯净水采用小流量恒压供水系统用于四采区综采工作面乳化液系统用水既实现了三灰水的安全疏放，又实现了水资源的综合利用，满足井下各个生产环节的恒压供水需求及采区集中供纯净水，大大节约中央泵房排水电费、地面水处理费以及地面污水外排费用，进一步降低了高盐水处理费用	济宁市金桥煤矿 李海亮、王芳、赵玉龙、成凯武
110	井工开采	基于5G+IOT联合专网的冲击地压智能监测预警云计算技术	本成果主要基于矿井现有的传输网络，结合最新的5G无线网路传输技术，构建了华亭煤业集团公司智能化矿井群5G+IOT联合专网。在此基础上，借助于冲击地压智能监测预警云计算技术，实现了从矿震震源简单参量分析到强矿震震源机制参量反演的转变，构建了基于深度学习的冲击地压智能预警模型，显著提高了华亭煤业集团公司矿井冲击地压预警效能	华亭煤业集团公司生产技术部 高利军、薛再君、刘志文、传金平、完颜晓亮
111	井工开采	主井缓冲仓运矸系统改造与应用	针对新窑煤矿公司五采区运输下山岩巷掘进快速施工的要求，取消传统岩巷掘进矿车串车提升运输排矸工艺，优化系统，在五采区运输下山、750运输大巷安装带式输送机，搭接矿井主煤流运输系统，在主井缓冲仓外侧搭建平台，安装矸石转载带式机，最终形成岩巷快速掘进煤流运输系统集中排矸的工艺，消除斜井矿车串车提升排矸“卡脖子”环节，提升岩巷掘进综合效率	华亭煤业集团新窑煤矿有限责任公司 李凌云、张长君、苗向民、杨昭、张鹏程
112	井工开采	一种高低位结合的临空侧顶板预裂爆破钻孔布置方法	针对冲击地压矿井煤层上方厚层坚硬顶板的回采工作面，巷道一侧为采空区，其未充分破断的顶板在开采扰动影响下对巷道破坏严重的问题，设计一种高低位相结合的临空侧预裂爆破钻孔布置方式，进一步提高爆破效果，促使覆岩破断	华亭煤业集团公司 屈英、林飞、买巧利、吕甲鹏、赵文元

（续）

序号	专业	成果名称	成果内容及创新点	推荐单位及发明人
113	井工开采	EBZ160型掘进机耙爪液压油管接头及主副铲板紧固件改造	针对华亭煤矿EBZ160型掘进机检修不便的问题，对该掘进机耙爪马达液压油管和铲板部连接螺栓进行了改造，解决了掘进机耙爪液压油管更换不便和铲板部连接螺栓经常损坏的问题，降低了检修人员劳动强度，消除了安全隐患	华亭煤业集团公司 徐学东
114	井工开采	一种煤矿用无极绳绞车尾轮快速固定装置	针对现有技术的不足，本成果提出了一种煤矿用无极绳绞车尾轮快速固定装置，具备固定拆卸快捷、使用方便且固定强度高的优点，解决了已有的尾轮装置固定拆卸烦琐、使用不便且强度较低的问题	华亭煤业集团公司砚北煤矿 陆祖军、曹富荣、传金平、吴学松、辛龙
115	井工开采	基于提升钢丝绳张力监测对立井提升机起动转矩的精确控制	利用安装在罐笼（箕斗）与主提升钢丝绳悬挂装置之间的液压张力传感器的检测数据，实现对提升机起动转矩的精确控制。可完全避免因起动预置力矩过小发生“溜车”，或因起动预置力矩过大而发生“窜车”以及因起动憋闸电流出现尖峰现象，彻底解决了提升机起动“溜车”“窜车”对设备造成冲击危害的问题	中煤陕西榆林能源化工有限公司大海则煤矿 李明利、郭瑞、尤峰、王长久
116	井工开采	基于智能掘进设备空间位置关系匹配的机械结构件设计优化改造	掘进工作面原有的带式转载机刚性架在使用过程中易产生“塌腰”变形，导致与自移机尾中间架的抬升油缸产生碰撞，运行不稳定，工作面上下倾角处碰撞时严重影响生产。根据设备空间位置匹配关系，拟缩短带式转载机的行程，改善其变形情况，并将其行走小车高度加高230 mm，改造其限位装置，确保限位侧轮装置不与抬升油缸发生碰撞	中煤陕西榆林能源化工有限公司大海则煤矿 高晓成、郭刚、郭瑞、闫涛
117	井工开采	矿山工业互联网平台在大海则智能矿山建设中的应用	大海则矿山工业互联网平台是面向矿山生产行业数字化、网络化、智能化需求，以实现矿山工业互联网在智能化矿山中的应用为核心，针对煤矿企业传统技术架构尚未形成统一的技术标准规范、缺乏对应用架构的统一规划、缺乏应用开发和运行的统一技术平台支持、应用系统接口数据标准不统一、数据治理难度较大、信息孤岛严重等难题，基于先进统一的标准架构体系，研究多技术融合关键技术、煤矿数据标准体系及数据库建设、智能技术应用等内容，构建基于海量数据采集、汇聚、分析的服务体系，支撑生产要素泛在连接、弹性供给、高效配置的工业互联网平台。其本质是通过构建精准、实时、高效的数据采集互联体系，建立面向矿山大数据存储、集成、访问、分析、管理的开发环境，实现开采技术、经验、知识的模型化、标准化、软件化、复用化，不断优化开采设计、生产过程、运营管理等资源配置效率，形成资源富集、多方参与、合作共赢、协同演进的行业新生态	中煤陕西榆林能源化工有限公司大海则煤矿 郭刚、郭瑞、高晓成、赵浩渊
118	井工开采	智能接管机器人机械臂装置改进	通过配套研发自动化辅助接管机器人改进机器人的机械臂，可将井下相关作业人员从高危繁重的岗位上替换下来，最大限度地消除人员作业时的安全隐患，实现减人换人，保障煤矿生产安全、提高作业效率，提升煤矿本质安全水平	中煤陕西榆林能源化工有限公司大海则煤矿 郭刚、郭瑞、高晓成、赵浩渊

（续）

序号	专业	成果名称	成果内容及创新点	推荐单位及发明人
119	井工开采	主立井下部套架箕斗扇形门固定直轨改造	在装载过程煤流对扇形门的冲击，造成扇形门被冲开，导致在装载过程和提升过程中撒煤对井筒设备和电缆的破坏。安装箕斗扇形门固定直轨8套，其中，靠近井壁侧2套直轨使用悬臂托架固定，托架使用锚杆固定在井壁上；靠近井筒侧6套直轨使用槽钢立柱固定，通过对扇形门固定直轨的改造，解决了每次装载过程和提升过程的撒煤问题	中煤陕西榆林能源化工有限公司大海则煤矿 马乾浩、雷晨、任森、李明利
120	井工开采	孔内磨砂射流轴向切顶精准防冲技术与装备	受防冲任务开展的常态化和水力压裂手段的局限性影响，本成果发明设计了适用于钻孔煤体狭小空间的磨料割缝器和磨砂聚能喷嘴，开发了具有防爆性能的矿用磨料加砂罐，开发了高压双层密封钻杆，并对高压管路与前段作用部件（割缝器、封孔器）进行一体化合成改造，实现割缝出水管路、封孔注水管路、压裂出水管路并联与衔接作业，最终形成孔内磨砂射流轴向切顶精准防冲技术与装备。该装备为国内首套，处于行业领先水平。该技术与装备首次实现割缝方位人工精准调控，提高割缝深度20倍以上，降低作业时间50%以上，压裂半径提高了一倍以上，可以在冲击地压防控和常规矿压防治等方面进行大面积推广应用	中煤科工开采研究院有限公司 夏永学、张晨阳、陆闯、杜涛涛、秦子晗
121	井工开采	煤矿VR便携式在线实操培训创新模式	在新冠肺炎疫情防控的常态化期间，在线教育培训新模式不断创新，但是大多以理论教学为主，为了提高实操在线培训的效果，在学员到不了培训中心现场进行操作的情况下，通过腾讯会议软件把实操教学搬到线上进行，该革新解决了远程教学跟对话的问题，并创造性地结合VR眼镜，把实操场景通过手机投屏方式共享到投影仪大屏幕或者LED大屏，能够高效地完成实操VR在线培训及考核	中煤科工开采研究院有限公司 王滨、胡滨、王雄雄、刘传立
122	井工开采	5-2煤层综采工作面机头预破碎机动载平衡结构改造设计	本成果是在煤矿已有锤式破碎机的基础上，综合分析破碎机在高速旋转运行过程中对支撑结构和防冲击动载这两方面的性能指标，利用支撑臂结构和平衡油缸的改造，增强破碎轴组运转过程中支撑稳定性，降低破碎锤头受不均匀载荷产生的冲击动载。实践表明改造后的预破碎机有效降低了运输系统中大块煤的影响，大块煤同比下降了75.7%，接煤漏斗损坏、输送带撕裂等设备事故率下降了42%；降低职工劳动强度及处理大块煤带来的安全风险	中煤科工开采研究院有限公司 雷顺、胡滨、杜兵兵、狄正宝、韩雷
123	井工开采	“U”型定向长钻孔替代泄水巷疏放老空水的技术应用	利用“U”型定向长钻孔施工技术替代泄水巷道疏放老空水后，实测底板定向长钻孔初期最大截留排放30~50 m^3/h 老空水，减轻工作面和工作面巷道内的排水压力，实现老空水长期、远距离自然排放，在一定程度上降低了相邻工作面采掘探放水压力，避免回采期间过巷的不安全因素影响	内蒙古银宏能源开发有限公司 郝平、田丰、郭江宏、张浩
124	井工开采	带式输送机保护装置综合测试平台应用	综合测试平台采用KHP143矿用带式输送机保护装置，保护器内设有速度、堆煤、跑偏、纵撕、沿线急停、温度、烟雾及自动洒水保护装置。操作人员通过操作试验平台上的各项保护，使带式输送机保护装置显示故障类型，实现报警功能发出停车指令。此综合测试平台可对带式输送机各项保护进行使用前的性能检测，确保各种保护入井安装时安全可靠、动作灵敏	内蒙古银宏能源开发有限公司 张平、王佳星、胡多矿

（续）

序号	专业	成果名称	成果内容及创新点	推荐单位及发明人
125	井工开采	掘进工作面机载排水系统设计与应用	在运锚机安装一个水箱，配 7.5 kW 自动电泵，解决冷却水（直排、不落地）和支护水（隔膜泵排至水箱）水量大、迎头易积水的问题	内蒙古银宏能源开发有限公司 杜忠、江奎、丁晶、王党辉
126	井工开采	综采工作面刮板输送机防过载预警系统设计	通过在组合开关输送机电机电缆上加装过载电流检测转化器，接出一路信号线连接 TK200，并在 TK200 内设定“电机过载输入点”的过载预警值 220 A（输入的电流值比过载跳电值小，从而达到警示作用）。当电机电流达到预警值，工作面话筒报警，煤机司机控制煤机减速，推溜工停止推刮板输送机。待工作面话筒停止报警 5~10 s 后，推溜工正常推刮板输送机，煤机恢复正常速度。煤机司机可以根据语音报警的情况，优化煤机在工作面各个位置的速度，从而达到既不报警同时速度达到最大的目的。最终实现减少工作面过载跳电的情况，合理优化煤机速度	鄂尔多斯市中北煤化工有限公司 唐伟、顾成富、檀小胜、刘成伟、赵小龙
127	井工开采	智能化综采工作面刮板输送机调速设计及应用	该成果通过采煤机在工作面位置、采煤机速度以及附加运输机实时电流的控制方式实现输送机变频器输出频率的给定以及输送机与采煤机的协同控制	鄂尔多斯市中北煤化工有限公司 赵尔峰、邬浩军、李鹏、赵彬、姜明星
128	井工开采	无人值守排水系统设计及应用	该成果应在煤矿井下采空区排水系统中，上级停电后，可实现自动关闭采空区来水，上级来电后馈电选择性合闸启泵排水、自动开阀放水功能，现场安装摄像头实现无人值守、无人巡视、地面监视	鄂尔多斯市中北煤化工有限公司 宿云恒、赵尔峰、姜明星、杨文慧、郭亚东
129	井工开采	支架控制系统维修培训平台设计及应用	该成果对照井下液压支架电液控制系统布置，配置一个最小系统完全模拟井下电液控系统，配置电源箱、控制器、耦合器，增加状态指示发光二极管模拟支架动作，实现由操作到动作执行指示功能，为地面维修、检测支架电液控制系统创造了条件，为单位电液控培训提供了平台	鄂尔多斯市中北煤化工有限公司 赵尔峰、顾成富、朱创、孟旭波、张珂
130	井工开采	快速掘进巷道支护设计改进	改进顶帮支护设计，采用 ϕ10 mm 圆钢钢筋梯及 ϕ6 mm 编织+点焊钢筋网片配合锚杆锚索对顶板进行支护，采用旧输送带压条及塑料网对回采侧帮部进行支护，提高了顶板支护强度，满足了新购置的掘锚一体机快速掘进的需要。改变了：以往顶板支护采用 WX180/5.0 钢带锚杆孔径（ϕ30 mm）小、机载液压锚杆钻机钻杆对眼时间长、支护效率低的缺点；采用 10 号镀锌铁丝菱形金属网在富水巷道易锈蚀、强度低，易造成顶板漏冒的缺点；帮部钢筋梯采用 10 号圆钢不易贴近巷帮，必须采用专用工具别弯后才能施工锚杆的缺点	鄂尔多斯市中北煤化工有限公司 李各、于水、顾成富、张佳飞、张浩

（续）

序号	专业	成果名称	成果内容及创新点	推荐单位及发明人
131	井工开采	色连二矿选煤厂煤泥减量工艺优化	对选煤厂原煤仓位、分级旋流器入料压力、高频筛出料口进行优化和改造。原煤仓仓位设计容量为30000 t，由日常的5000 t仓位提高到15000 t高度；分级旋流器入料压力由128 kPa降到82 kPa，同时在粗煤泥高频筛脱水筛出流口新增5 cm高的挡水坝。通过提高原煤仓位降低原煤进仓时的落差高度，减少原煤次粉碎现象，从源头上减少次生煤泥量；通过降低分级旋流器入料压力，减少低灰粗颗粒煤从溢流进入压滤细煤泥中；通过在高频筛增加挡水坝，提高筛面料层在脱水过程中回收部分低灰细粒煤，煤泥产率由4%降至2%以下，实现选煤厂提产率、控煤质的目标	鄂尔多斯市中北煤化工有限公司 卜学制、唐科、李各、方庆洲、陆空重
132	井工开采	色连二矿选煤厂煤泥水管路自流改造	保持现有管路不变，在块煤脱泥筛下水汇浆管下部增加耐磨三通，新增脱泥筛下水直接接到3302中部槽机头、机尾管道及配套弯头闸阀等。改造后块煤脱泥筛下水不需要从四楼自流到位于一楼的煤泥水桶，然后由渣浆泵打入位于三楼楼板下部的末原煤配筛中部槽	鄂尔多斯市中北煤化工有限公司 唐科、卜学制、李润楠、解凡、袁帅
133	井工开采	西部煤电集团机关部门绩效考核填报系统	本系统由淮河能源西部煤电集团有限责任公司生产技术部职工开发，整体为B/S架构，前后端分离，前台采用VUE3.0，后台采用spring MVC+hibernate架构，数据库支持mySQL、SQL server、Oracle等主流数据库。本系统使用的数据库是Oracle，支持百万级数据量存储；实现了煤电集团机关部门间对组织绩效及各二级公司对机关部门组织绩效进行匿名打分，同时系统支持主要领导及分管领导对各部门组织绩效打分，系统根据所有单位/用户打分情况自动加权计算组织绩效最终考核得分。线上操作降低了劳动强度，满足了组织绩效考核的保密性要求	淮河能源西部煤电集团有限责任公司 于水、李各
134	井工开采	易自燃厚煤层“110工法”工作面防治自然发火技术	通过采取优化工作面通风系统、采空区均压技术、留巷段侧壁漏风控制、局部遗煤处理等措施，解决了易自燃厚煤层“110工法”工作面回采期间的采空区漏风和留巷段巷道侧壁漏风的技术难题，确保了该矿首个“110工法”工作面安全收作封闭，减少了防治自然发火的工程和材料投入（约220万元）	淮河能源西部煤电集团有限责任公司 游继军、高松、韩宝音
135	井工开采	多功能立式单体支柱试压装置	本创新成果提供了一种自制多功能立式单体支柱试压装置，在节约外购成本的同时，解决了现有的煤矿单体支柱试压装置在使用时功能单一，只能对单一规格的单体液压支柱进行试压实验，操作烦琐，人工劳动成本高，占地面积大，不便于设备安装的问题	四川川煤石洞沟煤业有限责任公司 沈平、杨启军、冯鑫林、王德平、罗洪彬、何清锋
136	井工开采	锚索卷开卷送料装置	本创新成果解决了现有的开卷送料装置在使用时，不能很好地控制锚索的送料长度、传送速度不可控、锚索在传送过程中索盘容易松动导致在应力作用下发生反弹伤及工作人员的问题	四川川煤石洞沟煤业有限责任公司 沈平、杨启军、陈玉通、冯鑫林、袁廷豪、何清锋

（续）

序号	专业	成果名称	成果内容及创新点	推荐单位及发明人
137	井工开采	"超前分析+层位研判"等技术手段在煤层沉缺区的应用与研究	237采区受村庄压覆影响，原勘探钻孔密度小且局部煤层沉缺；区域内发育多条断层，控制程度低。为超前探明区内地质构造及煤层沉缺情况，特采用"超前分析+层位研判+综合探查"等技术手段，探测出巷道前方及两侧隐伏构造赋存及煤层沉缺情况，该方法为后期复杂构造区域优化布置工作面提供了参考依据	山东能源枣矿集团柴里煤矿 邓新刚、张勇、常永峰、刘夫天、刘同飞
138	井工开采	废弃工程钻孔井下启封新技术应用研究	在钻孔下口进行扫孔，采用反向压浆封闭的方法，将钻孔封闭至基岩上界面以上（第四系含水层内）。孔口套管切割平齐，采用钻机由下而上对钻孔进行扫孔，扫孔深度50 m。用专用封孔器封堵钻孔孔口后，用注胶泵压入堵水材料进行封闭，在距离钻孔300 mm处平行原钻孔套管施工钻孔1个（深度3 m，孔径42 mm），使用专用封孔器对围岩注胶加固，注胶量根据围岩裂隙漏液情况确定。打开原阀门，确定钻孔内无补给水源情况下，将孔口沿巷道顶板下200 mm处切割，采用YDX-40型钻机安装在孔口下，沿套管向上扫孔清理杂物，扫孔深度为第四系下界面20 m处（约50 m）；扫孔后采用RYJ-KY-I型气动注浆泵自孔口压入速立堵，根据注浆量控制注浆深度不小于50 m	山东能源枣矿集团柴里煤矿 邓新刚、袁汝安、马如庆、杜奎元、邱扬军
139	井工开采	主井深度指示器减速开关改造	减速功能保护是绞车提升系统的一项重要保护，主井减速功能保护通过安装在深指器上的减速开关实现。减速开关采用滑轮式的机械行程开关，通过用于固定深度指示针的滑套延滑竿上下走动时，触碰行程开关而发出减速点信号，使绞车减速	山东能源枣矿集团柴里煤矿 宋方才、井长辉、孙勇、韩业国、董滕
140	井工开采	沿空留巷超前预裂切顶爆破技术研究应用	沿空留巷施工时，通过超前预裂切顶爆破施工将工作面与留巷顶板切割出来。采取超前煤壁打炮眼，克服垂直性深孔装药，提高了留巷的顶板稳定性，提升了巷道施工进度，节省了人力、物力、财力，为矿井节约成本50多万元。为沿空留巷施工提供了技术参考及理论依据，值得大力推广	山东能源枣矿集团柴里煤矿 刘国利、车奉迎、范创、张涛
141	井工开采	运输系统过拐点技术在16117工作面的应用	滨湖煤矿16117工作面运输巷c5导线点存在一个14°的拐点，传统的过拐点工艺需要增加一部刮板输送机，并在下一步的生产过程中逐步回撤该刮板输送机，费时费力。通过技术革新后，将原有的转载机进行不断拖移调整，并控制好工作面刮板输送机的"上窜下滑"，将工作面直接推采过拐点，创造了可观的经济效益	山东能源枣矿集团滨湖煤矿 刘志鑫、姚永、尹岩、王端、郑海龙
142	井工开采	异形工作面系统改造及转采技术	滨湖煤矿为减少工作面搬家工程量，16208（上）工作面过渡到16208工作面时，消除两个工作面一安一撤烦琐工序。决定对16208（上）工作面进行系统改造及对16208工作面转采来完成两个工作面的过渡	山东能源枣矿集团滨湖煤矿 王思栋、姚永、侯京壮、王端、王家磊

（续）

序号	专业	成果名称	成果内容及创新点	推荐单位及发明人
143	井工开采	沿空掘进巷道与工作面回采防治水工程一体化设计	滨湖煤矿在16煤开采过程中，工作面不同程度地受奥灰水涌水影响。162采区南翼工作面沿煤层走向布置，巷道起伏大，导致工作面低洼点较多，施工水仓和沉淀池较多。沿空掘进巷道参考相邻采空区水文地质情况和低洼点位置，在巷道掘进期间一次性完成防治水工程，彻底解决工作面回采期间受奥灰水威胁的问题	山东能源枣矿集团滨湖煤矿 吴焘、刘超、杨建伟、王端、谢冰
144	井工开采	带式输送机机道自动灭火、降尘装置	通过该装置的使用，有效降低了带式输送机机道的浮尘浓度，同时降低煤尘爆炸及职工得尘肺病的概率，能够与超温保护、烟雾保护联动，对机道进行灭火	枣庄矿业（集团）付村煤业有限公司 贺文鹏、惠怀寅、姜涛、褚强、樊基晟
145	井工开采	精准测风装置的应用	精准测风装置充分发挥光纤传感技术高灵敏度、本质安全等突出优势，使用了一种高灵敏度矿用光纤热线风速传感器，突破现有矿用风速传感器风速0.3 m/s以下无法监测的技术瓶颈，实现采空区漏风、巷道顶板及两帮附近的低风速高精度测量，同时可通过现场巷道情况进行不断校准修正，达到精准测量风速的目的，从而助推矿井智能化通风建设	枣庄矿业（集团）付村煤业有限公司 王明龙、孟凡平、周新义、丁忠波
146	井工开采	汽轮机蜂窝式汽封技术改造在发电厂中的研究与应用	由于蜂窝式汽封与大轴是面接触，作用在蜂窝带上的力比作用在传统梳齿式汽封齿尖上的力小很多，受力稍大时，蜂窝式汽封会随着力往后退，所以多次启停也会保持良好的密封间隙，密封效果稳定，可减少轴封的供汽量，使更多的蒸汽作有用功。由于蜂窝式汽封特殊的结构模式，可有效消除气流激振的发生，防止机组振动及油中进水引发汽轮机轴瓦事故，提高机组运行的安全性	枣庄矿业（集团）付村煤业有限公司 薄强、金鑫、张伟
147	井工开采	刮板输送机安装工艺革新	刮板输送机工艺革新后引进的安板单臂吊车具有起吊和调节装置，通过起吊臂的起吊及旋转实现中板的移动及起吊调整角度等工序，对比老式绞车配合滑轮安装中部槽的工艺，新设备操作起来更顺畅、更安全可靠，同时新设备自身具有稳固装置和自主拉移装置，操作简单，结构稳固，操作人员劳动强度低，施工效率更高	恒大煤矿安装队 李树权、葛敬民、陈杰
148	井工开采	选煤厂手选车间改造优化	由于选煤厂建于2012年，当时靠自翻车运煤至受煤坑，从筛分车间到手选车间分选实现煤矸分离；筛分车架上煤带式输送机12台；通过工艺改造已经形成原煤车间筛选工艺，然后经带式输送机运煤到筛分车间，取消了自翻车运煤环节。根据现状改造选煤工艺，减少上煤环节，优化选煤工艺，去除12台上煤带式输送机、12台手选带式输送机、1台大块落煤带式输送机，共计25台带式输送机。去除6台给煤机、3台自滑筛；由原煤缓冲仓经直接带式输送机直接进入手选车间，简化了工艺，减少了设备投入	白音华公司选煤厂 耿德强、刘艳华、高岩、刘燕杰、霍明辉

（续）

序号	专业	成果名称	成果内容及创新点	推荐单位及发明人
149	井工开采	《焊工》等实训指导书系列教材的编写	为进一步规范神东公司实训教学工作，提高实训教学质量，加强实训过程管控，有针对性地培养专业技术应用型人才，神东公司组织编写了《焊工》等18本实训指导系列教材，形成了操作规范一致、技能标准统一的实操培训体系	国能神东煤炭集团教育培训中心 李锋、孙可心、王华堂、李赟、叶庆云、刘利全
150	井工开采	母杜柴登矿井净水系统、煤泥处理、储排水等多系统在矿井水处理站的成功应用	1. 净水系统 对原有的净水加药系统进行优化，形成两套独立的加药系统，将优化前的二合一净水剂调整为聚合氯化铝和聚丙烯酰胺阴离子药剂，经合理配比，保证了净水水质，减少了药剂费用。 2. 煤泥处理系统 为缓解煤泥处理的压力，经过系统优化将煤泥水输送至选煤厂，通过煤泥压滤装置处理后进入煤流系统，缓解了煤泥压力，产生了经济效益，为水处理良性循环创造了条件。 3. 储排水系统 （1）通过管路将复用水池和中间水池连通，便于运行。 （2）在中间水池处加装两台提升泵，将其形成双电源运行方式。确保了化肥供水需求量和供水可靠性。 （3）经优化将分离后的清、污水源通过自流可进入复用水池和中间水池，实现了水源互补，方便了运行，达到了降本增效的效果	鄂尔多斯市伊化矿业资源有限责任公司 白利东
151	井工开采	自制滚轮罐耳小车在矿井提升机特大罐笼中的应用	副井大罐笼下层滚轮罐耳倒安装于罐笼底部，每次更换时，由于罐耳自重大，需井口搭建检修平台由3~4人合力抬起到固定位置。由于在井筒口作业，高空作业危险系数大，风险高，费时费力。现制作专用工具，减少了人力，降低了风险系数，缩短了检修时间	鄂尔多斯市伊化矿业资源有限责任公司 赵彦伟
152	井工开采	综采工作面两巷道"锚杆退锚器"装置研发与应用	巷道采用铁锚杆锚杆支护后，对综采工作面回采带来一定影响。综采一队自主设计了锚杆退锚器，此设计采用液控马达旋转带动钢丝绳，将锚杆从剥落的煤壁中拉出，提升了煤质，降低了工作面机械事故发生的概率，提高了工作面生产效率	鄂尔多斯市伊化矿业资源有限责任公司 魏钦雷
153	井工开采	多环境一网式工业视频融合技术	该技术创新点在于采用一套软件管理平台，对母杜柴登矿井及选煤厂各个重要工作地点视频监控进行集中控制和管理，统一数据库对所有视频监控的采集数据进行存储与分发，并提供统一的操作界面，实现各视频监控的资源共享、整合与联动，在矿调度指挥中心和选煤厂调度集控室大屏幕显示系统统一显示	鄂尔多斯市伊化矿业资源有限责任公司 张红岩
154	井工开采	国产提升机实现消音制动	利用PLC编程软件将提升机井筒开关的上、下井口到位停车信号通过时间调整传至变频器的主控器，让其参与变频传动系统的逻辑运算，与闸控系统实现完美配合，进而消除停车抱闸制动噪声。将两台单独的系统通过井筒开关信号及时间调整有机结合起来，不仅提高了提升系统的安全性，同时降低了闸控系统和变频传动系统的故障发生率	乌审旗蒙大矿业有限责任公司 张强

（续）

序号	专业	成果名称	成果内容及创新点	推荐单位及发明人
155	井工开采	小煤柱侧向支承压力监测技术研究	（1）通过有效的煤柱侧向支承压力监测，建立适合纳林河二号矿的沿空掘巷的力学模型，从而掌握3-1煤层工作面覆岩结构运动规律及矿压显现发生机理。 （2）通过沿空掘巷支护力学特征，合理优化小煤柱支护方案 （3）通过覆岩结构运动规律及矿压显现发生机理，提出适合纳林河二号矿的煤柱留设宽度	乌审旗蒙大矿业有限责任公司 陈国华
156	井工开采	全自动控制打钻防喷装置	本成果利用激光甲烷传感器检测钻孔排出的瓦斯浓度，当瓦斯浓度达到预先设定的瓦斯值时，通过防爆电磁阀接通瓦斯抽采管路，将瓦斯抽入管道中，通过地面泵站排入低浓度瓦斯发电厂发电机组进行发电，产生直接的经济效益。此外消除了煤矿打钻喷孔造成瓦斯超限或伤人事故的安全威胁，实现打钻瓦斯安全治理的目标，彻底治理了打钻产尘对巷道空气的污染	淮南矿业（集团）有限责任公司谢桥煤矿 高艳忠、宋啸、许传智、冯震、张森
157	井工开采	远距离大落差采煤工作面泵站供液系统“一站多面”优化设计与应用	淮南矿区采煤工作面液压支架一般采用移动泵站供液，移动泵站随回采进度进行拉移回撤。淮南矿区地质条件复杂，受回采超前应力影响，巷道变形严重，回撤移动泵站往往需要刷帮、卧底作业，既增加了工作量又影响高效回采。因此，结合供液系统能力，对远距离供液进行了优化设计和创新，在系统大巷布置固定泵站，实现了一个泵站服务多个块段，“一站多面”式集中供液效果	淮沪煤电有限公司丁集煤矿 周敏、琚朝旭、杨磊、张周鑫
158	井工开采	溜煤眼机械破矸装置的设计与应用	在综采工作面溜煤眼前方加设了一套机械式除矸工具（机械臂）代替人工作业。处理卡矸时，人员位于小眼口护栏外侧，操作液压片阀控制机械臂进行破矸作业，该作业方式安全系数、施工效率明显提升，实现了作业的本质安全	淮南矿业（集团）有限责任公司顾桥煤矿 马怀锁、韩家应、宋恩平、王玉坤、方琦
159	井工开采	穿层钻孔“两堵一注”封孔工艺的改进	上、下向穿层钻孔施工过程中，封孔是最关键的工序，封孔的成功与否直接影响钻孔的抽采效果。煤矿穿层钻孔均采用囊袋“两堵一注”的封孔工艺。封孔时，在钻孔内分别下入里口囊袋、外口囊袋、注浆管路等。注浆时，首先注外口囊袋，再注里口囊袋，最后注两囊袋之间（带压注浆），封孔结束时两囊袋之间存在一段空气柱，无法注实，往往导致钻孔漏气，影响封孔效果。对传统的封孔工艺进行改进，注浆时，首先注外口囊袋，再通过注浆管路向外口囊袋以里的空间进行注浆，直至通过2寸封孔管返浆为止。此时，孔内的水泥浆还未凝固，再注里口囊袋，最后对里、外口囊袋之间的空间进行二次带压注浆	淮南矿业（集团）有限责任公司顾桥煤矿 王瑞、柏云飞、田泽辉、车发家
160	井工开采	$\phi2.5$ m盾构机作业线出矸系统的优化	（1）超长卸载装置采用分段式加长段，方便运输，整个装置稳定性高，通过加高加长卸载装置，可以在不影响下方轨道运输的情况下，实现跨轨道的运输。 （2）智能张紧装置采用PLC控制系统，实现了不同工况下张力的自动调节；选用永磁电动机作为绞车的动力源，使带式输送机起动和停车等工况变得简单且可靠	淮南矿业（集团）有限责任公司张集煤矿 包蓓蓓、吕德东、王宣光、纵睿

（续）

序号	专业	成果名称	成果内容及创新点	推荐单位及发明人
161	井工开采	基于变频一体机驱动刮板机的优化改进及“三机”配套方案的应用	通过优化SGZ1000/1710型及SGZ900/1050型刮板输送机推移部结构，解决了永磁变频一体机应用带来的工作面“三机”配套问题，为各生产工作面变频一体机推广应用打下了坚实基础，为工作面安全生产创造了良好条件	淮南矿业（集团）有限责任公司设备租赁有限责任公司 史宗林、吴晶、曹玉波、王辉、李世辉
162	井工开采	新型井下打钻喷孔自动防控装置一键启动控制系统研制	新型井下打钻喷孔自动防控装置主要由孔口防控装置、自动控制系统和煤气分离装置组成。在自动控制系统的PLC控制箱内进行系统编程，增加一键启动信号接入，并连接控制按钮到钻机操作台上。当出现装置动作滞后时，可绕过传感器，通过控制按钮直接对PLC控制系统发出动作信号，实现钻机断电、装置快速封堵，保证瓦斯不超限，同时也极大地提高了装置的检测效率	淮南矿业（集团）有限公司地质勘探工程分公司 张安东、魏涛、王璟理、沙甫
163	井工开采	“以孔代巷”定向长钻孔全程下套管装置的研制及应用	该技术主要通过优化施工工艺、改进套管类型、改进下管导向及下管辅助装置，研究岩芯管对测量系统的影响等，总结出一套针对复杂地层的全程下套管技术，实现了长钻孔全程安全快速下套管	淮南矿业（集团）有限公司地质勘探工程分公司 周伟东、景慎怀、殷广标、孔显
164	井工开采	掘锚作业线带式输送机机尾缓冲架自移装置	掘锚作业线带式输送机机尾因强度低、缓冲架固定不牢固等原因，经常造成带式输送机机尾脱轨、损坏，且经常挤坏掘进机动力电缆外壳，为解决上述问题研制了一种皮带机机尾缓冲架自移装置。该装置的优点：实现了带式输送机机尾缓冲架的自动移动，降低了设备损坏的概率和更换的频率，职工劳动强度下降，提高了生产效率，综合效益显著	鄂尔多斯市华兴能源有限责任公司 许程远、高阳、苏刚、朱灿、吴兵波
165	井工开采	运锚机刚性支架、落煤点小跑车改造技术简介	掘锚一体机刚性支架（二运）压机尾造成机电事故影响生产；带式输送机机尾缓冲架在接料时，缓冲托辊受到物料下落冲击造成损坏和卡死、机架变形，更换维修困难，存在落煤点撒煤严重，输送带撕裂等问题。为解决上述问题对刚性支架及落煤点小跑车进行了改造升级。刚性支架改造后巷道变坡度施工时未出现过刚性支架压机尾现象；落煤点小跑车的运用使落煤点支撑面积增大，冲击能量减缓，不再撒煤，而且小跑车经久耐用、安全可靠，为掘锚一体快速掘进提供了重要保障	鄂尔多斯市华兴能源有限责任公司 王鹤、高阳、苏刚、许程远、宋彬
166	井工开采	掘锚机机载钻杆改造技术简介	为了有效解决掘锚机机载钻杆拆卸频繁、磨损率高、连接套容易丢失的问题，对现有帮部钻杆进行了技术改造升级。具体措施：将两钻杆活动连接套改造为固定连接头，实现了钻杆快速装卸，减少磨损；通过增加钻杆杆体的长度，减少了钻杆的拆卸频率；对钻杆杆体结构进行优化，增加螺旋叶片，实现了快速钻孔。通过本次对杆体的改造，延长了钻杆的使用寿命，降低了维护费用，简化了作业工序，为快速掘进提供了技术保障	鄂尔多斯市华兴能源有限责任公司 许程远、康树生、周建强、王刚、吴兵波

（续）

序号	专业	成果名称	成果内容及创新点	推荐单位及发明人
167	井工开采	综放工作面刮板输送机机尾改造及应用	对SGZ10002400型前部刮板输送机机尾重新设计改造，采煤机能割透超出伸缩机尾固定架封底板后约350 mm的位置（极限位置超出机尾固定架封底400 mm），切割透了支架底座前的煤矸底板，不仅彻底解决了支架底座歪斜、刮板输送机机尾“翘腚”等问题，还减少了职工的工作量，降低了劳动强度，提高了工作效率	鄂尔多斯市华兴能源有限责任公司 李泽民、高晓强、何文献、高阳、任兴
168	井工开采	特厚煤层深孔预裂爆破装备及应用技术改造	综放开采时，以往深孔爆破装药困难，安全性较低，孔内聚能管下滑，雷管脚线较多，在装药过程中极易造成雷管脚线断开或钻孔有轻微淋水，易出现残爆、拒爆等隐患，封堵炮泥采用人工现场制作，使用炮棍进行捣实，施工时间较长、封堵质量较差影响爆破效果等问题。针对以上问题，达到巷道顶板定向断裂，降低巷道围岩压力，减少采空区顶板悬臂长度的目的，经实测在不影响爆破效果的状况下，优化了爆破施工工艺，在爆破过程中既提高了效率又确保了安全	鄂尔多斯市华兴能源有限责任公司 曹朕源、高阳、任兴、薛端盛、韩雁青
169	井工开采	孔庄煤矿可伸缩安装平台设计及应用	空气压缩机工作过程中高温高压的压缩机油携带的热量相当于空气压缩机功耗3/4的转化热量。设计空压机余热回收利用系统，通过两个换热系统回收空压机运行过程中产生的余热量加热洗浴用水，该系统不增加空压机本身的负载。同时，可以降低空压机运行温度，提高空压机的运行效率，降低维修保养成本	中煤集团上海大屯能源股份有限公司孔庄煤矿 王亮亮、高志伟、徐波、韩方壮、纵华治
170	井工开采	口孜东矿制冷系统改造	根据矿井实际情况，将原有制冷系统与新建的乏风余热利用系统的进、出水管路并联，且在新增加的管路上安装电动、手动阀门，根据制冷系统实际存在的问题进行运行模式的自由切换，以保证系统正常运行。制冷系统若出现内漏造成管路压力低于设定值时电动阀自动开启补水，压力达到设定值时自动关闭	中煤新集能源股份有限公司口孜东矿 陶华坤、王跃龙、曹学涛、张宝海、尹青山
171	井工开采	采煤工作面架后自移式注水器	本成果由动力系统、材料混合器、分配器、注液导杆和连接高压胶管组成，解决了易自燃煤层回采工作面空间小、局部地点氧化且采用传统防灭火措施效果差的问题，具有操作简单、效率高、节省成本、防灭火效果好等特点	中煤新集能源股份有限公司口孜东矿 刘福轮、柳俊、秦瑞宏、李彤彤
172	井工开采	副井罐笼安全逃生装置	在罐笼上下层设置爬梯，爬梯日常固定牢固，不影响正常打运及人员上下，使用时安全快捷。在人员提升过程中，提升系统出现卡罐、跳车等短时间无法处理的故障时，为确保罐笼内人员安全，需启动提升系统应急预案，将罐笼内人员通过罐笼顶部安全通道从梯子间撤离。为确保人员能撤离到罐笼顶部，设置该套安全逃生装置	中煤新集能源股份有限公司口孜东矿 曹学涛、王贵成、张臣波、李宁
173	井工开采	多参数传感器吊挂装置	利用螺栓、钢管、薄铁皮、钢筋等制作多参数传感器吊挂装置。装置顶部使用ϕ30 mm和长50 mm的钢管，将钢管四周均匀打眼钻孔并安装8颗内六角螺栓，起到固定顶板的作用；中间部位使用两块长130 mm、宽60 mm的薄铁皮与顶部钢管焊接固定，在两块铁皮上分别钻孔安装螺栓，起到调节吊挂角度的作用	中煤新集能源股份有限公司口孜东矿 戚向男

（续）

序号	专业	成果名称	成果内容及创新点	推荐单位及发明人
174	井工开采	主要通风机一键倒机	手动倒换主要通风机时，需要岗位司机操作多个步骤才能完成并且对岗位司机有较高的要求。倒换主要通风机大约需要5 min（《煤矿安全规程》规定要求10 min以内完成启动）。为提高主要通风机自动化水平，简化岗位司机操作步骤，需对主要通风机进行一键倒机改造	中煤新集能源股份有限公司口孜东矿 潘双矿、徐奕
175	井工开采	光滑地面全站仪、水准仪辅助观测装置	本成果由三角形框架、吸盘和三脚架固定孔组成，通过吸盘把装置固定在光滑地面，把三脚架放置在固定孔上即可进行对中、整平和观测工作	中煤新集能源股份有限公司口孜东矿 葛绍良、卢伟、王巍、方旭
176	井工开采	可移动式轻型制冷装置	本成果由风动力和水循环装置、一种管路冷却体、铜管和高压胶管连接组成，运用机械力学原理及物理学原理，自制一种可移动式轻型制冷装置，进行局部制冷降温，有效改善了作业环境温度，解决了综采工作面上机尾温度高的问题，达到了制冷降温的效果	中煤新集能源股份有限公司口孜东矿 柏跃好、杨振
177	井工开采	轻型高效吊刮板输送机装置	本成果由动力系统、注液单体支柱、注液枪和连接高压胶管组成，通过运用机械力学原理及液压动力学原理，自制一种轻型高效吊刮板输送机装置，进行局部吊刮板输送机，有效改善了起吊中部槽时间，解决了综采工作面输送机爬坡起吊难题，达到了预期目的，是一种轻型高效吊刮板输送机装置	中煤新集能源股份有限公司口孜东矿 柏跃好、杨振
178	井工开采	掘进机机载临时支护装置改造	装置宽度由原来的2050 mm减小到1800 mm，是同种结构临时支护装置宽度最小的，使部件结构更加紧凑。司机操作视野得到一定程度改善，完全满足掘进时的截割作业，克服了传统的临时支护方式，实现了机械化作业	中煤新集能源股份有限公司设备维修公司 方向明、叶小森、储晓莲、凡臣臣、刘俊生、陆鸿
179	井工开采	一机多用抵缸设备研制与应用	支撑装置与机架的连接由螺纹结构完成，这种连接的优点有：高度能调节，使抵缸设备能适应不同缸径的立柱装配。通过更换U形板完成导向套的退去。抵缸装置由特殊的双伸缩千斤顶改制而成	中煤新集能源股份有限公司设备维修公司 储晓莲、方向明、叶小森、刘俊生、陆鸿
180	井工开采	一种薄壁箱体螺纹修复工艺	待修的BRW550乳化泵箱体50%以上都存在泵头连接螺纹孔滑扣现象，因壁薄（单边有效壁厚仅8 mm左右），无法按照传统镶螺纹套工艺修复（传统镶螺纹套工艺需坡口焊接，因壁薄缘故，坡口尺寸受限，焊缝尺寸小，承力达不到要求）。采用此种工艺修复的螺纹孔螺纹强度优于箱体原始螺纹，达到了预期效果，解决了生产难题	中煤新集能源股份有限公司设备维修公司 叶小森、方向明、储晓莲、刘俊生、陆鸿
181	井工开采	多功能检修平台研制	车间检修大型设备时，因检修区域高低不同，原车间自制的台阶高度难以满足日常的检修需求，遇到较高的检修区域时，车间只能使用中部槽作为人员上下的平台，十分不便且具有一定的安全风险，严重制约生产进度。通过多功能检修平台的研制，解决了上述问题，满足了日常检修需求	中煤新集能源股份有限公司设备维修公司 叶小森、方向明、储晓莲、刘俊生、陆鸿

（续）

序号	专业	成果名称	成果内容及创新点	推荐单位及发明人
182	井工开采	强力型压销机研制	该设备实际上可以看成是一台卧式压力机，是维修公司针对液压支架拆解专门设计的一种便于支架大件吊放、适应不同架型的通用型设备。利用大的液压力，替代以往火烤、风镐击打、拔销器外拔等拆解手段，省时省力，安全高效	中煤新集能源股份有限公司设备维修公司 叶小森、方向明、储晓莲、刘俊生、陆鸿
183	井工开采	坚硬岩石快速钻进施工工艺研究	为了加快坚硬岩石钻孔施工进度，确保瓦斯治理钻孔及时、有效完成，结合周边矿区坚硬岩石施工经验并与科研单位合作研讨结果，对现有施工工艺进行革新，采用气动潜孔锤和高能液动锤施工，极大地提高了坚硬岩石的钻进效率	中煤新集能源股份有限公司地勘公司 陈斌、许令要、孙永青、张蒙远、张雨
184	井工开采	巷道围岩变形量观测新型测量方案	通用的煤矿井下巷道变形量观测方法为十字布点法（根据《GB/T 35056—2018 煤矿巷道锚杆支护技术规范》），利用该方法，使用卷尺配合工程线的测量方案费时费力，已经不适用于煤矿巷道的快速掘进。本创新依托十字布点法，设计了一种新型测量方案，包括发明了一种可伸缩式水准测量杆，改进了测钉，取代了卷尺配合工程线的测量方案，极大地提高了工程技术人员的测量工作效率及测量精准度	内蒙古上海庙矿业有限责任公司新上海一号煤矿 左海峰、李正、刘光饶、杨位良、李志民
185	井工开采	摇台指示显示及与提升机闭锁改造	在信号传输过程中，如果遇到外界干扰的情况而产生信号失误，使得井口与井底操作系统很难整体完成，提升信号无法产生，动车条件受到限制。此套装置可帮助岗位人员有效观察进出侧各设施的位置情况及到位情况，可有效避免岗位工因责任心不强或设备故障时，各设施未运行到位，造成提升系统发生重大安全事故，可提前进行预报警，提醒岗位人员，保障提升系统安全可靠运行	内蒙古上海庙矿业有限责任公司新上海一号煤矿 曾范涛、翟军存、李传昊、杨文龙
186	井工开采	风水联动喷雾改造	采用不锈钢可调空气雾化喷嘴代替传统喷嘴，采用反渗透纯净水代替生活水，该举措一举解决了水质含盐量高、地面喷雾水落地盐碱化问题。该装置采用空气雾化形式，使空气流和液体流互相影响而产生薄雾，解决了水压低、雾化效果差的问题。改进后的雾化效果显著提升并且水雾的降尘面积有所加大，对粉尘具有更好的吸附作用	内蒙古上海庙矿业有限责任公司新上海一号煤矿 翟军存、曾范涛、杨文龙、王伟、刘磊
187	井工开采	煤矿用采煤机用减震装置的改造	采煤机是实现煤矿生产机械化和现代化的重要设备之一，采煤机在井下割煤时，尤其割到煤质硬度比较高的煤或者岩石时，会产生很大的震动，这个震动力主要由采煤机采煤盘传递给摇臂，摇臂通过与机身铰接将震动传递给整机。采煤机井下工作时如果震动过大，会影响机械部分的齿轮、轴承寿命。为了解决上述技术问题，对煤矿用采煤机用减震装置进行改造	山东鲁泰控股集团有限公司鹿洼煤矿 秦显宾、谢群、秦鲁生、陈素贞、朱东旭

（续）

序号	专业	成果名称	成果内容及创新点	推荐单位及发明人
188	井工开采	猴车乘人器存储装置	1. 基本原理 存储装置安装在猴车机尾的后部，固定在托绳梁下方，乘坐人员到达下车位置时，乘人器不用摘掉，直接把乘人器滑到存储器滑道上面。当乘坐猴车时，乘坐人员可以直接把乘人器滑到乘坐地点，人员坐上乘人器后抱索器就会自动卡紧钢丝绳，随着钢丝绳的运行直接前行。 2. 关键技术 乘坐人员到达下车位置时，乘人器不用摘掉，直接把乘人器滑到存储器滑道上面。 3. 本实用新型的有益效果 降低工人的劳动强度，提高工作效率，确保猴车安全可靠运行	山东鲁泰控股集团有限公司鹿洼煤矿 刘涓、王海永、张新东、王金、张宝恒
189	井工开采	副井罐笼电动遥控罐帘装置的改造	（1）该副井罐笼电动遥控罐帘装置采用锂电池作为电源，使用本安型直流电机驱动，直接带动罐帘实现升降。 （2）该装置本安型电机驱动速度稳定，可实现罐帘的匀速升降，并设有过力矩保护，防止异常情况造成罐帘损坏。 （3）该装置既可以实现绞车到位自动升降，又可以根据情况实现遥控升降。 （4）该装置可以实现与罐笼位置的闭锁功能，将罐帘的升降与绞车安全回路串联，防止罐笼不到位罐帘的升降，大大提高了副井提升的安全性和可靠性	山东鲁泰控股集团有限公司鹿洼煤矿 马猛、郭连敏、朱海生、张利国、倪红健、刘勇
190	井工开采	二、四采区泵房集控系统不间断电源改造	（1）充分利用现场条件，将电力监控分站不间断电源引入通信系统隔爆箱，实现停电状态下的正常通信。 （2）为增加不间断电源的供电能力，在电力监控分站内增加同型号电池一组，有效延长了供电时间，满足了恢复送电要求。 （3）改造后，完善了机房硐室的无人值守功能，在异常停电的情况下实现集控系统的自我恢复，提高了集控系统的可靠性	山东鲁泰控股集团有限公司鹿洼煤矿 郭连敏、倪红健、张利国、刘勇、朱海生、马猛
191	井工开采	空压缩机断水保护装置的优化改造	在空压机冷却水回水管侧安装一台 LCZ-803 型流量计，将流量计数据接入空压机联控与空压机 PLC 实现程序闭锁，检测水流实现空压机断水保护。确保了空压机安全运行，有效保证了空压机智能化运行，具有良好的社会效益和较高的推广价值	山东唐口煤业有限公司 李杨勇
192	井工开采	门式起重机定点起吊微操精装技术的研究与应用	门式起重机定点起吊微操精装技术的研究，经过现场实际操作验证，有效解决了因起重机主副钩电机瞬间启动电流大，起吊不平稳，导致现场维修装配作业精度不高，存在安全隐患的问题。通过改进，有效减小了主副钩电机启动电流，减少了冲击电流对电气配件的影响，提升了起重机的运行质量，提高了现场维修作业时的装配精度，进而提高了工作效率。保证了现场作业人员的安全，消除了事故隐患，确保了起重机起吊作业的安全运行，具有良好的社会效益和较高的推广价值	山东唐口煤业有限公司 刘金龙

（续）

序号	专业	成果名称	成果内容及创新点	推荐单位及发明人
193	井工开采	大直径钻杆打捞装置的创新应用	经过现场的实际操作验证，该装置可以实现大直径卸压钻杆的快速打捞，有效解决了断钻杆、掉钻杆导致钻杆遗落在钻孔内的问题，减少了物料的浪费，确保了现场施工的顺利进行，提高了工作效率，具有良好的社会效益和较高的推广价值	山东唐口煤业有限公司 朱尧
194	井工开采	采煤机机身远程遥控可旋转雾炮装置的应用	综采工作面采煤机截割过程中，工作面大量的悬浮粉尘会对现场施工人员造成危害，虽然外加了喷雾装置但还是达不到预期的降尘效果。借鉴雾炮机设计思路，设计一种采煤机机载遥控增压喷雾炮，喷雾射程达到 30～50 m，安装在采煤机机身上方，通过远程遥控装置可实现 360°旋转雾化喷雾，大大降低了采煤工作面的悬浮粉尘	山东唐口煤业有限公司 张勇勇
195	井工开采	顶板孔定炮自动给进装置的应用	经过现场的实际操作验证，该装置可以实现顶板孔爆破装药时的快速推进，有效解决了爆破材料质量大、孔内推送困难的问题，减少了人工的使用，降低了人员的劳动强度，大大提高了施工安全性，确保了现场施工的顺利进行，提高了工作效率，具有良好的社会效益和较高的推广价值	山东唐口煤业有限公司 尹德亮
196	井工开采	EBZ150、EBZ 160 机载可伸缩 U 型钢托梁装置升级改造	掘进机机载可伸缩 U 型钢托梁装置实现了对掘进工作面拱形支架进行托举安装的功能，该 U 型托梁装置要求具有伸缩功能、灵活调节能力，适合公司在用的 5 种机型，节省了大量的人力物力，提高了效率，降低了生产成本。同时，减轻了工人的劳动强度，将危险系数控制在一定范围，避免了一些不必要的安全风险	开滦集团唐山矿业公司 张子静
197	井工开采	安全验电牌	安全验电牌能够实时监测设备是否带电并及时发出语音报警，预防触电事故的发生。在环境复杂的情况下，具有良好的稳定性和可靠性，抗静电及干扰能力强，不会出现误报和漏报现象。灵敏度高，报警反应速度特快。报警干净、利索，声音清晰、响亮，为标准普通话语音报警。采用 CR2032 纽扣式锂锰电池，电池耗电量极小，电池使用寿命在三年以上	开滦集团钱家营矿业分公司 毕俊宝
198	井工开采	变频器控制板智能检测装置	检修变频器时如果不能准确判断 IGBT 及控制板的好坏，试车时很容易发生炸机事故。装置由三菱 CPU 及扩展模块、显示屏及软件系统组成。其中，1 路为指令信号，6 路可以采集变频器控制板的模拟电压信号，并对采集的 6 路模拟电压信号进行数据处理，转换成变频器控制板实际工作电压数字量信号，通过 CPU 自动判断检测原件的性能，并把检测结果在屏上显示出来	开滦集团东欢坨矿业分公司 李永海、刘国新、刘立双、王蕾、徐春来
199	井工开采	采煤机三段速改手动无级调速	海创立采煤机牵引控制在自动控制出现故障时，可以临时切换到手动控制。但手动控制只有高、中、低三个固定速度，一个旋钮控制。在采煤机实际运转中发现，只有三种速度无法满足要求。通过对变频器的控制方式进行改进，参数进行修改，不同控制方式进行链接，通过原有的操作按钮、遥控器及端头站都可以操作，手动时可以无级调速	开滦集团东欢坨矿业分公司 李永海、刘国新、刘立双、王蕾、姬学良

（续）

序号	专业	成果名称	成果内容及创新点	推荐单位及发明人
200	井工开采	存储式 ModBus 数据网关在压风机群中的应用	采用存储式 ModBus 数据网关解决了煤矿压风机群控制系统在电磁环境复杂地点通信非常容易受到干扰，造成数据传输失败，上位机画面数据丢失的问题，传输失败等情况大为改善，保证了系统的正常运行	开滦集团东欢坨矿业分公司 韩雅楠、杨磊、刘世浩、刘海川、郑威
201	井工开采	井下建下膏体充填开采工艺及充填开采方法改造	充填骨料为充填站附近的矸石山和选煤厂的选矸石，辅料为附近电厂的粉煤灰，胶结材料为425号普通硅酸盐水泥，水为矿井水。选煤厂的选矸石由带式输送机输送至充填站，可以落到充填站矸石料场，也可以经犁式卸料器、中部槽直接落到上料带式输送机上。在矸石山附近设立原料矸石上料斗，原料矸石上料粒度≤300 mm，带式输送机上悬挂1台除铁器除铁。筛分与破碎产生的粉尘由除尘装置收尘。原料矸石由装载机直接卸料至原料矸石接料斗，经斗底振动给料机和带式输送机直接输送到振动筛筛分，粒度≤15 mm 的矸石直接筛出，通过带式输送机直接存在成品矸石缓存仓中；粒径>15 mm 的由带式输送机输送至破碎机破碎，破碎后的矸石由带式输送机输送到筛分设备再次筛分，形成闭环。充填时，缓存在成品矸石缓存仓中的成品矸石通过骨料计量装置计量，由带式输送机送至骨料二次缓冲斗，再输送到搅拌机内。粉煤灰采用管路运输，可直接通过气力输送至立式筒仓，经仓底螺旋输送机输送到各自的计量斗内计量，计量后输送至搅拌机内。气力输送系统耗气约66.7 m^3/min，管路规格采用 DN200、DN225、DN250 三种规格。水泥用散装罐车运送，通过压气卸入立式筒仓，经仓底螺旋输送机输送到各自的计量斗内计量，计量后输送至搅拌机内。水通过水泵从蓄水池内引水经计量后加入搅拌机。上述原料在搅拌机内搅拌，形成符合质量要求的膏体充填料，然后通过充填泵加压后经管道输送至充填区域进行充填	唐山开滦林西矿业有限公司 周文凯
202	井工开采	新型 PVC 聚能管在煤矿爆破中的应用	针对吕家坨矿业分公司6574回采工作面运输巷受6572采空区顶板垮落后形成的悬臂梁结构影响，6574运输巷侧压较大，金属拱形支架变形严重，巷道变窄影响工作面正常回采的实际，通过采用新型 PVC 聚能管配合乳化炸药深孔震动爆破切断悬臂梁的方法，达到提高装药效率、顶板断裂泄压明显的效果，同时为岩巷光面爆破和沿空留巷积累经验，经济效益显著	开滦股份吕家坨矿业分公司 张大程

（续）

序号	专业	成果名称	成果内容及创新点	推荐单位及发明人
203	井工开采	一种机车智能危险区域报警断电系统	机车运输是矿山运输的主要方式，由于巷道环境复杂，当电机车在危险区域运行时如果不能及时恰当地进行相应操作，就可能导致安全事故，这也是电机车安全运行亟待解决的难题 针对开滦集团机车运行网路及设备的特点，采用以现有设备为基础加装控制装置和危险区域报警装置的方法，实现危险区域警报辨识和机车强制减速通过等功能，保障机车危险区域的安全运行。系统由信号发射装置、信号接收装置、执行装置三部分组成。设置危险区域，当机车进入危险区域后，声光报警提醒机车司机减速慢行，当司机未注意到提醒时机车强制断电，保证机车运行至危险区域时能够安全顺利地通行，减少事故的发生。该系统在开滦集团范各庄矿应用效果良好	开滦集团钱家营矿业分公司 赵小亮
204	井工开采	一种真空断路器实验装置	煤矿使用的电气开关设备存在着数量多、品种杂的情况。这一情况制约了电气开关设备在井上进行维修时的进度，也导致在井上维修中需要多种试验手段和试验设备。为解决实际生产中遇到的这些问题，在日常的生产中总结各种开关设备断路器的结构及电气原理，进行多次尝试，针对多种 400 馈电开关断路器的连接方式，开展合分闸、欠压分闸的试验，最终成功研制出多功能断路器试验台（具有恒泰、新恒泰、电光、四平一开、四平四开等 7 种接口），面板功能简捷 该装置的价值主要体现在装置的多功能性、低电压安全特性、可移动微型特性。该装置制作完成以来，一直用于各种馈电开关的维修，使用 6 年多大大提高了维修工作效率，提供了故障判断的依据，提高了故障判断的效率和准确性，实际应用提效保安效果显著，每年综合经济创效 25 万余元	开滦集团钱家营矿业分公司 赵小亮
205	井工开采	主通风机一键操作改进	东欢坨矿风井主要通风系统是全矿的重点，担负着全矿井下通风的重要任务，主要通风机的新电控系统于 2020 年投入使用，至今系统安全可靠，保护齐全，功能完备。但倒开风机的操作需要人工，过程比较烦琐。因此研究远程控制系统，实现远程一键启动、一键自动切换风机等。通过增加闸门冗余传感器、完善 PLC 控制程序、安装无线监控摄像头、制作“一键操作”控制页面，真正实现远程控制主要通风机	开滦集团东欢坨矿业分公司 韩雅楠、丛金宝、刘海川、张若愚、张利军
206	井工开采	自动排气补液装置	鉴于当前市场多级离心泵设备没有统一的排气装置，人工操作偶有排气不及时情况发生，既造成多级离心泵停泵，又增加操作员劳动强度，还不利于安全生产，故通过对多级离心泵排气补液循环重新设计，实现自动排液，减少人工操作，提升安全系数，以一次性投入不足百元的成本，创造更多的经济效益	开滦集团东欢坨矿业分公司 王振飞

（续）

序号	专业	成果名称	成果内容及创新点	推荐单位及发明人
207	井工开采	井下管路内壁除垢清理一体机的研究与应用	该设备原理简明，牢固耐用，选用废旧材料及设备制成，造价低廉，通过使用管路内壁除垢清理一体机清理管路，可以完全清理干净管路内的锈及杂物，排除了管路继续锈蚀及堵塞腐蚀设备的隐患，大大地增加了管路及设备的使用寿命，降低了发生事故的风险和更换管路、设备的成本	山东新巨龙能源有限责任公司 张传明、崔士伟、刘颜、牛永明、王强
208	井工开采	新式缓冲托辊架的创新与应用	带式输送机运输能力强、自动化程度高、操作简单等特点，使其在煤矿井下运输过程中被广泛应用。但是随着各行各业的不断发展和进步，对带式输送机的要求也越来越高，针对带式输送机暴露出来的问题，对带式输送机缓冲托辊架进行研究与分析	山东新巨龙能源有限责任公司 王鹏鹏、娄东利、王岳、王若松、徐衍超
209	井工开采	风动工具"以租代购"管理模式在生产中的应用	为改善风动工具投入量持续增加的现状，对风动工具内部经营租赁的模式进行管理，形成"以租代购"的新管理模式。2021年风动工具投入量同比下降68.11%，达到了降本创效的目的	新汶矿业集团有限责任公司孙村煤矿 乔振长、李松宝、张建、杨龙
210	井工开采	CMM2－32Y型煤矿用液压锚杆钻车的引进应用	通过引进江苏中煤矿山设备有限公司的CMM2-32Y型煤矿用液压锚杆钻车，实现了远程遥控，作业更安全，显著减轻了工人的劳动强度；结构紧凑，全液压控制，操作方便灵活，履带行走，移位方便，机动性好，省时、省力，大大提高了作业效率	新汶矿业集团有限责任公司孙村煤矿 纪新波、牛峰
211	井工开采	井下复合式多功能专用车辆的优化改造	复合式多功能专用车辆的应用解决了装车单一的问题，杜绝了超长锚索支护材料矿里斜井提升存在的安全隐患以及大巷运输碰坏锚索，减少运输环节并确保了物料到位时间，提高了运输效率，为一站式物料运输创造了有利条件，同时减少了打装车人员及物料装车车辆，取得了良好的使用效果	新汶矿业集团有限责任公司孙村煤矿 鲍庆伟、王乐、国秀亭、臧森、刘志臣
212	井工开采	创新"安全培训"档案管理	采用先进、成熟、主流的技术，如云计算、云储存、大数据、人脸识别技术、动态二维码技术，构建数字化、网络化和智能化的先进系统，实现安全生产培训工作基础信息规范完整、动态信息实时调取、安全培训和考试全流程闭环管理	山东良庄矿业有限公司 李健、陈爱娟、吴钦坤、刘欣贵
213	井工开采	简易架空乘人装置吊筒安装方式的设计与应用	受巷道高度制约，架空乘人装置安装高度不足，不仅限制了轨道提升物件的高度，而且造成座椅距轨面安全间隙不足，对安全和生产都造成了一定的影响，该地点如卧底需施工40 m，工作量较大，占用运料时间。通过取消"工"字钢吊挂方式，改用锚杆直接吊挂带有过渡盘的吊桶，增加了托绳轮的安装高度，满足了物料提升和架空乘人装置的运行要求	山东泰山能源有限责任公司协庄煤矿 张成宝、谷明、张永全、赵朋、庞会军

（续）

序号	专业	成果名称	成果内容及创新点	推荐单位及发明人
214	井工开采	缓压风门的研究与应用	为了减轻巷道压力对风门及墙体的影响，在风门墙体与巷道之间设置一道软质的缓冲带，缓解或者释放巷道压力带来的损坏。在风门墙体与巷道之间安设缓冲带且又必须保证巷道与风门墙体严密接触不漏风是实现该项目的关键。缓冲带与风门墙体接触，风门建筑材料必须符合建筑风门的材料要求，具有不燃性。缓冲带与巷道、顶板、风门墙体接触必须保证不漏风，释放巷道压力时对风门及墙体不会造成损坏或将损坏程度降至最低。缓冲带在释放压力后能够通过简单的工艺进行恢复，确保释放或缓解压力的连续性	山东泰山能源有限责任公司协庄煤矿 尹周、王强、赵义飞、张二平
215	井工开采	2号副井上车场乘人间距控制技术研究与应用	2号副井运人数量多，人员上下密集，改造前为气控模式，因气泵频繁打压，故障率较高，且管线漏气导致人员限位装置保护无法正常使用	山东泰山能源有限责任公司协庄煤矿 田永生、徐希鹏、夏光峰、张庆
216	井工开采	轴编码器在架空乘人装置中的应用	架空乘人装置作为矿井主要运人设备，安全运行十分重要。速度保护为架空乘人装置中的重要保护，为了更准确地监测监控乘人装置的运行速度，保证架空乘人装置的安全运行，将速度保护改装为轴编码器，取得了较好的效果	山东泰山能源有限责任公司协庄煤矿 张鹏、谷明、张永全、赵朋、张成宝
217	井工开采	掘进机喷雾冷却系统优化设计	介绍一种优化设计后的掘进机水系统，阐述它的关键技术、机构以及工作原理，为了保证进水洁净度采用反冲洗过滤器设计；冷却系统通过油箱扩容、冷却器多重布置提高热交换能力；安装喷雾泵保证喷雾系统压力达到《煤矿安全规程》的要求。解决了现阶段掘进机水系统冷却能力不足，导致系统泄漏、液压元件损坏的问题	山东泰山能源有限责任公司协庄煤矿 牛田元、李鹏、于振江、安健
218	井工开采	矿用永磁滚筒变频器防谐波技术探讨	随着煤矿技术装备的不断提高，变频控制技术及永磁滚筒技术已逐渐成熟并得到广泛应用。但永磁滚筒皮带的驱动变频器还存在污染电网及变频器启动时上级电源移动变电站漏电频繁跳闸的现象。通过与永磁滚筒、移动变电站厂家技术人员研究，对变频器接地系统安装专用接地极，接地极按照局部接地极标准（0.75 m^2，3 mm 厚钢板）安装，不允许共用辅助和局部接地极；变频器负荷侧供电电缆与通信电缆分开布置，布置方式为沿巷道两侧或者分开距离至少 0.5 m；变频器负荷电缆使用变频器专用屏蔽电缆，有效降低了各类事故的发生，提高供电安全可靠性，保证永磁滚筒安全高效运行	新汶矿业集团有限责任公司 邵俊河、巩振刚、杨绪利、黄启明、李腾

（续）

序号	专业	成果名称	成果内容及创新点	推荐单位及发明人
219	井工开采	风机停机自动警铃报警装置的应用	矿井提风机担负着整个矿井通风的重要任务，提风机出现故障停机后如不能在10 min内完成倒机工作，就会影响矿井正常生产，同时危及井下作业人员安全，最大限度缩短停机时间是关键。现提风机出现停机事故后，报警装置仅限于监控系统监视界面报警提示，如人员发现不及时，就不能及时地进行倒机操作，危机矿井安全	新汶矿业集团有限责任公司华丰煤矿 邵俊河、巩振刚、路超、邵德超、陈矿生
220	井工开采	采煤工作面两端头安全预警装置	工作面煤机运行到上下巷三角位置时，因两巷行人看不到煤机的运行位置，存在煤机伤人的风险隐患。自主研制了采煤工作面两巷安全预警装置。在上下三角5~10 m位置把一个行程开关固定在工作面刮板输送机机头、机尾第三节挡煤板上，当煤机进刮板输送机机头、机尾时，煤机电缆碰到行程开关，使其常开点闭合，从而控制放置在面刮板输送机机头、机尾以外5 m处的报警信号，实现煤机进刮板输送机机头机尾时提前报警，防止人员进入危险区域。当煤机进完刮板输送机机头、机尾时，煤机上行或下行至行离开行程开关，使其常开点开启。实现语音报警装置关停，人员可以从两端头进入工作面	山东泰山能源有限责任公司翟镇煤矿 董振、朱振伟、刘隆辉、郭汉青、翟洪诚
221	井工开采	密实充填支巷下封口柔膜墩柱封堵	短壁连采密实充填工作面支巷充填时，下封口使用柔膜墩柱代替传统的木板+滤布+单体支护，减少人员投入2~3人，施工效率提升40%，支护强度3 d后达到10 MPa，支护强度大于传统的木板支护及轻型模块支护。减少了职工劳动强度及劳动时间，并对顶板进行了有效控制，实现顶板不下沉，以矸换煤绿色开采	山东泰山能源有限责任公司翟镇煤矿 朱振伟、董振、刘隆辉、郭汉青、翟洪诚
222	井工开采	井上下新型岩移观测方法	通过在煤矿充填工作面，利用新型岩移观测方法，研究充填工艺对工作面顶板破坏程度，通过观测分析区域充填开采的移动规律，指导今后矿井类似条件煤层的开采，达到本区域压煤合理、安全、经济开采的目的	山东泰山能源有限责任公司翟镇煤矿 孙兴洲、李晋忠、荆荣法
223	井工开采	自动控制无绳式单轨吊道岔的优化改造	改变阻车器打动方式，直接将阻车器安装在单轨吊道岔上，在活动轨上安装打动装置，打动装置随活动轨运行来打动阻车器，实现阻车器起落的控制。一是取消了油丝绳控制方式，避免了油丝绳断裂，造成阻车器无法下落，给单轨吊机车运行造成安全隐患；二是现场无须重新安装阻车器，减轻了工人劳动强度，提高了现场工作面貌	山东泰山能源有限责任公司翟镇煤矿 张鹏、魏文、徐西祥、刘玉水、曹富国

（续）

序号	专业	成果名称	成果内容及创新点	推荐单位及发明人
224	井工开采	高性能厚锚固层大排距支护工艺	厚锚固岩梁分级加固，构建多级厚层锚固岩梁，实现大承载圈支护和结构化连续控顶。一级正常支护可应对一次采动影响；二级强化支护应对多次采动应力扰动；三级让压防冲以应对巷道冲击型载荷；多级厚锚固结构可充分利用深部低损伤围岩长时稳定性能，限制浅部变形，达到大小位移联动。有效构建高强度大承载圈可显著提升围岩结构体抗应力扰动能力	山东泰山能源有限责任公司翟镇煤矿 李艳波、马飞、张新明、周付祥、王恒
225	井工开采	双向阻车器在矿井轨道车场中的应用	原来轨道车场采用的挡车设施形式是打设水泥基础安装挡车棍，安装周期较长，而且施工过程中需要人工安放，增加了工人体力劳动。为减轻施工过程中人工安放挡车棍带来的体力浪费，自主设计加工双向阻车器并安装在车场挡车位置，只需借助开关销控制挡爪起落，提高了工作效率，减轻了工人劳动强度	山东泰山能源有限责任公司翟镇煤矿 孙黎明、张鹏、徐西祥、吴现竹
226	井工开采	囊袋封孔技术在切顶爆破的应用	针对聚能切顶封孔工艺复杂、冲孔严重等技术难题，研制了快速早强膨胀型高效封孔材料，形成了囊袋注浆的便捷封孔工艺，实现了30 min内"封孔-爆破"一体化程序，100%不冲孔，确保了聚能爆破切顶效果	山东泰山能源有限责任公司翟镇煤矿 郑随生、胡强、赵鹏
227	井工开采	异形机载液压临时支架	为提高临时支架的适用性，使综掘机临时支架可同时适用于拱形断面和矩形断面，将临时支架按照拱形断面的弧度进行加工，通过控制临时支架的弧形弦长与弦高，控制临时支架的弧度，保证临时支护能够正常接顶。当巷道为矩形断面时，采用在弧形临时支架两侧上方加专用衬板，连接处采用高强度螺栓连接牢固，使弧形支架成为平顶支架，使临时支架适用于矩形断面。通过以上调整，该异形机载液压临时支架可适用于不同的断面，提高了设备的适用性，具有较高的推广价值	山东泰山能源有限责任公司翟镇煤矿 钟旭、马飞、张新明、周付祥、王恒
228	井工开采	综掘机内喷雾升级改造	改造内喷雾需要通过技术改造实现油水分离，增加压差控制装置、防尘油水密封总成，改造浮动密封架、浮动密封座等，改造水路油路。通过油压路线改造一方面保证伸缩部润滑，另一方面保证对密封环进行有效润滑。增加防尘油水密封总成以实现防尘，油水隔离	山东泰山能源有限责任公司翟镇煤矿 牛福宝、马飞、张新明、周付祥、王恒
229	井工开采	带式输送机低噪无尘缓冲转载装置	根据成品优点及设计理念，现场测量转载点尺寸，成立产品攻坚研究小组，进一步优化成品存在的不足，自行设计加工工作面巷道带式输送机转载点低噪无尘缓冲转载装置，降低了产品加工周期，减少了材料投入，将产品成功应用在现场，并在井下各转载点推广使用，取得了较好的效果	山东泰山能源有限责任公司翟镇煤矿 尚福浩、赵磊、杜如贵、李强、王向阳

（续）

序号	专业	成果名称	成果内容及创新点	推荐单位及发明人
230	井工开采	煤矿井下带式输送机储矸装置	因井下煤矸分离系统现用矸石仓容积小（仅 11 m^3），经常造成矸石满仓，严重影响重介浅槽系统正常运行和效能发挥，为解决该问题，研究设计了带式输送机储矸装置。该储矸装置主要由卸载架、永磁滚筒变频驱动装置、中间架、挡矸板、机尾架组成，可实现变频调速运行。安装在矸石仓下口，放仓时，设备低速运行，实现矸石动态存储，增大了矸石存储量，避免了因车辆周转不及时造成的满仓现象，提高了煤矸分离系统开机率	山东泰山能源有限责任公司翟镇煤矿 杜如贵、赵磊、尚福浩、李强、王向阳
231	井工开采	复杂硐室与巷道交叉点CAD三维建模辅助设计和精准管控技术	利用 CAD 软件具备的三维建模功能，设计人员通过建立工程模型，替代传统二维图纸进行设计意图的直观表达，将设计过程中的参数计算转变为直接提取，提高了设计效率。现场施工控制过程中，通过对模型各个位置进行剖切，提取相关参数，可实现精准控制	山东泰山能源有限责任公司翟镇煤矿 高德波、高坤、郭鑫、吴斌、刘清
232	井工开采	一种适用于煤矿井下自动加油装置	为确保设备油脂的洁净，采取从源头控制油脂洁净的措施，设计制作了风动四级净化“闭路”自动控油装置。装置安装在工作面油脂硐室内，实现了从原装油桶到加油桶整个取油过程的自动化、全封闭、无污染，有效避免了人员、取油器等对油脂的接触	新汶矿业集团有限责任公司鄂庄煤矿 王元明、张强、郑军、栾庆祝、吕峰
233	井工开采	巷道清挖设备优化改造升级	四采南翼回风联络巷全长 200 m，巷道内煤泥、淤泥多，无法满足 41501 西面工程掘进时的设备安装及运输需求，经过区队与专业人员研究确定，采用 WPZ-37/600 型煤矿用巷道修复机清挖淤泥，使用巷道修复机后，实现了挖掘、卧底、清理浮矸（煤）、清渣、平整巷道等多种功能。替代了人工清挖，极大地提高了工作效率，减轻了职工的劳动强度	新汶矿业集团有限责任公司鄂庄煤矿 王尚志、王元明、王志华
234	井工开采	一种煤矿多级静压防尘水池自动预警补水系统	煤矿井下多级静压水池需要人工补水或者开启长流水补水，存在的问题有：人工补水造成人力浪费且补水不及时，容易导致生产事故；补水管路长流水，水池灌满后逸出，造成浪费。该系统的应用可实现各静压水池水位自动报警、补水，提高了矿井多级静压水池的稳定性，节省了人工，减少了水资源浪费	鄂托克前旗长城煤矿有限责任公司 陈俊魁、吕生斌、田佳军
235	井工开采	一种新型应力计可调限压式加压装置	在传统加压泵基础上，通过串接一个安全阀，将应力计打压值限定在一定范围内，一般要求在 5~6 MPa。应力计可调限压式加压装置的应用，实现了快速安全打压，节省了打压时间，每工作面可节约人工 5 万元/年。在没有使用应力计可调限压式加压装置前，应力计打压时，经常出现打压误报警现象，由于数据实时上传，给矿井管理造成一定的影响。应力计可调限压式加压装置的应用，杜绝了应力计打压超压预警的现象	内蒙古福城矿业有限公司 牛群、成琦、赵胜勇、曹新雷

（续）

序号	专业	成果名称	成果内容及创新点	推荐单位及发明人
236	井工开采	采煤机 24 V 电源模块改造	1306 N 工作面运输巷进行沿空留巷，顶板预裂切缝采用双向聚能爆破预裂技术，即根据巷道岩性等特征，按照确定的装药方式，采用聚能装置将炸药固定在需要位置并改变切缝孔围岩的受力状态，使切缝孔围岩按设定方向张拉断裂成型。由于无法观测切缝孔施工效果，造成切顶效果不佳，后期留巷质量差，为了解决这一问题，采用管道窥视仪对切缝孔进行观测。 现场施工完顶板切缝眼后，利用管道窥视仪对切缝孔进行查看，装药爆破后，再次使用管道窥视仪对切缝孔爆破效果进行查看，只需要切缝孔对顶板预裂，不需要完全破坏，所以需要及时调整装药结构及爆破参数。此仪器可以对切缝孔内爆破前后情况进行可视化观察，方便对施工工艺及爆破工艺进行及时调整，保证切缝效果，确保工作面顶板切得开，减少悬顶对留巷顶板的破坏，留巷可靠	内蒙古福城矿业有限公司 纪维员、王建鹏、李成富、武国利、朱元帅
237	井工开采	一种适用于拆卸液压支架销轴、设备销轴的拔销器	人员在井下维修液压支架需拆卸销轴，但由于销轴长时间锈蚀、变形以及脏杂物的填充极难拆除，甚至有可能发生窝工等现象。本成果有效解决了煤矿井下、地面液压支架销轴的拆卸，还可维修所有采用销轴方式连接的机械设备，通过乳化液泵站作为动力，以简易的控制原理运行拔销器即可实现拔销，拔销器通过强大的动力和千斤顶的拉拔力能够有效地实现销轴拆卸。拔销器因为操作方便、原理浅显易懂，职工能够很快地把握拔销器的运用方式，易上手操作。拔销器可有效节省人员劳动强度，加快工程进度，即使销轴崩裂也不会不造成人员受伤	内蒙古福城矿业有限公司 谢戈、郭新汶、赵志刚
238	井工开采	一种抱轮式防掉道的涨紧跑车	该创新主要用于输送带涨紧跑车的升级，间接保证了输送带延长、涨紧时涨紧跑车的可靠性，防止涨紧跑车掉道事故的发生，可大量节省员工的劳动强度，提高工作效率，对公司甚至整个行业的接续、安装以及输送带的延伸、更换有着重要的意义，同时也根除了输送带涨紧跑车带来的各种安全隐患	内蒙古福城矿业有限公司 谢戈、郭新汶、赵志刚
239	井工开采	液压锚杆钻车操作平台改造应用	原双臂液压钻车两侧操作平台起降由一个伸缩臂控制，两侧平台只能同升同降，适用性差。根据现巷道断面实际情况，经过改造后两侧平台下方各自安设一个伸缩臂，可实现两个钻臂独自操作，两侧平台各自起降，不仅提高了适用性也极大地增强了安全性	内蒙古福城矿业有限公司 袁文生、李成良、陈正江、魏海、林建

（续）

序号	专业	成果名称	成果内容及创新点	推荐单位及发明人
240	井工开采	单轨吊机车起吊部的优化改造	单轨吊机车是矿井运输的重要工具，长城三矿在用柴油机单轨吊机车6部，单轨吊机车运输主要由+550 m物料换装站直达各采掘工作迎头。随着矿井正常延伸开拓，井下采掘施工地点不断增加，单轨吊机车运输距离不断延长，单轨吊机车运输物料耗时随之增加，严重制约单轨吊机车运输效率，单轨吊机车物料运输优势无法充分显现，对单轨吊机车起吊部的改造加快了井下物料的运输效率	新矿内蒙古能源有限责任公司沙章图矿井筹建处 张涛、徐加伟、吕鹏、翟彦良
241	井工开采	刮板输送机电动涨紧器研究应用	原煤运输系统每天转载运输原煤时间长，检修时间短，要想充分地利用检修时间，就要缩短检修准备时间。地面原煤仓顶刮板输送机涨紧器原设计为手动涨紧，费时费力，占用较长的检修时间，使刮板输送机得不到系统的检修，所以必须对刮板输送机手动涨紧器进行改进，减少人力的投入，缩短检修准备时间，提高检修效率	新矿内蒙古能源有限责任公司沙章图矿井筹建处 杨杰、杨洪国、王波、翟彦良
242	井工开采	一种煤矿用带式输送机	该成果包括机架以及沿机架长度方向安装在所述机架上部的槽型托辊、安装在机架下部的下平行托辊和输送带，还包括输送带调节装置，输送带调节装置安装在机架上，输送带调节装置可以对人为诱因产生的输送带一边松弛一边紧绷的状态进行调节，在装置内部改正为两边均张紧，同时使调节装置外部的输送带保持平顺状态，使输送带运行在下平行托辊或槽型托辊中心，防止跑偏	平顶山天安煤业股份有限公司一矿 王明洋、魏如愿、陈磊、杨非凡、侯芳芳
243	井工开采	一种便于安装拆卸的U型棚支护结构	本实用新型矿井施工领域装置，具体涉及一种便于安装拆卸的U型棚支护结构，包括沿着井道两侧铺设的轨道。轨道内安装可滑动的若干支腿，两端支腿顶端支撑设有U型钢，U型钢之间通过两根前探梁连接，两根前探梁分布在U型钢的顶部并通过前探梁卡子与U型钢固定连接，U型钢的顶部设有拉杆，支腿之间通过抽拉装置连接。轨道包括铺设在地面的轨道垫梁，轨道垫梁的高度可调节。在高度可调节的轨道垫梁上安装U型棚支护结构，便于安装拆卸。抽拉装置可以起到固定U型棚支护结构的作用，还可以在拆卸时通过液压杆的作用直接将支护收起，不需要工人进入矿井内，减少了劳动力，保障了施工安全	平顶山天安煤业股份有限公司二矿 郭明生、马召辉、刘照辉、赵晓举、牛积战
244	井工开采	矿用除尘、防喷一体化打钻“三防”装置研究与应用	（1）在选型上通用性和适应性强。该装置可用于所有施工地点的防突打钻钻孔施工。 （2）此装置集风水射流除尘器、气渣分离箱、排渣、水箱于一体，一机多用功能多，安装使用方便，操作简单，移动方便快捷。 （3）压风施工期间产出的煤尘用风水射流装置进行除尘	平煤股份有限公司勘探工程处 张福旺、涂克谦、王胜利、侯司宾

（续）

序号	专业	成果名称	成果内容及创新点	推荐单位及发明人
245	井工开采	德国沙尔夫ZL200-80齿轨卡轨车风动挡车器司控系统自主改造	为节省资金，首先想到了原有的道岔司控控制器、遥控器、电磁阀均可直接利用，但是其动作系统为油压动作，而现有的挡车器为风动控制，能否将油压控制单元改造为风动控制单元是关键。因此攻关小组拆解了原来的油压控制单元，自行购买了风管及与控制单元内部油管接头相适配的零件重新组装，将原来的油压控制单位改造成了风动控制单元	潞安化工集团司马煤业公司调度室 吴连勇、付刘英、王亭亭、吕震林
246	井工开采	锚杆机角度调节架装置	本成果为锚杆机支护角度调节装置，可随意调整锚杆机工作角度，解决了锚索（锚杆）因角度施工不合格而造成的支护质量问题，适应于不同规格尺寸的巷道支护，有效避免了人工抓扶锚杆机造成的机械伤人事故	国家能源集团宁夏煤业公司清水营煤矿掘进队 马治伟
247	井工开采	副立井滤油机改造升级	本改造升级了原有滤油机，大大提高了滤油效率，延长了油脂使用周期，降低了副立井绞车运行成本	国家能源集团宁夏煤业公司清水营煤矿机电队 石天润
248	井工开采	带式输送机保护中继电源不间断供电装置	本装置可为主提升带式输送机综合保护系统提供连续供电电源，避免主提升带式输送机因保护系统出现无计划停电而导致的重载停机问题，保证主提升带式输送机连续正常运行	国家能源集团宁夏煤业公司清水营煤矿运输一队 尤俊锋
249	井工开采	马桂云输送带更换法	与传统更换法相比，马桂云输送带更换法，对所需更换的新带实现提前连接，施工时只需完成出旧带进新带工作，更换过程快速简单，安全高效。本更换法可根据现场环境和条件，在更换输送带时由进新带出旧带在输送机不同部位确定有4种方式。无论选用哪种方式，新带的连接可提前在施工地点一段空间采用长“S”形叠加法完成。与传统的更换法相比，在施工地点的选择上可根据现场实际施工条件及输送机的运输方式确定，可选择性强；采用本更换法，将新带提前连接，更换时只需完成进新带出旧带工作，施工工艺简单、高效；该更换法提出新带提前连接，科学合理、经济性好	国家能源集团宁夏煤业有限责任公司灵新煤矿 马桂云、虎晓龙、孔国财、崔永红、王烈
250	井工开采	钢丝绳芯输送带接头硫化关键技术分析研究及优化改进	通过对近年来国能集团宁夏煤业有限责任公司出现的因接头质量不合格造成的影响生产、损坏设备、断带等事故原因的分析可以看出，造成这些问题出现的主要原因是，输送带使用单位对钢丝绳芯输送带接头硫化工艺、工序等技术不熟悉、掌握程度不够，同时厂家人员对接头硫化工作的关键技术研究不够透彻。因此，对于钢丝绳芯输送带接头硫化关键技术进行探索和研究，不但可以提高厂家人员的技术水平，而且可以为输送带使用单位提供对厂家人员施工技术的监督、指导	国家能源集团宁夏煤业有限责任公司灵新煤矿 马桂云、孔国财、虎晓龙、雍治国、段立国

（续）

序号	专业	成果名称	成果内容及创新点	推荐单位及发明人
251	井工开采	（自驱动叠加缠绕法）钢丝绳芯输送带更换方法	通过10年来神华宁煤集团灵新煤矿在进钢丝绳芯输送带更换工作实践可以看出，传统的更换方法由于设计缺陷及局限性，在施工过程中对施工地点的选择要求较高，施工工艺比较繁杂，不可控因素较多，施工的安全系数低，甚至给运输设备以及相关人员的安全造成了威胁。通过理论分析计算，提出了一种全新的钢丝绳芯输送带整体快速更换施工方法，即把新的输送带直接挂在旧输送带上，依靠本身的驱动装置，通过输送机自身的动力，低速开动带式输送机，利用旧带导入新带，而后断开旧带，硫化胶接新带，借助新旧输送带之间的摩擦力，再用新带导出旧带。该钢丝绳芯输送带更换方法的优点是方便经济，无须其他设备，缺点是对电机会产生不利影响。实践证明，与传统的更换方法相比，此方法安全、快速、高效的优越性明显	国家能源集团宁夏煤业有限责任公司灵新煤矿 马桂云、虎晓龙、孔国财、何兴明、马忠仁
252	井工开采	矿井水仓煤泥排放系统设计与实施	通过对预先设计好的两套排放系统方案可行性进行对比，最终确定选用的实施方案。利用灵新煤矿轨道上山至地面工业广场原有的机车运行系统和矸石排放系统的栈桥，通过在栈桥上开洞，加工制作安装一套的煤泥排放漏斗，对矿井水仓煤泥进行有计划集中排放，既保证安全环保工作的正常开展又解决了煤泥排放后留下的安全隐患对人员造成的伤害。该水仓煤泥排放系统设计科学合理，只需一次性加工投入一套煤泥排放漏斗，每年在煤泥清理排放工作前只需对该套系统进行简单的检查，无须二次投入其他设备设施。设计思路清晰，简单科学，针对性强	国家能源集团宁夏煤业有限责任公司灵新煤矿 马桂云、王安波、王小向、王庆锋、王卫军
253	井工开采	灵新煤矿六采区轨道下山+1055 m上部平车场轨道运输线路的优化	通过该项目的实施，解决了以往运输车辆频繁掉道的问题，以此来消除现场安全隐患，提高工作效率，减轻员工的劳动强度，满足了六采区轨道下山+1055 m上部平车场的运输要求，确保运输安全，提高了六采区轨道下山斜井运输地运行效率。优化改造方案具有实用、科学、合理、安全、高效等特点，经济性好，具有非常广泛的推广应用前景	国家能源集团宁夏煤业有限责任公司灵新煤矿 马桂云、崔永红、王国东、杨宽、王卫军
254	井工开采	一采区产品水恒压装置	通过对灵新煤矿一采区井下浓盐水反渗透深度处理净化水系统产品水池排水泵控制系统的优化改造，实现了供水负荷侧水压恒定供水，同时简化了员工操作步骤	国家能源集团宁夏煤业有限责任公司灵新煤矿 殷华、王列、李卫亮、杨红林、韩浦
255	井工开采	主通风机在线监控系统PLC冗余升级改造	通过对灵新煤矿五、六采区主要通风机的改造，实现了主要通风机开停机、倒机操作由现场手动操作向远程集中控制和监控的转变，实现了远程“一键启动”功能，大大提升了主要通风机操作的安全性和高效性	国家能源集团宁夏煤业有限责任公司灵新煤矿 殷华、王列、李卫亮、孟玉峰、韩浦

（续）

序号	专业	成果名称	成果内容及创新点	推荐单位及发明人
256	井工开采	无极绳绞车钢丝绳自动润滑器	综采工作面风机巷使用无极绳绞车进行运输，井下环境潮湿，钢丝绳易锈蚀、断丝。该无极绳绞车钢丝绳自动润滑器将托绳轮底部及周边封闭，形成完整敞口润滑油池，随着梭车运转，钢丝绳带动托绳轮转动，废机油黏在托绳轮上，黏到钢丝绳表面，渗透到绳芯，润滑油池在承托钢丝绳的同时，实现了无极绳绞车钢丝绳的自动润滑	国家能源集团宁夏煤业有限责任公司灵新煤矿 王华、杨建军、朱永峰、吴彦俊、顾长河
257	井工开采	电缆钩清洗机（万能清洗机）	装置主要由水箱、滚筒、泵站、升降油缸及驱动马达等组成。水箱长 1.5 m、宽 1 m、高 1.1 m，主要由槽钢边框及 δ6 mm 钢板焊接而成。圆柱形滚筒直径 1.1 m，高 1.4 m，由 δ10 mm 钢板压制而成，表面均匀覆盖 200 多个 ϕ16 圆孔。升降装置为两根油缸千斤，固定在支座上，两根千斤伸缩端固定在滚筒两端，可实现滚筒的上下移动。驱动装置为泵站提供的压力经液压马达、轴、轴承带动整个滚筒均匀旋转。 创新思路来源于“滚筒式洗衣机”，但创新小组把滚筒与水箱创新分离，介质可选择洗涤剂或油性材料，能够很好地均匀清洗，达到预期效果	国家能源集团宁夏煤业有限责任公司任家庄煤矿 颜士红、衡二风、魏浩、郝文平
258	井工开采	一种综采工作面超前大件多功能搬运专用车的研制	新研制的多功能搬运专用车解决了现有技术的弊端，简化了工序、降低了员工劳动强度，提高了工效，提升了安全系数，缩短了巷道因变形而带来的扩帮时间，为工作面原煤生产争取更多时间，大大降低了成本，提高了经济效益	国家能源集团宁夏煤业有限责任公司任家庄煤矿 韩永亮、马海军、颜士红
259	井工开采	一种掘进机全断面包围式机载超前支护装置	装置包括本体部、截割部以及超前支护部，通过使用本装置，能够对掘进工作面顶部、左帮、右帮、迎头进行全断面包围防护，人员在掘进工作面迎头、帮部进行锚杆、锚索支护期间进行安全防护，减少“敲帮问顶”的工序，保证迎头及作业期间的人员安全	国家能源集团宁夏煤业有限责任公司任家庄煤矿 韩永亮、肖书嵩
260	井工开采	单体液压支柱测试修复平台的研制	升井的支柱存在分类不明确、完好状况不清楚的情况，为了区分待修支柱损坏类别，节约支柱维修费用，利用废旧物资制作了支柱试压平台和回柱修复器。此装置避免了完好支柱外委检修，对支柱的大、中、小分类检修起到决定性作用，能极大节约维修成本	国家能源集团宁夏煤业有限责任公司任家庄煤矿 韩永亮、张鲲、马志军、霍春杰
261	井工开采	DSJ80 型带式输送机轮轨自移式机尾的研制与应用	本套装置以 DSJ100 带式输送机电气平台轮子托架为模型，自制轮子托架，使其整套装置的配套性更加平衡，跑道两侧高低水平，几乎不存在误差，可大幅度减少人力和时间投入，为接续掘进争取时间，现场实用性更强，安全性能更高	国家能源集团宁夏煤业有限责任公司任家庄煤矿 马志军、衡二风、霍春杰、张巧虎

（续）

序号	专业	成果名称	成果内容及创新点	推荐单位及发明人
262	井工开采	一种大倾角工作面中上部坚硬顶板水压致裂技术	坚硬顶板水力致裂效果明显，通过多孔、分段水力致裂后，在坚硬顶板致裂范围内形成了主、次裂缝相互扩展贯通的压裂区，有效破坏了岩层的完整结构及强度，保证了坚硬顶板的及时垮落，避免了能量的集中	国家能源集团宁夏煤业有限责任公司金家渠煤矿 吕兆海
263	井工开采	一种过大倾角工作面冒顶区的控制方法	金家渠煤矿综采工作面初采阶段面临大倾角+仰斜、坚硬基本顶不破断、支架失稳、架前顶板整体切顶冒落等开采难题，是宁东矿区复杂难采煤层的典型。针对架前顶板整体切顶冒落区域，开展“断链”控灾研究，提出“内部约束及外部限变”控制思路，切断灾害的传递途径，制定“注浆（充填+加固）-清渣-剥帮-造顶-推进”的方案，采取注浆、挂网、施工锚杆（索）等限变约束措施，进行破碎区煤岩体的加固，片帮治理后片帮区域、程度、次数大幅减小，工作面支架逐步接顶、压力回升，探索出适合宁东矿区复杂难采煤层工作面的“断链”控灾方法	国家能源集团宁夏煤业有限责任公司金家渠煤矿 吕兆海
264	井工开采	一种双绳梭车机尾平台（在开切眼上口）的固定方法	双绳梭车平台机尾段的施工及固定方法，提高了支架卸车效率，每卸一台支架较传统方式节约 30 min；同时解决了工作面液压支架到开切眼上口段的防滑难题，提高了支架下放速度，确保了工作面安装工期。替换了传统的转盘道施工工艺，结构简单，连接后的绳索强度高，安全可靠	国家能源集团宁夏煤业有限责任公司金家渠煤矿 吕兆海
265	井工开采	自动切割锚索装置数字化控制（全自动）改造	新系统主要由接近开关、光电开关、拉绳位移传感器以及控制柜组成。改造保留原来的手动操作方式，不更改低压配电箱、手动操作台、液压装置等，只是增加控制柜以及传感器。控制柜采集原手动控制系统信号，通过继电器隔离将信号（电机运行返回、锚索到位等）一分二接到原系统和新控制柜，控制继电器输出与原控制信号并联（启动、开关阀）或者串联（停止）。2 个接近开关采集切割机抬起最高位以及落下最低位，1 个光电开关采集切割锚索装置上有无锚索，拉绳位移传感器采集切割机抬起具体位置，传感器通过硬接线接人 PLC 中。PLC 主机通过以太网与显示屏通信，实时显示切割锚索装置动态信息。工人通过触摸显示屏设置数据以及启动自动切割锚索	国家能源集团宁夏煤业有限责任公司红柳煤矿 张宝坤
266	井工开采	“110”环形防跑带装置	根据各类煤矿带式输送机出现的安全事故及文件要求，红柳煤矿防治水准备队在 I020307 工作面安装的带式输送机由于坡度大，运输距离超过 1000 m，带负荷运行情况下，可能因为带式输送机接头或卡阻等原因，造成带式输送机有断带的风险，为了避免这类情况，结合现场实际，研究制作一件防跑带装置。在实践过程中不断完善、改进，最后在全矿推广使用，并命名为“110”环形防跑带装置	国家能源集团宁夏煤业有限责任公司红柳煤矿 牛琨

（续）

序号	专业	成果名称	成果内容及创新点	推荐单位及发明人
267	井工开采	复杂地质条件综掘快速掘进技术研究	枣泉煤矿矿井自2006年投产以来，由于煤炭市场持续向好，持续十余年高强度生产，采掘接续矛盾已经凸显，加上矿井“四大一多一高”复杂地质条件的影响，工作面提前停采或搬家倒面“跳采”通过断层频繁，每年造成很多的无效巷道，采掘接续的压力巨大。矿井多断层的地质特点，要求必须准备好回采工作面，以缓解煤质与产量的压力。 通过对井下复杂地质条件综掘快速掘进技术研究，从巷道设计、设备配套、生产组织及措施到位等几个方面阐述快速掘进研究的内容，通过目标、政策、责任与技术等手段持续提高掘进速度，提高单进水平，保证矿井长久发展	国家能源集团宁夏煤业有限责任公司枣泉煤矿 郑宗儒、王文新、吕凤圆、邓新东、刘聪
268	井工开采	130203工作面机巷综合治理技术	130203综放工作面回采时受超前采动影响，采动压力大，矿压显现明显，巷道顶沉、底鼓及帮鼓严重。其中，超前130 m范围内巷道压力增大，超前50 m内巷道变形严重，顶沉、底鼓量达到2.5 m上下，两帮移近量达到1.0 m左右，影响安全生产。 通过对枣泉煤矿大埋深130203综放工作面机巷回采期间矿压数据进行分析，结合生产实践，提出对工作面回采期间机巷综合治理的研究方案，从新工艺、新技术、新装备等方面入手，解决生产中的实际问题，对130203综放工作面回采前巷道综合治理技术进行研究，为类似条件下综放工作面开采积累了经验	国家能源集团宁夏煤业有限责任公司枣泉煤矿 王文新、郑宗儒、吕凤圆、焦卫军、邓新东
269	井工开采	易燃煤层小煤柱喷浆巷道隐蔽火灾防治技术	开展“易燃煤层小煤柱喷浆巷道隐蔽火灾防治技术”的研究工作，密切联系了煤矿防灭火需求；此技术能彻底解决小煤柱巷道发火隐患，保障矿井安全生产，而且对丰富和完善矿井火灾治理和易燃煤层矿井防灭火技术保障体系具有较大的促进作用	国家能源集团宁夏煤业有限责任公司枣泉煤矿 余行贤、余国峰、马斌、于庆龙、杨致军
270	井工开采	管路焊接机器人	管路焊接机器人能够通过PLC程序编辑控制，从而对法兰盘与无缝钢管实现自动焊接。可以克服以往手工焊、生产劳动强度大，生产质量不稳定，劳动效率低，生产条件恶劣等缺点，提高生产效率，保障焊接质量	国家能源集团宁夏煤业有限责任公司枣泉煤矿 杨涛、张超、付强、马洪明、褚坤生

（续）

序号	专业	成果名称	成果内容及创新点	推荐单位及发明人
271	井工开采	主要通风机风门绞车防过冲及防反卷装置应用	根据《煤矿安全规程》第十章第四百三十六条规定，矿井应有两回路电源线路，当一路发生故障，备用电源应必须能及时投入，保证主要通风机在 10 min 内启动和运行。在正常切换风机或异常情况下切换主要通风机的操作程序是，主要通风机司机通过主要通风机通风在线监控系统远控或就地控制按钮控制正在运行的 1 号主要通风机切换为 2 号主要通风机，或将正在运行的 2 号主要通风机切换为 1 号主要通风机。在切换风机的同时，需将被切换的主要通风机的风门同时进行切换提升，如风门提升不到位或异常情况下无法正常提升，会导致井下风流短路，风量紊乱，造成重大事故。本次通过对风门的提升限位装置、孔盘计时装置和控制系统及控制系统后备的电源进行改造，实现了风门绞车在提升 1 号或 2 号主要通风机的风门过程中杜绝了由于风门提升过高、钢丝绳拽断、钢丝绳卡绳缠绕或钢丝绳过冲和反卷造成的风门提升不到位或无法提升现象，同时实现了主要通风机在故障、正常或异常状态下的一键切换和自动切换功能，并将原 6~9 min 的操作切换风机时间缩短到了 3~4 min 的切换时间，不但缩短了风机切换时间，减少了烦琐的操作程序，减少了现场作业人员和技术监督人员且降低了人为误操作风险，真正做到了减人、少人、降本增效，为建设"远程集控+无人值守+有人巡检"的智能化矿山奠定基础	国家能源集团宁夏煤业有限责任公司枣泉煤矿 张晓龙、杨军、杨伟、钟升旭、张海峰
272	井工开采	气水混合联动式喷头现场应用	气水混合联动式喷头带有接水孔、接风孔，由风压和水压共同提供动力，喷雾距离远，覆盖面广，雾化效果好。喷头体积小，质量轻，拆卸和安装简捷，移动和维护方便。喷头通过内外螺纹连接，可拆卸清理喷雾孔堵塞物。内部内置漏斗形水流扩散器、喷头上环绕喷雾孔，喷雾孔成扩散角度布置，可以覆盖整个巷道断面，提高了整体雾化效果	内蒙古平庄能源股份有限公司六家煤矿 赵辉、张国忠、顾彦军、隋欣、苏晓春、于海涛、赵林、马金富、高景凌
273	井工开采	一种矿用侧翻斗提升绞车掉道报警装置	经现场分析，掉道主要发生在斜坡暗硐底部，由于翻矸石时矸石滚落箕斗旁边容易引起侧翻斗掉道，决定在距离暗硐底部四十余米的暗硐口处安设掉道传感器，以点带线采集掉道信息。如此安装可以精准把握掉道情况。利用激光漫反射光电开关传感器 BF-M18JG-DS80C1 作为掉道感应关键部件，测试精准、可靠，安装便捷、省时省力，容易维护，可以保证矸石山绞车侧翻斗行车安全，为矿山安全生产增添了一份保障	内蒙古平庄能源股份有限公司六家煤矿 赵辉、林丛明、白羽、王云庆、李东辉、祁磊、马列、郭英杰、李磊

（续）

序号	专业	成果名称	成果内容及创新点	推荐单位及发明人
274	井工开采	1.6 m绞车液压站改造的设计与应用	在液压站油箱外壳安装温度传感器并与微电脑数字温控仪相连，调节微电脑数字温控仪的油温设定值，调到18 ℃启动、22 ℃停止，当油箱中的油温低于下限设定值（18 ℃）时，电加热器通电，自动投入工作。当油温升高到上限设定值（22 ℃）时，电加热器自动切断	内蒙古大雁矿业集团有限责任公司雁南煤矿 梁景强、史忠宝、于琦、齐岩、王玉珏
275	井工开采	防止架空乘人吊椅抱索器挂错位置装置的制作	在架空乘人装置吊架里侧 ϕ22 mm钢丝绳上方平行吊挂2根钢丝绳，当抱索器挂错时，会把抱索器挂在“防抱索器挂错位置装置”ϕ9.3 mm的钢丝绳上，这样抱索器就不会挂在架空乘人装置 ϕ22 mm钢丝绳上并移动，也不会卡在托绳轮处	内蒙古大雁矿业集团有限责任公司雁南煤矿 高金良、董秀军、郭洪喜、温雁题、陈志彬
276	井工开采	矿用防爆履带运输车发动机排气二次水过滤系统改进	此项设计加装了一套二次水过滤排气系统，改变了原有的补给水箱位置，从驾驶棚顶挪移到驾驶室后方，解决了水过滤器的水量补给，可以有效地将尾气二次过滤，降低了尾气排放浓度	内蒙古大雁矿业集团有限责任公司雁南煤矿 史忠宝、黄震、马冬雪、罗斌、沈毅
277	井工开采	气动门式挡车门在大倾角巷道施工中的应用	气动门式挡车门采用废旧的风钻作为动力输出工具，将气压变成扭力进行输出，形成驱动动力。采用风钻把手开关作为启停开关，将风钻把手开关安装在门式挡车门附近的躲避硐室内，信号工在躲避硐室内对门式挡车门进行远距离操控，从而实现门式挡车门的开、关工作。18 ℃时，电加热器通电，自动投入工作。当油温升高到上限设定值（22 ℃）时，电加热器自动切断	内蒙古大雁矿业集团有限责任公司雁南煤矿 丁柏顺、张德林、于琦、王强、冯永
278	井工开采	兴安煤矿五水平延深工程主提系统方案设计优化	优化兴安煤矿五水平延深工程主提系统方案设计，在五水平带式输送机运输大巷布置爬坡段，将煤仓标高布置在大巷标高以上，取消主提带式输送机暗斜井，清理斜下巷道，减少五水平初投巷道工程量，减少生产环节及资金投入，加快了五水平投产速度，有利于水平接续	黑龙江龙煤鹤岗矿业有限责任公司兴安煤矿 张佳林
279	井工开采	采煤工作面过地质构造破碎带治理工艺	兴安煤矿综采四队开采三水平南33层边界区二段工作面，二分层过一分层终采线回采，一分层终采线（板头）及断层处顶板破碎。通过在轨道向采煤工作面打钻，用水泥浆对一分层终采线（板头）及断层破碎带进行注浆加固，使顶板具有一定的稳定性和支撑性，保障开采的顺利进行	黑龙江龙煤鹤岗矿业有限责任公司兴安煤矿 刘洋

（续）

序号	专业	成果名称	成果内容及创新点	推荐单位及发明人
280	井工开采	煤矿井下掘进巷道风动打探眼钻机架装置	本装置在井下掘进巷道打探眼使用中，大大提高了打钻效率，通过调节角度的拉杆来调整探眼角度，调节范围可达±30°。设有专门的储放钻杆装置，钻杆拆卸后存放在固定位置，避免了因钻杆随便放置造成的钻杆堵塞以及钻杆丢失等现象	潞安化工集团公司王庄煤矿 郭双勤
281	井工开采	电牵引采煤机智能瓦斯监控控制技术	电牵引采煤机智能瓦斯监控控制技术，能够使瓦斯监控保护装置在综采工作面的正规生产循环过程中连续工作，并不随采煤机组开机生产→停机检修作业→再开机生产作业这一工作循环而间断监控工作。机载智能监控控制技术与现在的监测保护装置在技术与实践的应用上应有本质区别	潞安化工集团公司王庄煤矿 任建业
282	井工开采	防爆无轨胶轮车智能语音报站和避障装置	该装置运用射频识别技术和单片机控制技术：射频识别技术用于向外部发射射频信号，为无源电子标签提供运行所需能量；单片机用于读取无源标签传递的信息并进行数据处理，然后驱动语音装置播放相应的语音。另外，该装置实现了工人需下车时用随身携带的矿灯向车厢内的光控元件晃灯，经语音模块告知司机“下车”的信息。加装的超声波避障装置，能在胶轮车接近障碍物时，即时提醒驾驶员注意避障，提高了胶轮车行驶中的安全系数	潞安化工集团公司王庄煤矿 闫军
283	井工开采	便携式带式输送机综合保护试验仪的研制与应用	本便携式试验仪设计为一款煤矿本安型试验仪器，集温度保护、速度保护、堆煤保护、烟雾保护试验于一体，可在井下对输送机综合保护进行在线试验，确保各保护功能灵敏可靠，促进矿井的安全生产。仪器由充电式锂电池提供电源，充好一次电，仪器可以工作 16 h，方便携带，操作时无须另接电源	潞安化工集团公司王庄煤矿 王晓红
284	井工开采	掘进工作面自移式可升降捕尘网	（1）将捕尘网框架用槽钢固定在带式输送机机尾跑道上，捕尘网随着带式输送机机尾的移动自行向前移动，实现自移，减少了人力搬运，也节省了搬运时间； （2）捕尘网设计升降功能，防止巷道锚索对捕尘网的磕绊，造成捕尘网的损害。设计捕尘网的升降功能，主要由顶溜器人工完成，顶溜器固定于捕尘网主干骨架上，可伸缩量达到 0.7 m； （3）在需要大型物件通过或拖道时将捕尘网折叠，完毕后将捕尘网展开固定，空间上实现捕尘网的灵活伸缩和折叠	潞安化工集团公司王庄煤矿 琚红波

（续）

序号	专业	成果名称	成果内容及创新点	推荐单位及发明人
285	井工开采	一种适合巷道腰线标定的度盘激光指向仪装置研究	成果克服了现有技术存在的不足，提供了提高巷道腰线标定效率，简化现有腰线标定技术方法的度盘激光指向仪装置。 成果采用的技术方案：装置由激光指向仪、垂直度盘和连接装置组成。垂直度盘固定于激光指向仪右侧，激光指向仪与连接装置通过紧固螺丝连接，连接装置的底部中心有度盘指标线，顶端有锚杆孔，便于度盘激光指向仪与巷道锚杆进行固定。激光指向仪有水准气泡，水准气泡装置上有气泡精度刻画，精度为30″/2 mm。激光指向仪有激光发射装置，激光发射装置电源为外接电源，激光指向仪前端有激光光斑大小调节装置，后部设置垂直微调手轮和微调锁定圈，激光指向仪右侧后部设水平微调手轮。垂直度盘包括0～90°分化刻度线。连接装置有度盘指标线，度盘指标线固定安置在连接装置中轴线上	潞安化工集团公司王庄煤矿 李恩来
286	井工开采	一种矿用新型带式输送机防撕裂保护装置	该装置的主要检测元件是漫反射光电开关，它是一种集发射器和接收器于一体的圆柱形传感器。当有被检测物体经过时，物体将光电开关发射器发射足够亮的光线反射到接收器。于是光电开关就产生了开关信号，信号传输到保护装置的监控主机上，主机会发出“皮带撕裂，请注意检查”的语音播报，同时自动切断带式输送机电源，输送机停止运行，防止事故进一步扩大。该装置内部安装4个漫反射光电开关，可以减少保护装置的误动作，提高带式输送机的开机率	潞安化工集团公司王庄煤矿 张旭波
287	井工开采	高压真空配电装置隔离手车电动推移智能装置	自制一套高压开关隔离小车电动推移装置，装置由控制单元、传动单元两部分组成。装置由变电所UPS提供直流24 V电源，保证变电所大停电的情况下可以及时控制隔离小车摇进/摇出，进而实现远程操作停送电，更重要的是可以远程操作联络开关，实现回路间的远程操作	潞安化工集团五阳煤矿 郭永明
288	井工开采	大直径抽采钻孔煤岩两用钻头	在原有大直径钻扩一体化装备的基础上，制作全新的回扩钻头，由单一回旋式钻头改装成五钻头自旋式合金钻头，不仅可以满足煤孔扩孔的要求，扩孔过程中遇到岩石时，放慢回扩速度即可将岩石扩孔至设计尺寸，整个扩孔过程一次成型，极大地提高了大直径钻孔的施工效率，同时降低了频繁更换带来的设备磨损，延长了设备的使用寿命	潞安化工集团五阳煤矿 李思齐
289	井工开采	定位取钻杆装置	定位取钻杆装置用于打捞打钻过程中掉落的钻杆。截取两根大于钻杆直径的钢管并排焊接，焊接的钢管固定在钻头后方第一根钻杆上，将钢管两端焊接固定，保证钻杆在钻进时定位装置不前移或后退，使用该装置可以在更短的时间内捞取卡钻、夹钻后的钻杆；避免遗留后的钻杆在回采期间和掘进过程中留下隐患造成事故	潞安化工集团五阳煤矿 李思齐

（续）

序号	专业	成果名称	成果内容及创新点	推荐单位及发明人
290	井工开采	高瓦斯高地应力顶板水力压裂技术	通过破坏顶板岩层切断上方坚硬顶板与实体煤侧顶板连接，切断关键层的应力及弹性势能向煤柱侧传递的通道，达到卸压效果。同时顶板岩体产生大量与煤体贯通性的裂隙，下部煤层瓦斯沿裂隙运移至顶板，对煤层起到增透的作用，可使掘进期间围岩动力事件减少50%以上，保证工作面安全掘进，避免安全事故的发生以及由其带来的经济损失、安全效益的损失	潞安化工集团五阳煤矿 李思齐
291	井工开采	基于热动力学基础的瓦斯抽采工艺再突破	煤层预热抽采工艺可以促进煤层瓦斯快速解析，有利于快速抽采，煤层预热后平均抽采量可达 4.5 m^3/min，抽采达标时间缩短为 8~10 d，极大地缩短了抽采达标时间。该技术工艺主要面向低透气性难抽放煤层瓦斯抽采效果提升和造穴孔易出现塌孔堵孔等重大需求和技术难题，适用于迎头预抽钻孔和底抽巷穿层钻孔施工，通过研制一整套基于热动力学基础的瓦斯抽采工艺，实现了瓦斯治理工艺再突破	潞安化工集团五阳煤矿 李思齐
292	井工开采	离心式机械造穴钻具	该钻具可以满足机械造穴工艺要求，通过钻机回转，当回转速度达到 300 r/min 后，利用离心力打开钻具刀翼进行扩孔，扩孔完毕后降低钻速，刀翼自动复原，再进行正常钻进作业	潞安化工集团五阳煤矿 李思齐
293	井工开采	煤壁抽采控制巷道瓦斯自然涌出	为治理高瓦斯煤巷工作面煤壁瓦斯涌出问题，高瓦斯煤巷掘进工作面在边掘边抽工艺基础上增加煤壁抽采，巷道两帮每隔 30 m 布置一组煤壁抽采孔专门用于拦截巷道煤壁散逸瓦斯。增加煤壁抽采措施后，巷道回风流瓦斯浓度由原来的 0.6%降至 0.2%~0.3%	潞安化工集团五阳煤矿 李思齐
294	井工开采	全尺寸热处理四棱钻杆	利用新型工艺研制出一种全尺寸热处理四棱钻杆，该钻杆全尺寸采用冷锻、复热等工艺进行处理，强化了钻杆的强度和刚度，减少了夹钻、掉钻概率，具有良好的快速排渣构型，极大地提高了钻孔成孔率	潞安化工集团五阳煤矿 李思齐
295	井工开采	全要素复用封孔技术	全要素复用封孔技术利用水压进行封孔，方便、快捷、操作简单，封孔后可立即进行并网抽采，真正做到“打一并一抽一”。与以前的两堵一注封孔工艺相比，该技术可以减少封孔并网人员 2 人，不再需要每天八点班安排专人对钻孔进行封孔并网，既解决了因封孔不当使瓦斯异常涌出，进而发生瓦斯超限的现象，又保证了巷道的安全高效掘进	潞安化工集团五阳煤矿 李思齐
296	井工开采	专用防护帽	该创新运用安全帽经井下压风进行链接，在安全帽中形成单独的正压空间，既可使掘进机司机始终保持开阔、清晰的视野，保证施工质量的同时又能安全操作，又可使掘进机司机避免吸入较多的灰尘产生尘肺病，保证人员的身体健康	潞安化工集团五阳煤矿 李思齐

（续）

序号	专业	成果名称	成果内容及创新点	推荐单位及发明人
297	井工开采	提升机 PLC 故障模拟平台的探索	该成果根据副立井提升电控原理，利用 PLC 可编程、高可靠、易扩展、灵活方便的特点，通过设计电路图，建立专门针对提升机电控系统的 PLC 故障模拟平台，制作“缩小版”的提升机主控系统，与现场实物相结合，把抽象复杂的控制系统实物化简单化，通过日常的实操模拟，提高管理及检修人员的系统思维和故障判断能力	潞安化工集团五阳煤矿 祁成龙
298	井工开采	立井罐笼自发电照明装置设计与研发	从居民住宅楼电梯的造型结构上获得了灵感，研发了矿用副立井提升容器自发电照明装置。实际投用后，解决了副立井提升容器无永续电源的问题，填补了国内副立井提升容器照明“无法自动供给电能”的空白，加之配用蓄电装置功能，实现了输出电能的稳定性，保证了不间断电源的连续供电，不单能供照明使用，还能发挥电能的更多作用	潞安化工集团五阳煤矿 赵占宏
299	井工开采	涨紧式掘进拖延电缆自移装置	针对掘进工作面拖延电缆因掘进机前进、后退被挤压而发生漏电事故情况，创新研制出综掘工作面涨紧式掘进拖延电缆自移装置，不仅解决了拖延电缆被挤压的问题，而且节省了人工成本，降低了职工的劳动强度	潞安化工集团漳村煤矿 闫斌
300	井工开采	地面瓦斯抽采泵站齿轮箱冷却系统升级改造与应用	通过改造将齿轮箱油温由 90 ℃以上降至改造后的 70 ℃左右，循环冷却水不仅保留了闭式循环，减少了冷却水的流失，还增加了高温水排水阀门和低温冷却水补水阀门，有效降低了冷却水补水量，保证其与齿轮油进行有效的热交换。设备改造完成后在泵站运行状况良好，冷却水循环系统运行正常，减速机油温稳定在 70 ℃左右。设备的运转情况达到了预期效果	潞安化工集团漳村煤矿 李攀
301	井工开采	可调节带式捆绑装置	可调节带式捆绑装置借鉴成熟的带式捆绑张紧机械结构，通过优化闭锁装置满足安全要求、提升装置结构强度符合作业现场使用需求、缩减装置尺寸便于携带，在捆绑牢固性、操作简便性、使用便携性、运输过程安全性方面达到了预期效果	潞安化工集团漳村煤矿 朱明初
302	井工开采	选煤厂精煤刮板输送机复合熔焊耐磨钢板的应用及加固改造	选煤厂 XGZ-10 型精煤刮板输送机位于精煤仓上，所处位置为防爆区，检修维护难，近年来，随着入洗原煤的提升，精煤刮板输送机每年的精煤运输量由原来的 2.2×10^6 t/a 提升到 2.4×10^6 t/a，长时间强负荷运转，刮板出现槽体钢板锈蚀严重，铸石板破碎或脱落，支撑槽钢发生位移等现象，结合现场实际情况，进行优化改造：定制耐磨性能好的复合熔焊钢板替代刮板输送机槽体侧帮原有铸石板，对刮板输送机支撑刮板轨道的支撑槽钢增设自制可拆式加固装置，改造后的刮板输送机的运输能力匹配了当前增产的大环境，显著增加了经济效益，同时实现了在防爆区域避免开氧开焊，方便局域安装、维护的目的	潞安化工集团漳村煤矿 王常胜

（续）

序号	专业	成果名称	成果内容及创新点	推荐单位及发明人
303	井工开采	选煤厂 TBS 分选系统功能拓展升级改造	高河能源有限公司选煤厂块煤煤泥（粒度小于 13 mm）因粒度大且含有大量的低灰组分，需进入末煤分选系统进行二次分选，从而造成末煤系统开机率高，电耗增加，设备磨损加快。通过对系统管路进行改造，将这部分块煤煤泥直接引入 TBS 系统，通过 TBS 系统分选达到既降低煤泥灰分，又减少末煤系统运行的目的	山西高河能源有限公司 孔中华
304	井工开采	选煤厂末煤入选系统改造	高河能源有限公司选煤厂通过 3 台分级筛对毛煤进行分选，筛上物料通过带式输送机进入主厂房块煤系统进行洗选，筛下物料通过 2 部刮板机直接进行销售或者进入主厂房末煤系统进行洗选。过去是通过调整分级筛筛板来调节 2 部刮板机煤量和灰分，费时费力，不经济，通过对 2 部刮板机进行改造，由底层单一带煤改为上下两层同时带煤，且煤量可调的方式，增加了系统灵活性	山西高河能源有限公司 孔中华
305	井工开采	新元公司南区新补辅运大巷注浆加固技术	根据南区集中大巷破坏变形情况，加固工程应在恢复围岩内部结构完整性基础上，加强对巷道围岩的主动支护。参考原有支护强度，结合大量的工程实践，在确保工程质量并尽量减小工程量的前提下，本工程确定采用高压强力锚索支护加固方案	山西新元煤炭有限责任公司 刘文伟、王冬、郭利国、武守鑫、张宏伟
306	井工开采	一种智能型机载断电仪一种可人工制动的单轨吊滑轮	该装置以 PLC 作为核心控制，由瓦斯传感器、联锁控制装置、数据处理模块等组成。提高了信号传输的稳定性，当检测出持续的瓦斯超限信号时，瓦斯浓度信号输入 PLC 进行信号处理，并比较进行动作输出，将停止工作的信号传达掘进机使电路断开，由声光报警装置报警。该装置 PLC 输出为四路，两路负责控制掘进机的停机回路，另外两路负责控制照明信号、显示的电源。可有效实现瓦斯超限断电，保证了矿井的安全生产	山西新元煤炭有限责任公司 苗海、武守义、高志强、王宝林
307	井工开采	一种可人工制动的单轨吊滑轮	余吾煤业公司采用的单轨吊机车运输物料只能到达采区车场，材料设备运输的“最后一公里”仍然困难重重，该装置重点解决“最后一公里”的安全高效运输问题	潞安化工集团余吾煤业公司 王永祥、华明国、李常浩、牛国强、马玉龙、马勤雨

（续）

序号	专业	成果名称	成果内容及创新点	推荐单位及发明人
308	井工开采	一种具有临时封堵和缓冲性能的新型防喷孔装置	防喷孔装置是打钻作业中重要的防止瓦斯预警措施，现用的防喷孔装置在密封性能和缓冲性能上存在较大问题，套管与孔壁、箱体与钻杆、排渣管均存在较大的缝隙或者通道，当孔内发生瓦斯喷孔时，大量高浓度瓦斯会通过上述通道进入巷道，引起瓦斯预警的概率较高。为此，对现用防喷孔装置从密封性能和缓冲性能上进行改进优化。 （1）在套管上增加注水密封胶囊，杜绝孔内瓦斯通过套管与煤壁之间缝隙涌出。 （2）增加箱体与钻杆连接处皮垫，有效阻挡孔内煤渣喷至巷道。 （3）增加内部隔板，增加负压口尺寸，控制负压气流流场，防止煤渣堵塞负压口。 （4）增加气渣分离箱，对高浓度瓦斯和煤渣进行缓冲，进一步减少涌入巷道的高浓度瓦斯	潞安化工集团余吾煤业公司 徐宁、李云、华明国、崔志波、武亚男、唐政廉
309	井工开采	一种离心式造穴刀具	该离心式造穴刀具能够利用自身结构开合，无须外加其他设备提供刀具开合动力，以减少造穴施工的设备投入，降低施工成本。 （1）该离心式造穴刀具结构简单，灵活度高，可随钻作业，通过钻杆驱动打开，无须外加动力，减少了设备投入，在保证高效造穴的同时减少成本。 （2）经济效益：原机械式造穴水刀单价为10万元/个，该离心式造穴刀制作单价3万元/个，可节省成本7万元/个，预计每年可节省140万元；同时该离心式造穴刀具使用无须外加其他设备提供刀具开合动力，水力高压设备在60万元/套，预计每年可减少购买设备3套，节省设备费180万元，共计可节省费用320万元。 （3）安全效益：水力造穴时不再使用高压水力造穴设备，缩减了人工操作流程，避免了施工现场高压水射流伤人事故的发生，保证了现场施工安全	潞安化工集团余吾煤业公司 李云、周建伟、裴露辉、华明国、崔志波
310	井工开采	一种导向式钻杆打捞器	该打捞器通过在夹钻钻孔周围套孔，保证套孔钻杆与夹钻钻杆始终保持相同距离，套孔轨迹不会发生偏离，确保套孔钻具能到达夹钻区域，减弱煤体对于夹钻钻杆的作用力，从而顺利退出夹钻钻具。 （1）该打捞器制作简单、应用效果好，自制一套“导向钻进钻杆打捞器”仅需1700元，成本仅为3根钻杆的价值。 （2）经济效益显著：该打捞器在余吾煤业N2106回顺、S5207胶顺、N3101回顺顺利打捞出掉入孔内的316根钻杆、1个机械刀、4个钻头，挽救经济损失达28.7万元。 （3）安全效益：杜绝了掉入煤墙内的钻具与采煤机组摩擦产生火花，保障了现场安全割煤作业	潞安化工集团余吾煤业公司 李云、徐宁、华明国、武亚男、许川

（续）

序号	专业	成果名称	成果内容及创新点	推荐单位及发明人
311	井工开采	瓦斯抽放外置转换阀式新型负压自动放水器	煤矿井下瓦斯抽放管道负压自动放水器在使用过程中存在漏气、不转换放水、单次放水量较小、定期维护工序烦琐等问题。余吾煤业公司自主研发的瓦斯抽放外置转换阀式新型负压自动放水器较好地解决了上述问题，该装置采用两向三通阀原理制作放水器状态转换阀，实现放水器储（放）水状态转换，此外，该放水器转换阀体积小，原理简单，安装方便，能适用于所有手动放水器、积水箱的自动放水改造	潞安化工集团余吾煤业公司 周建伟、李云、华明国、任海涛、唐政廉
312	井工开采	一种采煤机滚筒内喷雾阀座	采煤机内喷雾是综采工作面降尘的主要措施之一，原有内喷雾阀安装在滚筒上，采用突出式结构。由于采煤机连续运行时间长且井下地质构造复杂，原突出式内喷雾阀极易出现磨损、堵塞、丢失等现象。因此，重新设计一种沉孔式内喷雾阀座，喷雾阀采用螺纹方式安装在采煤机滚筒沉孔内，有效减少喷雾阀磨损，明显延长滚筒使用寿命	潞安化工集团余吾煤业公司 许未明、宋晓波、华明国、李琨、周军、李程
313	井工开采	对轮涨套拆卸装置	该装置解决了锈蚀严重对轮涨套无法顺利拆卸的难题，该装置结合液压拉马施力强劲、平稳，以及冲锤冲击效果好的特点，实现对轮涨套无伤拆卸。相比作业人员使用氧焊切割涨套，造成涨套报废、对轮损伤，可以节省涨套购置费用，缩短作业时间，减轻劳动强度	潞安化工集团余吾煤业公司 李树德、刘存亮、崔志波、李铁翔、冯儒、唐政廉
314	井工开采	一种远程充、放液一体式液枪	该装置的应用可实现单人远程操作单体柱升柱或降柱的便携式远程充、放液	潞安化工集团余吾煤业公司 张宁、崔志波、王建峰、李彦东、薛建新、唐政廉
315	井工开采	一种优化的巷道表面位移观测装置	针对矿山井下巷道常用的拉绳“十字断面”表面位移观测法，通过对测站布置进行优化，用专门制作的螺母环、螺母板及螺母托架代替原有测站安装时的木楔及钉子，同时设计制作了一种可以相互连接的测量尺代替垂直拉绳，应用激光测距仪测距代替水平拉绳测量，极大地提升了巷道表面位移观测效率，增加了数据准确度，同时克服了不同巷道条件下存在的客观不利因素影响，保证了人员观测作业的安全	潞安化工集团余吾煤业公司 司广宏、王刚、李钢、华明国、张陈冰、许川
316	井工开采	一种综采面小窝锚索剪切和破碎石头多用器	综采工作面小窝因为超前架接顶或者其他原因造成锚索变形无法退掉，即使使用钢丝绳拉钢带也不能让小窝及时跟下，有时需要人工使用风镐凿出一个小窝，再使用锚索切割机切断锚索，人员工作量大费时费力，也带来很大的安全隐患；有时前后两部刮板输送机机头因为割煤或者后部刮板输送机放顶煤造成机头大块石头或者煤块涌堵，人工破石头工作效率较低，影响采煤；根据这一情况特别研制综采面小窝锚索剪切和破碎石头多用器，以降低人工劳动强度减少安全风险隐患	山西潞安化工集团司马煤业有限公司 李树培、白英群、倪亚红、高文涛、张勇

（续）

序号	专业	成果名称	成果内容及创新点	推荐单位及发明人
317	井工开采	上湾矿12401综采工作面乳化液泵站配套变频启动器升级改造	上湾矿12401工作面乳化液回液箱增压泵电机绝缘能力降低，电机短路故障后该回路短路保护未动作，造成变频器开关内部接触器粘连、互感器及缆线烧毁，为避免设备再次出现大面积故障，对乳化液配套变频启动器进行升级改造	国能神东煤炭集团有限公司设备管理中心 陈广立、杨朝飞、李慧
318	井工开采	梭车淘汰机型轮毂改造再利用	JOY36B式梭车是国能神东煤炭集团1994年引进的，由美国JOY公司生产（2017年被日本小松收购），随着技术的发展，该型号梭车在2009年基本被我公司淘汰，但库存仍有部分新的36B型梭车轮毂减速器未使用，为了能使已淘汰的梭车轮毂减速器重新使用，通过改造JOY36B型梭车轮毂减速器壳体的连接尺寸和更换轮毂减速器输入联轴器，使之能安装到JOY48B型梭车上使用，达到淘汰物资重新利用的目的	国能神东煤炭集团有限公司设备管理中心 张卫、荣广清、王思越、运伟鹏、高振亮
319	井工开采	快速冲洗注浆管路装置	在原固定注浆系统设计一种快速冲洗注浆管路装置，装置启动后，可立即进行注浆系统制浆机的设备检修，大幅度缩短注浆工程工期。地面或井下出现紧急情况，需立刻冲洗注浆管路时，该装置开启后能达到快速高效的冲洗效果，降低注浆管路堵塞的概率	国能神东煤炭集团有限责任公司地测公司 胡海峰、陈明浩、卞贵金、李晨光、杨元
320	井工开采	测角交会定点计算软件	（1）只需要按照界面下方的注释提示输入已知计算因子，无须考虑极其复杂的迭代计算公式，直接点击“计算”命令按钮即可得到计算结果。 （2）程序直观面向对象，直观显示计算因子输入是否正确，同时也避免了手工计算时的输入错误，即使不懂“测角交会计算”的人员也可进行计算。 （3）程序软件是利用复杂编译平台控制生成，通过代码语言驱动运行，不存在被使用者误操作、误改动而导致错误发生的可能性。 （4）煤矿工人独立立项，独立设计界面，独立编写代码，独立调试运行，独立试运算检核，并成功用于矿山地面控制测量工作	国能神东煤炭集团有限责任公司地测公司 李飞、何庆芳、高海平、王晋、李彦虎
321	井工开采	泥石自动筛分注浆系统的研制	采空区出现遗煤自燃时，需从地面进行打眼注浆灭火，所注泥浆均是就地取材或从专门取土点进行取土作为注浆材料，因所取泥土中含有大量石块和草根，在注浆过程中经常发生堵塞注浆水泵，一旦清理不及时就会造成水泵烧毁和管路堵塞的问题，更换和处理管路费时费力，影响注浆灭火工程的正常进行。此成果的研制采用液压泵站带动旋转滚动筛，实现了注浆作业机械化换人、自动化减人的目的，同时大幅提升了注浆的效率，为快速注浆灭火和采空区预防性注浆提供了一套理想的装备	国能神东煤炭集团有限公司开拓准备中心 姚会军、赵志清、孙延军、张茂生、兰天安

（续）

序号	专业	成果名称	成果内容及创新点	推荐单位及发明人
322	井工开采	8.8 m超大采高综采面顺槽煤柱宽度优化	结合12煤四盘区8.8 m超大采高综采工作面埋深、煤层赋存特征，利用矿压监测和工程类比的方法，将12404工作面煤柱由25 m调整为20 m，资源回收率得到很大提高，经济效益显著增加	国能神东煤炭集团有限责任公司上湾煤矿 田银素、王富强、李杰、李琛、孙彬
323	井工开采	正反向自动风门切换装置	（1）通过增加正反向自动风门切换装置，必要的时候，非专业人员也可以实现一键切换正反向风门的需求。 （2）通过增加正反向自动风门切换装置，能够预先调整好自动风门相关参数，能够省去通过重新插板管路切换风门后进行的风门调整工作，缩短风门启用时间。 （3）通过增加正反向自动风门切换装置，能够极大减少因日常风门切换调整不正确导致的风门故障，减少人工维护	国能神东煤炭集团有限责任公司上湾煤矿 吴海旭、李玉福、段海亮、赵晋伯、梁喜峰
324	井工开采	双向式无配重"十字"风门闭锁	采用大采高回采工艺的井工矿，超大断面通风设施的日常管理是一项重要内容，行车风门的管理过程中最为突出的问题就是风门闭锁的日常管理，风门闭锁经常出现各种问题，例如在设置闭锁线时，为确保风门能够正常开启，闭锁线往往会设置一些余量，这些余量在员工不注意的情况下会形成"上吊绳"现象，经常将过往员工挂住；除此之外，余量的出现导致过往车辆在通行过程中经常会将闭锁线钢丝绳挂断，导致风门闭锁必须经常更换钢丝绳，同时需要加强巡检力度，以防闭锁损坏导致风门失效。面对上述情况，上湾煤矿通风队经过仔细研讨并结合广大员工巧思，设计制造出了新型双向式无配重"十字"风门闭锁，有效解决了风门闭锁日常管理维护困难的问题	国能神东煤炭集团有限责任公司上湾煤矿 吴海旭、李玉福、赵晋伯、王永建、曹正奇
325	井工开采	便携式可移动风门起重器	（1）进行了充分的废物利用，将旧托辊、旧槽钢等材料变废为宝，提高了材料利用率。 （2）利用新型装置代替了垫板、撬棍、木楔子等传统工具，省时省力。 （3）处用独立装置完成繁重的风门安装维护工作，减少了作业人员的数量，提高了作业安全性	国能神东煤炭集团有限责任公司上湾煤矿 吴海旭、李玉福、王永建、赵晋伯、侯开达
326	井工开采	井下可移动式瓦斯抽放管路设计	采用埋管抽放治理井工煤矿综采工作面上隅角瓦斯时，在使用固定式瓦斯抽放管路的基础上，配套使用井下移动式瓦斯抽放管路，可实现工作面隅角瓦斯不间断抽采。井下可移动式瓦斯抽放管路由10节DN500SSPE瓦斯管、20组可移动"H-H"型瓦斯托架、1个DN500三通、钢丝绳、负压风筒及滚轮组成，可以根据需要在巷道中移动	国能神东煤炭集团责任有限公司寸草塔二矿 杜建波、张晓旭、石锦民、任海岩、郭翔

（续）

序号	专业	成果名称	成果内容及创新点	推荐单位及发明人
327	井工开采	掘进工作面粉尘防治关键技术	新增消音器与扩散器：采用DN500螺旋焊接管与消音棉等材料自行加工消音器，可将除尘风机120 dB(A)的噪声降至81 dB(A)，安设的扩散器可提高风机风压320 Pa，处理风量增加54 m^3/min	国能神东煤炭集团有限责任公司寸草塔二矿 李建章、张福成、杜建波、张晓旭、石锦民、白新宽
328	井工开采	掘锚机巧装钻机	在掘锚机尾部焊接转臂固定架，安装转臂和转臂防护板，液压系统动力源取自掘锚机锚转系统，操作手把安装在掘锚机尾部，操作方便。新钻机的加装使用，彻底解决了最底层锚杆无法机打，需要人工施工的问题，使施工效率提高了4倍，同时极大降低了员工的作业强度。同时因为使用液压钻箱替换风钻井下湿式打眼，降低了噪声和粉尘，更有利于作业人员的职业健康	国能神东煤炭集团有限责任公司寸草塔二矿 李建章、白新宽、马运涛、张国强
329	井工开采	煤矿综采工作面设备回撤液压举升装置	提供一种煤矿综采工作面设备回撤液压举升装置，在回撤装备上进行优化，以取代单体液压支柱在设备举升过程中的应用。其目的主要有两点：①避免使用单体液压支柱举升综采工作面大型设备存在的安全隐患，降低作业人员安全风险。②实现了转载机等大型部件快速回撤，提高工作效率，同时节省了材料消耗	国能神东煤炭集团有限责任公司生产服务中心 王玉光、白旭东、李治国、孙波、毛二卫
330	井工开采	一种旋转自移式单体打设装置	减少超前支护作业人员，优化作业工序，缩短作业时间，提高回采支架单体作业安全系数	国能神东煤炭集团有限责任公司哈拉沟煤矿 温大江、祝强、蒋海波、李鹏应、曹义学
331	井工开采	正压呼吸式隔尘隔音装置	全面净化了作业人员作业环境，从硬件上为职工职业健康管理提供了可操作性，提高了职工职业健康管理的可靠性，提升职工职业健康及风险预控工作	国能神东煤炭集团有限责任公司乌兰木伦煤矿 张国恩、史洪恺、忽铁牛、李鹏飞、马添虎
332	井工开采	一种手持式气动锚杆钻机消音装置	采用风泵消音器降音，有效降低噪声。更好地保证了职工的身体健康，降低了职业病发病率	国能神东煤炭集团有限责任公司乌兰木伦煤矿 张国恩、史洪恺、王天平、王奋荣、马添虎

（续）

序号	专业	成果名称	成果内容及创新点	推荐单位及发明人
333	井工开采	综采工作面三机冷却水路系统智能化改造	综采工作面刮板运输机、转载机和破碎机（以下简称“三机”）的各个电机、减速器等主要部件都是通过水冷却的，在过去的冷却系统中需要手动进行控制各个水路的启停，即在冷却水路上安装球形截止阀来控制三机冷却水路的进水。但在日常检修过程中，三机启停的频率高，经常出现检修人员嫌麻烦或者忘记开启冷却水的情况，导致三机设备高温，或在生产过程中忘记打开截止阀，造成设备的高温，这样既耽误正常生产，又可能会损害设备，而且浪费水资源，为消除此类安全隐患，同时为工作面自动化生产打下良好的基础，杜绝水资源的浪费，在此背景下对三机冷却水路系统实施智能化改造	国能神东煤炭集团有限责任公司榆家梁煤矿 王泰基、连刘平、闫寅山
334	井工开采	红外束管监测系统升级改造	补连塔煤矿井下原始束管分站存在各类设备存放分散、标准化低、维护困难、气体湿度过大导致数据不精确等问题，且每次调试分站或观测流量计压力和排气系统时，必须先将分站的机盖打开，有时在拆卸机盖时会将抽排气管路挤压或断裂，直接影响系统的抽样或分析，造成数据不准确。 （1）对红外束管分站箱体进行改造，增加箱体密封性，将取样泵、束管分站、电源箱、交换机等主要设备有序且集中地放置于箱体内并定期对箱体内部进行除尘工作，为分站设备提供“无尘化”环境。 （2）具备四级过滤系统，从采空区抽出的气体分别经过：闭内滤尘器→闭外的U形气水分离装置→分站前的U形气水分离装置→硅胶容器四级过滤系统进行滤水除尘，可最大化地降低进入分站内气体的湿度，有效避免了由于湿空气导致分析数据不准确、气体湿度大导致精密仪器损坏等问题。 （3）提高了红外束管监测系统的标准化，设备“无尘化”更是延长了设备使用时间，提高了数据分析的精确性	国能神东煤炭集团有限责任公司补连塔煤矿 胡江、刘兆祥、杨英兵、钟庆丰、苗涛
335	井工开采	煤矿用风门安装车	（1）平台一体化程度高，维修和更换速度快，提高工作效率。 （2）大大降低了劳动强度，机械抓取全部实现液压系统控制，用机械代替人工劳动，减轻了工人劳动量，同时提高了劳动效率。 （3）操作简单，将所有操作集成到油缸控制阀上，使用简单方便，能够同时完成不同指令。 （4）投入小，不再使用吊链、撬棍、钢丝绳等工具，平台使用模块组装，将矿内现有车辆进行改装，所有使用的材料可单独拆卸维修，节约成本。 （5）安全系数高，安装拆卸过程全部是机械化，整个过程由一名操作员完成，避免了人工搬运过程中出现滑落、侧翻等情况砸伤人员，减少人员危害的概率，提高安全系数。 （6）减少工器具的使用，工器具使用种类和数量减少，通过机械抓实现搬运、立起、对正等工作，减少吊链、撬棍、绳索工器具的使用。 （7）施工工序简单，安装风门前不需要施工锚索，简化了施工工序，加快了工程速度	国能神东煤炭集团有限责任公司补连塔煤矿 胡江、苏玉明、刘兆祥、杨英兵、刘海明

（续）

序号	专业	成果名称	成果内容及创新点	推荐单位及发明人
336	井工开采	远程控制调节风窗	远程控制调节风窗针对传统调节风窗的弊端进行了改进。 （1）在调节风量时，无须作业人员进行登高作业，只需一人站在地面上就可以实现，安全高效。 （2）实行专人专管，避免了其他无关作业人员误操作，引起巷道风量意外变化。 （3）可以精确控制调节断面，实现风量的精确控制，避免了风量过大或过小。 （4）调节风窗由压风管路提供动力，不需要额外使用电作为动力，安全可靠	国能神东煤炭集团有限责任公司补连塔煤矿 胡江、苏玉明、杨英兵、张运增、苏志伟
337	井工开采	采煤机中心水管组件改造项目	目前国内外采煤机摇臂冷却水与齿轮箱齿轮油采用旋转密封配合中心水管形式，密封面为弧面，存在使用寿命短，可靠性差的问题，使用寿命经常不足6个月，常出现因密封漏水导致摇臂乳化、齿轮箱损坏，而且井下检修频繁存在较大安全隐患。 中心水管组件改造方案将原采煤机弧面密封改为平面密封，密封材料由橡胶改为金属材料，通过合金环与石墨环形成密封面，增强了耐磨性，保证密封效果和运行可靠性，该方案在不改变原采煤机中心水管组件安装尺寸前提下进行整体替换，有效地解决了目前采煤机摇臂中心水管漏水导致摇臂乳化的问题	国能神东煤炭集团有限责任公司高端设备研发中心 薛军、卜闯、刘鑫、王鹏、李金生
338	井工开采	新型乳化液泵站润滑系统设计与应用	（1）该项目的应用有效地解决了变频泵站在低频运行时，由于电机转速下降导致润滑油泵不能满足正常工作需求，出现烧坏轴瓦和滑块抱死使整个曲轴箱报废的问题。 （2）创新性地提出了外置强制润滑系统的控制原理。 （3）规范了外置强制润滑系统的安装尺寸和电机的选型	国能神东煤炭集团有限责任公司高端设备研发中心 刘建军、王永军、陈伟、张启龙、李宏伟
339	井工开采	采煤机长摇臂三腔润滑技术的开发与应用	通过对长摇臂三轴位置增加隔腔密封，使摇臂分隔三腔结构，有效地降低了腔体飞溅润滑高度，保证了大采高采煤机长摇臂润滑效果	国能神东煤炭集团有限责任公司高端设备研发中心 薛军、卜闯、刘鑫、李金生、肖文远
340	井工开采	超大采高智能采煤机机身连接拉杆改进	因采煤机在工作期间拉杆受力是交变变化的，并非恒定载荷，对国产采煤机拉杆进行改造，可提升采煤机拉杆使用寿命，减少井下故障时间，保障煤矿井下生产，同时降低拉杆采购及人工维护成本。目前国内机械设备超长高强螺栓研究较少，采煤机拉杆改造研究为国内超大高强螺栓加工提供技术参考	国能神东煤炭集团有限责任公司高端设备研发中心 刘鑫、薛军、王永军、肖文远、刘显贵

（续）

序号	专业	成果名称	成果内容及创新点	推荐单位及发明人
341	井工开采	智能双工位模拟井下工况浮动油封试验装置自主研发与应用项目	浮动油封试验装置的应用改变了之前浮动油封只能由井下工业性试验进行验证的被动局面，先进行地面试验，待试验检验合格后再进行井下试验，规避了不良品质浮动油封直接装机引发的井下安全风险	国能神东煤炭集团有限责任公司高端设备研发中心 宋艳斌、陈伟、刘建军、侯强、刘强
342	井工开采	一种治理底鼓提升煤质的卸压方法	采取提前在综采工作面顺槽底板以及底板浅部200~300 mm范围，利用锤头机，将底板打孔、致裂，破坏底板结构，促使底板中水平应力峰值向底板深部转移，从而消除底板受二次采动影响鼓起的概率，提前预裂底板后，不影响现场巷道正常人员通行、车辆行驶，同时方便清理砼矸，确保工作面煤质	国能神东煤炭集团有限责任公司保德煤矿 翁海龙、李万春、曾得国、荣海魁、伊永杰
343	井工开采	一种煤矿综采面隅角旋臂式强制卸顶装置	本装置由旋转平台、外悬臂、升降破碎机构组成。本装置通过撕裂顶梁钢带、网片，人为破坏顶板锚索+锚杆支护，卸去锚杆、锚索锚固力，最终使悬顶失去悬吊力，加速了隅角顶板的垮落	国能神东煤炭集团有限责任公司保德煤矿 邬喜仓、荣海魁、翁海龙、李振国、王军峰
344	井工开采	分区预测分级管控工作面涌水量技术	本技术根据工作面含水层变化情况，首次提出采用分区预测分级管控工作面涌水量，根据不同区域预测的涌水量大小分级布设排水系统，达到提高排水设备利用率和节约材料和电量的目的	国能神东煤炭集团有限责任公司锦界煤矿 张博成、李建华、康健、袁显湖、窦风金
345	井工开采	超前支架协同动作智能化改造	远程、遥控控制超前支架动作，无须手动控制支架动作。可应用在高级智能化综采工作面，实现多机协同作业	国能神东煤炭集团有限责任公司大柳塔煤矿 李江涛、王立强、任文清、乔海源、周超逸
346	井工开采	液压支架推拉杆强化设计	通过对公司各矿井近两年液压支架推拉杆损坏情况的调研和统计分析，结合井下工作面实际条件，系统性地分析了推拉杆受力工况，兼顾考虑板材材质、焊接工艺、结构设计，对推拉杆结构型式进行了创新性优化设计和系列化设计，大大降低了故障率，提高了产品适应性和标准化率	国能神东煤炭集团有限责任公司机电管理部 贺海涛、刘得英、满洋、李文杰、刘军乐

（续）

序号	专业	成果名称	成果内容及创新点	推荐单位及发明人
347	井工开采	带式输送机快速自动计算工具	设计人员通过不断的学习、积累设计经验，调取了大量的控制系统井下实际数据与计算进行对比分析，总结理论，修正参数，最终通过 EXCEL 表格，把计算方法、公式、经验值结合到一起，开发出了一套计算工具，应用该工具后，计算数据符合神东在用带式输送机的各类机型，全面准确，不产生任何成本	国能神东煤炭集团有限公司皮带机公司 闫旭、邬建雄、戴国伟、李仟
348	井工开采	通用型降低带式输送机停机张力控制办法	本研究是通过对带传动理论的分析，以及现场运行情况的观察，总结出停机张力过大的原因，通过调整驱动控制器、张紧控制器以及带式输送机保护系统三者之间的控制方式，实现停机张力的迅速释放。具体办法：张紧开关在得到停机信号时立即全速执行松带，代替以往的以传感器监测到张力上升后再进行松带的控制逻辑，进而有效地、快速地释放并降低停机张力，提高矿井带式输送机使用的安全系数	国能神东煤炭集团有限公司皮带机公司 闫旭、邬建雄、戴国伟、李仟
349	井工开采	采暖电锅炉节电升级改造应用	升级改造成果主要给电锅炉热水增加存储罐，利用错峰电价进行热能储存，峰值用电时段进行热能释放取暖。很好地利用错峰电价，降低了用电费用	陕西澄合山阳煤矿有限公司 李龙
350	井工开采	矿山测量内业精确高效作业革新	利用 Excel 表格编制各类导线测量内业计算表，包含矿山测量所涉及的各类计算，如导线测量、三角高程竖直角、三角高程、腰线测量、坐标反算方位角、水准测量等计算表，将矿山测量实测的夹角、斜长、水准高差等数据，精确高效地计算出所求的点位坐标、方位角、高程等成果，然后将其在 CAD 图纸上展绘出来，较传统手工计算方法省时省力且精确高效，粗差率低，为矿井巷道掘进施工、贯通、地质预报和安全生产工作提供数据服务	陕西陕煤蒲白矿业有限公司 张龙刚
351	井工开采	多功能电焊实操培训工位架	该装置结构轻便、紧凑，能够满足焊工培训要求，实现钢板对接为四个焊位（平、立、横、仰）焊接；管路对接为全方位焊接。该装置的应用可使电焊作业人员在短时间内掌握焊接方法和技能	陕西煤业集团黄陵建庄矿业有限公司 李大立、周青良、曹小卓、惠矿利
352	井工开采	隔爆水棚自动补水装置	研究开发一种隔爆水棚自动补水装置，安装在隔爆水棚上方，可以根据隔爆水棚内水量的多少自动调整补水。即当隔爆水袋内的水量下降至水位线时，阀门自动开启进行补水；当水量上升至水位线后，阀门自动关闭，防止溢出	陕西蒲白西固煤业有限责任公司 简雪峰、魏建虎、宋小勋

（续）

序号	专业	成果名称	成果内容及创新点	推荐单位及发明人
353	井工开采	变频一体机的应用	该变频一体机体积小、质量轻，不需要专门的硐室或者增加设备列车放置变频器，并且采用“专用变频感应电动机+变频器”的调速方式，在变频器的控制模式下可以根据煤量负载情况适时输出调节，保证前、后电动机功率平衡，实现重载软启和平稳运行，减小机械和电气的冲击。根据链条强度设置了转矩保护，实现了断链自动停机和链条的机械损伤。采用的单速电机大大减少了动力电缆的布置，减少了电缆的维护工作	陕西建新煤化有限责任公司 门林、尉增强、温磊、霍博、王继斌
354	井工开采	综放工作面气动单轨吊车的使用	DQD20气动单轨吊车由驱动装置、制动装置、承载小车、气动葫芦、轨道、控制系统等部分组成。每节轨道由I140E工字钢及链条、卸扣组成。主牵引装置由气马达、减速箱等部分组成。减速箱的输出端与驱动轮连接，行走轮与轨道腹板贴合，靠摩擦传动。气动葫芦安装在承载小车下方。该设备主要用于煤矿井下采、掘工作面巷道超前支护的物料及设备的运输，也适用于井下其他需要短距离运输的地点	陕西建新煤化有限责任公司 张哲、张树涛
355	井工开采	快装式无轨胶轮车尾气净化装置	该装置主要是对现有无轨胶轮车尾气排放系统进行改造。主要解决两方面问题：一方面基于现有尾气POC+DOC触媒催化处理技术，解决尾气超标排放问题；另一方面解决原车辆尾气处理装置无法拆卸清理导致的触媒尾气净化效果降低导致的排放超标问题。 通过改造，可以有效降低尾气各主要排放物指标，同时通过快装机构改造，使得职工能够定期对净化装置进行清理及更换。确保了尾气达标排放	陕西陕煤蒲白矿业有限公司 任征东
356	井工开采	风门机械联动限高限宽挡车帘防撞装置	本发明适用于井下风门，通过安装机械联动限高限宽挡车帘防撞装置，在运输过程中起到了保护风门的作用，为矿井通风系统的稳定提供了重要保障	陕西澄合山阳煤矿有限公司 卜熊飞
357	井工开采	基于4G+WIFI的工业视频监控改造	本次技术创新，一方面使井上下视频监控系统减少了本安交换机和电源的配备安装3套，同时减少铺设电源线3200 m，光缆4500 m，共直接节约投资18万元；另一方面通过增加信号分离器，优化了工业视频监控系统的框架结构，从有线百兆的接入，到千兆的传输，充分考虑了技术的先进性和开放性，已经实现了中央泵房、中央变电所、临时变电所、地面主要通风机房、压风机房、副绞房、主绞房等地面32路摄像机的无线传输，声音和图像画面稳定清晰，实现对井上下重点场所的实时监视	陕西陕煤澄合矿业有限公司西卓煤矿 景磊

（续）

序号	专业	成果名称	成果内容及创新点	推荐单位及发明人
358	井工开采	多接口管理交换光板的应用	本次技术创新，使井下视频监控减少了本安交换机和电源的配备安装，井下现场减少铺设光缆 2300 m；矿压监测系统减少安装一台分站和电源，减少铺设通信线缆 2200 m，原定于 15 天的工期，仅 5 天完成；水文监测系统减少安装数据分站两台，减少铺设信号线缆 1800 m；共直接节约投资 38.56 万元。最重要的是优化了各信息化系统的结构，以后在采掘工作面安装一台综合分站，便可以实现人员精确定位、4G 无线通信、应急广播、视频监控、矿压监测、水文监测系统主站的接入，大大减少了各类线缆和中间数据转换设备的投入，在节约投入的前提下，使井下各系统就地融合数据高速传输，实现智能化矿井应用“一网一站”技术的基础条件	陕西陕煤澄合矿业有限公司西卓煤矿 景磊
359	井工开采	综采面边扩边安工艺革新	综采工作面“先扩后安”的安装工艺，是先将切眼整体刷扩至液压支架所需的宽度，然后再进行逐台安装。采用“边扩边安”的安装工艺后，由于采取的是一次只刷扩 2 台支架的宽度，然后用安装好的支架及时支撑顶板，再进行刷扩安装第二个支架。使用边扩边安工艺，顶板暴露面积较小，暴露时间较短，支护及时有效，解决了切眼刷扩断面大，顶板支护的难题，安全系数高	陕西陕煤澄合矿业有限公司 杨阳
360	井工开采	澄合百良公司采区水泵房自动排水系统设计	澄合百良公司采区泵房于 2018 年 1 月投入使用，采区水仓分内外水仓，内外水仓各安装 2 台功率为 280 kW、流量为 320 m^3/h 潜水泵，原来排水方式为人工就地操作（人工监视水位、手动开停泵、手动开闭闸阀），工人劳动强度大，排水费用高，不能有效地监测实时水位变化情况，有烧毁排水设备的潜在安全隐患。使用了自动排水系统后，目前系统保护齐全，实时检测水位及排水设备电力运行参数，当有故障时，能够实时闭锁故障和断电报警，同时实现了远程集中操作、监护的功能，当选择就地或远程自动模式时，系统可根据水位高低实现系统自动排水功能，达到无人值守	陕西澄合百良旭升煤炭有限责任公司 李文贵
361	井工开采	MG250/600-WD 采煤机控制线路改造	根据 PLC 输入、输出控制接点和供电回路原理，通过改造采煤机电气控制回路和加装继电器，将采煤机 PLC 控制回路“小电流”和电气执行机构各种电磁阀“大电流”回路隔离，有效解决由于采煤机摇臂升降电磁阀动作频繁和供电回路线路易损造成短路等故障而损坏 PLC，本方法降低了 PLC 损坏的故障率，同时在 PLC 输出点出现故障的情况下，只需针对性地调整故障点的一根控制线路，可快速恢复采煤机运行	陕煤澄合董东煤业公司 王铭

（续）

序号	专业	成果名称	成果内容及创新点	推荐单位及发明人
362	井工开采	董家河煤矿分公司煤流集控系统	该系统可实现设备远程开停、故障报警、一键启停、视频监控等功能，可实时对设备的运行状态、电流、电压等参数进行监测，一旦设备运行出现异常，系统会自动进行保护停机，发出报警信号提示人员现场进行检查，故障排除后才能恢复运行。煤流运输系统智能化集中控制升级改造完成后，每年可节约人工成本200余万元。该系统的投运，不但有利于减人提效，同时提高了设备操作的安全可靠性	陕西陕煤澄合矿业董家河煤矿分公司 王奇
363	井工开采	移动变电站三相不平衡问题的消缺改进	利用直流信号或者低频信号通过较困难，而交流信号或者高频信号较容易通过的特点，滤除普通移变供电系统的杂波影响	陕煤澄合合阳煤炭开发有限责任公司 王晓林、马明
364	井工开采	全自动钢带修复机	全自动钢带修复机主要由机身、压直机构、滚压机构、传动机构、控制机构和动力系统组成。机身采用框架方式焊接制作，结构简单紧凑而且安全可靠。上平面一端装有压直机构，一端为传动机构，中间为滚压机构。压直机构由上下两块模座和压直油缸组成，可对加工工件的小变形部分作以调整压直，以及对类似工件的整形加工。滚压机构采用了齿轮式传动，主要由3组上下滚压轮和升降油缸组成，齿轮带动滚压轮转动即可工作，升降油缸负责对工件的压紧程度调节。传动机构改变了传统的电机带减速机的传统运行方式，此种运行方式不仅提高了使用的安全性还增大了传动力。还可以通过液压控制可调节速度	陕西陕煤黄陵二号煤矿有限公司 周小明、王忠胜、苏红文、王俊英
365	井工开采	CST冷却系统改造研究与应用	该开停装置先修改PLC的工作程序，将CST控制器中PLC程序修改为温度达到55℃时输出-启动点和低于45℃输出-断开点。该装置在带式输送机机头的板式冷却器进水口加装电动阀，将电动阀与CST控制箱控制的四组合开关相连，利用启动点和断开点来控制微型四组合开关的接通和断开，实现电动阀的打开和关闭，使得油温保持在45~55℃。微型四组合开关，用于控制电动阀的开和关	陕西陕煤黄陵二号煤矿有限公司 靳全毅、胡峰峰、尚向东、王江波
366	井工开采	一种综采工作面下隅角简易切顶支架	本发明的目的是设计一种综采工作面下隅角简易切顶支架，解决综采工作面端头支护作业人员的安全及劳动强度问题	陕西陕煤黄陵二号煤矿有限公司 马龙涛、赵占鹏、史磊、刘如鹏
367	井工开采	一种综采工作面液压支架远程遥控回撤方法	原有的回撤方法由人工手动操纵液压支架主阀控制支架的动作，人员操作不方便，回撤效率低，且人员在本架操作过程中回撤三角区域顶板出现漏顶等问题时对操作人员人身安全会造成很大的威胁。现根据黄陵二号煤矿综采工作面液压支架回撤现状，引入一种综采工作面液压支架远程遥控回撤方法，实现人员在安全区域远程控制液压支架的动作，保证液压支架的安全高效回撤	陕西陕煤黄陵二号煤矿有限公司 王江龙、任兴怀、张昆

（续）

序号	专业	成果名称	成果内容及创新点	推荐单位及发明人
368	井工开采	急停传感器检测装置	该装置在急停传感器的基础上改造而成，急停传感器动作时，该装置红灯亮起，提醒巡检人员及时将其复位	黄陵矿业瑞能煤业公司 李阳
369	井工开采	液压带式输送机自移机尾	掘进工作面普遍使用800型带式输送机，利用综掘机拖拽机尾前移，经常陷入煤泥，处理费时费力。本装置通过工作面自备的液压泵站作为动力源，在特制的机尾架上安装多组功能性液压油缸，底部安装行走轨道及行走轮，通过液压阀组对应操作，改变综掘机拖拽的方式，实现带式输送机机尾自移，以满足机尾快速前移及后退的需求	陕西陕煤黄陵一号煤矿有限公司 李东升、符大利、曲志新、李成西、王仁祥
370	井工开采	高压配电装保护器直流电源改造	保护器是高压配电装置的重要组成部分，它是高压配电装置的“心脏”。如高压配电装置掉电后，同时保护器失电，加之录波时间较长，地面操作人员无法查看掉电原因，贸然送电会引发二次故障，为确保供电系统稳定运行，故障迅速处理，急需给保护器提供一套不间断电源，确保故障信息能上传到后台录波系统，为故障处理提供科学判断	陕西陕煤黄陵一号煤矿有限公司 刘彦涛、符大利、李成西
371	井工开采	“一键启动”自诊断	“一键启动”时系统会进行各个环节的自诊断，检查一键起停前各个子系统是否满足“一键启动”的条件，检查集控系统是否授权，检查各个子系统的远控是否授权，检查各个子系统的通信是否正常。经系统自诊断后如果各个子系统的条件满足要求，检测结果显示“具备一键启动条件，允许一键启动”否则，显示“发现异常，请工作人员排查”，确保各个条件满足要求	陕西陕煤黄陵一号煤矿有限公司 宋森、李成西、李悬、宋昊壕、王飞、王键
372	井工开采	采煤机惯性导航系统不间断电源改造	（1）保证惯性导航系统在采煤机断电情况下持续运行3~4 h，提高了惯性导航系统的供电稳定性，延长了设备寿命。 （2）有效解决了采煤机断电后惯性导航系统重启寻北等待问题，保证生产的连续性，提高生产效率，为自动化连续作业提供了保障。 （3）根据智能化系统需要可以选择性对惯性导航系统断电重新寻北校准，保证惯性导航系统的精度，为智能化提供可靠数据支撑	陕西陕煤黄陵一号煤矿有限公司 宋森、赵朋、李悬、王飞
373	井工开采	透明地质工作面截割模板在线编辑	该软件可在线对采煤机截割模板中工作面各个位置的左右滚筒高度、煤机速度、方向、转向点进行实时修改。同时开发了规划高度线监测模块，可实时监测左右滚筒的规划高度和采煤过程中实时高度。 采用截割模板在线编辑模块，地面操作人员可根据采煤现场地质变化实时调整规划截割数据，同时可实时查看采高数据，提高了系统的灵活性，大大提高规划截割精度	陕西陕煤黄陵一号煤矿有限公司 宋森、宋昊壕、符少华

（续）

序号	专业	成果名称	成果内容及创新点	推荐单位及发明人
374	井工开采	钻孔“3+5”分段长距离封堵工艺	采用“3+5”分段式封孔管搭配合成树脂，两端用棉纱固定，起到“容器”效应。购置5 m和3 m的封孔管，进行组合，达到8 m封孔的要求。钻孔施工完毕后使用8 m封孔管进行封孔，封孔分为两段，内段封孔长度为4 m，矿用合成树脂不得少于8~10袋，内段两端必须采用棉纱进行固定，外段封孔长度为1 m，矿用合成树脂不得少于4袋，矿用合成树脂必须与棉纱配合使用	陕西陕煤黄陵一号煤矿有限公司 丁志超、董亚楠、贾世钊、路文文
375	井工开采	工业网络自诊软件	该软件是基于批处理功能实现的，它可以同时进行大批量的网络状态识别操作，能够迅速判断出某个系统的网络运行状态。该软件运行时一是将系统的所有IP地址一次写入，不限网段、不限数量，一次识别，应用时只需启动该工具便可逐一进行通信状况判断处理；二是工业网络自诊工具将判断后的IP通信状态，按照正常与非正常自动筛选后生成两个文件，网络运行状态一目了然	陕西陕煤黄陵一号煤矿有限公司 张骥、朱元军、孙飞、赵龙
376	井工开采	一项关于锚索盘综合抓钩	利用束缚装置，将锚索盘安全控制在装置内，可对锚索盘进行起吊，锚索进行释放，满足锚索定尺截割需求，由于锚索盘质量大，锚索弹性强，设计成抓钩形式，安全可靠	陕西陕煤黄陵一号煤矿有限公司 李海山、李东升
377	井工开采	工作面设备列车电缆拖移车改造	由于620工作面设备列车原配套的电缆托移车设计缺陷较多，加之板车为固定连接，单轨安装且无法拖拽电缆。板车直接放置于巷道底板上，拉移困难且拉移完成后底板被拉出深坑，针对这一系列缺陷进行了改造升级。通过加设轨道来实现电缆车跟随设备列车的移动，通过对电缆车进行改造，将其加工为简易结构，减轻自重，设备列车与电缆车轨道之间通过特殊链接，解决宽窄轨道转换问题。通过超前支架拖车装置完成列车前移工作	陕西陕煤黄陵一号煤矿有限公司 符少华、阎鑫、刘科庆、穆运喜
378	井工开采	带式输送机机尾滚筒螺旋刮刀清煤装置	利用ϕ80螺旋杆机构，与包胶从动轮及机尾滚筒组合，将滚筒的煤泥输送到机尾架外，可有效抑制输送带跑偏	陕西陕煤黄陵一号煤矿有限公司 李海山
379	井工开采	自动切换四号风井主通风机UPS电源装置	将主要通风机UPS电源装置由单一的人工切换改为自动、人工切换模式，确保主通风机安全运行，为矿井供风安全提供了有力保障	陕西陕煤黄陵一号煤矿有限公司 黄建军、王宏伟、张毅
380	井工开采	多功能车启动保护装置	利用单向阀单向阻断的特点，在机油压力表和启动按钮之间安装气控单向阀。拨动发动机按钮后，车辆通气，机油压力表压力升至2~4 MPa，并将油压传输至单向阀，单向阀在机油压力的作用下关闭，达到阻断气压的作用，从而实现保护作用	陕西陕煤黄陵一号煤矿有限公司 吴兴茂、申涛、李小亮

（续）

序号	专业	成果名称	成果内容及创新点	推荐单位及发明人
381	井工开采	地质岩芯“数据库”	地测防治水管理部对地质钻孔进行完整取芯，建立地层岩芯展览室，认真编录钻孔柱状图，通过实物与图件相结合直观清晰地将地层关系展现出来，更好地为矿井安全生产服务	陕煤彬长大佛寺矿业有限公司 高丁丁、周对对、张林明
382	井工开采	煤矿辅助运输大巷路况修复工艺创新	矿井井下辅助运输大巷使用混凝土施工地坪，经无轨胶轮车长时间运行，易造成地坪面破损、出现大量凹凸不平的坑，严重影响车辆正常运行。采用常规破地坪、重新施工地坪的处理措施，施工工期长、成本高，且影响矿井正常生产，采用高分子新型材料（双采速通 SCST）修复大巷地坪工艺成功解决这一难题	陕煤彬长大佛寺矿业有限公司 许彦青、高加坤、陈文
383	井工开采	“四统一”联动软件	利用4G融合技术，开发联动软件，实现虹膜考勤、人员定位、矿灯系统之间的数据共享。淘汰虹膜考勤、智能矿灯、人员定位系统数据人工提取、筛选、比对等复杂工作环节	陕煤彬长胡家河矿业有限公司 王宁、冯杰、王浩、徐跃
384	井工开采	自行设计加工托辊轴拆装机	以往回收的废旧托辊由于锈蚀变形严重，拆卸难度较大，每班两人配合只能有效拆卸检修20个，而在该装置投入使用后，每班一人就可以有效拆卸检修约50个	陕煤彬长胡家河矿业有限公司 叶建山、白超、吕宗强、纪斌博
385	井工开采	瓦斯抽采管路脱酸装置	将该装置安装在每组 ϕ159 mm 瓦斯抽采支管路上，从而所有瓦斯抽采钻孔内的 H_2S 气体和溶解在出水中的氢硫酸经装置过滤达到脱酸的目的。在脱酸装置内填装生石灰（氧化钙），化学式为 CaO，利用两者化学反应：$CaO+H_2S=CaS+H_2O$，生成水和对抽采钢管无腐蚀作用的 CaS 产物，从而消除腐蚀酸性，达到减少管路腐蚀的效果	陕煤彬长孟村矿业有限公司 马小辉、韩伟、马向波
386	井工开采	采空区密闭墙水位监测液位计	为充分利用矿井水资源，曹家滩煤矿在122106采空区设置密闭墙，将井下产生的污水注入采空区进行沉淀，经井下深度处理后回用作为生产水源。因此，采空区密闭墙的可靠性及承压的安全性，对矿井储水采空区的稳定储水至关重要。通过在密闭墙侧装磁翻板液位计，实现准确监测采空区防水密闭墙承受的实际水头，指导采空区水体水位控制工作，确保井下采空区矿井水复用的安全性与可持续性	陕煤榆北曹家滩公司 王涛
387	井工开采	冷却水水质优化改造	对冷却水水质进行调节，杜绝设备冷却系统管路因水垢积聚而堵塞，造成设备运行高温，极大提高了井下设备的使用寿命，该项目每月可为公司大大节约材料费	陕煤榆北曹家滩公司 刘江斌、常志远

（续）

序号	专业	成果名称	成果内容及创新点	推荐单位及发明人
388	井工开采	转载运输破碎三机联动自动喷雾装置	为积极响应公司节能降耗及智能化综合防尘号召，对三机喷雾工艺进行优化，大幅提高了降尘效率，节约了井下水资源，减少了粉尘对工作面工人的危害。同时对喷雾进行了智能化改造，对带式输送机运输情况进行感知，实现带式输送机运转且有煤时自动打开，否则自动关闭。本改造同时也解决了运输线路无煤流且喷雾忘记手动关闭时产生淋水造成输送带打滑	陕煤榆北曹家滩公司 周小坡
389	井工开采	122107 工作面泵站风机和电机连锁装置	积极响应公司节能降本增效号召，通过电机及其冷却风机控制回路控制方式，简化了操作步骤，也解决了电机可能由于误漏操作造成电机烧损问题。保守估计每年可为公司节约费用十几万元	陕煤榆北曹家滩公司 王林
390	井工开采	132202 超长智能化综采工作面刮板机 127 V 控制回路谐波干扰抑制创新改造	在控制回路 127 V 电源基础上加装隔离变压器和阻容吸收器，对控制回路中存在的谐波干扰进行抑制和消除，实现对刮板机电机通信故障以及运行信号丢失等故障的消除	陕煤榆北小保当二号煤矿 刘随强、刘超
391	井工开采	主斜井无尘化管理	主斜井沿线通过定期除尘，消除皮带架上积尘。沿线安装挡煤板，防溢裙边，机头部安装全覆盖挡煤板，中间安装捕尘网等措施，减少沿线洒煤，扬尘。保证现场卫生，提供良好作业环境。减少员工清煤工作量	陕煤榆北小保当二号煤矿 屈升东
392	井工开采	掘锚一体机破碎装置优化	在掘进机器人截割滑台前中部布置、安装加宽型单滚筒破碎装置，采用大功率液压马达驱动，通过减速机增大扭矩，提高大块煤、岩的破碎效果，达到掘进割煤和运煤的协调平衡	陕煤榆北小保当一号煤矿 王小勇、陈兵、胡勇、李虎卫
393	井工开采	综采工作面自动防灭火系统	阻化剂的喷洒是公司目前综采工作面抑制采空区残留煤自燃的主要措施，现在综采工作面所使用的阻化剂喷洒系统，通过手动打开截止阀，人工喷洒。每班都需要安排专人进行阻化剂的喷洒，费时费力，因此在原有的阻化剂喷洒系统中，进行了有效改造，实现了自动喷洒的目的，有效地提升了工作效率，减少了人员投入	陕煤榆北小保当公司 刘鹏、刘超、张慧峰、王小军、刘鹏
394	井工开采	优化视频摄像头的通信接口	通过将电源线及通信线物理融合，将视频终端接口优化，采用螺栓螺母配合紧固，专用接口利用插拔式，方便施工。由交换机信号取至视频上位机，再将信号取至各视频摄像头，实现主通信信号的获取	陕煤榆北信息化运维分公司 蔡兴宝

（续）

序号	专业	成果名称	成果内容及创新点	推荐单位及发明人
395	井工开采	使用CAN模块重组实现红绿灯信号的获取	灵活利用CAN模块，解决红绿灯主通信无法直接从辅运大巷经绕道布置到各辅运顺槽及信号存在传输串联的问题，通过将主控设备中备用CAN信号模块进行拆除，拔插到各辅运顺槽机头的交换机的RS485信号转网络信号的插槽口中（该口设计需支持CAN信号的转换）。然后通过划分VLAN，实现主通信信号的获取，达到节省人、物料的目的	陕煤榆北信息化运维分公司 王涛
396	井工开采	井下应急广播线路优化改造	采用服务器网关设置及改变现场硬件接线方式，实现井下广播系统正常数据传输，减少一条通信光缆铺设。施工简单、方便，节省大量矿用光缆	陕煤榆北信息化运维分公司 张鹏
397	井工开采	机载式液压前探梁	机载液压式前探梁适应井下现场的恶劣环境，保证安全施工，该支护装置装配在掘进机的截割部上部，利用升降油缸的前后销轴固定，选位合理，配套简便，对掘进机的改造量很小，不干扰掘进机的运动和截割作业功能，实现了机械化支护作业，降低了工人施工劳动强度，提高了掘进效率，使支护人员的安全得到了有效的保障	陕西煤业化工建设（集团）有限公司矿建二公司 陈弦、黄保营、杜召、孙见启、孙海宁
398	井工开采	多功能运输平板车	多功能运输平板车采用自有特种车辆牵引，车架为双侧独立、二维浮动刚性悬挂系统，8轮可靠着地，一次装运溜槽6节（6.3~7 m采高），同时也可用于设备列车、转载、运输机传动部、摇臂、滚筒等设备及道木、圆木等辅料的运输，实用性强、运输便捷	陕煤集团神南产业发展有限公司 李建军、薛应登、温利刚、王祥、王磊
399	井工开采	旋转螺纹托辊应用	未使用该托辊前，固定式带式输送机使用的是硫化带面，该种带面磨损后修补耗时费力，而且费用不菲，使用该托辊后，带面磨损率（尤其是带边）降低了30%以上	陕煤集团神木柠条塔矿业有限公司 刘杰
400	井工开采	自动苏生器自主呼吸阀研制	该装置能把含有氧气的新鲜空气自动输入伤员的肺内，然后又能自动将肺内的气体抽出并连续工作，仪器还附有单纯给样和吸引装置，可供呼吸麻痹的伤员吸氧和吸除伤员呼吸道的分泌物或异物。此外，仪器可同时进行正负压人工呼吸和氧气吸入，适用于抢救呼吸麻痹或呼吸抑制的伤员	陕煤集团神南产业发展有限公司 李保宏、张军会、孙琦、张二军
401	井工开采	箱变变压器冷却装置加装改造	在箱变变压器运行下方加装三组横流冷却风机，有效降低设备运行的温度，延长设备使用寿命	陕煤集团神木柠条塔矿业有限公司 李小刚、韩换平、侯团结、王龙、王凯龙
402	井工开采	螺杆式空压机断油保护功能设计与实施	断油保护功能装置的设计方案是在不影响空压机正常运行，保留空压机原有的各项功能的前提下实施改造，通过增加断油开关和时间继电器，与空压机主控制回路串接，以此来实现断油保护功能，从而达到空压机的安全可靠运行	陕煤集团神木柠条塔矿业有限公司 李小刚、韩换平、侯团结、王龙

（续）

序号	专业	成果名称	成果内容及创新点	推荐单位及发明人
403	井工开采	华宁控制系统设备检测维修系列装置	华宁控制系统广泛应用于井下采掘一线和运输系统，随着生产系统的“搬家倒面”，许多华宁控制系统设备需要回收至地面车间进行检测维修，由于待检设备数量较大，检修任务重，无形中加大了检修人员的工作强度，一定程度上影响了设备的检修质量，为设备的正常使用埋下了一定的质量隐患。该成果可快速完成华宁系列设备的检测与整理工作，提升了工作效率，提高了检修质量，降低了劳动强度，节约了维修成本	陕煤集团神木红柳林矿业公司 乔伟正
404	井工开采	华宁控制及支架电液控显示实操平台	为解决综采工作面现使用设备常出现故障问题，提高设备使用效率，利用华宁主机、扩音电话、支架电液控等设备及支架控制器、电磁先导阀等小型易故障配件搭建了此学习、实践为一体的操作平台，让员工在良好的工作环境下进行实践操作和检修，以便能快速地解决工作中的相关问题，既经济实用又方便员工学习	陕煤集团神木红柳林矿业公司 任保利
405	井工开采	车辆转弯辅助灯设计	煤矿井下巷道运输环境一般光线较差，驾驶员驾驶车辆主要依靠车灯观察路况。车辆遇到联巷或者岔路口需要转弯时，司机很难观察到视线盲区，转弯车辆容易发生与巷帮或物体碰撞、车辆轮胎驶入水沟的情况，存在很大的辅助运输安全隐患。该装置能够根据车辆的转向角度自动开启侧灯，以便能够提前照亮“未到达”的区域，提供全方位的安全照明，以确保驾驶员在井下驾驶过程中拥有最佳的可见度	陕煤集团神木红柳林矿业公司 张江江、李峰
406	井工开采	基于运输机载荷实现采煤机自动调速	采煤机割煤速度过快、片帮严重、大块煤拥堵煤量增大时，运输机容易因过载“压死”。通过modbus协议读取运输机变频器的电流值，把读取的运输机电流值转换成与采煤机基数相匹配的电流值，再通过modbus协议传给采煤机远程控制台，经过数据传输，把数据传给采煤机，采煤机根据反馈的电流值与煤机自身设置的基数进行比对，实现运输机载荷对采煤机速度控制，使运输机在最佳的功率状态运行	陕煤集团神木红柳林矿业公司 凌鹏涛
407	井工开采	一种喷浆自动快速上料装置	井巷喷浆支护过程中，往往需要手动将干板料铲入料斗中，费时费力，工作效率低，上料不均匀。该装置以风压带动传动装置为动力源，通过输料管将堆放干板料自动吸入料口，完成上料环节，省时省力，一人即可完成上料工作	陕西陕北矿业韩家湾煤炭有限公司 冯小成、杨恒、王太平
408	井工开采	双重预防机制与人员定位联动在煤矿安全管理中的应用	陕西陕北矿业韩家湾煤炭有限公司始终坚持“关口前移、源头管控、精准监管、科学预防”工作思路，坚决杜绝不结合实际情况开展工作，通过逐渐完善系统基础数据，利用4G网络实时高效手段，创新性地在陕北矿业公司率先实现“风险、隐患与人员定位联动实时推送”功能	陕西陕北矿业韩家湾煤炭有限公司 李锦涛

（续）

序号	专业	成果名称	成果内容及创新点	推荐单位及发明人
409	井工开采	采空区沿空留巷混凝土无煤壁双墙成型工艺	经过现场实际、参照相关技术参数与生产技术部沟通，改用柔性膜袋混凝土墙间隔（5000 mm×1000 mm×3200 mm）2道，替代20个圆形水泥墩柱，该混凝土墙整体顶部原有基础上加粗锚索 ϕ15.24 mm 改为 ϕ17.8 mm 吊挂柔膜，穿心螺栓采用22×1400 mm塑料锚杆加固墙体，斜撑采用DN40钢管上下布置与背部连接木点柱4道，钢筋网整体沿墙体搭接，多加DN50×2 m钢管12根控制侧向力，进行挡杆支护，墙体采用添加剂例（增强剂、悬浮剂），顶部采用膨胀增强剂配比密实结顶，使整墙坚固结实牢固，结顶密实无空洞空缝	陕煤集团神木张家峁矿业有限公司 刘宏民
410	井工开采	采煤机拖缆张紧远控报警控制装置	在采煤机原有的拖缆张紧保护的常开点上并接无线远程控制模块，并安装LED报警指示灯。拖缆夹监护人员发现电缆槽内夹煤块时，按动遥控器使采煤机停车并点亮报警指示灯，作业人员即可安全的清除拖缆夹内煤块	陕煤集团神木张家峁矿业有限公司 王志鹏、白玉军、刘平、白恩杰、绳军锋
411	井工开采	近水平浅埋煤层综采面胶运机头永磁同步电机硐室布置及安装方式优化	电机硐室高度大大减小，增加了围岩的稳定性；简化了施工工艺，降低了施工难度，缩短了施工工期；检修通道布置于煤层中，增加了资源回收；电机安装、检修不再采用起吊梁起吊，而是采用多功能车直接运输至安装地点或直接拆除后用多功能车运输，灵活便捷；避免了永磁同步电机运输跨立交点；剔除了传统的爆破、登高等高风险作业。有效解决了综采面带式输送机机头大断面永磁同步电机硐室施工工艺复杂，起吊钢梁人工安装难度大，重型设备及车辆通过“立交点”风险高等问题	陕煤集团神木张家峁矿业有限公司 刘建浩、白恩杰、高彬、张建安
412	井工开采	掘进工作面百米超长桥式转载机	为满足快速掘进施工要求，在工作面原有60 m桥式转载机基础上，增加一套过渡带式输送机和刚性机尾，生产分两次进行转载系统拉伸工作，每次可拉伸有效长度为50 m，有效行程100 m，满足了两个生产班正常生产循环90 m的生产需求，提升巷道单进水平，除此之外该装置在机尾轨道架旁吊挂电缆框，将电缆整合到拖缆夹内，让掘进电缆跟机移动，有效减少了人员拖拽电缆的流程	陕煤集团神木张家峁矿业有限公司 宋立军、刘振云、乔博
413	井工开采	输送带再修复切割机	带式输送机输送带在使用过程中两边磨损严重导致不能够满足使用，本创新成果是对磨损严重输送带两边进行切割，然后投入到下一套设备中继续使用	陕煤集团神木张家峁矿业有限公司 李兴民、聂炜炜、李波、杨旭荣、白恩杰
414	井工开采	顺槽张紧钢丝绳自动清扫及润滑装置	该装置可以自动清扫顺槽带式输送机张紧钢丝绳上堆积的煤泥，并同步润滑清扫后的钢丝绳	陕煤集团神木张家峁矿业有限公司 朱聿顺、王忠祥、翟瑞军、高刚、徐超

（续）

序号	专业	成果名称	成果内容及创新点	推荐单位及发明人
415	井工开采	选煤厂滚轴筛传动轴检测装置	滚轴筛和其他设备不同在于他的轴多于其他设备，一般设备只有电机的保护，没有对轴承单独的监测装置。当轴承发生故障时也不会报警，加装了监测装置后可以准确地知道哪根轴有故障，大大地保障了设备的安全运行	陕煤集团神木张家峁矿业有限公司 张喜君、郭艳雄、李旭、彭涛
416	井工开采	一种超宽大断面混凝土墙接顶工艺实施改进	为提高抗压整体强度、稳定性，里外墙体采用钢制拉筋预埋件每段500 mm，预留 ϕ1800 mm×2100 mm 作为主梁构造柱，五花布置。ϕ6mm×1500 mm 成 W 状钢筋网为纵、横拉筋，W 钢带 3 条作为墙中上部稳定、在帮部施工 6 根 ϕ18 mm×2100 mm 螺纹钢锚杆与煤壁固定。 按措施要求开顶帮部槽子，距顶 150 mm 处、在墙顶部砌筑 M 垛式 3 处作为模板，并在墙体顶部下端 500 mm 处分段下构造件连接钢筋网成 W 状	陕煤集团神木张家峁矿业有限公司 刘宏民
417	井工开采	一种综掘机电缆拖拽装置	原掘进机跟机电缆拖拽采用固定钢丝绳、滑轮实现前后移动，掘进机进退时裸露电缆弯曲段会与巷道底板、设备之间摩擦，易造成电缆破损。该创新成果摒弃了原装置易损坏的钢丝绳及滑轮，减少了检修工作量，同时生产班不用安排专人监护拖缆，减少了人工投入	陕煤集团神木张家峁矿业有限公司 李红学、柳彦波、康震、绳军锋
418	井工开采	真空断路器三相同步调节仪	该装置的投入使用，减少了维修移动变电站、馈电开关、张紧开关等电器设备时控制电源取电程序，实现了快速查找电路故障点，并且能够检测小型变压器、保护器、继电器等电器元件的损坏情况，并且减少了更换电器元件的程序，节约了电气设备维修的时间，大大地提高了电气设备的维修质量和效率	陕煤集团神木张家峁矿业有限公司 何忠雄、朱春钢、黄鹏远、白恩杰
419	井工开采	用于煤矿井下防爆车上的视频摄像系统	煤矿井下掘进工作面用的梭车及其他防爆车辆外形尺寸过大。而且巷道比较狭窄，在车辆运行时司机可以看见巷道内的设备及人员，当倒车运行时司机看不到车辆运行反方向巷道内的情况，容易撞坏设备及管路，碰到巷道中工作的人员，发生各类事故，为了杜绝该类事故，对井下防爆车辆尤其是掘进工作面梭车，为保证其安全，必须增加倒车影像	陕煤集团神木柠条塔矿业有限公司 焦悦峰
420	井工开采	一种适用于煤矿井下的红绿灯智能控制器	在红绿灯路口 4 个方向距红绿灯 30 m 处，每个路口装上 1 台检测车辆运行的传感器。红绿灯正常运行时 4 个路口全是绿灯，如南北方向来车辆后，该检测器检测到南北方向来车通过后，南北方向灯保持绿灯不变，东西方向的灯变成红灯。当南北方向车辆通过后，也就是经过 15~45 s 延时后，东西方向继续变为绿灯	陕煤集团神木柠条塔矿业有限公司 焦悦峰

（续）

序号	专业	成果名称	成果内容及创新点	推荐单位及发明人
421	井工开采	适用于电缆沟的遥控巡检机器人	电缆沟巡检时，由于长时间不通风，导致有毒有害气体可能伤害巡检人员，由巡检机器人代替人工巡检，随时随地按时按点巡检。对电缆沟固定特殊部设进行拍照视频，对主要设备接点进行热敏成像，分析接点温度，并记录、上传。杜绝值班员人员巡检不到位现象，保证变电站设备运行安全，巡检机器人还可自动沿设计好的线路进行巡检，而且还可以通过无线网络进行手机遥控操作巡检。当设备发生故障时用手机遥控操作使巡检机器人第一时间到达人员无法到达的故障点，对设备故障部位进行拍摄视频并上传手机，便于管理人员及时了解故障情况，及时处理故障等特点	陕煤集团神木柠条塔矿业有限公司 焦悦峰
422	井工开采	井下变电所高开电动隔离改造与机器人协同联动技术应用	在不改变隔爆性能的基础上，对井下变电所原有高压开关隔离手车电动改造，彻底解决了井下无人值守变电所传统高压开关隔离手车无法电动操作、隔离分断不可见、无法远程可视化操作的问题，与此同时配备机器人实现远程协同联动，替代人工现场就地操作设备，从而助力矿井无人值守变电所智能化，提高供电安全可靠性	陕西涌鑫矿业有限责任公司 雷鹏、黄天尘、李瑞龙、姚凯、段斌
423	井工开采	煤矿井下简易水过滤器	用一根 2 m 长的 8 寸或者 10 寸管，在管子的一端接入进水管，及过滤器，在距该 2 m 长管子底部 1 m 处安装一出水管，在距该 2 m 长管子底部 0.3 m 处焊接一排污管进行排污	陕煤集团神木柠条塔矿业有限公司 焦悦峰
424	井工开采	矿井水深度处理软化污泥固化水泥砖综合利用试验项目	项目实施后，矿井水深度处理软化污泥，可实现无害化处理和资源化利用，环保效益显著，同时可创造经济效益，并且节约了污泥处置费用	陕西中能煤田有限公司 高增胜
425	井工开采	10 kV 开关柜全弧光保护系统的研究及应用	研究应用弧光保护，解决开关柜内部故障快速切除问题，对于提高电力系统的安全、稳定性，降低经济损失有很大的意义，相对于价格昂贵的母差保护，弧光保护具有价格低、速度快、原理简单等特点，整个系统安装简单，施工方便，是实现中低压母线保护的理想解决方案	陕西中能煤田有限公司 豆腾飞
426	井工开采	薄煤层智能化综采工作面远程供电技术	移动电站车不布置在综采工作面顺槽，借助远程供电供液的形式，使工作效率大大地提高，使通风的阻力减小，该技术使得整个工作面的供电、供液、控制和信息化系统最优化，系统的稳定性、可靠性达到了最佳状态，对推动高产高效的智能化矿井建设具有重要的意义	陕西中能煤田有限公司 豆腾飞

（续）

序号	专业	成果名称	成果内容及创新点	推荐单位及发明人
427	井工开采	一种煤矿带式输送机运输监控系统	通过速度传感器、温度传感器、撕裂传感器、跑偏传感器、张力传感器检测带式输送机的运行状态，出现故障能及时发送至控制器，控制器根据情况通过驱动电机、张力电机、变频器进行相应的控制，进而实现自动化控制，提高了工作效率	陕西中能煤田有限公司 豆腾飞
428	井工开采	自动卷、割带式输送机的技术应用	由一台 4 kW 三相异步电机提供动力，减速器提供稳定输出，可随时搬迁，自动将输送带按规定尺寸切割好自动卷成一卷，并且可以重复工作	大同煤矿集团铁峰煤业有限公司 董建
429	井工开采	矿用隔爆开关人脸识别停送电授权装置的研究与应用	该创新装置主要分为两部分：一是防爆人脸识别装置的改造应用；二是防爆集成控制箱的推广应用。两部分按照功能互补与隔爆开关经过有机结合实现了授权管理	晋能控股煤业集团四台矿 杨光、宁伟胜、李文军、闫李锋、周润来
430	露天开采	维修用液压拉马器改造	本维修工具改造是对普通液压安全笼式拉马器进行分析，结合日常安全生产需要，通过设计加装可升降螺旋推杆、可移动底盘、可移动自锁配重、限位挂臂以及移动滑道，实现将拉马器提升距离地面 700 mm，拉拔高度范围从 200～680 mm，拉拔过程人员距离拉马器主体（2.5～3）m，有足够的安全距离，合理的限位及配重设置极大地降低操作者的危险性	神华北电胜利能源设备维修中心 常鑫
431	露天开采	南露天煤矿北帮边坡参数优化	2021 年 8 月，随着东帮持续向东推进，煤层底板开始揭露，底板产状与钻孔修订地质模型发生了一定的偏差。通过钻孔取样，探明底板变化情况，在保障边坡安全的情况下，优化边坡参数，减少无效剥离量约 $5\times10^5 m^3$	新疆天池能源有限责任公司 杨孝新、董蒙蒙、刘振远、张建磊、王胜利
432	露天开采	给煤机层暗道湿式除尘自动控制改造	将军戈壁二号露天煤矿一期地面生产系统三个穹顶仓下共有 72 台给煤机，对应的湿式除尘系统有 36 套。通过将给煤机运行信号接入湿式除尘系统中控制湿式除尘的起停，由原来的人为控制除尘系统的起停改为自动控制，不仅减少了工人进入可能存在安全隐患的空间，也大大提升了除尘效率	新疆天池能源有限责任公司 董路路、杨晓东、张文瀚、睢进仁、马辉
433	露天开采	溜槽“一变二”改造	将军戈壁二号露天煤矿一期地面生产系统一次破碎机下 M102 带式输送机落差高、输送带带强不够、102 带式输送机机尾溜槽设计不合理，导致 102 带式输送机输送带表面伤口持续不断增多，输送带已不满足正常使用要求，二矿决定将 102 带式输送机进行整机更换，并将机尾溜槽改造成双溜槽，降低料流对带式输送机的冲击伤害，保障设备正常运行	新疆天池能源有限责任公司 郭小川、马军、于洋、孔文才、马继强

（续）

序号	专业	成果名称	成果内容及创新点	推荐单位及发明人
434	露天开采	煤矿煤尘卸灰搅拌装置	为解决带式输送机除尘清扫系统卸灰中所引发的二次扬尘问题，项目团队发明了一种煤尘卸灰搅拌装置，将卸灰阀卸载的煤尘输送至搅拌装置中进行二次处理，通过装置底部气动搅拌装置，使煤尘和水充分融合形成煤泥水，并从底部的气动排污阀排出，由此大大降低了卸灰所带来的扬尘问题，且过程全自动，无须额外人力，清洁高效	新疆天池能源有限责任公司 伍红周、田野、陈国磊、陈学栋、马智勇
435	露天开采	XDE240 矿用卡车紧急制动技改项目	设备的控制方式为集成控制，当 CAN 通讯或控制器死机时，所有制动等功能全部失效，技改后的控制方式为硬线控制，当控制器死机时出现各个功能失效需要启动紧急制动时，只需要拨动一下开关后就可以实现液压制动，不受控制器等控制	国家能源集团陕西神延煤炭有限责任公司西湾露天煤矿 张强
436	露天开采	WK35 电铲尾线电缆卷筒控制系统改进	设备故障率降低；生产成本降低；缩短尾线电缆卷筒液压系统运行时间	国家能源集团陕西神延煤炭有限责任公司西湾露天煤矿 李向东、赵树军、乔斌、杨林茂、刘小伟
437	露天开采	WK35 电铲润滑油脂补油方式改造	创新 WK35 电铲补油方式，由原来的单点单泵补油创新为单点多泵补油，既提高了补油的安全性，又增加了补油的效率，减少了补油时间，增加了生产效率，与此同时又补加了维修气源补给口，为维修时提供了方便，既安全又可靠	国家能源集团陕西神延煤炭有限责任公司西湾露天煤矿 李向东、赵树军、刘旭东、肖竟、贺宝荣、高顺义
438	露天开采	装车溜槽自动喷雾装置改造	装车卸煤溜槽口新增喷雾装置，自主完成喷雾装置与装车卸料开关联动控制程序开发，改造供水管道，利用高压软管实现喷雾装置与供水管路的软连接	国家能源集团陕西神延煤炭有限责任公司西湾露天煤矿 高小强、邵津津、杜林、徐瑞军、程进正、田磊、王兆武、张章
439	露天开采	防反灰式副溜槽在地面生产系统的应用	该装置安装位置同其他副溜槽位置相同，安装在带式输送机机头部下侧，可将带式输送机机头部落下的煤尘直接落入下游输送带。该种副溜槽主要应用于球形储煤仓等空间大、落差大的设施的上方带式输送机机头下方，该类带式输送机副溜槽由于所处位置较高，空气流速大，导致气压降低行程向上的定向空气，形成烟囱效应。为防止安装副溜槽后发生烟囱效应，该装置在底部安装锁气器，避免煤尘通过副溜槽返至其他区域	神华北电胜利能源有限公司 谢小宜、宋文清、赵奇、李银广、陈显闯、翟晓宇、许建军、李浩峰

（续）

序号	专业	成果名称	成果内容及创新点	推荐单位及发明人
440	露天开采	一种干式带式输送机回程输送带工作面清扫装置	该装置安装在带式输送机机头部返程输送带处，主要由箱体、平托辊、毛刷清扫器、负压除尘器、螺旋清灰绞龙及管路等附属设施构成。当返程输送带通过该清扫装置时，平托辊保证输送带平稳通过，随后经毛刷清扫器清扫下的煤尘落入底部集灰斗，集灰斗底部设计安装螺旋清灰绞龙装置，将煤尘送到另一侧的负压输送系统，将煤尘输送到除尘器进行回收处理。使输送带表面黏附的细小煤尘直接清除在带式输送机头部，避免洒落至带式输送机沿线及驱动站，有效消除驱动站内扬尘问题。该装置对比传统清扫箱具有不堵料、无二次污染、不使用液体清洗的优势，更适用于北方严寒气候	神华北电胜利能源有限公司 宋文清、赵奇、李银广、李生茂、翟晓宇、许建军、李浩峰
441	露天开采	一套快速定量装车站粉尘综合治理方案	该装置实现了装车站粉尘有组织收集、处理。当装车站开始装车时，该套设备同时启动，配合防风抑尘网，最终达到自动快速定量装车站装车涵洞除尘的目的	神华北电胜利能源有限公司 宋文清、赵奇、李银广、梁金龙、翟晓宇、许建军、张慧、李浩峰
442	露天开采	回程带式输送机加热区域研发与应用	该装置集暖风初霜、煤尘收集、动力除尘、保温等功能于一体；同时将暖风机、除尘启停信号接入带式输送机启停信号中，实现与带式输送机同时启动、延时停止；使用中达到除尘、降尘、保护环境的效果，同时保证带式输送机冬季安全运行，减轻员工劳动强度，提高设备的开机率	神华北电胜利能源有限公司 朱风鑫、王超、杨晓磊、周建民、王艳虎
443	露天开采	霍尔技术在配煤系统中的应用	该技术的应用提高了密封性，闸板承载框架无须打孔，也不存在漏煤显现；检测距离范围宽，克服由于闸板偏移导致的信号丢失；油缸为快速油缸，此传感器可提前检测，可留有缓冲余地，避免油缸的机械冲击，延长使用期限。且改造简单，成本低，维护方便。杜绝了作业过程中煤尘外溢及限位信号丢失现象，有效提升了装车作业的工作效率	神华北电胜利能源有限公司 刘崭卿、周志茂、樊晓斌、李艳龙、赵晶
444	露天开采	带式输送机防冻液智能喷洒装置	针对低温天气造成的带式输送机物料冻粘现象，通过自主设计，利用触摸屏和PLC实现集中控制，由液压系统提供喷洒动力，通过专用传感器采集带式输送机运转信号、料流信号、皮带秤流量信号，实现了防冻液快速、均匀、稳定喷洒及智能控制。解决了带式输送机物料运输中的冻粘问题，同时解决了人工喷洒防冻液存在的喷洒不均匀、喷洒不到位、喷洒速度慢、防冻液浪费等问题。大大提高了生产效率，降低了生产成本，降低了设备风险，降低了工人的劳动强度，同时改善了员工工作环境，提高设备环保性能，消除职业病危害因素	神华北电胜利能源有限公司 代志飞、李艳龙、周志茂、樊玉锟、李双利

（续）

序号	专业	成果名称	成果内容及创新点	推荐单位及发明人
445	露天开采	一种停送电工作票高效审批模式	储运中心地面生产系统共有变配电室箱24个，每年停送电操作工作量高达6000多次，按现有的行业规定履行相关停送电工作票制度，存在人员办票费时费力、效率低下、常因办理工作票东奔西跑等诸多问题。储运中心检修部，经过不断探索、研究、创新，成功研发了一套可行高效的停送电工作票线上审批模式，停送电工作票的审批全部转为线上审批，旨在提升创新能力，实现安全、高效、智能化发展	神华北电胜利能源有限公司 付艳鹏、李艳龙、周志茂、翟昱博、张麟逸
446	露天开采	机械视觉识别技术在刮板机上的应用	突破性将产品加工工厂常用的机械视觉识别装置应用于刮板机上，解决了刮板机内部水汽、粉尘、光线不足等问题对机械视觉识别技术稳定性的影响，实现机械视觉识别技术在高寒地区的刮板机上的应用，实现对刮板机的智能监测，对刮板机断链、跳链、刮板断裂等问题的智能监测和报警。刮板机拉斜报警准确率95%以上，杂物报警准确率90%以上	神华北电胜利能源有限公司 翟晓宇、李银广、冀永臻、宋文清、赛西雅拉图
447	露天开采	车载柴油暖风机在自卸车上的应用	通过安装车载柴油暖风机，一方面有效提高自卸车驾驶室温度，确保司机操作安全；另一方面节省了每年防寒被的费用支出，减少车辆怠速运转油耗，降低发动机的异常磨损。适用于北方极寒地区内燃设备驾驶室供暖改造，提高驾驶室温度	华能伊敏煤电有限责任公司伊敏露天矿 王玉龙、刘明、白迪、刘金强、赵埗、杨勇、易勇伟、王波
448	露天开采	矿用WK－10B行走机构“四轮”轴承自动润滑系统	本成果自动化程度高，系统原理简单，稳定性高，润滑效果好，可大量节省人力，提升作业效率。切实提高润滑效果，省去手动注油时间，减少油脂浪费，适用于大多数矿用挖掘机行走机构需要润滑的场景	华能伊敏煤电有限责任公司伊敏露天矿 郭建臣、刘金强、徐征、闫锡林、江万军、董振滨、刘忠辉、王玉龙
449	露天开采	新型挖掘机铲斗冻粘清理装置	该成果解决了以往人工清理铲斗效率低，使用小型液压挖掘机清理铲斗时清理不干净和其原装铲斗容易损坏的问题。适用于轮斗挖掘机和电铲铲斗冻粘物料的清理，提高采掘效率	华能伊敏煤电有限责任公司伊敏露天矿 舒应秋、刘明、李宝国、王玉龙、易勇伟
450	露天开采	伊敏露天矿北端帮“排土桥”式煤炭回收与运输道路置换	通过采排时空关系的调整，置换端帮运输通道，最大化回收端帮煤炭，可操作性强，投入成本较低，回收煤炭资源促进经济效益提升。适用于受带式输送机运输系统限制，在端帮煤层设置运输道路情况下的端帮煤炭回收，保证端帮运输通道的畅通	华能伊敏煤电有限责任公司伊敏露天矿 易勇伟、李志强、舒应秋、胡鹏飞、董帅

（续）

序号	专业	成果名称	成果内容及创新点	推荐单位及发明人
451	露天开采	斗轮机排料臂取料斗衬套拆卸专用工具装置	原斗轮机排料臂铰接点销轴拆卸时，空间狭小，检修人员需使用大锤、铜棒等辅助工具进行拆卸。拆卸过程费时费力，效率低，安全隐患大，销轴易发生损伤。使用该装置后，通过机械代替人力，使用液压装置对铰接点销轴进行拆卸，同时不会对销轴造成损伤，销轴可重复使用。该装置在保证检修人员安全的情况下，省时省力，提高检修效率	华能伊敏煤电有限责任公司伊敏露天矿 吕志、田久明、郑树坤、王玉龙、王剑红、刘立丰、邵洪杰、尹铂燃
452	露天开采	太重WK-20型电铲支重轮托举架装置	太重WK-20型电铲大修期间安装支重轮，传统方案是先吊起一侧底架梁，将支重轮放置到履带架下方指定位置，利用千斤顶等辅助工具将支重轮支顶至足够高度后，进行对孔后依次安装。由于支重轮外部轮廓是圆形，使用千斤顶支顶时，容易出现偏斜，支重轮滑落。根据现场检修特性，设计出安装托举架装置，该装置使用专用夹具将支重轮固定，采用液压升降车升降支重轮，替代液压千斤顶单独支顶的方法，支重轮升降平稳，安装简便，安全系数提高	华能伊敏煤电有限责任公司伊敏露天矿 赵成海、张雷、贾振华、施玉君、张派
453	露天开采	太重WK-35型电铲绷绳销轴辅助安装工具	使用绷绳销轴安装工具安装WK-35系列电铲绷绳时，使用销轴托架替代人工抬装或辅助设备吊装工作，降低了多台辅助设备交叉作业的安全风险。销轴前加装引导装置，在销轴对孔找正时，不需人工使用撬棍等对正调整，从而大大降低了检修人员在狭小空间内的作业时间，保证了检修人员作业安全	华能伊敏煤电有限责任公司伊敏露天矿 杨清林、贾振华、杨德超、骆星宇
454	露天开采	大型平地机边检拆装吊运装置	该装置可以有效解决吊运边减装置的平行稳定性，避免常规吊运过程中不平衡倾斜掉落风险；可以对边减进行转动，有效解决了齿轮及螺栓对位装配问题，提高了设备检修效率，降低了劳动强度	华能伊敏煤电有限责任公司伊敏露天矿 张大勇、孙齐兴、赵宏声、李宝国、胡士彬、于洪泽、刘玉和、任旭东
455	露天开采	移设机夹轨器液压系统改造	将移设机夹轨器机械锁紧改造为液压锁紧，增加了夹轨器的紧固力，避免了"脱轨""卡顿"发生，提高了移设机工作效率；原有的室外人工锁紧操作改造为司机室电控操作，提高了操作人员的安全保障和工作效率；增大了夹轨器连接导轮承载力，可同时满足半连续和全连续系统移设使用，提高设备使用率；夹紧油缸配置了液压锁，提高了移设机作业安全系数	华能伊敏煤电有限责任公司伊敏露天矿 孙常勇、赵宏声、于明磊、李宝国、赵炳垚、李广义、张程锦、韩志华、郑树坤、任旭东

（续）

序号	专业	成果名称	成果内容及创新点	推荐单位及发明人
456	露天开采	NTE200 型自卸车自动润滑系统的改造及优化	优化后的润滑系统控制功能从车载集成 CAN 模块中分离出来，单独运行，有效地代替了原车润滑控制功能，提高了设备润滑功能的稳定性，也降低了生产成本以及检修难度	华能伊敏煤电有限责任公司伊敏露天矿 孙涛、刘建民、魏圣杰、金明男、王田、吴振宇、白迪、张雷、王晶丹、刘玉和
457	露天开采	半连续系统新型组合台阶的应用	本技术改进可以对露天矿的半连续系统采用新型组合台阶模式。具体说就是，在现有的“主采台阶+下分台阶”的基础上，充分挖掘设备能力，创造下分第二台阶，形成“主采台阶+下分一台阶+下分二台阶”的新模式，提高系统移设周期内的可采量，大大提升了与单斗卡车系统协同作业的生产组织灵活性。该方案可以推广至其他露天矿的连续系统、半连续系统	华能伊敏煤电有限责任公司伊敏露天矿 胡鹏飞、王志元、张波、李月强、袁金祥、李伟、蔡宝加、孙茂森、董帅
458	露天开采	横排方法减少道路置换	该方法是在端帮某一位置开始，在现有排土场道路前方，采用横排方式，将排土场短期的界限完成排土及道路置换后，再对后方空间进行回填。如果采用整体推进式的排土方法，道路将需要频繁置换，此方法，有效地减少了排土场道路置换的次数	华能伊敏煤电有限责任公司伊敏露天矿 胡鹏飞、易勇伟、张波、李伟、袁金祥、李月强、蔡宝加、吴洪阳、范文城、董帅、江万里
459	露天开采	一种风光双电源摄像监控安装方式	对于野外、现场等不方便安装固定电源的地点安装视频监控时，利用太阳能光伏板以及风力发电机两种供电方式同时向网络监控摄像头供电，提升电源供电稳定性	华能伊敏煤电有限责任公司伊敏露天矿 李洪涛、魏金发、张波、李伟、德旺凡、魏国君、刘亮、董黎明、董帅
460	露天开采	一种利用大孔径疏干井进行底板水位降深的方式	于煤层布设直径 1.5~2 m 的大孔径疏干井，相比以往布设 660 mm 孔径的疏干井，大孔径疏干井渗水截面更大，单井涌水量更高，有利于底板水位降深；相比明排超降井，大孔径疏干井对地下水扰动较小，抽排的水质更好，不需要污水处理厂处理，可直接供给电厂用作循环冷却水	华能伊敏煤电有限责任公司伊敏露天矿 魏国君、张波、李伟、德旺凡、司国斌、董黎明、李文超、赵小凤、董帅

（续）

序号	专业	成果名称	成果内容及创新点	推荐单位及发明人
461	露天开采	一种利用智能测绘系统进行地质写实的方式	利用智慧化测绘系统形成的数字化三维模型，对采区进行全景观测，评估煤层产状，快速准确找到构造点，是地质写实的新方式	华能伊敏煤电有限责任公司伊敏露天矿 德旺凡、张波、李伟、董黎明、魏国君、司国斌、魏亚龙、白小龙、董帅
462	露天开采	一种电铲与小型设备时空分区联合作业的薄煤层选采方法	该成果通过小型设备与电铲联合作业，以时空分区的形式，在电铲正常作业的过程中进行薄煤层选采，既保证了小型设备与电铲作业的连续性，又提高了资源回收率	华能伊敏煤电有限责任公司伊敏露天矿 易勇伟、李月强、吴洪阳、舒应秋、李志强、刘金强、张根精、张帅、胡鹏飞、董帅
463	露天开采	一种端帮涌水区排水系统的修建方法	该成果通过设计一套由排水沟、过道水管、多级沉井组合而成的排水系统，与端帮道路规划有机结合，将采场端帮涌水引至煤平盘沉井内，减少排水系统对端帮运输线路的占用，并提升排水效果	华能伊敏煤电有限责任公司伊敏露天矿 张根精、易勇伟、李月强、吴洪阳、王忠刚、孙立亮、王海龙、徐征、刘金强
464	露天开采	一种基于统计数据的矿用挖掘机提升钢丝绳使用寿命预测方法	该成果通过一种新的数据处理方式，将影响钢丝绳使用寿命的诸多因素可视化反映出来，提供一种相对精确的钢丝绳更换周期预测方式，为生产接续提供较为可靠的数据支持	华能伊敏煤电有限责任公司伊敏露天矿 张根精、李月强、易勇伟、刘金强、朱洪禹
465	露天开采	一种SF33900自卸车举升限位装置	通过设计安装一种举升限位装置，控制SF33900自卸车举升缸举升最大行程，防止SF33900自卸车厢斗举升至最高位置时举升缸缸芯抽出，避免举升缸损坏，杜绝因举升缸缸芯抽出而导致的车辆其他损失和不安全后果的发生	华能伊敏煤电有限责任公司伊敏露天矿 王玉龙、李月强、刘明、赵堍、田国峰、魏立功、邵成明

（续）

序号	专业	成果名称	成果内容及创新点	推荐单位及发明人
466	煤炭化工	块煤浅槽分选机提能改造	通过现场技术测量，去除该浅槽原有滑道母体，采用高碳钢整体铸造式滑道替换原有母体+护板式滑道，通过沉孔螺栓与槽体进行固定，实现链条在上、下滑道中运行；此外，由于槽体结构尺寸相同，可通过改造瓦座尺寸实现浅槽驱动轮、架链轮的替换，满足一、三系统浅槽配件互通	华阳集团新景公司 刘汉宝、安鹏、张林龙、张克斌、郝金海
467	煤炭化工	一种防止强力输送带抽头检测装置	该成果根据钢丝经过驱动滚筒所产生的离心力抽动检测装置的滚子转动，从而使其产生报警信号。操作工给予正确的判断及时处理避免了撕毁输送带影响生产的风险，节约了成本，减少了浪费，提高了生产效率	华阳集团新景公司 李卫伟、王志强、车海红、王立、张小孩
468	煤炭化工	煤层气大型工业用户智能远传监测系统	煤层气大型工业用户具有行业面广、用气量大、位置分散等特点，传统人工巡检模式存在工况不易掌握、管理成本高等问题。为此利用传感器、RS485 及无线远传终端完成数据采集并无线远传至公司服务器，通过 B/S、C/S 两种架构，实现组态显示，具备分级访问、异常报警、数据备份、数据查询、报表打印、支持手机及计算机多点登录等功能	华阳集团煤层气分公司 梁成文、梁建国、周恒
469	煤炭化工	洗末捞坑稳流器的设计与应用	洗末捞坑稳流器主要由稳流桶和挡水环组成，稳流筒设计为锥形，来料管内的水流流到稳流筒锥顶上，锥顶将水流均匀分布在稳流筒面并穿过挡水环与稳流筒间环形间隙，沿着筒面流入捞坑内，稳流器改变了水流的方向，降低了水流的速度，避免了水流翻涌，从而避免了捞坑跑粗	铁法煤业（集团）有限责任公司晓明矿 初静
470	煤炭化工	洗三号回收改造	入选原煤进入跳汰机后，在风水的作用下跳跃前进；在不断地跳跃前进过程中，轻物料（精煤）上浮，而重物料（矸石）下沉，实现了按密度分层，待物料运动到矸石段和中煤段的排料口处，通过排料装置将矸石排出。跳汰机二段洗矸外排出的小颗粒矸石，发热量在 5024~6280 J/g，有可回收价值	铁法煤业（集团）有限责任公司大平煤矿 郭建琦
471	煤炭化工	循环流化床锅炉改善外循环品质的研究与应用	为了提高炉内对流换热量，降低各点物料温度，提高机组安全性及经济性，煤矸石发电公司将电除尘及省煤器仓泵输灰利用原有石灰石输送系统送入炉膛参与燃烧换热，通过飞灰回炉膛燃烧试验前后机组运行状态及数据对比，总结飞灰再循环对机组运行状态影响，提出有效实施方案，解决炉内循环灰不足问题，从而达到机组安全经济运行的目的	辽宁调兵山煤矸石发电有限责任公司 王利俊
472	煤炭化工	电力监控系统涉网安全防护的改进	热电厂远动系统共 2 台通信管理机，每台通信管理机与调度数据网两个实时子网分别相连，中间配置纵向加密装置。实时子网交换机上对通信管理机的 IP/MAC 地址进行绑定，配置 ACL 策略。电能量采集系统，属于安全Ⅲ区，通过综合数据网传输数据。公用通信网传输数据经过安全加密认证措施接入安全接入区。使用 GPRS 通信装置实现远程模拟量、开关量采集、控制，实现无人值守的应用	铁法煤业（集团）有限责任公司热电厂 马驰

（续）

序号	专业	成果名称	成果内容及创新点	推荐单位及发明人
473	煤炭化工	反应器循环泵封油泵行程调节杆改造	经过重新加工行程调节杆，将调节杆末端缩径根部螺纹的直径加大，并减小退刀槽深度，对连接配套法兰的螺栓孔靠近退刀槽部位进行大角度倒角，达到退刀槽根部与法兰面完好贴合。经过改造，截至目前，未出现行程调节杆断裂现象	中国神华煤制油化工有限公司鄂尔多斯煤制油分公司 王晓平、杜鹏、赵国文
474	煤炭化工	电液比例控制技术在SCHUF阀门油路控制系统中的应用	针对当前SCHUF阀门调节过程中暴露出来的问题，使用电液比例控制技术替代开关式电磁换向技术，并带有高可靠性的保护措施，确保短路、断路保护功能。使用专有的控制软件，对控制算法进行优化，使得油缸启动平滑稳定不突兀，阀位运动快接近给定值时，提前平稳减速。调节过程中液压系统无液压冲击，阀门动作平滑，阀门内介质压力和流量也是平滑变化无振动现象	中国神华煤制油化工有限公司鄂尔多斯煤制油分公司 孙祝、张海龙、杨乐
475	煤炭化工	煤直接液化反应器人孔塞结构优化改造	对煤直接液化反应器人孔塞隔热衬里段进行增加内筒改造，内筒与人孔塞内壁之间填充陶瓷纤维卷毡，内筒浇筑隔热衬里，反应器停工降温人孔壁收缩，因人孔塞隔热衬里段内筒与人孔塞之间填充的陶瓷纤维卷毡可压缩，故结焦物不会将人孔塞与人孔壁卡死，可实现人孔塞顺利拆卸	中国神华煤制油化工有限公司鄂尔多斯煤制油分公司 牛刚、曹海、刘军、吴传勇、李家顺
476	煤炭化工	一种DG型给水泵联轴器的技术改造	通过将弹性套柱销联轴器改为弹性膜片联轴器，采用电动机转子磁力对中以及电动机定位轴承，对DG给水泵转子进行控制串动，由于标准型双膜片联轴器结构尺寸无法安装，通过与联轴器厂家、机泵厂家以及电动机厂家进行研讨，设计、加工一种新型双膜片联轴器结构，主要结构如下：多级泵驱动端安装盘、膜片组件、多级泵驱动端连接套、膜片连接螺栓、连接套连接螺栓、调整垫片、电动机驱动端连接套、电动机驱动端安装盘和衬套等	中国神华煤制油化工有限公司鄂尔多斯煤制油分公司 武殿成、门显锋、朱建武
477	煤炭化工	硫酸亚铁溶解池增加风搅拌	煤液化装置所用主体催化剂硫酸亚铁溶液配制，在溶液配制过程中在其溶解池内设置工厂风搅拌，使池内硫酸亚铁固料达到充分搅拌溶解，提高物料溶解效果，稳定溶液浓度、密度，克服物料在溶解池内大量沉积、板结，延长运行周期，减少设备投入，降低运行成本	中国神华煤制油化工有限公司鄂尔多斯煤制油分公司 黄奎、李忠海、王勇
478	煤炭化工	增加十六烷值机冷却水前置过滤系统	此次技改对仪器外循环冷却水管路的堵塞情况有了较为明显的改善，通过前置过滤器过滤掉大量机械杂质，避免水中大量机械杂质堵塞仪器外循环管路，有效地延长了设备维护保养频次，同时为公司节省了大笔配件采购费用	中国神华煤制油化工有限公司鄂尔多斯煤制油分公司 张宁

（续）

序号	专业	成果名称	成果内容及创新点	推荐单位及发明人
479	煤炭化工	应用全自动水质分析仪同时测定不同水样中 NO_3^- 和 SO_4^{2-} 含量	应用全自动水质分析仪新方法测定水中硝酸盐（NO_3^-）和硫酸盐（SO_4^{2-}）含量，实现不同水样、不同项目的同时测定；且自动进样、自动稀释、自动清洗，样品无须加热和抽滤预处理，减少手工操作，分析快速，提高工效；人为操作误差小，精密度和准确度高；灵敏度高，线性范围宽，应用范围广，适用于地表水、循环水、污水和废水的测定	国能榆林化工有限公司 姚宝龙、杨红杰、娄红杰、李刚、王元
480	煤炭化工	无规透明聚丙烯产品性能提升	榆林化工所产透明聚丙烯产品雾度指标较市场同类产品较高，导致产品透明度下降，售价与中石油、中石化等公司所产产品价差接近600元/t，技术质量部联合烯烃事业部开展攻关，针对影响雾度指标的乙烯加入量和复配剂配方进行优化调整，实现产品雾度降低，透明度提升，提高产品售价	国能榆林化工有限公司 黄起中、杨学超、相伟明、侯向俊、王为林
481	煤炭化工	MTO 装置余热锅炉检修技术研究与优化	优化革新检修技术方案，先判定衬里脱落和钢板碳化范围，对钢梁生根位置已碳化的，线下预制承重梁，衬里预先浇筑，拆除集箱大盖更换承重梁，保证承重梁的安全长期运行；对钢梁局部存在碳化的内部补贴修补，采用网格状锚固钉布置方式，实现了衬里的有效固定。对前置蒸发段人孔局部切削，加密衬里锚固钉，内外部均密封施焊，人孔底部加高衬里尺寸，减少人孔砖四周间隙，解决了运行温度长期偏高的问题	国能榆林化工有限公司 贾旭飞、杨超、王为林、孙维金、王洋洋
482	煤炭化工	气化捞渣机技术改造	通过将捞渣机链条冲洗水由斜坡段改至捞渣机机头滴水冲洗、捞渣机水平段冲洗，既起到了防止大链条积渣，又避免了链条冲洗水将捞渣机斜坡段刮板粗渣冲洗返回至捞渣机，保证捞渣机出渣效果。通过将振动筛回水管路改至捞渣机水平段，避免了振动筛返回水将捞渣机斜坡段刮板粗渣冲洗返回至捞渣机，保证捞渣机出渣效果。将1号、2号、3号锁斗至对应捞渣机排渣管线增设连通管，4号、5号锁斗至对应捞渣机排渣管线。捞渣机起到了互备的作用	国能榆林化工有限公司 鲍金源、淡树林、史强、张路、先志强
483	煤炭化工	聚乙烯高端牌号品牌提升项目	国能榆林化工有限公司生产的2220H牌号电缆料产品虽然性能指标上达到了高端电缆料使用要求，但生产高端电缆对电缆料中杂质含量要求苛刻，在仓储、物流过程中产品包装袋被污染，无法满足电缆料杂质含量要求，如需要打入高端电缆市场，必须解决包装洁净度问题。通过对聚乙烯包装线改造，对专用料进行二次包装，可以从根本上提高产品包装洁净度，2021年生产9778 t 2220 H电缆料，并使用套膜进行二次包装，下游客户向销售公司反馈保洁度和应用效果较好，在下游客户中获得了较好的口碑，提升了公司聚烯烃高端牌号产品的口碑和品牌形象，同时提高了企业效益	国能榆林化工有限公司 刘海峰、刘勇、马雷、赵玉鑫、赵宗来、赵忠治

（续）

序号	专业	成果名称	成果内容及创新点	推荐单位及发明人
484	煤炭化工	脱硫塔硫酸铵结晶系统分析及操作优化	氨法脱硫塔内饱和结晶工艺相对塔外蒸发结晶工艺对浆液品质要求较高，浆液pH、氧化率、金属离子、氯离子、COD、硫或硫化物等因素对正常结晶都会产生一定影响，一旦硫酸铵结晶颗粒变小，就会出现脱硫塔浆液呈悬浮状、离心机运行时震动大分离困难、出料湿度大等问题，严重时系统被迫停运。本成果通过对浆液中金属离子浓度、pH值、浆液氧化率、固含量、浆液中灰含量及含硫组分的优化控制，改善硫酸铵结晶体大小及形状，避免不合格硫酸铵浆液大量倒出及脱硫系统停运	国能榆林化工有限公司 杨立、石玉锋、王力飞、杨成强、范军
485	煤炭化工	聚丙烯单元沉降器压缩机气阀改造项目	国能榆林化工聚丙烯单元沉降器压缩机气阀运行约6个月后，蘑菇阀阀芯错位或破裂造成压缩机排气温度升高，被迫停车更换气阀，严重制约聚丙烯单元长周期平稳生产。经过分析研究，结合现场实际工况，查阅相关资料，最终确定将气阀形状改为网状阀。改造后的网状阀使用效果良好，寿命1年以上，降低了气阀故障率，延长了压缩机运行周期	国能榆林化工有限公司 毛伟、梁春旭、聂涛、胡双伟、满洪利
486	煤炭化工	PP单元PDS阀门执行机构增加加强结构改造项目	通过高频执行器增加加强结构的改造，大大提高执行器的使用性能，克服阀杆偏心力和上推力对执行器造成的损坏，执行器增加加强结构后完全优于原始状态，经过改造运行约4个月后，下线重新解体检查发现，执行机构运行的稳定性极高，彻底解决阀门运行过程中因为阀杆受到介质压力后，向上移动导致旋转气动上壳体损失磨损使执行器过早损坏的问题	国能榆林化工有限公司 于向海、刘俊峰、李杰、李相春、杜新武
487	煤炭化工	4号氧化槽泄漏及管道振动治理改造	4号氧化槽内壁由于防腐层脱落，导致塔壁出现多处腐蚀漏点，使锅炉运行时大量浆液由泄漏点漏到氧化槽外，严重影响文明生产，长时间的腐蚀将削弱塔壁强度，可能导致氧化槽倒塌。需要对布风板进行固定，并且对环布风板整周进行防腐处理。为避免回流管喷头对氧化槽内壁冲刷，需要在喷头靠近氧化槽内壁处焊接挡液板，既不影响浆液喷出，同时阻挡浆液冲刷氧化槽内壁	国能榆林化工有限公司 刘小刚、渠红昌、侯海龙、卢小龙、刘凡
488	煤炭化工	关于应用高纯水替代哈希试剂去离子水测定氨氮分析方法的优化	通过空白对比、标样对比、实际工业生产样品对比等方法做大量实验验证工作后，得出结论，用实验室高纯水机产高纯水替代无氨水进行水质氨氮分析项目满足检测要求，数据结果准确度、精密度符合测量标准，解决了水质氨氮分析使用DR900水质氨氮分析仪配套的Test’NTubeAmVerTM管组件耗材问题，为公司在节能降耗方面做出了积极的贡献	国能榆林化工有限公司 王元、李刚、刘明军、杨红杰、姚宝龙

（续）

序号	专业	成果名称	成果内容及创新点	推荐单位及发明人
489	煤炭化工	K7726H 产品性能提升	为了满足下游小家电市场加工性能要求，榆林化工双聚装置 PP 单元对 K7726H 产品指标在企标的指标控制范围内进行 3 次优化调整，最终调整后的产品指标完全满足下游客户小家电料的性能指标：①拉伸强度指标>23.0 MPa（G），榆林化工产品均值为 24.1 MPa（G）；②抗冲击强度指标>9.0 kJ/m^2，榆林化工产品为 13.0 kJ/m^2；③弯曲模量指标>1100 MPa（G），榆林化工产品为 1265 MPa（G）	国能榆林化工有限公司 相伟明、赵文亮、解玉军、杨学超、侯向俊
490	煤炭化工	磨煤机筒体螺栓密封改造成果	将原有筒体螺栓与磨煤机筒体接触的密封点采用焊接的方式进行了改造，使密封效果更好，减少了密封垫与筒体之间一个密封点；采取安装筒体螺栓后在筒体螺栓与衬板之间填充结构胶的方式，使衬板与螺栓之间形成密封，一定程度上增加了密封垫与筒体密封面的宽度，密封胶的柔韧性也可以在磨机运转过程中起到一定的缓冲作用，有效减少螺栓松动，延长密封时间	国能包头煤化工有限责任公司 张临乐、代厚鑫、毛兆锋、赵旭清、朴东哲、缪定龙
491	煤炭化工	添加剂系统优化改造成果	本项目主要是用两台离心泵（一开一备）代替原有的六台隔膜泵，原有的隔膜泵的作用仍然保留，然后通过逐步改造，实现添加剂量的远程控制	国能包头煤化工有限责任公司 毛兆锋、代厚鑫、贾磊、刘泽、高志刚
492	煤炭化工	中心氧阀分体式定位器改造成果	（1）更换定位器。采用控制部分与反馈部分分开安装的分体式定位器替代现有安装在阀门上的一体化定位器。将电路极少、非接触式、抗振性好的阀位反馈部分安装在阀杆连接处；电路较多的控制部分从阀门上剥离，安装在振动较弱的地面，不再安装在阀门本体上。 （2）更换气源管。采用不锈钢金属编织软管代替不锈钢气源管。 （3）改造气路附件。将阀门所有气路附件从执行机构上拆下，集成安装在地面，避免因振动造成气路附件的损坏	国能包头煤化工有限责任公司 张春生、郭永增、周鹏、冯超、李志祥
493	煤炭化工	高温冷凝液喷淋提高水气比发明成果	通过本成果实施增加提高水煤气水气比的方法，提高变换反应操作弹性，保障系统高负荷平稳运行	国能包头煤化工有限责任公司 赵云峰、姬加良、李剑晖、谭金浪、李强
494	煤炭化工	外接洁净密封水冲洗冷却机封改造成果	本成果将变换高温冷凝液泵机封由原来的泵体自密封改成外接洁净密封水冲洗冷却，机封冲洗水管线上增加限流孔板，并更换密封“O”型圈材质，由丁腈胶改为氟橡胶。使机封使用寿命从原来平均 3~6 个月延长至 12 个月以上	国能包头煤化工有限责任公司 谭金浪、周鹏、王斌、辛岗、沈超

（续）

序号	专业	成果名称	成果内容及创新点	推荐单位及发明人
495	煤炭化工	自制树脂拉伸质量控制样品革新成果	按照质量控制样品（QCM）内部研制的技术要求，在不同状态调节时间下，对本公司主要聚乙烯产品 DFDA-7042、DMDA-8007 和聚丙烯产品 L5E89 进行拉伸试验，通过监测不同状态调节时间下样品屈服应力、断裂应力、断裂标称应变，评定本公司生产的此三种牌号树脂产品的拉伸性能的不确定度，自制拉伸强度质量控制标样，减少生产成本，提升精准检测水平	国能包头煤化工有限责任公司 马春光、刘文星、徐颖、刘国圣、马得安
496	煤炭化工	无羰基甲醇的新型蒸馏装置发明成果	本无羰基甲醇的新型蒸馏装置包括试剂瓶、收集瓶及一次蒸馏组件和二次蒸馏组件，二次蒸馏组件的入口端与一次蒸馏组件的出口端连通。本装置通过将一次蒸馏组件与二次蒸馏组件相连，可以确保两次蒸馏几乎同时进行，大大缩短了蒸馏时间，提高工作效率	国能包头煤化工有限责任公司 刘文星、张维斌、魏喜云、王冬梅、王清峰
497	煤炭化工	一种毛细管色谱柱与 TCD 检测器连接装置发明成果	本装置设计了一路尾吹气，这样可以避免毛细管柱内载气流量太低不能满足检测器的最佳操作条件。采用尾吹气还可消除检测器的死体积的柱外效应。通过连接装置中的流量控制部分，可以很好地控制尾吹流量，能够研究出毛细管色谱柱与 TCD 联用系统分析不同样品所需的色谱分析条件，保证结果更准确	国能包头煤化工有限责任公司 余占武、张雅欣、张维斌、王清峰、刘文星
498	煤炭化工	煤灰组成分析方法的优化与改进改造成果	建立定量分析方法，通过建立标准曲线，定量计算出煤灰组成分析结果，使分析数据更加准确、可靠	国能包头煤化工有限责任公司 王冬梅、刘文星、刘国圣、魏喜云、吴春燕
499	煤炭化工	红外分析抗冲共聚物中共聚单体及橡胶相含量的样品制备方法改进革新成果	在不影响样品制备品质的前提下，利用 LabTech 公司生产的大压片机，通过选用溢料式和非溢料式模具，模具厚度的选择，优化压片条件参数等方面的摸索，进行样品制备和红外测试，对比分析结果，最终确定了利用大压片机，同时压 2~4 个样品，二次冰水冷却的样品制备方法，符合省时省力、精准高效的要求，同时制备出的薄片光亮平滑、无杂质、无气泡，且厚度约为 0.26 mm 的样品，符合分析要求	国能包头煤化工有限责任公司 刘文星、刘国圣、伏江峰、王锐、施多恒
500	煤炭化工	CODcr 仪器试剂国产化改造成果	消解时间由原来的两小时减少到 20 min，提高分析效率；与进口试剂做了对比，数据稳定；消解管可以重复使用，减少废弃试管处理量；原来进口的消解器继续沿用，节约成本	国能包头煤化工有限责任公司 杨金侠、宋晓杰、潘延明、侯雪莲、陈振梅

（续）

序号	专业	成果名称	成果内容及创新点	推荐单位及发明人
501	煤炭化工	提高煤化工火炬外管网装置节能增收效益革新成果	传统处理工艺中，外管网蒸汽系统疏水导淋设置点较多，排汽排凝量较多，冬季容易形成"小白龙"现象，火炬岗位罐体（水封阀、水封罐、分液罐）蒸汽伴热凝结水直接排入现场污水池，导致污水池内过热，影响污水池运行寿命。通过实施技术革新，合理控制蒸汽疏水点，减少蒸汽浪费，减少现场安全隐患，同时将火炬区域蒸汽凝液实施技术革新改送至 V105 低压重烃水封罐，彻底减少或阻断水封罐生产水补水操作，降低火炬生产水能耗量，消除火炬污水池积液过热问题，为公司节能控本、清洁文明、环保增效发展增强内动力	国能包头煤化工有限责任公司 周新宇、王欣刚、黄治国、张岩春
502	煤炭化工	二沉池污泥管线疏通器发明成果	在不影响生产的情况下，从二沉池池面虹吸管出口处放入自制的管道疏通器连接消防水，利用高压消防水逐个冲散虹吸管入口处的沉积污泥，使虹吸管线通畅，保证生化系统排泥量及回流量，减少设备停机，保障了生产稳定	国能包头煤化工有限责任公司 王禹淇、马龙、孙彬栋、张志磊、马冰容
503	煤炭化工	振动筛增设粒料分布器发明成果	项目主要是采用瀑布分流的原理，在粒料下落到振动筛前，增加挡板，将粒料再一次地分散均匀，从而保证在落到振动筛的粒料减少对筛网的冲击并均匀分布在筛网上。 在振动筛的顶部观察孔处自制一个粒料分布器，固定在观察孔处。使从干燥器下来的粒料在进入振动筛时减少粒料对筛网的冲击力，较均匀分布，保证振动筛网受力均匀，避免了局部受力过载。增长筛网使用寿命。从而减少造粒机停机次数，保障生产稳定运行	国能包头煤化工有限责任公司 李晓东、周兴荣、闫晓东、穆树才、关明亮
504	煤炭化工	聚乙烯装置颗粒振动筛 Y-7030 更换连接方式改造成果	采用内外同轴非接触方式金属连接，上游设备和下游设备分别连接金属连接的滑环与滑板，振动筛正常运转时，动态零件的滑环与静态零件的滑板产生相对运动，从而让树脂颗粒通过滑动联接，快速地进入振动筛内部进行筛分，加装的分料器，减少了筛网的磨损，快速分散树脂颗粒，让设备筛分更准确，效率更高，使用寿命更长	国能包头煤化工有限责任公司 张鑫、何宝、赵燃、李红亮、刘洪伟
505	煤炭化工	4 号锅炉启动过程中环保指标控制革新成果	锅炉提前进行换水加热，点火前已将汽包壁温加热至较高温度，最大量使用燃料气同时掺烧丙烷，才能将气化的丙烷带到锅炉燃烧。当 4 支燃气枪全部投用后，SCR 反应器入口烟温已经达到了 245 ℃，之后仅投用两支油枪即达到了 SCR 反应器投入条件。由于脱硝系统在制粉系统投运前已投入，使锅炉在投粉后未出现环保指标超标情况	国能包头煤化工有限责任公司 李俊林、滕洪生、刘云龙、洪千里、郭俊蒙

（续）

序号	专业	成果名称	成果内容及创新点	推荐单位及发明人
506	煤炭化工	煤化工球罐区液氨泵机械密封维修改造的小革新	原液氨筒袋泵5110-P-209CD使用的密封是串联不加压密封，液氨容易气化，密封处于气液两相的状态中，密封面容易过热和磨损；新改造机封结构采用48RP+S48型串联加压双封结构，内外径双向承压平衡型设计，配合加强型抗挤压环，静环采用液力自平衡型设计，很大程度减小介质压力给静环造成的应力变形，同时此加压方案避免细小颗粒进入密封面，有效地避免了密封液膜气化	国能新疆化工有限公司 荣秀龙、李智鹏、应华军、贺飞、朱德汉
507	煤炭化工	消除真空泵踹振的建议	在真空泵入口新增一个与大气相连的抗汽蚀阀，通过调整真空泵入口抗汽蚀阀的开度使真空泵偏离工作液对应的饱和压力运行，消除真空泵工作液汽化导致的真空泵踹振	国能新疆化工有限公司 王书波、牛占权、吕剑明
508	煤炭化工	次氯酸钠机械卸/储药系统应用实践	通过新增一套次氯酸钠卸、储药系统，改变了桶装药液的搬运、加药方式，减少了人员工作强度及配药过程中的安全风险，杜绝因人员体力不支原因导致药品洒溅对人员及环境的危害；实现药剂零泄漏及减少化学水装置厂房瓷流平地面修复次数；该成果安装简易，使用寿命长，便于维护	国能新疆化工有限公司 魏万强、吕剑明
509	煤炭化工	“高温燃烧水解系统”的改造优化	本成果通过报废设备再利用，实现了一键式或持续式的电动供水方式，组成了高精度控温的循环冷凝单元。成果模式复制推广成本低	中煤科工集团煤科院检测分院煤检所 陈思涵、柴文、王占芬、邢秀云
510	煤炭化工	煤结渣测定仪进气装置的改造	煤结渣试验中结渣测定仪原有的进气系统是空气压缩机连接T型分流阀组成进气装置，其有噪声大、浪费大、气流不稳定、清洁性差、美观性差等缺点，改造升级后的系统采用空气压缩机连接针阀控制进气，有效克服了传统装置的各项缺点，是煤结渣性测定试验中一项非常具有实际意义的改造升级	中煤科工集团煤科院检测分院煤检所 张亢、滕云龙、郭宇鹏、李森
511	煤炭化工	煤对二氧化碳化学反应性测定稳压贮气装置的改造	煤对二氧化碳化学反应性稳压贮气装置是由二氧化碳钢瓶连接稳压贮气筒，并将贮气筒置于装有水的圆筒中，其有装置烦琐、占地空间大、可控性差、实验流程复杂、美观性差等缺点，改造升级后采用分级减压的方式供气，来获得稳定的气流，确保检验结果的准确度	中煤科工集团煤科院检测分院煤检所 李燕燕、杨妮、陈慧珠、孙健
512	煤炭化工	重介浅槽分选机的系统优化和结构改造	一是改造电机、减速机地脚并配置顶丝，同时设置拉紧装置，起到固定作用；二是将头轮轴、托轮轴由整体镶嵌式改造为外跨分体式，将进口轴承瓦座改造为国产轴承瓦座；三是在浅槽底部增设事故阀，一旦发生压浅槽事故，可第一时间放空槽体内剩余的水和磁铁矿粉，降低清理浅槽积煤难度	晋能控股煤业集团大地选煤工程（大同）有限责任公司麻家梁选煤厂 潘文军、王艳春、孟治界、白雪、张承文

（续）

序号	专业	成果名称	成果内容及创新点	推荐单位及发明人
513	煤炭化工	麻家梁选煤厂弛张筛应力调整与结构升级	一是减小弛张筛受到的应力，保证弛张筛实际振幅在额定振幅范围内，延长了设备的使用寿命；二是弛张筛浮动梁螺栓不再频繁断裂，减少了设备检修时间，节省了大量人力物力；结构简单，改造方便，可方便地对现有系统进行改造或用在新建系统	晋能控股煤业集团大地选煤工程（大同）有限责任公司麻家梁选煤厂 潘文军、王艳春、宋琛、张承文、白雪
514	煤炭化工	加压过滤机下刮板机增设分煤器的改造	塔山选煤厂加压过滤机卸料量大，时常有堵塞、飘链的现象发生，影响选煤厂正常生产工作，在刮板输送机内部增加两层钢板以缓冲加压过滤机一次性卸料量大的问题，这样就可以使刮板输送机卸料时间延长 3~4 倍，减少刮板输送机负荷，避免刮板输送机发生堵塞、飘链现象。从而减少因维修刮板输送机而影响加压过滤机正常生产的时间	晋能控股煤业集团大地选煤工程（大同）有限责任公司塔山选煤厂 潘文军、王清权、宋琛、严强、刘瑞剑
515	煤炭化工	塔山选煤厂煤泥水加药系统优化	选煤厂对絮凝剂添加系统做现状分析，结合影响絮凝剂形成的絮团沉降速度的各种因素，提出改造方案，并结合絮凝剂多点加药的科学方法改变加药点，在原有系统的基础上在给药点和给药距离方面做出优化方案	晋能控股煤业集团大地选煤工程（大同）有限责任公司塔山选煤厂 潘文军、方建新、杨宛倩、王铭波、贺少波
516	煤炭化工	自制高效锅炉湿法清灰系统	本成果利用高速水流喷射低温受热面烟管内部灰尘，使灰尘打落及溶解，一方面起到低温受热面烟管内部灰尘清理彻底的目的，同时在喷洒水的作用下实现作业过程中的降尘	煤科院节能技术有限公司 崔名双、邢文朝、刘鹏中、贾楠、孙虓汉
517	煤炭化工	工业锅炉石灰气力输送装置	本装置可实现供料系统的全自动控制，通过采用重力流化供料方式，能够保障石灰供料系统的连续稳定运行，避免输送过程中石灰的结垢堵塞的现象，同时降低了粉尘对工作人员的危害	煤科院节能技术有限公司 邢文朝、崔名双、贾楠、刘鹏中、赵天晨
518	煤炭化工	一种煤粉工业锅炉三次风系统	本发明对原锅炉的配风系统（一次风输送煤粉，二次风进入煤粉燃烧器旋流叶片，三次风直吹进入炉膛）不做改动，仅对三次风喷入炉膛的角度进行调整，将平行于主火炬进入炉膛的三次风改为伸进炉内并垂直射入主火炬。该成果的主要组成：三次风喷嘴、风管、风管道阀门、三次风机。三次风设置四路，围绕火炬对冲布置，对主火炬进行扰动，促进空气和火焰中高温可燃组分的混合，由于三次风布置在炉膛顶部，且双锥逆喷煤粉燃烧器进入炉膛的火焰速度达到 100 m/s 以上，火焰直径≤1000 mm，本成果的使用可以提高炉膛上部空间火焰充满度，提高炉膛空间利用率，从而间接提高煤粉的燃烧时间，促进煤粉燃尽	煤科院节能技术有限公司 陈隆、张小明、张鑫、程晓磊、谭静

（续）

序号	专业	成果名称	成果内容及创新点	推荐单位及发明人
519	煤炭化工	人工煤气组分与杂质含量测定取样装置	取样点选装在气流平稳的直管段管道上，取样后煤气经吸收瓶吸收、气体流量计计量气体流速和流量后，使用循环气泵将剩余煤气泵回煤气主管道或者VOCs治理压力平衡系统（负压的煤气管道取气时循环气泵需前置）	煤炭科学技术研究院有限公司煤化工分院 孙会青、王岩、常赵刚、齐炜
520	煤炭化工	煤焦检测高温装置冷凝循环系统改造	本成果采用去离子水为循环水源，设置匹配容量的水箱，通过水泵供能循环，实现煤焦检测高温装置冷凝循环系统的安全、节能、稳定运行	煤炭科学技术研究院有限公司煤化工分院 杜文建、马文娟、鲁励
521	煤炭化工	马弗炉烧灰架改造	本成果设计的烧灰支架贴合炉膛内壁，充分利用马弗炉内部空间，提高马弗炉的3~4倍的利用效率，可用于煤灰样品的制备	煤炭科学技术研究院有限公司煤化工分院 杜文建、马文娟、鲁励
522	煤炭化工	多膛炉燃烧机系统的改造及生产工艺优化	金鼎活性炭有限公司共有两台多膛炉设备，自2015年投用以来燃烧介质一直为煤气，由于工艺原因需改为使用天然气，故需要针对燃烧机系统进行相应的改造。该成果在不改动烧嘴本体的情况下，可以顺利达到使用天然气的条件，并且在点火过程中，可以根据升温情况控制大小火，达到精准控温的目的，同时可以控制天然气使用量，达到节省天然气的目的	晋能控股煤业集团金鼎活性炭有限公司 丁剑
523	煤炭化工	主运输系统给煤机改造	锁口盘采用整体框架，设置两个导料口；设计一个卡槽及耐磨插板；闸门采用扇形闸门；启动方式由人工启动改为液压启动，增加安全系数	晋能控股煤业集团煤峪口矿 武铁彬
524	煤炭化工	煤矿矿用斜井平车的研制	针对大配件更加安全有效平稳运载；增加轴套提升运载效率无须破坏改造原基础轨道面，节约成本，提升平车运载能力减少人力的浪费；尽可能将部件整装下井，提高井下组装效率，省时省力；平车很好地利用了废弃配件进行加工改造，为经济效益和环保事业作出贡献	晋能控股煤业集团煤峪口矿 武铁彬、袁伟
525	煤炭化工	综采工作面微米级干雾抑尘系统	该成果通过喷嘴喷出微米或纳米级干雾，能够有效捕捉粉尘	晋能控股煤业集团煤峪口矿 郭宝栋
526	煤炭化工	综采工作面上隅角多台传感器整体、快速移动装置	该成果是一款可以把综采工作面上隅角四个传感器作为一个整体来快速移动的传感器管理装置。该装置分为两部分：传感器管理箱和万能支架。传感器管理箱既能防止支架和机组喷雾淋水淋湿传感器又能准确反映上隅角位置各类气体真实情况。万能支架用卡子固定在综采支架的侧壁上，随着综采工作面的正常割煤推进及移架这四个传感器也能及时跟进	晋能控股煤业集团王村煤业公司 刘晓宇、陈军章、杨宏飞

（续）

序号	专业	成果名称	成果内容及创新点	推荐单位及发明人
527	煤炭化工	变频器柔性可控加载试验装置	该装置对变频器等电气设备可以进行模拟加载试验，且加载大小可以进行可控调节，弥补了以前电气设备只能进行空载试验的缺陷，对电气设备自主检验及自主维修具有重要作用	晋能控股煤业集团晋华宫矿 刘亚明
528	煤炭化工	一种直接空冷机组凝汽器散热翅片积灰的清理方法	北元集团热电分公司 4×125 MW 直接空冷机组空冷岛位于水泥厂下风口，直接空冷机组运行一段时间后，水泥厂产生的粉尘结垢至空冷岛散热器翅片外，污垢热阻会对机组的热经济性产生一定的影响。以 125 MW 直接空冷机组为例，通过对直接空冷机组冷却单元出口温度分析，对管束积灰的影响进行分析，结合机组运行工况，预测积灰的程度，为直接空冷凝汽器清洗提供冲洗时间段及理论依据	陕西北元化工集团热电分公司 王磊
529	煤炭化工	气密封油挡在汽轮机上的应用	汽轮机油挡设置在轴承箱前后端面，防止箱内润滑油外漏及粉尘、水蒸气等杂质进入轴承箱污染润滑油。热电分公司汽轮机自投产以来，一直存在着汽轮机轴端漏气，油挡漏油、油中带水等问题，严重影响机组安全稳定运行，气密封油挡可有效解决这一问题，可彻底解决油挡漏油和油中进水的问题，提高机组的工作性能，延长机组的运行寿命，其他有同类问题的电厂完全可以借鉴	陕西北元化工集团热电分公司 王磊
530	煤炭化工	烘干破系统下料溜子优化改造	北元集团水泥有限公司现有两条水泥生产线，生料制备用的钙质原料来自化工的电石渣，因电石渣水分较大，原料制备系统中增加了电石渣烘干工艺。一线电石渣水分一般为 28%～33%，输送设备及下料溜子粘料问题非常严重，尤其是下料溜子堵料很频繁，这已成为影响回转窑稳定运行的瓶颈问题。通过烘干破系统下料溜子优化改造，彻底解决了烘干破下料溜子堵料问题，达到稳定回转窑系统运行，降低岗位人员劳动强度的目的	陕西北元化工集团水泥有限公司 冯二波
531	煤炭化工	水泥磨提产改造	在水泥生产过程中，水泥磨系统设备年耗电量约占水泥生产总用电量的 70% 左右，为此，如何提高水泥磨台时产量，对提升产品质量、降低能耗具有重大意义，也是水泥行业能够取得长期经济效益的一条有效途径。水泥有限公司对一、二线水泥磨系统开展了提产改造，最终实现一线水泥磨连续一个月 PO42.5 水泥平均台时达到 195 t/h；二线水泥磨连续一个月 PO42.5 水泥平均台时达到 190 t/h，且当月水泥磨运转率≥85%	陕西北元化工集团水泥有限公司 罗仑昆
532	煤炭化工	余热锅炉除氧器改造	公司现有两台窑头余热锅炉装置，共用一台除氧器，2019 年 4 月一二线锅炉投用，2019 年 6 月至 2021 年 3 月期间热水段弯头及其集箱多次出现大量的泄漏，且通过检测各块厚度均有不同程度的减薄现象，后联系厂家及公司相关技术人员到现场查看，发现造成余热锅炉热水段及其集箱多处泄漏的主要原因为除氧器除氧效果差，导致炉水中氧含量超标，对管道内壁及集箱内壁造成氧化腐蚀，局部腐蚀严重造成管道焊缝开裂和集箱表面裂纹。经过相关技术论证，2021 年 3 月利用检修将现有的真空除氧器改为热力除氧器，氧含量≤15 ug/L，彻底解决了氧腐蚀问题	陕西北元化工集团水泥有限公司 李红荣

（续）

序号	专业	成果名称	成果内容及创新点	推荐单位及发明人
533	煤炭化工	原料自动卸车改造	北元集团水泥有限公司现有两条水泥生产线，原料磨采用库底配料，原材料进厂卸车和入库过程中，扬尘较大，同时上料使用装载机上料，费用过高。本着降低扬尘和上料费用的原则，公司实施原料自动卸车改造，项目实施后钢渣、硅石通过液压自动卸车平台进行卸车，卸车过程实现无扬尘	陕西北元化工集团水泥有限公司 徐林军
534	煤炭化工	白灰窑 5.4 m 排灰阻挡阀改造	技改完成后，阻挡阀运行稳定，无故障发生，解决了岗位工的后顾之忧，提高了排灰阻挡阀运行稳定性，降低了停窑次数，保障了生产的连续稳定运行	陕西北元化工集团锦源化工有限公司 王利荣
535	煤炭化工	电石炉出炉除尘烟道及翻板阀改造	将电石炉的 2 号、3 号炉眼烟道向西分别独立引出墙外，与原烟道分开吸尘，原烟道作为 1 号炉眼的烟道，三个烟道分别在厂房外部安装自控翻板阀，翻板阀在中央控制室统一远程操作，现场制作操作平台，特殊情况可现场手动操作，然后在厂房外部将每个烟道连接至吸尘烟道总管道。利用修旧利废库房内的 6 mm 钢板及原烟道拆除的钢板预制矩形烟道，烟道口径 1500 mm×1800 mm，3 个烟道制作使用钢板约 9 t；烟道制作完成后使用吊链进行烟道焊接安装，然后制作法兰安装自动翻板阀 3 个	陕西北元化工集团锦源化工有限公司 呼顺利
536	煤炭化工	电石炉电极壳制作短圆钢剪切装置	使用钢板焊接一个圆钢宽度的槽，在槽上方 20 mm 地方焊一挡片，用来防止剪切时圆钢向上翘，根据短钢筋的长度，焊一个挡板，用以限制短钢筋的长度，挡板做成活动式的，用弹簧拉紧，可防止由于剪切的短钢筋卡在挡板位置，而导致的挡板变形。采用废旧钢板（10 cm 厚），使用切割机切割成所需尺寸小块，使用电焊进行焊接，挡板采用条状板，两块条状板，中间钻孔使用销子连接，一侧焊在短钢筋切割装置本体上，两者成 90°角，用弹簧拉紧	陕西北元化工集团锦源化工有限公司 郄智林
537	煤炭化工	电石炉炉压自动控制风机频率	使用智能化模糊控制器，压力设定值由原来的压力设定值 P_{set} 变为压力下限 P_l 和压力上限 P_h，即期望的工作压力，由此计算出压力设定值 P_{set} 作为设定值，同时设置了 2 个压力极限 P_{max} 和 P_{min}。在压力反馈信号经过信号滤波，信号滤波根据现场干扰情况自动选择一种滤波算法。偏差值 e 通过偏差变化率计算也作为一个变量引入到控制器进行计算。控制器的输出值，可以设置输出上限和输出下限，同时具有限制变化率的功能以防止给定风机频率变化过大导致风机变频过电流跳闸	陕西北元化工集团锦源化工有限公司 贺建建

（续）

序号	专业	成果名称	成果内容及创新点	推荐单位及发明人
538	煤炭化工	一种适用型热电阻	采样一体化抗振电阻芯的设计没有使用瓷环接线柱进行接线，减少了接线柱碎裂造成的断线风险，电阻芯引线直接通过软铠保护后进入接线箱，软铠与引线之间加装缓震弹簧，以防止振动时造成引线磨损甚至断裂。温度计与接线盒分开安装，接线盒安装在没有振动或振动较小的区域，从根本上避免了由振动导致的接线断裂情况。信号电缆通过接线箱内的端子板将温度信号转接到DCS控制柜内的端子板上	陕西北元化工集团锦源化工有限公司 贺建建
539	煤炭化工	150万吨生产系统主洗两产品重介旋流器的升级改造	为保障旋流器分选效果，提高生产效率，在保证主体工艺和设备不改动的前提下，在旋流器原有基础上，将两台FZJ900旋流器更换为一台FZJ1200旋流器，保障了旋流器稳定的入料稳定性。在调试过程中，通过对FZJ1200旋流器底流口结构参数的进一步调整，提高了分选效果，降低了中损	乌海市公乌素煤业有限责任公司 雷龙
540	煤炭化工	选煤厂主再选混料桶中心稳流筒的设计改造	重介选煤选煤厂主再选混料筒内依据中心稳流筒底边（圆形面积）与混料筒截面（环形面积）比例1∶1设计，利用混料筒锥角和高度计算中心桶直径，最终确定中心桶直径和高度，延伸混料泵来料管至中心桶下部，加速混合物料的抽出速度，提高系统稳定性和再选旋流器分选效果	乌海市公乌素煤业有限责任公司 雷龙
541	煤炭化工	弧形脱介筛弧形挡板改造	本成果是通过将弧形脱介筛上原有皮带制作而成的弧形挡板，更换为不锈钢制作的弧形挡板，以达到降低弧形挡板检修、更换所耗费的人力、材质物料目的	内蒙古利民煤焦有限责任公司 唐海元
542	煤炭化工	浮选精煤泡沫消除装置	该装置由旋转筒、水平剪切板、导流板、旋转剪切网、固定半圆筒、固定剪切网、固定半锥筒、电机、大皮带轮、小皮带轮、轴套组成。浮选泡沫通过管路先进入固定半锥筒，再进入由电机带动旋转的旋转筒，泡沫进入旋转筒后首先经两层水平剪切板对泡沫进行高速剪切消泡，然后经导流板再通过旋转剪切网高速剪切，经过两次剪切的泡沫矿浆被高速旋转甩出，撞击到固定剪切网再一次剪切消泡，然后进入精矿池	乌海能源公司骆驼山洗煤厂 王红飞
543	煤炭化工	粉尘收集器	带式输送机在运转过程中，机尾滚筒上黏附的末煤被高速运转的滚筒和输送带抛入空气中，造成粉尘二次扬尘问题，对生产现场起尘点进行充分的研究，在带式输送机机尾转向滚筒处设计安装粉尘收集器，通过粉尘收集器收集滚筒上黏附的粉尘，减少了机尾转向滚筒处粉尘循环污染，降低了空气中粉尘浓度	乌海能源公司骆驼山洗煤厂 刘海军
544	煤炭化工	关于无压给料三产品重介质旋流器的结构优化与应用	通过改造润湿系统和优化三产品重介质旋流器的参数，有效地解决了原煤润湿效果不佳、分选压力不足、中损和矸损超标等问题	国能乌海能源五虎山矿业有限责任公司 丁旭光

（续）

序号	专业	成果名称	成果内容及创新点	推荐单位及发明人
545	煤炭化工	自动捆车门神器	通过多次现场观察、研究学习高边车铅丝加固过程，结合装车实际和多年来的工作经验，利用废旧管件按照铅丝分号切割一个卡槽，末端通过一个废旧螺丝打磨成6方接头进行焊接，起到固定张力的作用。再连接到手枪钻上，作业人员只需将卡槽与需固定的铅丝相吻合，然后轻点开关，便可轻松快速完成锁铁加固	冀中能源峰峰集团有限公司邯郸洗选厂 沈童
546	煤炭化工	三采集中回风巷启动智能排水系统改造	该系统通过PLC控制器实时检测高低水位传感器、电流互感器和电压互感器所传输的模拟信号，自行控制电动球阀（水阀、气阀）、真空接触器的开、闭状态，同时对水泵电机及供电线路进行过载、短路等保护，实现了抽排水自动化和无人值守功能	冀中能源峰峰集团有限公司梧桐庄矿霍保平
547	煤炭化工	焦炉脱硫脱硝烟气降温改造	对烟道气进行双流体雾化降温改造，即在进入脱硫脱硝系统前的焦炉烟气管道上开四个DN200的孔，自工艺水箱取水，自压缩空气罐取压缩空气，并联汇入烟道前管道，利用压缩空气作为雾化剂，通过喷枪将水雾化成极细的雾滴，雾化后的液滴喷入到高温烟气中，以此来达到降温目的，同时喷出的水完全转变成气态，进入脱硫脱硝系统净化处理	河北峰煤焦化有限公司 李晶晶
548	煤炭化工	自制雾化喷嘴发明制作	自制双甲车间AV6801减温器雾化喷嘴，制作简单，项目投资少，使用时间长，节约备件成本，减少检修时间，积累宝贵经验	陕西渭河煤化工集团有限责任公司机械修造部 蒋凌霄
549	煤炭化工	专用堵漏工装发明制作	通过自制堵漏工装解决换热器壳程压力大于管程压力的在线堵漏，缩短检修时间，提高检修效率，确保装置长周期稳定运行	陕西渭河煤化工集团有限责任公司机械修造部 蒋凌霄
550	煤炭化工	电动蝶阀橡胶挡圈加固工装	经过设计、安装电动蝶阀橡胶挡圈加固工装，有效延长胶圈使用寿命，减少更换次数，节约成本	陕西渭河煤化工集团有限责任公司机械修造部 刘勇军
551	煤炭化工	锅炉冷渣器支撑圈更换工装	应用此专用工装进行冷渣器筒体支撑圈更换作业过程中，大大降低了检修工作难度，缩短了停机检修时间，增强了检修过程的安全性，提高了检修效率。有效保证作业前后冷渣器筒体的完好率，提升了装置运行的稳定性	陕西渭河煤化工集团有限责任公司机械修造部 刘勇军
552	煤炭化工	八角槽密封带压堵漏方法创新	该创新成果在705工艺气入口法兰的带压堵漏中应用，于2020年9月24日堵漏完成后至今未出现问题。较以前制作卡具带压堵漏节省工期3.5天，节省堵漏费用3万元左右	陕西渭河煤化工集团有限责任公司机械修造部 陈卫东

（续）

序号	专业	成果名称	成果内容及创新点	推荐单位及发明人
553	煤炭化工	卸车机螺旋体轴承密封改造	五台卸车机5组螺旋体轴承，减少检修频率，保证长周期运行，节省了大量备件成本，给稳定卸煤工作争取了宝贵时间，减少了火车延时费用	陕西渭河煤化工集团有限责任公司机械修造部 负文军
554	煤炭化工	双甲膨胀机吊装工装设计应用	用一个偏心连杆机构将膨胀机一次性定好重心位置，降低吊装找平难度。并可设计为固定式和可调式两种功能，满足不同位置和种类的异形设备的吊装需求，提高了检修效率。通过设计使用吊装工装，改变了以往手动测试调整吊具挂点位置和数量以找到异形设备重心位置的传统低效的方法，是一种检修方法的创造和提高生产效率的改进过程	陕西渭河煤化工集团有限责任公司机械修造部 张博祯
555	煤炭化工	止口密封面修复工具发明应用	设计一个端部带有锉刀刀刃的工具，能将凹下去的位置进行修整修复，解决了现有的锉刀只能修复凸面和平面的问题，满足止口等密封面损伤修复的需求，提高了检修质量。通过设计凹面锉改变了以往止口等密封面损伤后，锉刀够不着，砂纸打不动，电磨修过量的局面，是一种检修方法的创造和提高检修质量的设计过程	陕西渭河煤化工集团有限责任公司机械修造部 张博祯
556	煤炭化工	采空区超温自动注浆装置	该装置主要由温度传感器、断电器、电磁阀、注浆管路、矿井安全监控系统等组成。利用采空区钻孔将温度传感器探头布置到采空区内部，当温度传感器检测的数值达到设置的报警浓度时，矿井安全监控系统就会发出断电信号，断电器收到信号后执行闭合动作，电磁阀收到断电器信号后执行打开动作，利用压浆管路向采空区自动注浆	山东能源枣矿集团柴里煤矿 刘国利、王忠桥、代杰、朱思东、秦向峰
557	煤炭化工	一种煤泥水水质取样器	该成果结构包括透明管、中间连杆、底部橡胶密封塞和手柄，所述透明管为两端均开口的管状结构，中间连杆位于透明管内，中间连杆的其中一端设置有底部橡胶密封塞，中间连杆的另一端设置有手柄。取样器结构简单、使用方便，能够及时准确将浓缩池内清水层、浑水层、黑水层的分布情况体现在取样器上，为洗水闭路循环管理、煤泥水设备使用、絮凝剂加入量提供科学的指导，避免因为澄清水、循环水浓度增高造成的管路堵塞、煤泥流失以及环境污染，方便工人采样、取样，降低工作风险	山东能源枣矿集团柴里煤矿 何光太、宋伟、王良、张磊、李兴旺、徐同金
558	煤炭化工	实验室煤制样间除尘系统设计与应用	该除尘系统利用成熟的设备，通过创新性的内部尘源控制技术+外部尘源控制技术，针对现有小型煤制样场所，不仅在粉尘产生的来源上对粉尘进行了控制，也对室外粉尘的排放进行了控制，有效地降低了粉尘浓度，该系统全面地解决了制样间产生的尘污染，可以应用于粉尘点较多的室内除尘，杜绝了粉尘对人体造成的伤害和对大气环境的污染，避免了安全隐患和对设备的损害，改造过程简便，成本低，具有广阔的推广意义	煤炭科学技术研究院有限公司 孙中学、王斌

（续）

序号	专业	成果名称	成果内容及创新点	推荐单位及发明人
559	煤炭化工	母杜柴登矿井选煤厂分选系统块精煤产品预先筛分破碎技术优化设计	经浅槽分选，并经精煤脱介筛脱水脱介后的13~200 mm洗精煤产品先经设置在精煤转载刮板机底板上的50 mm固定筛进行预筛分，处于刮板机槽箱内煤层下部的部分13~50 mm洗精煤提前透过楔形固定筛进入仓上转运带式输送机，剩余洗精煤进入精煤破碎机破碎成50 mm以下的洗精煤，减少了精煤破碎机入料量及过粉碎量	鄂尔多斯市伊化矿业资源有限责任公司 白永平
560	煤炭化工	选煤厂稀介磁选机入料方式、磁偏角及回收刮刀优化	在稀介磁选机入料端加装缓冲箱；磁选机溢流端配有溢流高度调节钢条；调整磁选机滚筒的磁偏角；改造刮刀	鄂尔多斯市伊化矿业资源有限责任公司 白永平
561	煤炭化工	主厂房高低压配电室、电缆沟、电缆夹层新增七氟丙烷气体自动灭火系统	为加强公司安全消防防范能力和消防“四个能力”的建设，确保安全生产。按照GB 50229—2019《火力发电厂与变电站设计防火标准》在主厂房配电室内加装了七氟丙烷气体自动灭火设施	陕西煤业化工集团神木能源发展有限公司 冯李锋、李杰
562	煤炭化工	密闭电石炉自动复位防爆口盖	密闭电石炉在生产过程中，当出现塌料、翻电石等工况时，炉内的压力会突然增大，此时，若不及时将压力释放，会引起爆炸造成事故。而电石炉发生塌料、翻电石等现象在生产过程又不能完全避免，因此，密闭电石炉炉盖上必须设置相应数量的泄压口（防爆装置），当炉内气体压力超过安全运行设定值时，可以将防爆装置的泄压盖顶开，释放压力	陕西煤业化工集团神木能源发展有限公司 金海伟、闫海、林文韬、加航、王立新
563	煤炭化工	电石炉检查门自动开闭装置	在电石炉各个炉门上安装一套自动开闭炉门装置，利用压缩空气作为动力来源，采用气动马达进行驱动，将电石炉门进行开、关。在电石炉停电检修期间，操作工可在电脑操控表盘上或在现场机柜间进行远程操控，可实现电石炉门自动开启、闭合的目标，该装置投运后，避免了人员现场进行手动开、闭炉门	陕西煤业化工集团神木能源发展有限公司 闫少邦、姬米建
564	煤炭化工	一种电石炉净化系统声波清灰器的应用	在电石生产过程中的炉气经过净化系统除尘后产生净化灰，净化灰黏度较大，易黏附在净化系统沉降仓内壁上，使沉降仓换热效果变差。以往仅靠员工用木榔锤击打沉降仓外壁清除内壁积灰，员工劳动强度大，效果差。在沉降仓外壁上安装一套声波清灰器，以氮气作为气体来源，通过声波震动清除内壁积灰，效果明显改善	陕西煤业化工集团神木能源发展有限公司 加航、金海伟、闫海

（续）

序号	专业	成果名称	成果内容及创新点	推荐单位及发明人
565	煤炭化工	粗精煤泥脱泥降水的研究与实施	为了进一步降低粗精煤泥灰分，本项目用6台直径500 m旋流器替代直径为250 mm的旋流器组，提高浓缩旋流器分级粒度。在原电磁筛位置，安装一台5层叠筛替代电磁筛，同时改造浓缩旋流器组入脱泥筛管道，更新一台立式煤泥离心机为卧式刮刀老系统。系统优化改造后，脱泥效果更好的5层叠筛和脱水效果更好的卧式刮刀离心机配合回收粗精煤，粗精煤泥灰分明显降低，综合精煤产率提高了15%	中煤集团上海大屯能源股份有限公司选煤中心 蒋林龙、李紫微、李天光、闫全喜、袁文涛
566	煤炭化工	高频脱泥筛筛板改造	本次改造将孔庄厂348筛子型号为DZSN2831三质体高频脱泥筛原有的细网状软筛板横条式改为整体式的不锈钢筛条硬筛网竖条式，保证了精煤质量、提高了精煤回收率、增加了筛面的使用寿命、降低了职工的劳动强度，设备的脱水效果明显大幅度提高，在降低运营成本的同时提高产品质量	中煤集团上海大屯能源股份有限公司选煤中心 陶文龙、吴金芮、辛蔚忠
567	煤炭化工	无动力托辊式输送带清扫器	该装置因采用尼龙滚刷和水风管复合吹刷装置，通过运输胶带带动两端摩擦托辊旋转，托辊内置换向器与中间连接的尼龙滚刷互为反向旋转，尼龙滚刷的转向与回程输送带的运行方向相反，尼龙滚刷具有良好的弯曲能力，对输送带凹凸面都能进行充分的清扫。安装水风管复合吹刷装置，既可清扫输送带降低煤尘，又可将尼龙滚刷上黏附的煤渣吹净	开滦集团唐山矿业公司 杨宝军
568	煤炭化工	自动按压可烘干式焊条收纳盒	自动按压可烘干式焊条收纳盒采用手提式金属收纳盒，采用优质冷轧钢板锻造而成，抗压能力强，不易变形，内部中心安装有300 W铝合金加热器，具有体积小、散热快、散热面积大、绝缘强度高等特点，使用该加热器能够很快将潮湿的焊条烘干，而且该焊条盒两端可分别自动按压弹出3.2和4.0两种焊条，并且每次按压各出1~2根焊条，取用焊条十分方便	开滦集团唐山矿业公司 杨宝军
569	煤炭化工	焦炉烟道闸板动力装置优化	内蒙古恒坤化工有限公司建设2座5.5 m焦炉，配合煤在焦炉炭化室内隔绝空气加热，生产出焦炭产品和荒煤气，使用净化后的焦炉煤气对炭化室进行加热，焦炉煤气在燃烧室内燃烧后产生废气，由增压风机产生的吸力将废气排出，一旦增压风机出现跳停等故障，总烟道闸板自动打开，将烟气切入焦炉烟囱，为焦炉提供充足的吸力，防止吸力过低造成煤气大量积聚在燃烧室内。通过对闸板装置进行液压系统改造，使闸板打开、关闭灵活，从而达到安全生产的目的	内蒙古恒坤化工有限公司 许刚、史亮、瓮双太、穆克涛、王广阔
570	煤炭化工	一种适用于有毒有害易燃易爆气体的密闭取样装置	首先是在环保上，杜绝了取样气体尾气现场排放造成环境污染这一老大难问题，同时也避免了取样人员与取样气体直接接触，为职工的身体健康提供了保障。其次是在操作过程中，避免了所取样本与空气相接触，减少了对应的误差	内蒙古恒坤化工有限公司 李栋柱、许贵、李希君、孙哲、张锐

（续）

序号	专业	成果名称	成果内容及创新点	推荐单位及发明人
571	煤炭化工	一种高盐有机废水处理方法	本创新主要针对事故应急池废水的高盐有机废水的处理，利用现有的工艺设备，面对前所未有的有机废水和高盐废水混合的水处理行业难题，进行了创新，无更多投入，且取得了很好的处理效果	山东泰汶盐化工有限责任公司 刘爱琴
572	煤炭化工	烧碱系统电解装置的优化改造	电解槽是氯碱企业的核心设备，电解槽的稳定运行关系到企业的发展效益。根据现有槽框检修距离、整流变压器容量，对阴、阳极分布管、进出液管道改造，每台电解槽新增2片单元槽，增加了产能；引进新型透明过滤装置，和管道过滤器一起形成双保险，彻底解决了因进槽盐水TOC超标堵塞电解槽进料管造成跳停的难题，保障了生产系统稳定运行	山东泰汶盐化工有限责任公司 吴大千、李祥华
573	煤炭化工	-35 ℃冷冻水系统改造	本项目从运行和设备等方面着手进行管理及节能改造，使冷冻水系统的运行更合理、优化，达到节能降耗的目的	山东泰汶盐化工有限责任公司 邵祯、吴晓、高慎凯
574	煤炭化工	化工电气用安全型配电柜改造	通过创新设置安装框、散热框、密封装置、挤压装置等减少火灾的发生，提高安全性能，设置警报器，便于自动报警，减少危险事故的发生，达到满足使用需求的目的	山东泰汶盐化工有限责任公司 程浩
575	煤炭化工	一种具有防静电功能的配电柜	作业箱的顶面安装有分线箱，分线箱内安装有缠线辊，缠线辊上缠绕设置有连通线，连通线的两端均伸出缠绕辊，一端伸入作业箱与供电设备的地线端连通，另一端向上伸出作业箱连通接地装置，接地装置包括与连通线连通的镀锌铁板，镀锌铁板水平设置，镀锌铁板的底面安装有镀锌铁杆，镀锌铁杆的底端设置有尖头结构，尖头结构的尖端朝下设置	平顶山天安煤业股份有限公司二矿 童军士、聂胜平、孙涵、王振要、李颖
576	煤炭化工	纤维床除尘除雾器在焦炉煤气深度净化的应用研究	通过纤维床净化技术分离煤气中焦油、粉尘及萘等，在除雾器压降增大时采用系统定期冲洗。冲洗系统的水源为制甲醇废水，冲洗后该部分水进入油水分离器后外排至废水系统，不会额外增加用水量和排污水量。纤维除尘除雾器使用后，煤气中的粉尘、焦油去除率均超过80%，萘去除率超过20%，压降<300 Pa，效果显著	河南中鸿集团煤化有限公司 鲁帅、杨娜娜、何阳、李志刚、牛鑫
577	煤炭化工	厂区供电机网保护柜可升降自动降温调节	该成果采用可升降式结构的散热箱，配合散热风扇带动外部气流进行循环，从而将箱体内部的热量带走，以确保电力设备在箱体内部的工作环境，避免箱体内部过热而造成保护装置故障，提升了电力系统工作时的稳定性	河南中鸿集团煤化有限公司 鲁向钧、牛鑫、王红亮、马国伟、张峰

（续）

序号	专业	成果名称	成果内容及创新点	推荐单位及发明人
578	煤炭化工	一种无轨吸泥机行走面伸缩缝施工工艺	无轨吸泥机直接在水池顶面行走，只需保证行走面即水池面层抗压强度满足无轨吸泥机所需要求即可，但是水池本身因为纵向长度过大，会分段并预留有伸缩缝，本工艺主要说明无轨吸泥机行走面伸缩缝如何处理既能保证承受上部吸泥机滚轮的竖向荷载平顺通过，又能满足水池纵向热胀冷缩引起的伸缩缝膨胀收缩量	平煤神马建工集团有限公司 井飞飞、冯耀宗、刘濡豪、韩璐、胡婉月
579	煤炭化工	一种梁柱侧面钢板预埋件固定装置	该成果采用对拉螺栓将预埋件与梁柱模板固定在一起，由于模板正常施工加固完成后不会移位，将预埋件固定在模板上，预埋件无移位风险。本装置为一种梁柱侧面钢板预埋件新型固定装置，在建筑主体结构施工时能够牢靠固定预埋件，防止埋件在后续混凝土浇筑过程中受到扰动而移位，保证施工质量	平煤神马建工集团有限公司 付小龙、朱惠伟、陈中伟、刘宁、王霄波
580	煤炭化工	一种双曲线冷却塔内超高上人脚手架	该成果主体通过钢管搭设，脚手架主体偏心设置在冷却塔内部，脚手架主体包括支撑在底板上且连接在一起的上人通道、放大脚和过人通道，放大脚位于上人通道相对的两侧，过人通道位于上人通道靠近筒壁的另一侧，放大脚通过缆风绳与筒壁连接，过人通道的端部通过连墙杆与筒壁连接，该脚手架为T形结构，在上人通道两侧搭设放大脚，上人通道和放大脚的下方采用双立杆支撑，增大了上人通道脚手架的横向刚度，提高了上人通道的稳定性	平煤神马建工集团有限公司 付小龙、朱惠伟、陈中伟、刘宁、王霄波
581	煤炭化工	用于斜面水平打孔专用装置	该装置属于机械开孔领域，是一种用于斜面水平打孔专用装置，包括固设在斜面下端的水平支撑，水平支撑上通过调节螺栓设有高度可调节的支撑轨道，支撑轨道上嵌设有可水平滑动的齿板，齿板上设有相契合的定位板，定位板的两侧通过合页铰设有卡板，齿板的两侧设有与卡板对应的水平卡槽，定位板上铰设有卡环用于卡定水钻，与传统V型槽打孔方法相比，在满足生产工艺要求的前提下，提高了精确度，省工省时	平煤神马建工集团有限公司 许江涛、闫海生、王蒙蒙、张祥涛、刘濡豪
582	煤炭化工	一种燃气管道不停输带压开孔装置	该成果包括开孔机、主管道、支管道和主阀，支管道的一端焊接在主管道上，另一端与主阀密封连接。开孔机的两侧分别设进、排气装置，通过在主管道两侧设定卡箍，可以起到横向定位的作用，在主阀上设有丝杆，与开孔机固定连接，丝杆起到纵向定位的作用，有效保证了开孔位置的精确度	平煤神马建工集团有限公司 施相鹏、何胜良、秦向飞、张延森、裴秀丽
583	煤炭化工	一种煤矿暗斜井带式输送机快速安装用定位装置	该装置整体结构精简，且便于辅助带式输送机进行快速安装定位的施工处理，并且可以随不同型号的设备进行相应灵活调节来辅助施工，从而有效地解决了煤矿用带式输送机在进行安装时难以快速精准定位安装的问题	平煤神马建工集团有限公司 陈广忠、吴勇超、王淑红、杨军、郭龙辉

（续）

序号	专业	成果名称	成果内容及创新点	推荐单位及发明人
584	煤炭化工	一种建筑施工扣件式钢管模板支撑施工工艺	该成果包括钢管模板，钢管模板由多根竖直分布和水平分布的钢管固定连接构成，钢管模板的底部两侧均水平设置有支撑横梁，支撑横梁为横截面呈工字形的槽钢结构，且两根支撑横梁的高度相同，二者之间设有加强槽钢，所述加强槽钢的端部和两支撑横梁之间均螺栓连接固定，且加强槽钢的两侧均设有夹持件，夹持件的底端均垂直焊接设有第一竖杆，第一竖杆的底部外侧均套接设有第二竖杆，第二竖杆的底端均焊接设有支撑脚，支撑脚上均贯穿开设有通孔，通孔内均穿插设有锚杆，且锚杆贯穿在地面内，钢管模板上水平分布的钢管上套接设有转动件，转动件的底部一侧焊接设有斜撑，斜撑为倾斜设置的杆状结构，其底端均铰接设有侧支撑脚，且侧支撑脚的底端均贴合在地面上	平煤神马建工集团有限公司 朱小青、王海龙、张亮、臧江涛、王蓓
585	煤炭化工	“朝哥”便捷式清焦工具	焦油过滤器是急冷油塔底部油靴后工段附属设备，主要作用是过滤急冷油中的焦渣。频繁清理焦渣给车间安全生产带来了安全隐患，而且清焦作业过程长期存在作业人员多和效率低问题。为了彻底解决以上问题，依据杠杆原理，利用倒链和废旧材料制作了便捷式清焦工具	国家能源集团宁夏煤业有限责任公司烯烃二分公司 王军朝
586	煤炭化工	JSW挤压机切刀“0”位标定小革新	烯烃二分公司聚合车间JSW挤压机切粒机的风压曲线是通过设备的机械性能通过多次测试，找出其线性关系，计算出其函数关系式，再将此公式修正后导入系统内。在以后的调整中，操作员只需根据粒形大小调整转速，进刀风压自动根据函数关系计算出风压值并自动通过调整减压阀设定进刀风压。在做曲线前，必须对切粒机先找0位，建立基准点，这样做出的曲线才有实用性，一般切粒机的0位只标定一次，在以后的运行中只是更换刀盘，磨刀后即可使用，所以0位的标定尤为重要	国家能源集团宁夏煤业有限责任公司烯烃二分公司 赵彦君、马奔宇、倪明、徐延盛、许洋
587	煤炭化工	Unipol聚乙烯反应器高密度产品在线转产低密度产品操作方法革新	Unipol气相聚乙烯生产工艺，可生产密度范围为0.917～0.963 g/cm³的全密度聚乙烯产品。进行高密度产品转产为低密度产品操作是装置生产的难点之一，通过完成高密度牌号产品在线转产为低密度牌号产品操作方式的革新，提高了装置的经济效益	国家能源集团宁夏煤业有限责任公司烯烃二分公司 周文忠
588	煤炭化工	聚丙烯催化剂系统改造	聚合车间聚丙烯装置主催化剂设计为使用干粉形式运输至装置，通过软管将桶与装料罐连接后将干粉卸入配制系统并补充目标浓度下的白油。因干粉催化剂有少量黏附于运输桶壁，导致催化剂有一定的浪费，且催化剂长时间静置易出现结块的现象，产生结块。于是设计增加淤浆催化剂的进料，改变催化剂的配置方式，以便减少浪费，使工况更加稳定	国家能源集团宁夏煤业有限责任公司烯烃二分公司 唐建兵

（续）

序号	专业	成果名称	成果内容及创新点	推荐单位及发明人
589	煤炭化工	酸洗法提升板式换热器检修效率和检修效果	设备运行时循环水侧容易结垢，导致换热能力下降，影响聚乙烯装置稳定运行；另此板换清洗检修一直采取高压水进行换热板冲洗的方式检修，检修周期长，清洗后换热效果差，运行周期短。经改进清洗方式后，采用酸洗封闭清洗后，效果明显，缩短检修周期，提高了换热效率，延长在线投运周期，为装置稳定运行打下良好基础	国家能源集团宁夏煤业有限责任公司烯烃二分公司 陈旺、马奔宇、王志鹏、杜爱君、周文忠、杜兴燕、万振兴
590	煤炭化工	颗粒振动筛网框密封结构优化	烯烃二分公司聚合车间聚乙烯挤压造粒单元振动分级筛为装置生产线独生子关键设备，此设备的完好性运行尤为重要。因此设备产能较高（60 t/h 左右），故设备尺寸及重量较大，运行过程中网框密封条容易脱落造成漏料。针对此问题对密封结构进行了升级改造，有效解决了密封条脱落问题，为装置稳定运行打下良好基础	国家能源集团宁夏煤业有限责任公司烯烃二分公司 王志鹏
591	煤炭化工	电“晃”我不慌	对烯烃二分公司发生的裂解炉引风机晃电现象进行了系统性分析，依据现有的电气设备的特性，对比电力行业常见晃电的治理方法，针对性提出了符合实际的综合性抗晃电方法，实现了引风机等变频器设备在晃电状态下的稳定运行，避免同类型事故在其他地方的发生	国家能源集团宁夏煤业有限责任公司烯烃二分公司 田仕林
592	煤炭化工	合成氨装置合成气压缩机润滑油系统逻辑优化	对合成氨装置合成气压缩机润滑油压力联锁逻辑进行优化，首先将低报警值进行优化，根据机组实际运行情况，将润滑油低报警启辅助油泵值由 0.2 MPa 提升为 0.28 MPa，扩大润滑油系统压力低报警后调整区间；其次对润滑油压力低联锁停机联锁逻辑增加 2 s 延迟，确保辅助油泵正常启动后，在润滑油压力调整稳定前保持设备稳定运行，减少不必要的联锁停车	国家能源集团宁夏煤业有限责任公司烯烃二分公司 冯超、冯赫、穆昊、甫钟波、赵鹏
593	煤炭化工	提高空压站干燥器系统仪表稳定性	技改项目统筹安排，分步执行，对空压站干燥器系统现场控制柜供电线路技改，对电磁阀增加单路空开，当一台阀门电磁阀故障或出现供电回路短路时分空开跳闸，避免整个控制柜失电；更换阀门选型，将原设计橡胶衬里软密封阀门技改更换硬密封阀门，减少因为内衬里损坏导致阀门卡涩开关不到位的情况，提高了干燥器系统阀门稳定性，降低仪表故障率，同时新技改更换阀门密封性完好，无内漏情况，减少了资源浪费	国家能源集团宁夏煤业有限责任公司烯烃二分公司 冯超、冯赫、穆昊、甫钟波、俞勤
594	煤炭化工	建立五炉运行实时经济效益测算模型	利用智能平台海量数据，通过建立指标模型算法，实现数字清洗和效益测算，无须人工进行参与，全业务流自动实现能耗、单耗指标、效益指标计算。大大减少了人力物力，并且提升公司智能化、可视化水平	国家能源集团宁夏煤业有限责任公司烯烃二分公司 曹静、于可辉、乔智勇、张伟、郭蕊熙

（续）

序号	专业	成果名称	成果内容及创新点	推荐单位及发明人
595	煤炭化工	基于智能平台大数据分析进行能耗监控	分公司竭尽全力推进节能降耗，仪表系统班利用智能平台，通过对 110 kV 总变的电力系统的数据进行采集，以满足基本的能源核算的数据要求。再通过指标算法模型实现全厂 63 台中压电机能耗统计分析。无须人工进行参与，自动实现电能消耗统计，并且与理论消耗值进行比对分析。当电机电能消耗过高将提醒相关人员进行设备预防性维护，减少因设备损坏造成非计划性停车或故障停车而造成装置电能大量损耗	国家能源集团宁夏煤业有限责任公司烯烃二分公司 曹静、于可辉、乔智勇、温龙、梁强
596	煤炭化工	带式输送机溜槽堵塞的保护设计	针对堵煤保护不灵敏不动作或太灵敏误动作问题，通过不断尝试新型堵煤保护、改进堵煤保护等手段，实现堵煤保护更完善、更及时，有效防范了故障的不确定性，避免故障及事故扩大。有效减少员工因堆料保护不动作或误动作造成输送带堆煤、撒煤的清理工作，减少员工的劳动强度，提高了生产效率，保障带式输送机设备安全稳定运行	国家能源集团宁夏煤业有限责任公司煤制油化工公用设施管理分公司 杨海峰、丁继荣、秦龙、柴云、徐立
597	煤炭化工	基于采用无线通信技术对信号采集的设计	使用无线电传输作为有毒有害监测系统信号采集，需在现场安装无线电台发射设备（433 MHz 电台），采集仓内 CO 浓度和 O_2 含量探测器的数据（4~20 mA 电流）进行数据发射。接收端 PLC 采用西门子 S7-300 作为控制器，监测系统安装无线电接收设备同步完成数据传输功能。上位机采用西门子 MP 377 12 Touch 触摸屏，使用 WinCC flexible RT 程序，建立与 S7-300 的以太网通信连接，建立现场 CO 和 O_2 含量 IO 域，对采集 CO 浓度和 O_2 含量数据进行分析处理后，实时显示在集控室有毒有害气体监测保护系统中，并对有毒有害气体探测器的现场实时的超限气体信息数据进行报警、记录，并通过蜂鸣器发出报警	国家能源集团宁夏煤业有限公司煤制油化工公用设施管理分公司 杨海峰、孙玉保、丁继荣、柴云、徐立
598	煤炭化工	降低锅炉仓泵仪表故障次数	锅炉仓泵是锅炉输灰系统的重要组成部分，其直接影响输灰系统的除灰效果。面对仓泵仪表故障频繁，发明成员从设备、环境等方面对故障现象进行原因分析，查找出主要原因，制定相应方案对策并逐一实施。据统计，实施后连续 3 个月仓泵故障检修频次呈递减趋势。改造后减少了仓泵的检修次数，降低劳动程度，节省维护费用 194160 元	国家能源集团宁夏煤业有限责任公司甲醇分公司 李伟、杨建国、刘智林、李江山、高鑫源
599	煤炭化工	减少气化炉烘炉过程中的熄火次数	气化炉烘炉过程中，由于各种不确定的因素会导致气化炉熄火，烘炉中断。而每次熄火后，气化炉炉膛温度快速下降，当再次点火升温到熄火前温度时需要再花 1 个小时的时间，相当于浪费了 1 个小时的天然气。小组成员本着“节约的就是我们的利润，浪费的就是我们的财富”这一理念，从节能降耗的角度出发，最终决定通过减少气化炉烘炉过程中的熄火次数来减少天然气消耗量	国家能源集团宁夏煤业有限责任公司甲醇分公司 李明珠、沈慧俊、石晓维、张华、边晓伟

（续）

序号	专业	成果名称	成果内容及创新点	推荐单位及发明人
600	煤炭化工	减少聚甲醛产品色粒	经分析讨论，认为造成色粒产生的原因有三个方面：一是挤出机长期未清理真空系统，脱气口产生黑色缩合物；二是挤出机筒体温度过高，物料出现焦化；三是模头堵塞，物料局部受热时间过长产生焦化。针对以上三个原因，制定如下措施：定期清理真空系统（暂定 50 天）；编写挤出机真空清理作业清单，具体规定清理部位及验收标准；定期更换模头（暂定 20 天）；按要求换网控制挤出机筒体温度，挤出机筒体温度在 165~180 ℃运行	国家能源集团宁夏煤业有限责任公司甲醇分公司 林晓燕、陈星、高勇、翟海萍、任晓东
601	煤炭化工	延长反渗透装置运行周期	反渗透装置运行周期只有 5~6 天，不能满足生产需要。通过分析，确定两条要因：一是清洗剂种类单一；二是杀菌剂效果差。小组成员根据 5W1H 法，制定如下对策：增加专用酸性、碱性清洗剂；更换杀菌剂、更改投加方式、更换加药位置等措施，使反渗透装置运行周期达 24 天，延长了反渗透膜的使用周期，增加了除盐水的产量，节约了成本	国家能源集团宁夏煤业有限责任公司甲醇分公司 闫玉锋、王钰、默珊珊、牛立岐
602	煤炭化工	选煤厂选前脱粉、配筛入洗提质增效工艺优化	（1）布尔台选煤厂选前脱粉改造：利用自清洁筛板，细粒筛分效率高的特点，实现末煤选前脱粉；最大限度地利用现有条件，尽可能地减少对原筛分系统的影响，应用煤泥减量生产工艺，减少入洗原煤的煤泥量，提高末煤系统入洗能力，提升末煤入洗整体效能。 （2）哈拉沟选煤厂块煤入洗刮板机配煤优化：通过改造，减少块煤全系统停机造成的影响。 （3）补连塔选煤厂配筛新工艺研究与应用	国能神东煤炭洗选中心 李桐坡、牛超、李文利、白刘贵、白富强
603	煤炭化工	新型 SGB XGZ 型刮板输送机中部槽箱设计	该成果把刮板机侧板、底板、滑道等配件已标准化的尺寸进行分解拆分，侧板由 1 个整块钢板拆分为 2 块钢板，分为上下侧板，采用法兰螺栓方式连接，上半部分也采用螺栓固定安装滑道，下半部分与物料接触位置安装耐磨钢板，底板焊接耐磨钢板与下侧板采用法兰用螺栓连接。用此方式制作的刮板机箱体实现了底板、侧板、滑道各自独立，在更换刮板机侧板、底板、滑道时，只需要拆除对应的法兰螺栓，把新的铺有耐磨钢板或铸石的底板、侧板和滑道对应安装即可，相关配件可单独更换也可部分更换，施工灵活	国能神东煤炭洗选中心 于雷、何建斌、郑玉鹏、南朝云、白富强
604	煤炭化工	新型专用仪器仪表自主研发与应用	该成果的主要创新点：拉铆枪遥控操作改造；带式输送机超温保护测试仪；不规范使用安全带报警装置研发	国能神东煤炭洗选中心 闫少勇、佟延翔、高文革、张丙祥、陈世涛

（续）

序号	专业	成果名称	成果内容及创新点	推荐单位及发明人
605	煤炭化工	两产品重介旋流器底流溢流出料设计改造	（1）底、溢箱底部通过少量积煤来减缓底板的磨损。 （2）在旋流器底流口加装耐磨管道进行泄压处理，减少底流箱体磨损。 （3）在分叉溜槽上加设电控闸板，既可以均匀调整两台筛机处理量，又可以在单台筛机故障时退出，生产更加灵活	国能神东煤炭洗选中心 李文利、张文慧、熊超员、张晓辉、张新明
606	煤炭化工	7 m及以上液压支架推移框架断裂拉架装置	该装置可以避免井下因推移框架断裂，工作面无法实现拉架而导致生产停滞，有效保障采煤工作面持续运行	国能神东煤炭设备维修中心 刘军乐、王旭东、刘显贵、陈良、曾小平
607	煤炭化工	煤气管路气动排水设计	王村煤矿斜井在气化项目试验过程中，煤气管道出现水堵情况，原设计为井下在3处最低位置安装有自动疏水阀，但因介质为未经过净化处理的煤气，煤气中含有粉尘和煤焦油，造成疏水阀堵塞，不能及时排除管道内的冷凝水，形成水堵，造成输气不畅，炉内压力过高。因煤气管道在危险区域，不能经常性地安排人员定期对疏水阀进行清理和维护。为了解决煤气管道排水问题，保障煤气输送通畅，气化炉在设计压力下可靠运行，根据井下现场实际情况，将原有的疏水阀改为气动阀，通过阀门远程控制单向气动蝶阀开关，实现人员在安全区域远程排水	陕西澄合王村煤矿斜井 朱建辉
608	煤炭化工	王村煤矿斜井煤炭地下气化钻孔疏松煤体	澄合百良公司采区泵房于2018年1月投入使用，采区水仓分内外水仓，内外水仓各安装2台功率为280 kW、流量为320 m^3/h潜水泵，原来排水方式为人工就地操作（人工监视水位、手动开停泵、手动开闭闸阀），工人劳动强度大，排水费用高，不能有效地监测实时水位变化情况，有烧毁排水设备的潜在安全隐患。使用了自动排水系统后，目前系统保护齐全，实时检测水位及排水设备电力运行参数，当有故障时，能够实时闭锁故障和断电报警，同时实现了远程集中操作、监护的功能，当选择为就地或远程自动模式时，系统可根据水位高低实现系统自动排水功能，达到无人值守	陕西澄合王村煤矿斜井 高岩
609	煤炭化工	供氧管路改造	在供氧支管与连续油管设备对接法兰处增设机械式单向安全阀，安全阀的厚度只有8 mm，可以安装到现有的法兰之间，阀门阀板靠自重关闭，阻断气流反向流动，保证气化炉内部气体不会从供氧支管溢出	陕西澄合王村煤矿斜井 朱建辉
610	煤炭化工	锅炉冷渣机冷却水系统改造	重点利用热电厂的首站循环水作为冷却水的替代水源，经改造后，排渣温度由改造前的900 ℃降至100 ℃，有效利用回收余热，每年可节约费用30余万元	陕西陕煤澄合矿业有限公司电力分公司 杨朝、魏建浩、吕雪山

（续）

序号	专业	成果名称	成果内容及创新点	推荐单位及发明人
611	煤炭化工	盘根密封防喷器	在煤矿井下实施探放水钻孔钻探作业过程中，钻透承压水体、高位含水层及采空区积水时，特别是起钻时涌水量会突然增大，水量很难控制，为了防止这一情况的发生，根据水泵盘根密封结构和原理，研制出了盘根密封防喷器，为井下探放水打钻、起钻，有效控制水量提供安全技术保证	韩城矿业有限公司象山矿井 李学法
612	煤炭化工	CTY5/6GB防爆特殊型蓄电池电机车撒砂装置改造	该成果改善了原有撒砂装置操作不便、出砂量不稳定、特殊情况下电机车制动效果不理想的现状，依据桑树坪煤矿电机车现场使用的实际情况，从实用性出发，改善电机车的撒砂装置使其更加符合井下使用的现场需求，便于操作与检修，有效地保障井工煤矿运输系统的高效运行，增强了运输系统的安全性、可靠性	陕西陕煤韩城矿业有限公司桑树坪煤矿 郭准
613	煤炭化工	矿用局部全自动排水系统	该成果在矿用乳化液泵箱自动水位控制系统的基础上加工改造而成，水位传感器使用两个矿用本安传感器，代替了传统的电接点传感器，灵敏度高，适合井下潮湿环境，安全可靠	韩城矿业有限公司下峪口煤矿 刘亚平
614	煤炭化工	大皮带制动油泵站改造	桑树坪煤矿1号井大皮带因制动油泵站使用年限过长，导致漏油、渗油、压力不稳等多种问题，严重地影响了大皮带正常运行时的制动效果，制动效果不好就容易在运煤期间出现倒车、停车无二级制动等事故，更换制动油本站，并入大皮带操控系统，减少了事故率，增强了系统制动效果，加强了大皮带拉运的安全系数	陕西陕煤韩城矿业有限公司桑树坪煤矿 陈荣军
615	煤炭化工	自动复位防漏加油装置	该装置利用支点平稳的原理，将油脂托架固定在三角支架上，支撑中心点为轴承传动，当油桶无外力作用时，可自动复位至于水平状态，受外力作用后，一人便可操作联阀、放油、接油、复位，省时省力	陕西陕煤韩城矿业有限公司桑树坪煤矿 邓军
616	煤炭化工	带式输送机综合保护在无极绳的应用改造	使用带式输送机综合保护器替代传统的无极绳操作台，完善无极绳的三大保护（速度、越位、张紧力下降）。用较少的人力和时间成本，完善辅助运输的设施安全	韩城矿业有限公司象山矿井 马强生
617	煤炭化工	新型拖缆小车和吊轨及应用	在煤矿井下，拖缆小车是一种用于快速运输电缆的载体，针对井下环境的特殊性，结合相关实践经验，将原有的拖缆小车进行了一系列的改进。一方面减少了小车自身的重量，增加了小车在运输过程中的稳定性；另一方面使小车的安装和拆卸更加方便，增加了其便捷性，省时省力，提高了工作效率	陕西陕煤韩城矿业生产服务中心 师明
618	煤炭化工	Z35摇臂钻床PLC改造	加装PLC后，以前电气线路来完成的工作都由PLC中的程序来代替，大大简化电气线路，并大大增加了设备各触点的稳定性，提高了设备的使用率	陕西陕煤韩城矿业生产服务中心 岳鹏、张妮

（续）

序号	专业	成果名称	成果内容及创新点	推荐单位及发明人
619	煤炭化工	焊接机器人改造成全能气割机器人	为解决本公司带式输送机车间气割工作基本上都是靠人工或者半自动气割机来完成，工作效率低、劳动强度大、产品质量无法保证的问题，对车间现有的焊接机器人进行升级改造，利用现有的机械臂与机械编程软件，再添加气割所需要的软件与硬件，将其改造为可气割的多功能机器人	陕西陕煤韩城矿业生产服务中心 乔云鹏
620	煤炭化工	圆钢下料段自动挑料装置	在锚杆自动线圆钢下料段尾部安装自动挑料装置，主要由气缸、支撑架、连接架、轴承座组成，实现了圆钢自动挑出功能：锚杆自动线先对原材料切头加工后，通过输送滚轮，将裁切好的圆钢运送到下料段尾部，尾部的光电开关感应圆钢到达运送位置后，将信号传输至PLC控制柜，通过PLC联锁控制自动挑料装置将尾部圆钢挑出，圆钢自然落至储料架	陕西陕煤韩城矿业有限公司创新产业公司 刘明
621	煤炭化工	综采工作面刮板输送机杠杆起吊装置	综采工作面沿煤层顶板回采，当回采过程中遇到煤层走负坡时，工作面刮板输送机会出现下扎现象，支架推移千斤顶推移刮板输送机时会出现挤不动或前翻现象，影响工作面正常向前回采。该创新成果针对解决该问题而立项	韩城矿业有限公司象山矿井 金朋飞
622	煤炭化工	钻孔封孔注浆水灰比优化	针对井下顺层钻孔瓦斯抽采浓度低，在钻孔封孔注浆环节因注浆水泥比例高导致钻孔封堵易出现裂缝漏气，水泥比例低导致钻孔封堵不实存在漏气现象，提出改变注浆水灰比的解决方案，经地面及井下多个钻孔试验后选择最优注浆水灰比例，保证钻孔封孔注浆有效	陕西陕煤韩城矿业桑树坪二号井通风管理部 姚明柱、王辉、李凯
623	煤炭化工	带式输送机电磁阀自动喷雾设施	首先在电磁阀两端引入进水管和出水管，再将出水口焊接喷雾架固定在带式输送机上，最后将电磁阀控制系统接入带式输送机启动器控制系统。采用带式输送机启动器控制系统36 V为电子阀控制电源，即启动器继电器吸合开启带式输送机时，36 V电源打开电磁阀，停止带式输送机时，36 V断电停止电磁阀。从而实现带式输送机开停，自动喷雾开停的效果	陕西陕煤韩城矿业桑树坪二号井机械化办 李龙飞
624	煤炭化工	一种DSJ80/40/2×55型带式输送机移动机尾设计及用	因矿井开采需求，传统DSJ80/40/2×55型带式输送机机尾在实际应用中存在移动不便、缓冲段过短的问题，现设计一种新型机尾，保证在井下开采过程中做到省时、高效、降低作业成本	陕西陕煤韩城矿业生产服务中心 宋博文
625	煤炭化工	托辊轴承座新型线下平台检验法	首先要求厂家将轴承座的端面车平整，轴承座支撑面外圆也车一圈。其次在检验轴承座的方法上也做改进。现在通过自制一个平台和专用量块，量块和量具放在平台上，在检测时把轴承座放在量块上，量具对准轴承座的外圆，然后把轴承座旋转一周，观察量具指针的变化，就可测量出轴承座的同轴度是否合格。通过这种方法检验出来的轴承座在托辊的装配中减少了托辊转动时的径向跳动，对带式输送机的稳定运转有很大帮助	陕西陕煤韩城矿业生产服务中心 王洋飞、程飞飞

（续）

序号	专业	成果名称	成果内容及创新点	推荐单位及发明人
626	煤炭化工	筒体撑圆工艺装置	为解决本公司风机结构车间的筒体零件在焊接过程中出现的不成圆现状，设计一款可以将其撑圆的工艺装置去矫正筒体的不成圆现状，然后使用 Solidworks 中的零件特征模块、装配模块对其进行建模装配，最后使用有限元分析模块（Solidworks Simulation）对变形效果进行分析，根据工艺装置的形变和应力变化规律，最终确定最经济的矫圆结构形式	陕西陕煤韩城矿业生产服务中心 雷向南
627	煤炭化工	带式输送机大倾角变坡点防飘带装置设计	带式输送机运转时在大倾角变坡点严重飘带，使用压带轮强制变坡可能会划伤输送带，还会造成严重撒煤，造成安全隐患。在带式输送机大倾角变坡点起点处设计加工一套卸载装置和缓冲装置，将物料由水平段转载到上坡段，通过改向滚筒使输送带在变坡点处平稳过渡，有效地解决了带式输送机飘带的问题	陕西陕煤韩城矿业生产服务中心 尚新芒、王荣泉
628	煤炭化工	150C 刮板机改转载机设计	该成果改变了传统刮板机与顺槽带式输送机的搭接移动方式，方便了工人在井下快速前移或者后移刮板机，通过新的移动方式使得 150C 刮板机更实用、更安全、更加便捷。同时也解决了桑树坪 2 号井，残采工作面由于属于下分层残采工作面，巷道断面小，空间相对紧张，标准的转载机由于机身过大、质量较重不适用等问题	陕西陕煤韩城矿业生产服务中心 刘武、王荣泉
629	煤炭化工	气动轮胎装卸工具	该装置受吊车杠杆原理启发改造而成，轮胎装卸力矩要求比较大，直接用电动机驱动时，电动机功率比较大，不经济。因采用力矩放大原理，可使电动机功率减小。而力矩放大可采用冲击原理将力矩放大	陕西陕煤黄陵一号煤矿有限公司 谢帅、王文仓、张斌、史小波
630	煤炭化工	排矸车视频影像	该装置是在排矸车驾驶室安装显示器，显示器采用 4 路监控，分别将摄像头置于两侧倒车镜、车辆尾部及车厢顶部。置于车厢顶部的摄像头能够在装、卸车时，方便驾驶员实时观测车厢装卸料情况，便于车辆移动，避免车厢有遗留矸石二次排运，提高运输效率，还可对篷布遮盖进行实时监测	陕西陕煤黄陵一号煤矿有限公司 朱保、谢帅、张斌、杜延成
631	煤炭化工	人体红外感应报警装置	在防爆无轨胶轮车的前脸、尾部加装的人体红外感应装置，在驾驶室安装人员进入感应区域报警状态的显示屏，蜂鸣器。车辆在倒车时，通过尾部的人体红外感应装置感知是否有人员通过，人员在距离车辆尾部约 5 m 位置，蜂鸣器报警，提醒驾驶员车辆尾部有人员通行；车辆前脸位置安装的人体红外感应装置在人员在距离车辆前方约 5 m 位置，蜂鸣器报警，提醒驾驶员严格执行“车让人”规定	陕西陕煤黄陵一号煤矿有限公司 谢帅、常李军、张斌、杜延成
632	煤炭化工	井口闸板液压站	原有的两个液压站均是靠电机正反转来控制闸板开合，操作麻烦，且使用频繁时容易损坏电机，现将其改为由手动换向阀控制闸板开合，电机始终为正转。原有液压站为单个液压站控制单个开关，两台液压站需要两人进行操作，现改为集中控制，只需一人操作一台液压站就可以分别控制多个闸板	陕煤彬长文家坡矿业有限公司 王京京、原利强

（续）

序号	专业	成果名称	成果内容及创新点	推荐单位及发明人
633	煤炭化工	主井卸载仓门到位限位开关	为仓门油缸加装限位控制装置，使其在收到合适位置时，自动切断电磁阀电源，避免收过合适位置导致损坏。为原有限位开关加装连杆装置，避开原有淋水位置，避免淋水导致的开关及线路损坏	陕煤彬长文家坡矿业有限公司 王锋、王京京
634	煤炭化工	排水管换气阀门	采煤工作面滞后排水系统中使用315PE管作为排水管路，会因为管路内外压强不等，导致管路被吸扁，造成管路损坏，为了改善此种情况，在315PE管出水口距末端100 m处加装换气阀门，使管路内外压强相等，避免管路损坏	陕煤彬长文家坡矿业有限公司 陈超
635	煤炭化工	无功补偿系统自动投退改造	对无功补偿系统差数进行重新设定，敷设两条电缆连线，作为无功补偿系统的补充线，能将实时的数据返回控制系统，同时对一次设备进行控制，在完成电缆敷设、接线，参数修改后，无功补偿系统全部实现了根据负荷情况自动投退一次设备，节约改造费及罚款约数十万元，具有很强的经济效益	陕西彬长矿业集团有限公司电力分公司 张虎
636	煤炭化工	制作10 kV开关柜核相工具	10 kV开关柜进行维修时，对设备和人身安全存在威胁，参照断路器小车工作原理，对断路器手车进行改造，加装两块支撑架。检修人员能够安全可靠地撑开上下挡板，大大提高了检修工作效率和安全性，为安全工作提供了保障	陕西彬长矿业集团有限公司电力分公司 张军
637	煤炭化工	一种卡扣式钢筋保护层垫块	该成果的主要创新点如下：卡扣性强，避免钢筋位移；通用性广，适用于梁、板、墙各类构件；紧固耐用，降低损耗	陕煤集团建设集团韩城分公司 王晓娟、岳维平、胥发才、张洁
638	煤炭化工	一种定型化工具式电梯井操作平台	定型化工具式电梯井操作平台，以其安全可靠、操作快捷的优势，得到了作业人员的认可，赢得了监理甲方的一致好评	陕煤集团建设集团韩城分公司 师启荣、张洁、李昊、邵森
639	煤炭化工	扬尘监测喷雾联动装置	该成果主要创新点如下：“智慧大脑”全程监控，自动化程度高；喷雾降尘启停自如，抑尘效果好；解放人力，节能环保，安全可靠	陕煤集团建设集团韩城分公司 王晓娟、岳维平、胥发才、张洁、伏强
640	煤炭化工	梁侧预埋新型悬挑承力架工艺的研究	民用及工业建筑施工时，传统防护用防护悬挑承力架型钢必须穿墙入室内，用U型预埋锚固环固定在楼面结构上，拆除过程中需现场切割，容易损坏混凝土构件，易造成楼面渗水漏水，且拆除型钢时存在很大的安全隐患。补砌外墙预留洞口后的部位渗水漏水隐患严重。通过梁侧预埋新型悬挑承力架工艺的研究，有效解决以上问题降低施工成本	陕煤集团建设集团韩城分公司 王雷

（续）

序号	专业	成果名称	成果内容及创新点	推荐单位及发明人
641	煤炭化工	短接头解决特殊层高模板支架立杆接长问题	借鉴滑模施工液压系统爬杆采用缩管连接的原理，使用液压缩管机，将 30 cm 长度短管半成品短接头一端进行缩径处理，缩径后形成长度 70~80 mm、外径 38~39 mm 接头，与标准管承插连接。解决工业及民用建筑经常遇到模板支架，因净高度不符合常用架管长度，而造成截断使用产生的浪费，及用顶托调节高度露头过长存在失稳安全隐患问题	陕煤集团建设集团韩城分公司 王雷
642	煤炭销售	中矸煤泥筛下水闭路循环煤泥减量化工艺研究	煤泥作为低热值产品，存在单价低和销售、储运困难的弊端。因此减少煤泥产率是提高企业效益最大化的重要途径和手段。本项目新增一台立式刮刀离心机对中矸煤泥深度脱水，同时对筛下物进行闭路循环优化改造，由分级旋流器对筛下物粒度进行把关，通过对筛分设备错配物的分级把控，实现中矸高频筛筛下物料+0.25 mm 粒级截粗回收，实现低价值煤泥的附加增值	新汶矿业集团有限责任公司洗煤分公司新巨龙选煤厂 姜亚伟、马臣靖、吴振、张清成、方斌
643	煤炭销售	基于效益最大化的细粒煤泥分选工艺研究与应用	为解决“重介精煤背灰”、浮选精煤脱水困难及产品质量不均衡的难题，提高细粒煤泥分选精度和脱水效率，基于煤泥浮选压滤特性和厂房结构布局，创新采用“浮选机+浮选柱”二次浮选、“叠层细筛”精细脱泥和“卧脱离心机+快开压滤机”脱水回收联合工艺，改造后浮精灰分由 12% 降至 8%，精煤回收率提升 1.47%，产品品相同时得到提高	新汶矿业集团有限责任公司洗煤分公司孙村选煤厂 朱元生、王彦、李清富、孙良、杜学良
644	煤炭销售	旋流器结构参数调整在洗选工艺优化提升中的应用	为简化传统重介分选工艺，降低旋流器分选下限，结合煤质分选特性开展旋流器结构参数优化提升研究，有效提高了旋流器分选精度，并利用“叠层细筛+离心机”工艺，解决了重介背灰行业性难题，达到精煤磁尾短流程直接回收目标，实现精煤产率最大化回收和企业经济效益提升	新汶矿业集团有限责任公司洗煤分公司良庄选煤厂 孙中虎、田勇、牛慧、邓越
645	煤炭销售	1 mm 预先脱泥入洗工艺的研究与应用	为简化选煤工艺系统，避免 TBS 分选机尾矿的重复分选，提高旋流器分选效率并降低系统介耗，协庄选煤厂开展了 1 mm 脱泥入洗技术改造，改造后精煤回收率提高 0.22%，介质单耗降低 0.15 kg/t，年可增加经济效益 260 余万元	新汶矿业集团有限责任公司洗煤分公司协庄选煤厂 侯增芳、胡刚、焦刘军、谢保、王悦
646	煤炭销售	浮选工艺系统的研究与优化	随着井下开采煤层加深和机械化程度提高，原煤煤质变差且波动幅度较大，导致入洗原煤中高灰细泥含量增加，严重影响细煤泥浮选效果，导致浮选系统指标不易控制，出现浮精灰分偏高、脱水效果差，浮选尾矿存在跑煤等问题。通过二次浮选工艺和均质掺配改造，降低浮精灰分，稳控精煤产品指标，使浮选精煤更均匀地掺入精煤中，精煤产率提高 1.70%	新汶矿业集团有限责任公司洗煤分公司协庄选煤厂 侯增芳、胡刚、焦刘军、谢保、李鹏

（续）

序号	专业	成果名称	成果内容及创新点	推荐单位及发明人
647	煤炭销售	大直径TBS干扰床分选机精细控制优化改造	该成果出厂设计采用1个密度计检测单点密度，并作为控制多个执行器动作依据，在运行时，容易出现检测点处密度较低，其他执行器处密度较高的现象，最终导致TBS干扰床内积料。通过改造为大直径TBS干扰床分选机增加密度计，做到每个执行器旁有一个密度计检测密度，每个密度计检测相对应执行器处的密度，并进行反馈操作，做到一对一精细化控制，提高TBS运行稳定性	新汶矿业集团有限责任公司洗煤分公司长城三矿选煤厂 杨震、刘卓、梁晨、崔波、代鹏
648	企业管理	调度日报管理系统的开发与应用	该成果的应用实现了调度日报的自动生成以及出勤、事故影响、计划完成情况的分类统计与查询功能	陕西建新煤化有限责任公司 马超
649	企业管理	基于风险预控的工业沙盘设计与应用	基于风险预控的工业沙盘设计与应用是秉承管理服务于生产的理念，依据车间生产设备设施现场布局特点，按照一定比例在预先建造好的浮台上制作各种设备设施的微小模型，形成一个可视化的工业沙盘平台，班组成员在班前会上进行危险源辨识；根据沙盘模型上的设备区域布置、设备关键部位拆解和装配工序、绿色通道、安全警戒线、人员作业站位等问题，进行班组日常安全培训；参考沙盘模型上的各类检修设备，结合“人机料法环”的“5因”质量管理理念进行质量预控	陕煤集团神南产业发展有限公司 李涛宇、王亚男、张星
650	设计研究	一种防尘防磁的安全型空气动力控制箱	采用定位槽结构便于拆装箱体，采用滤网和含铜网的塑料板的防磁层及散热风扇等构造达到防尘防磁的效果	华阳集团兆丰电解铝分公司 胡小林、姬九军、伍小军、李国佳、郭建芳
651	设计研究	一种电气自动化设备具有散热功能的配电箱	本实用新型公开了一种具有散热除尘功能的配电箱，包括了配电箱壳体，制冷机整体结构，蒸汽式触电开关整体结构和配电箱整体内部结构进行简述。通过成果背景了解到配电箱在日常工作中恶劣的工作环境，该项成果可以运用到日常所见的配电箱中。相较于之前的配电箱，该项发明解决了配电箱温度较高和灰尘较多的问题。将该项成果进行推广，能大大减少对人力资源的浪费将设备智能化和自动化，方便进行日常巡检工作	华阳集团发供电分公司 王宏伟

（续）

序号	专业	成果名称	成果内容及创新点	推荐单位及发明人
652	设计研究	气凝胶涂料的研发	气凝胶保温隔热涂料以水为溶剂，避免油性涂料对空气的污染，节省大量资源；可挥发有机物含量低，降低了施工时火灾危险性，降低了对大气的污染，改善了作业环境的条件；可配合华阳华豹的底漆使用，具有涂层附着力强的特点，不易脱落，可正常使用25年；作业完毕后设备用水即可清洗，省工省料；可喷涂、刮涂、滚涂，施工方便，且施工效果良好；填料为疏水的气凝胶粉体和空心玻璃微珠，可有效隔绝空气的水分，具有一定的防潮防霉效果；内部中有大量开口、闭口的孔洞，能减小热的传导、对流传热引发的热量损失；中空心玻璃微珠有镜面效应，能有效反射太阳光，具有优异的反射隔热效果	华阳集团气凝胶科创城研发中心 胡博、尚阳、赵建伟、刘栩瑞、秦剑坤
653	设计研究	气凝胶新型砂浆壁材的研发	常规的水泥、硅藻泥、砂浆体系中很难加入气凝胶，直接加入会导致飞粉，造成严重的粉尘污染。通过更改气凝胶的添加方式，用自主研发的砂浆用气凝胶浆料替代气凝胶粉体，大大降低了生产难度。该气凝胶新型装饰壁材为一种气凝胶含量极高的浆料（气凝胶含量≥22%）添加于灰泥体系后形成的一种保温类装饰壁材。该壁材无机添加量高，具有耐火性能佳、附着力强、耐磨等优势；并且仅仅添加0～5%的气凝胶，具有很好的保温节能效果	华阳集团气凝胶科创城研发中心 胡博、尚阳、赵建伟、刘栩瑞
654	设计研究	新型气凝胶毡复合防火门	新型气凝胶复合防火门通过采用气凝胶毡和气凝胶浆料两条路线来开发新型气凝胶防火门芯材料。然后将其应用于防火门的生产制造，设计新的防火门结构并测试验证，最终获得该产品	华阳集团气凝胶科创城研发中心 李淑敏、胡博、段昕永、崔楠、石培基
655	设计研究	多吸氧口罩系列产品开发与研制	基于纳米高静电纤维滤材，开发了多吸氧口罩系列产品，包括光氧化抗菌抗病毒防护口罩、纳米新材防护口罩、井下防尘面罩及滤棉、一次性使用医用口罩。开发了具有自主知识产权的纳米纤维滤材，高达90%孔隙率及超高电势差实现了颗粒物过滤的物理拦截与静电吸附同时作用，避免过滤效率大幅度衰减，解决了净化性能下降、空气阻力大等行业难题，同时，外层采用抗病毒无纺布，兼具光氧化杀菌杀病毒功效	华阳集团气凝胶科创城研发中心 李淑敏、郑迎芳、韩娟、石培基、韩永祥
656	设计研究	纳米纤维防雾霾纱窗	该产品突破了常规产品防雾霾效率低的难题，拥有过滤效率高、耐磨性优、透气透光性佳等优点，具备阻隔灰尘、花粉、雾霾、雨水、细小蚊虫、柳絮的“六大优势”，通过阻截、拦截、吸附空气中90%以上的PM0.3～PM10细小颗粒物，实现了高效率、高透光、高透气的关键性能指标，成为雾霾环境下保护人们健康的终端防护新途径	华阳集团气凝胶科创城研发中心 段昕永、李淑敏、崔楠、王文凯、韩永祥

2021年度煤炭企业“五小”技术创新成果二等奖获奖项目（排名不分先后）

（续）

序号	专业	成果名称	成果内容及创新点	推荐单位及发明人
657	设计研究	主井装卸载提升信号改造	解决了快速可靠的装、卸载系统自动化运行及监控。可以实现装卸载无人值守、对装卸载系统远程实时监视、故障动态报警，保护停机，语音提醒。在主井多层安装了检修箱，保证了检修安全。为主井系统实现无人值守，全自动提升奠定了坚实基础	铁法煤业（集团）有限责任公司大平煤矿 张庆宇
658	设计研究	主井自动化无人值守改造	在确保提升机安全的前提下，保留在用电控系统、传动及制动系统，由集控操作人员对提升机系统的远程自动、手动操作，完成提升机“无人值守”化运行。进一步实现提升机安全高效运行，缓解了人力资源紧张，改善了工作环境，进一步实现了少人则安的高效、安全的运行管理模式	铁法煤业（集团）有限责任公司大平煤矿 张庆宇
659	设计研究	一种自动控制气力输灰系统	原气力输灰系统自动化控制程度低，运行人员手动设置进料时长、等待时长，因不能实时了解飞灰量的变化趋势，造成仓泵频繁、低负荷量运转。该成果根据仓泵输灰过程的特性曲线，判断出飞灰量的大小从而自动调整等待时长参数的设定，从根本上解决了气力输送系统自动化程度低，工作效率差的问题	辽宁调兵山煤矸石发电有限责任公司 丰超
660	设计研究	基于电蓄热66 kVGIS变电站电压互感器改进与设计	通过对固体电蓄热66 kV变电站中性点不接地系统，GIS母线因分频谐振造成电压互感器损坏的原因进行分析，并对谐振产生的条件进行阐述，表明谐振对66 kV中性点不接地的GIS母线电气设备安全运行带来严重的危害，提出了在电压互感器的二次开口三角绕组中增加消谐装置，并将罐式三相电磁电压互感器更改为户外独立式单相电容互感器设计，从根本上打破谐振条件，确保电气系统安全稳定运行	辽宁调兵山煤矸石发电有限责任公司 杨洪亮
661	设计研究	智能压裂井场设计与应用	利用物联网框架搭建的智能压裂井场监控系统，把零星分布、位置偏远的井场统一整合，改变了巡检人员每天定时人工走动检查，记录运行参数的管理模式，此外，压裂井场设备的运行状态及参数通过监控系统实时掌握，生产状况实时监控，远程控制抽油机的启停，大大提高井场生产的智能化程度，减轻了人工巡井的劳动力	铁法煤业（集团）有限责任公司煤层气开发利用分公司 王托
662	设计研究	一种管材密封圈快速安装装置	在煤矿井上、井下管路之间通常采用快速接头连接，当管路的接头处跑风、漏水需要更换、安装密封圈时，使用螺丝刀安装密封圈易造成管路接口产生划痕，而且不易操作，费时费力，研制出的一种管材密封圈快速安装装置可以解决上述问题，操作简单，省时省力，可以提高工作效率，缩短停止供风和排水的时间，降低安全隐患	准格尔旗荣祥煤焦化有限责任公司山不拉煤矿 柳海波、王向阳、宋玉彬、代夫全、芈伟光
663	设计研究	“煤矿综采成套装备实验系统”智能化改造与应用	改造后的系统可以实现综采装备协调运行、远程数据监测和控制、信号传输与参数调整、视频监控等功能。成果完成了实践教学、技术培训、科学研究、公益服务等应用	太原理工大学 王学文、廉自生、郭永昌、谢嘉成

（续）

序号	专业	成果名称	成果内容及创新点	推荐单位及发明人
664	设计研究	清洁能源在工业场区的应用	通过空压机余热的回收利用既可以保证空压机的冷却效果，改善空压机的工作性能，又可以充分利用这部分被排放热量，大大降低原来工艺所需的燃料消耗，减少有害气体和二氧化碳的排放，同时有效地提高节能环保的管理和降低运维成本，取得节能降耗、节能减排效果	甘肃万胜矿业有限公司 耿猛、陈振东、胡波
665	设计研究	门式支架系列化设计	可调节门型支护装置具有较强的支护能力，能够代替 8~10 根单体立柱。设备采用无轨胶轮车搬运，可大大减轻工人的劳动强度。适用范围广泛，经过设计验证，门型支护装置不仅适用于环境相对良好的工作面，还能够适用于煤层倾角不大于 15°的上山开采和下山开采。在整体结构上，门型支护装置采用横梁，两根立柱作为主要支撑部件避免多点支撑多次冲击对顶板的破坏。立柱活柱头与底板座体采用球面万向头铰接，有效适应巷道底板不平。横梁为整体箱式结构，不仅提高了支护性能，同时稳定性安全性也进一步提升。液压控制系统方面，针对接口进行优化筛选，最后选定采用快插接头实现高效率升降，单个运转同时支架支架拆卸方便管路简易	晋能控股装备制造集团大同机电装备有限公司中央机厂 陆哲
666	设计研究	配电室疏散热系统改造技术研究与应用	该创新成果是通过采用 600 mm×600 mm 主管道将配电室变压器、变频器柜连接通过进风口百叶窗开洞至室外，室外部分由直径 600 mm 镀锌螺旋风管垂直通至超出屋面，屋顶末端接无动力旋涡风机，实现无能耗、无噪声排风散热。改造后的疏散热系统只需配合小功率的民用空调即可满足使用，不需采购大功率的工业空调	中煤集团山西华昱能源有限公司煤炭洗运中心 张俊林
667	设计研究	高效除尘系统在半煤岩掘进巷道的研究和应用	结合井下现场情况，在 1309-1 进风掘进巷道，通过改造安装局部通风机和湿式过滤除尘风机，并通过合理搭配安装位置，合理调配供风和抽风，有效净化粉尘浓度，掘进工作面粉尘浓度由 56.35 mg/m^3 下降至 5.16 mg/m^3，粉尘浓度整体下降了 91%，极大地改善了煤矿井下掘进工作面工作环境	陕西中太能源投资有限公司朱家峁煤矿 李远清、张洪猛、陆美宁、葛夫贵、张玉刚
668	设计研究	“一通三防”流程化管理	利用井下防爆智能手机与矿井自行研发的安全管理 APP 进行对接，实现井下瓦斯检查、测风、测尘等工作的数字化、流程化管理，并进行实时数据、影像资料上传，避免“一通三防”工作出现假、漏现象的同时，提高了“一通三防”工作的效率和稳定性	济宁矿业集团有限公司安居煤矿 宋超
669	设计研究	机电设备全生命周期管理系统的深化	系统主要的功能模块包括机电设备的基础信息管理、设备树管理、台账管理、设备履历情况管理、跟踪管理、移交管理、申请领用及交回管理、维修管理、报废管理、处置管理，以及设备日常维修管理、保养管理、故障管理、预警管理与设备状态趋势分析等。在资产全生命周期系统中增加设备巡点检管理子系统功能模块，实现设备巡点检的标准管理、路线制定、任务管理、巡点检记录统计、趋势分析、预警等功能	济宁矿业集团有限公司安居煤矿 赵祥巨

（续）

序号	专业	成果名称	成果内容及创新点	推荐单位及发明人
670	设计研究	“定向钻探”技术在强排系统建设中的应用	本项目创新性地提出了采用石油领域“定向钻探”技术应用于强排系统直排孔的施工，控制钻孔终孔位置精准穿过设计强排泵房巷道	济宁市金桥煤矿 李海亮、王芳、赵玉龙、成凯武
671	设计研究	综合自动化平台研究及应用	综合自动化平台实现生产类子系统的集成，减少矿井监控人员的投入，起到减人提效的作用	济宁市金桥煤矿 孙保龙、张辰、刘雨、武国庆、张富民
672	设计研究	P1303 激冷水泵蜗壳修复	P1303 激冷水泵蜗壳技改修复后自 2016 年 9 月投入使用以来取得较好成绩，目前累计运行时间已超过 18 个月，备炉期间检查无明显冲刷，修复效果显著，蜗壳使用寿命得到有效延长，单台修复可节约 7.5 万元人民币，成功解决了蜗壳材质提升后无法修复的检修难题，确保了生产装置的长周期稳定运行，也给企业带来了较好的经济效益。随着“耐磨衬套+密封焊”的修复工艺成功应用，为解决二、三期装置类似设备的维修提供了良好的借鉴思路	陕西渭河煤化工集团有限责任公司机械修造部 曹建新
673	设计研究	孔庄煤矿空压机余热利用系统设计及应用	空气压缩机工作过程中高温高压的压缩机油所携带的热量大约相当于空气压缩机功耗的 3/4 的转化热量。设计空压机余热回收利用系统，通过两个换热系统回收空压机运行过程中产生的多余热量来加热洗浴用水，该系统不增加空气压缩机本身的负载。同时，可以降低空气压缩机运行温度，提高空压机的运行效率，降低维修保养成本	中煤集团上海大屯能源股份有限公司孔庄煤矿 王亮亮
674	设计研究	超临界 CFB 机组安全与节能开机方式优化研究	对凝结水系统进行优化改造，实现了冲洗用水的二次利用，同时避免了对凝汽器的二次污染，节省系统冲洗时间；汽轮机轴封电加热器系统的增设，减少了机组热态、极热态启动不必要的停机时间，大大提高了机组启动的灵活机动性，同时从根本上夯实了机组启动运行的安全基础	中煤集团上海大屯能源股份有限公司热电厂 何福建、勾善思、朱凯刚、张庆童、胡仁伟
675	设计研究	缸筒清洗机的研制与应用	缸筒清洗机由清洗机构、水槽、水箱、平台等部分。清洗机构包括横向行走机构、纵向推拉机构、升降机构、抛光导杆、抛光头、减速电机、电控箱等，抛光头可实现前后左右上下多个方向自由移动，操作便捷，维护简单，实现了缸筒自动清洗，显著提高了缸筒清洗效率及质量，有效降低工人劳动强度，提高作业安全性。实现清洗液的循环利用，节约水资源，减少水污染	中煤集团上海大屯能源股份有限公司拓特机械制造厂 葛猛、徐元生、李鹏、刘志国、潘子龙

（续）

序号	专业	成果名称	成果内容及创新点	推荐单位及发明人
676	设计研究	非金属托辊的研发及应用	项目引进国内外最先进的非金属管材，新产品除采用非金属管材外，其轴承座及密封件也全部采用非金属材料，整体质量比其他托辊减轻一半以上，安装轻便、灵活，极大地减轻体力劳动和节约带式输送机驱动能源	中煤集团上海大屯能源股份有限公司实业公司 周长斌、唐中猛、刘长军、蒋博、刘春雷
677	设计研究	金属编织网补焊机的研发与应用	实业公司生产的金属编织网，纵筋、横筋均采用压轮压制的破浪条纹，所以咬合点容易出现焊接不实的现象，在运输过程中的震动也会造成部分焊点开焊等情况，为满足井下安全需要，开发对开焊部位进行补焊的补焊机	中煤集团上海大屯能源股份有限公司实业公司 张彬、张海燕、朱宗沛、王笃银、朱赫
678	设计研究	掘进工作面整体自动化控制系统	使用自研的全功能掘进机遥控控制系统及自研的运输机集中控制系统配合工作，可以使整个掘进工作面实现遥控控制，掘进机和运输系统均实现单人操作，掘进机工作在地质条件较为恶劣的情况下，操作人远离掘进机能有效地提高安全性，同时以往需要两到三人操作的掘进机，也只需要一个人即可操控，运输机使用集中控制配合视频监控系统，相较以往的每台都配备一个操作员来说，减少了工作人数，提高了工作效率	黑龙江龙煤鹤岗矿业有限责任公司兴安煤矿 于黎峰
679	设计研究	设备管理模式的创新与实践应用	基于流行的 web 语言 PHP + 数据库 MYSQL 开发，采用“linux+nginx+php+mysql”双击热备、自动切换为 WEB 运行环境	潞安化工集团有限公司信息科技分公司 孙韶
680	设计研究	锅炉水质提标	通过锅炉补充水水质提标改造，对原有反渗透设备进行换膜消缺，增加反渗透其出水量；并在原有水处理系统基础上增加一套除碳系统和一套加氨装置，降低除氧器、锅炉系统管道的酸腐蚀，除碳器布置在钠离子交换器之前，减轻钠离子交换器的负荷，提高锅炉补充水的除盐率和出水水质	陕西陕煤蒲白矿业有限公司热电公司 刘文军、马智勇、李飞、李亚品、张正强
681	设计研究	智能回转定位机	采用六自由度约束理论为基础，通过底座及定位装置、运行及调节装置、控制系统、后台运算程序的相互配合，对具有空间角度和位置变化的采煤机滚筒齿座进行准确定位。通过对截齿角度和位置参数特征进行分析，利用数学公式表达其变化规律，利用数字控制的方式完成齿座定位，定位精度更高，速度更快、可测量和存储更多滚筒维修信息，达到滚筒齿座维修数字化、信息化的目的。机构运行具有无级调速，初始匀加速，接近减速等功能，设备运行安全可靠	陕煤集团神南产业发展有限公司 唐程理、贺华、马君、高青、曹海青

（续）

序号	专业	成果名称	成果内容及创新点	推荐单位及发明人
682	设计研究	一种煤矿井下排水点集控系统	该成果包括远程控制装置和若干个排水机组，远程控制装置包括工控机和水泵控制主站，工控机的外侧壁上安装有环网交换机，排水机组包括水泵电机和泵体，水泵电机的外侧壁上安装有单片机控制器。本实用新型可自动监测多项参数，并且通过组态软件表现出来，更直观准确地反映系统工作状态以及各项参数，并以此建立数学模型，控制排水机组轮流工作，合理调度多台排水机组运行，可以达到避峰填谷及节能的目的，同时系统通过光纤环网，可以实现多排水系统无人值守泵站群控运行，大大降低矿井排水系统运行人工费用，并提高矿井生产的安全系数	陕西中能煤田有限公司 豆腾飞
683	设计研究	DZQ100/100/45（A）煤矿用大跨距带式转载机	功能特点：可根据使用需求进行模块化重构，即巷道开口准备期间与工作面带式输送机输送带搭接长度 50 m，缩短巷道准备长度，正常掘进期间与工作面带式输送机输送带搭接长度 100 m，满足快速掘进要求，掘进效率进一步提升后，配套连续运输系统与工作面带式输送机输送带搭接长度还可以在 100 m 搭接长度的基础上进一步有级提升，最大限度减少客户的升级投入。 性能特点：通过采用独特的复合支撑结构，巷道适应性方面，100 m 搭接长度带式转载机的与现大量使用的 25 m 搭接长度带式转载机使用效果相当。 结构特点：带式转载机与刚性架重叠段配置固定支撑架，分离段配置可调高支撑架，带式转载机前后两段采用单铰连接架。	中国煤炭科工集团太原研究院有限公司 焦宏章
684	设计研究	进口掘锚机锚钻机构优化设计	该成果对煤矿进口 MB670 掘锚机钻架进行了改造，设计了与圆柱导向钻架匹配的顶锚杆钻架连接底座和帮锚杆钻架连接底座，由原机的燕尾槽导向钻架改造为圆柱导向钻架。为煤矿企业降低了生产成本，缩短了配件采购周期，提升了原掘锚机帮锚支护高度 350 mm，避免了因支护范围不足导致人工补打帮锚杆的情况，减少了煤矿工人的井下劳动量	中国煤炭科工集团太原研究院有限公司 李建新
685	设计研究	铰接式无轨辅运车辆快速拆装结构设计	与传统的铰接结构不同，创新设计后的铰接结构采用了锥形销与锥形胀套组合的形式，通过计算得到合理的锥度角，使用螺栓将锥形销与锥形胀套锁紧为一体。与传统结构相比，新型铰接结构的锥形销与铰接孔的配合长度减少了 2/3，明显减轻了劳动强度，提高了拆装效率	中国煤炭科工集团太原研究院有限公司 王治伟
686	设计研究	进口掘锚机控制器便携式检测装置的研制	通过研究进口掘锚机电气系统控制逻辑、控制器输入和输出信号，设计西门子硬件系统，匹配电源、继电器等元件的电气参数，对 PLC、显示器进行编程，研制了一套进口掘锚机控制器检测装置。实现了 MB670 掘锚机控制器在大修或在售后服务过程中的独立检测，并根据检测结果有针对性地修理，节约单台成本 3.5 万元，缩短大修工期 7 天	中国煤炭科工集团太原研究院有限公司 任少春

（续）

序号	专业	成果名称	成果内容及创新点	推荐单位及发明人
687	铁路运输	240B系列柴油机高压喷油泵检修翻转架	柴油机高压喷油泵通过夹具固定于检修翻转架后，通过芯轴带动支架实现360°任何角度自由翻转，以满足油泵泵体不同角度位置零件拆解及组装，同时可承受油泵检修过程中600 N·m扭转力矩和2200 N·m弹簧压装压力。翻转架夹具与内燃机车柴油机高压油泵固定底座安装形式完全相同，避免了油泵检修过程中装夹时对泵体损伤。翻转架可实现360°任何角度自由翻转	铁法煤业（集团）有限责任公司铁路运输部 张国晟
688	铁路运输	卡扣式链条索具的发明与应用	轨道工程平板吊车，在运送混凝土枕时，采用链条锁具的一端挂在吊钩，另一端通过采用M30螺帽过盈配合M24螺栓，在吊运混凝土枕时，随着吊车臂的缓慢起升，待起重链条涨紧后，通过M30螺帽内的内螺纹和M24螺栓的外螺纹产生巨大的摩擦力，使卡扣式链条对水泥枕螺栓产生巨大的拉拔力，牢固地吊起水泥枕，来实现每一次的装卸	铁法煤业（集团）有限责任公司铁路运输部 郑陈
689	铁路运输	矿区铁路道岔爬行整治对策与应用	线路爬行是铁路轨道结构被破坏的重要原因之一，道岔内钢轨的爬行会影响尖轨与基本轨的密贴、影响尖轨的扳动，严重时会涉及联锁装置，危及行车安全。将废旧的轨距杆体与废旧圆钢进行焊接，使轨距杆的一端与基坑内的废旧钢轨头连接，圆钢的另一端与钢轨连接，这时线路上的钢轨与圆钢、轨距杆、基坑内的钢轨头得到有效的整合，大大提高了线路的纵向阻力，有效地控制了线路爬行，使道岔轨道框架结构更加稳定。大大节省了整治线路爬行病害的串轨、均匀轨缝等作业所需工时费用	铁法煤业（集团）有限责任公司铁路运输部 郑陈
690	铁路运输	一种新型式联合支护在加固护坡中的应用	该项联合支护技术是以热轧H型钢为横向面的支撑限防，再用钢绞线锚索将原做的砼挡墙与地层中的稳定基岩层进行锚固，外挂金属网片用横纵向螺纹钢和钢托板进行固定，最后再喷射混凝土，使混凝土挡墙与后期加固的所有支护形式成为一个整体，既解决了横纵向面的凸裂，也将原混凝土挡墙与地层下的基岩层很好地结合起来抵抗动荷载所带来的应力变形	华亭煤业集团公司技术中心 马伟、陈卫东、贠翰福、张乾、陈云、徐学东、赵芳兵、罗森
691	铁路运输	铁道车辆钩头外挂旋转钩舌装置	铁道车辆钩头外挂旋转钩舌装置，利用13号及13A车钩钩头的钩耳孔设计转轴式机械旋转装置，轻巧易携带，解决了更换钩头内配件如钩锁铁、钩舌推铁等配件时，人工将钩舌从钩头中取出并落地的问题。可提高职工工作效率，提高运输效率，降低劳动强度，杜绝了因人工搬动钩舌落地砸伤职工的可能，保证了安全生产	中国平煤神马集团铁路运输处 崔雲皓、崔洪军、张山林、刘豪、崔鹏举

（续）

序号	专业	成果名称	成果内容及创新点	推荐单位及发明人
692	铁路运输	一种用于铁道车辆货车下侧门折页的组合定位模具	研制开发的铁道车辆货车下侧门折页的组合定位模具，焊接时将下侧门板放置在定位模具上，门板的外侧面向上，将下侧门折页放入定位卡具中，并在门折页中穿入圆销，将下侧门折页与下侧门板焊接在一起，然后取下定位模具及定位卡具。确保两个下侧门折页焊接位置无偏差，两个下侧门折页销孔同轴同心，该货车下侧门折页的组合定位模具的运用，定位准确，减少了误差，降低了废品率，提高了生产效率	中国平煤神马集团铁路运输处 崔洪军、崔鹏举、李倩倩、孙二伟、赵世成
693	铁路运输	内燃机车电气试验仿真培训系统	近年来，公司机务段机车电气试验培训因培训方式受制约，导致培训通过率低（约为60%）。为提高机车电气试验培训通过率，机务段创新小组通过制作内燃机车电气试验仿真培训系统，避开书本教育与上车练习存在的弊端，使职工能够更加立体、全面地了解各电器元件的工作原理，方便职工的培训学习，进一步提高机车电气试验培训效率	潞安化工集团铁路运营公司机务段 张卿
694	铁路运输	机车有限空间电子检车仪	本设计发明是将检查部件的现实状况通过视频摄像头、线路及电子元件传输到视频显示器上面，从而达到检查有限空间内部设备部件是否存在问题的目的。发明体积小携带方便，可在0.4~0.9 m范围内伸缩，操作简单，工作稳定，运转周期长。小发明成果成本投入低，产生的作用很大，既节省工时又提高工作效率	陕煤澄合铁路运输分公司机务段 焦战强
695	制造维修	装、卸输送带装置	该成果先选用两个200 mm×1400 mm的输送带压带辊，一个作为主动辊，一个作为被动辊。首先，将主动辊的轴与辊焊为一体，轴的两侧分别做一个带轴承的可拆瓦座（轴承6010），再将轴的另一侧焊上花键套，与马达相连，马达固定在自制的连接筒上。其次，将被动辊固定在开有U型槽的瓦座上，最后将两个辊平行地放在已做好的1600 mm×1200 mm×500 mm的方架上固定好，两辊距离550 mm	山西华阳集团新能股份有限公司二矿 荆建红、任兆鹏、李博、梁浩
696	制造维修	一种电解槽集气装置	本发明成果属于电解铝集气装置技术领域，该集气装置可以提高集气效率和排烟效果。采用烟气自然向上火眼单独集气为主与水平烟道集气为辅的双向高效集气模式。改造后的电解槽排烟效果明显比原有电解槽排烟系统烟气小，烟气排出速度快，电解槽无组织排放烟气降低，电解车间环境得到明显改善	华阳集团兆丰电解铝分公司 赵爱军、姬九军、伍小军、李国佳、胡小林
697	制造维修	支护品热加工工艺的改进与应用	该成果由全固态加热设备、电磁感应线圈、立式压力机、冷却系统、监控系统、电控系统构成。加工工件的种类不同，电磁感应线圈的形状、尺寸也不同，根据加热元件的类别，选择合适的电磁感应线圈。支护品热加工工艺的改进，一个加工工序由原来的7人减为现在的2人，提高了工作效率，解决了多人高温交叉作业带来的安全隐患	铁法煤业（集团）有限责任公司小康煤矿 何春雨

（续）

序号	专业	成果名称	成果内容及创新点	推荐单位及发明人
698	制造维修	液动钢筋网压块机的研制与应用	液动钢筋网压块机借用 ZFS7200 型液压支架的移后溜千斤顶、尾梁缸千斤顶、放煤千斤顶传递动力；借用 160SCY 柱塞泵、安全阀、卸载阀、溢流阀、液压阀组组成控制系统；通过各个控制手柄，控制各个液压千斤的伸缩，从而实现液动钢筋网压块机的开箱、关箱、钢筋网的两次挤压成型、增压系统的二次增压、挤压过程的液压机械安全闭锁、机械自动卸料等一系列动作过程	铁法煤业（集团）有限责任公司小康煤矿 何春雨
699	制造维修	卧式液压多功能一体机的研制与应用	该成果由机体、动力源、执行元件、行走机构、螺帽松紧装置、上、下模座及电控箱等几部分组成。动力源为 DBD-15 kW 电动油泵，为系统提供液压动力源；执行元件由马达、液压缸、锁、管路构成，支配各部件动作；行走机构由液压拉伸缸、行走平台构成，根据液压拉伸缸行程，可自由调节行走平台位置；螺帽松紧装置由棘轮棘爪机构、升降液压缸、螺帽扳手构成，用于松紧缸头螺纹帽；电控部分控制设备启、停及安全运行	铁法煤业（集团）有限责任公司小康煤矿 何春雨
700	制造维修	小康矿主通风机风门防冻系统研究与应用	为了防止主通风机风门在冬季被冷凝水和地表渗水冻结，利用废旧润滑油站改造为电加热防冻液压力循环系统，利用空压机换热器改造为水暖加热系统，在风门门口处铺设地热管路系统，通过电控系统对设备进行控制和自动转换，视频监视系统进行监视，最终形成一整套对主通风机风门热循环防冻系统，解决了主通风机风门冬季被冻结所产生的一系列隐患问题	铁法煤业（集团）有限责任公司小康煤矿 艾俊友
701	制造维修	EBZ200H 硬岩掘进机截割电机与减速器连接技术改造	为了更好地弥补两轴之间的同轴度要求，调节两轴的位置关系，选用对安装偏差有较大调节量的弹性联轴器，代替原来的刚性连接套，联轴器其优点有减震性好、传动效率高、承受变载荷范围大、允许有较大安装误差	铁法能源集团物资供应分公司 张东思
702	制造维修	一种应用于斗轮堆取料机轮斗驱动系统的联接方式	输煤斗轮堆取料机轮斗驱动系统原有胀套联接改为花键联接，解决了斗轮转轴黏死，返厂维修时间长，维修费用高的问题，改造后实现就地检修，大大缩短了检修时间，降低了维修费用，确保了燃煤掺配的可靠性，加强了燃煤供	辽宁调兵山煤矸石发电有限责任公司 韩全文
703	制造维修	锤击式碎煤机锁紧装置的改造与应用	将锤击式碎煤机锁紧装置的装配结构进行改造优化，有效解决径向转动和轴向窜动问题，避免主轴和锤盘磨损，设备振动超标问题，保持设备稳定运行	辽宁调兵山煤矸石发电有限责任公司 韩全文

（续）

序号	专业	成果名称	成果内容及创新点	推荐单位及发明人
704	制造维修	锅炉1号~4号捞渣机箱体改造	改造后的捞渣机箱体外形尺寸扩大，保持原有的弧度，然后在箱体内部浇筑耐磨铸石材层，耐磨铸石层由特殊耐磨材料浇筑而成。首先将捞渣机绞龙箱体内部打磨清理干净，在箱体内部焊接铺设铁网，然后按比例绞拌耐磨铸石材料，进行浇筑铺设，耐磨层厚度为60 mm，内部弧度与设计弧度一致，防止发生刮卡现象。此方法施工方便，施工劳动强度低，投资较少，与改造前相比使用寿命明显增长	铁法煤业集团公司热电厂 孟维春
705	制造维修	一种自制的振动筛底座弹簧更换器	目前选煤厂原煤脱泥筛、精煤脱介筛、矸石脱介筛等底座弹簧以往拆卸弹簧得通过使用倒链吊起筛机，再用撬棍将弹簧撬出，费时费力，为了有效破解这一技术难题，通过反复试验，自主研发了一种振动筛底座弹簧更换器，有效解决了更换选煤厂振动筛底座弹簧的技术性难题，降低了工人的劳动力强度，保障了人员的作业安全	晋能控股煤业集团朔州煤电有限公司 马挺、谷伟、李文光
706	制造维修	数控切割机高端智能化整体改造	保留原有的数控火焰切割机机架等主体结构部分，更换所有横向行走溜板、滚轮、钢带。更换最新美国海宝数控软件及主机电脑，增加冷却空调装置。更换前、后电气控制箱，电气逻辑控制采用PLC可编程控制器形式，参考威达配套PLC梯形图，编写本机PLC程序，简化电路。更换X、Y各一路新型A5伺服电机及驱动器、减速箱、齿轮，更换全部升降体。重新配置气路系统，包括行走拖链、割枪、气管、电磁阀、中央集气、气表盘等	晋能控股装备制造集团大同机电装备公司力泰公司 李文玉
707	制造维修	缸柱生产线工艺研究与应用	根据缸柱生产线设备，结合公司加工缸柱的技术要求，我们设计研究了一种全新的缸柱自动化生产工艺，经过生产实践检验，所有性能指标全部满足设计要求	晋能控股装备制造集团大同机电装备公司力泰公司 张建军
708	制造维修	综采工作面后部运输机简易机尾改造	该创新成果将一台报废后溜刮板机机头，通过进行切割与焊接工艺，降低设备高度及长度，改造成为一台不需要配带驱动系统的简易后溜刮板机机尾。满足与综采工作面支架的匹配及正常生产的要求	中煤集团山西华昱能源有限公司维修中心 王五洲
709	制造维修	气化炉烧嘴中头、外头焊缝处重复焊接导致龟裂问题的解决方法	该成果的应用解决了烧嘴中外头同一焊缝处重复焊接后，热影响区产生大面积龟裂纹的问题	陕西渭河煤化工集团有限责任公司机械修造部 于有德
710	制造维修	全自动圆管切割机的研制与应用	该设备实现了圆管自动切割，其中传动机构使用步进电机，编写程序，在送料到位后快速返回起点，锁紧及切割机构的动作采用压缩气体作为动力源，经济环保，易于控制，造价低廉。运用PLC自主编程控制，电磁阀实现动力的通断，控制精准，动作迅速。限位开关，采用位置取样作为控制信号，避免了运用时间控制所产生的动作误差	山东能源枣矿集团柴里煤矿 朱强、李晔、梁冉冉、杜艳秋、周保磊、孔德刚

（续）

序号	专业	成果名称	成果内容及创新点	推荐单位及发明人
711	制造维修	智能化物联网技术在污水排放系统中的应用	采用投入式高性能液位变送器作为测量原件，电流变送器作为返回信号。根据蓄水池液位高低依次自动启停4台污水泵，由可编程控制器控制操作系统，实现污水泵房智能化无人排水。利用物联网网关模块，编写手机App，利用手机实现远程启停水泵，实时监控现场水泵运行状态及液位。设置预警系统，水位异常时报警，采用远程操控	山东能源枣矿集团柴里煤矿 李晔，徐化伟、孙忠喜、朱强、杜艳秋、李勤海、徐磊
712	制造维修	数控切割机防飞溅液自动喷淋装置	今年以来，打磨工序对等离子切割豁口质量问题投诉增多，返修区切割质量问题产品返修量大。根据质量部统计数据，等离子切割豁口缺陷已连续几个月超出目标值。设备部接到切割机操作工反馈，对等离子切割机工序出现大量切割豁口进行原因分析，经过与切割机操作工交流和现场检查后发现，造成大量切割豁口的原因是起弧切割渣附着在钢板上容易碰撞割炬，需二次起弧所致。为了降低切割豁口缺陷公司计划完成此项改进	中煤集团上海大屯能源股份有限公司苏铝铝业 肖剑秋、朱奎、王艳凯、文振辉
713	制造维修	密封油真空泵与大机真空泵一体化技术	将大机真空泵与密封油真空泵系统联通，连通管设置倒U型弯其标高超过大机真空泵母管管顶标高1 m以上，防止水汽凝结倒流至密封油系统；连通管最低点设油气分离器，防止密封油油烟进入凝汽器真空系统；在连通管上设置切换阀，实现系统切换，解决密封油真空泵故障率高、无备用、在线检修风险大的问题，且实现长期节能降耗	中煤集团上海大屯能源股份有限公司电力工程公司 周关亮
714	制造维修	100ZJ渣浆泵移动式液压拆装平车	移动式液压拆装平车采用电控液压拆装，对于拆卸非常困难的叶轮使用液压油缸和力臂装置进行拆装，能够保证泵轴和拆卸环不受损坏的情况下轻松地将叶轮拆卸，避免渣浆泵泵轴、叶轮、前后轴承端盖、护板、轴套等关键零部件的损耗，提高旧件的可利用率，降低备品备件损耗，同时它针对人力松动和紧固泵壳螺栓费力采用了电动控制液压马达增力扳手，用于拆装螺栓，提高拆装效率，减轻劳动强度	开滦集团唐山矿业公司 杨宝军、曹立春
715	制造维修	可调式电子防跑偏落地支架的设计与应用	应对井下复杂的现场环境，保证带式输送机运输安全和运输效率，设计制作可上下调节高度的可调式电子防跑偏落地支架，可根据井下现场地形进行自由调节高度。可调式电子防跑偏落地支架主要分为落地支架和电子传感器固定架两部分。该支架适用范围广泛，可直接重复再利用，并具有较强的安全稳定性，同时提高了矿井标准化建设工作	新泰惠众经贸有限公司修理厂 胡继锋、段明波、张正东、徐春雷、庄伟
716	制造维修	带式输送机槽钢机架的研究与制作	带式输送机槽钢机架的研制是针对煤矿采区广泛存在的钢丝绳吊挂式输送机所存在弊端进行的革新升级。本槽钢式机架相较于后者更安全稳定、高效节约，安装、维护更加便利，可很好地代替钢丝绳吊挂式输送机	新泰惠众经贸有限公司修理厂 胡继峰、段明波、张正东、刘燕军、倪荣

（续）

序号	专业	成果名称	成果内容及创新点	推荐单位及发明人
717	制造维修	钢丝绳检测报告出具模板化	利用Excel表格数据统计、分析和计算的功能，编制不同的程序命令，在庞大的数据中筛选出最大值、最小值并进行函数计算，按不同的标准将钢丝面积、强度、拉力和安全系数等参数直观地显示出来	山东立安工矿技术检测有限公司 徐波、刘锴、管磊、翟东、牛强
718	制造维修	锚杆钢自动套剪装置研发	该成果由多套定尺装置、翻料臂、PLC控制系统等组成。可实现不同长度倍尺锚杆的剪切及收集。减少了作业人员，提高了自动化水平，实现了"机械化减员提效"目的，实现单班减员1人	山东焱鑫矿用材料加工有限公司 陈强、尹义军、公绪进、吴秀亮、胡玉宝、庄科玉
719	制造维修	"三高一强"锚索研发及其在煤矿巷道支护中的应用	该成果为一种"高强度、高破断力、高延伸率及抗腐蚀性能力强"的1×7结构锚索。在煤矿巷道支护中，作为新一代加强支护材料，可作为1×19结构的更新迭代产品。提高锚索服务年限、降低返修及二次支护成本，为煤矿安全生产奠定基础	山东焱鑫矿用材料加工有限公司 陈强、公绪进、尹义军、吴秀亮
720	制造维修	全长粘固锚索研发及其制备技术	研发了一种芯部为中空钢管的索体结构，由绞合生产线一次捻制而成，并经在线中频加热稳定化处理，结构牢固，无须焊接。在实现正常锚索支护的基础上，可以通过预留的中空钢管注入粘固料。粘固料充实到围岩裂隙中，固结围岩为整体结构，改善围岩力学特性，控制围岩变形，保证巷道稳定。同时将索体与外部恶劣环境隔绝，延缓锚索腐蚀。产品性能实现了同类产品跨越式提升，整体破断载荷超过520 kN，强度级别超过2000 MPa，同时，延伸率超过7%	山东焱鑫矿用材料加工有限公司 陈强、公绪进、尹义军、吴秀亮
721	制造维修	全自动小型电缆缠绕一体机研制与应用	利用废旧电动机等设备，制作电缆缠绕滚筒及支架，用于进行升井电缆的快速缠绕。缠绕机可一人值守操作，上手容易操作简单	新汶矿业集团有限责任公司生产服务分公司 常仁强、李德功、王彬、李永、薛欣
722	制造维修	墩柱支护材料的创新及应用	墩柱用在高度变化大的巷道中，最大限度地简化工序提高工效，墩柱相连接喷浆机送混凝土一次性浇筑到顶，尤其是墩柱下端充填孔及上端的出气孔的应用，能在确保接顶的情况下，实现过盈充填	新汶矿业集团有限责任公司生产服务分公司 马勇、王爱军、李军、王志强、周忠臣
723	制造维修	电动S钩握弯机研制与应用	利用废旧立式切断机进行改造，设计制作加工模具，利用模具将钢筋握制成S形电缆钩。一次成型，质量标准化高，上手容易，操作简单	新汶矿业集团有限责任公司生产服务分公司 常仁强、李德功、王彬、李永、薛欣

（续）

序号	专业	成果名称	成果内容及创新点	推荐单位及发明人
724	制造维修	一种适用于职工培训的采煤机电控教学模拟平台	目前阶段，煤矿采煤机电控系统越来越复杂，对维修人员的技术水平要求越来越高。本着对维修人员的培训和提高维修人员业务水平，特制造采煤机电控教学模拟平台。此模拟平台四周都是开放性的窗口，让维修人员更加熟悉电控系统的元器件；通过模拟井下故障，锻炼职工处理机电事故的能力。此模拟平台还可以试验煤机电控部件的好坏	新汶矿业集团有限责任公司生产服务分公司 史学嵩、李红卫、王书亮、李宁、高媛
725	制造维修	带式输送机滚筒主轴及轴承在线诊断报警研究	该成果提供一种带式输送机滚筒主轴及轴承检测装置，它包括设置在带式输送机滚筒主轴的轴承座盖上的压电式加速度传感器，以及处理器、数据采集器、无线通信模块、远程监控终端和电源电路；压电式加速度传感器，采集带式输送机滚筒主轴轴承的振动信号并传输至数据采集器；数据采集器，将带式输送机滚筒主轴轴承的振动信号转发至处理器；处理器，通过所述无线通信模块与所述远程监控终端通信互联，用于将接收到的振动信号上传至远程监控终端；电源电路，为处理器、压电式加速度传感器和无线通信模块供电。本成果具有设计科学、实用性强、生产效率高、生产成本低、生产质量可靠的优点	中平能化集团机械制造有限公司 姚磊、丁彦辉、王冬迪、陈晓光、刘卫卫
726	制造维修	单轨吊机车实时测速装置的研究	该成果提供一种矿用蓄电池单轨吊检验装置，它包括设置在单轨吊司机室上方轮毂外侧的轮毂转速传感器，以及设置在单轨吊司机室内的 PLC 控制器、矿用本安型显示屏和矿用本安型电源；轮毂转速传感器，电连接所述 PLC 控制器，用以检测单轨吊的轮毂转速并传输至 PLC 控制器；PLC 控制器，电连接所述矿用本安型显示屏，用以根据所述轮毂转速输出单轨吊牵引速度，并通过矿用本安型显示屏进行展示；矿用本安型电源，分别电连接 PLC 控制器、轮毂转速传感器、矿用本安型显示屏和操作盒，用以分别为 PLC 控制器、轮毂转速传感器和矿用本安型显示屏供电。具有检测精度高和安全可靠性高的优点	中平能化集团机械制造有限公司 姚磊、丁彦辉、王冬迪、陈晓光、易创科
727	制造维修	护套缠绕机	护套缠绕机是一种通过电动机和带传动，输入动力至减速箱降低转速，同时通过专业卡盘夹紧胶管做旋转动作，并配合机械直线输送塑料护套缠绕到胶管外部，完成护套螺旋缠绕工艺的机械设备。护套缠绕机可将塑料护套均匀缠绕于胶管外部，代替了原来的人工手动缠绕工作，大大提升了护套缠绕的效率及质量，降低了人工成本	平顶山市矿益胶管制品股份有限公司 张万幸、尼飞亚、朱雪峰、苏斌、袁渊昊
728	制造维修	新型矿用无底阀排水装置	无底阀水箱排水装置的原理，取代了水泵底阀，减少了启动时间，减少了后期维修的人工及时间。通过采用 PLC 控制系统，使水箱的补水实现智能化自动控制，缺水自动补充，降低了人工成本；另外，水泵启动一键操作，自动实现远程控制，极大地降低了操作流程，使水泵能够快速启动和停止	平顶山市安盛机械制造有限公司 李振、梁飞飞、尚龙飞、张贺、陈小虎

（续）

序号	专业	成果名称	成果内容及创新点	推荐单位及发明人
729	制造维修	一种履带式垛式超前液压支架搬运装置	该装置主体由履带式运输底盘和超前支架搬运移架装置两部分组成。超前支架搬运移架装置通过螺栓与履带式运输底盘连接在一起，履带式运输底盘为行走支撑机构，超前支架搬运移架装置负责超前支架的搬移。履带式运输底盘和超前支架搬运移架装置控制系统为相互独立的液压控制系统，二者工作时，相互配合，完成超前液压支架的搬移及运输	平煤神马机械装备集团河南矿机有限公司 于水亮、李宁、邓柱林、王伟峰、宋海洋
730	制造维修	斜坡轨排卸料小车	斜坡轨排卸料小车由相同的两部分组成，每个卸料小车底部安装四个滚轮，滚轮直径为100 mm（重心低），上部采用14号槽钢焊接而成，两个小车中间采用软连接。此小发明主要解决了斜坡轨排施工所遇到的“困难”，具有极强的针对性。此项小发明的研制与应用极大地提高了劳动效率、极大地缓解了工人的劳动强度，有力地提高了施工现场的安全性	陕煤集团建设集团机电安装公司 阴亚青、樊智
731	制造维修	煤矿主斜井输送带更换工艺革新	新工艺采用履带换带机牵引旧带，带入新带的换带工艺。采用履带式换带机更换主井带面，在卸载滚筒前端安装抽带履带换带机，通过井口房出带孔抽出旧带，同时利用主井房外履带机将叠放在驱动机房外场地的新输送带抽送入进带孔。机头处履带换带机将抽出的旧带用卷带机进行卷带。新带更换完毕后旧带也卷带完毕	陕煤集团建设集团机电安装公司 陈孝民、高航
732	制造维修	可控启动传输装置CST冷却系统的全面优化与改进	通过对CST冷却系统中所存在的问题和设计缺陷进行系统性改造，可大大提高设备的运行效率，减少设备故障和生产影响，在原有设备上做简单改造，解决设备的设计缺陷问题，具有明显的可行性、科学性，为CST系统的高效使用和技术改造提供了依据	国家能源集团宁夏煤业有限责任公司灵新煤矿 马桂云、虎晓龙、孔国财、何兴明、马忠仁
733	制造维修	一种车载式蓄电池电机车声光语音报警装置	该成果有效利用电机车自身所配置蓄电池电源装置，在不改变电机车自身结构、性能、运行要求以及充电移动式声光语音报警装置使用效果的情况下，通过在蓄电池电机车控制器内部加装智能直流电源转换器，替代原有的充电电池，将电机车自身所配置的蓄电池电源装置的电压转换为充电移动式声光语音报警装置所需工作电源电压，实现声光语音报警装置在电机车使用过程中免充电、与电机车同时运行连续不断工作的要求，有效地解决了传统的蓄电池电机车警示装置自身功能的缺陷及性能的局限性	国家能源集团宁夏煤业有限责任公司灵新煤矿 马桂云、雍治国、王安波、王进文、孙新

（续）

序号	专业	成果名称	成果内容及创新点	推荐单位及发明人
734	制造维修	跑车防护装置与斜巷运输绞车联机控制改造实施及分析研究	由于灵新煤矿五采区四区段暗斜井轨道运输绞车安装时，滚筒中心线位置偏离轨道中心线，绞车运行过程中会出现钢丝绳排绕混乱，如果直接测量滚筒角位移，必将引起测量误差，根据绞车结构，将 GL-GUH12 型双线制检测霍尔传感器安装在 JD 系列运输绞车滚筒侧面，并将数据控制线接在 PLC 控制器内轴编码器的接线位置，系统通过程序动态处理，并通过霍尔位置传感器进行同步校正，保证了本装置在运输绞车上的可靠运行，最后系统通过程序动态处理实现了跑车防护装置的正常运行。通过对系统存在问题进行对比研究，最终实现系统的全面优化与改进，大大提高了设备的运行效率，减少设备故障和生产影响，确保了人员的安全操作和设备的安全运行	国家能源集团宁夏煤业有限责任公司灵新煤矿 马桂云、雍治国、王小向、崔永红、马云
735	制造维修	在线过滤器在 CST 液压系统中的应用	CST 是一种专为带式输送机设计的高可靠性的机电一体化的驱动系统，通过 CST 液压系统原理图可以看出，CST 的传动、冷却、润滑、控制系统都需要液压油作为传动介质来实现 CST 各子系统的设计要求功能，油脂的好坏直接影响着整个系统的工作状况，因此油脂过滤装置在 CST 液压系统中起着举足轻重的作用。在线过滤器安装在系统的回油管路上，可实现对 CST 系统中所使用的全部油脂进行过滤，实用性强；配套使用精度较高的过滤器，可对油脂中的杂质和系统磨损掉下的微粒进行全面过滤；设计合理，使用安全高效、可靠，投入成本低、维护简单、方便、快捷	国家能源集团宁夏煤业有限责任公司灵新煤矿 马桂云、王安波、朱建宾、马少林、杨少华
736	制造维修	气动司控道岔装置在轨道运输系统中道岔上的应用	轨道运输系统中道岔是矿井窄轨轨道中不可缺少的重要组成部分，它是把两条或两条以上的轨道，在平面上进行相互连接或交叉，从而引导机车车辆由一条轨道进入另一条轨道的设备。在道岔的各种部件中，常用的有手动控制道岔、电动控制道岔、弹簧控制道岔。以上这些控制方式道岔都存在弊端，操作不方便、人力资源投入多、不利现场安全生产等。气动司控道岔装置是一种由机车司机在机车运行中遥控扳动道岔，以提高运输效率、确保矿井运输安全的一种机电装置。气动司控道岔装置是实现煤矿井下轨道运输自动化的主要设备之一，是以压缩空气为动力源，采用电磁阀进行控制压缩空气的装置。装置设计科学合理、安全可靠，结构紧凑、安装方便简洁。应用于轨道运输系统的道岔上能够确保人员和设备的安全，安全系数大大提高，使用安全可靠	国家能源集团宁夏煤业有限责任公司灵新煤矿 马桂云、雍治国、王小向、王国东、王安波

（续）

序号	专业	成果名称	成果内容及创新点	推荐单位及发明人
737	制造维修	新型硅溶胶在蓄电池电机车电源装置上的应用	蓄电池电机车是轨道运输的一种主要的牵引设备，是目前我国矿山运输的主要方式之一，蓄电池是主要提供电能的，那么电机车的蓄电池性能无疑决定了电机车的性能。2020年以前，电机车蓄电池使用的电解质为稀释后的硫酸。硫酸属于危化品，稀释硫酸时，对操作人员也有很大的危害，污染环境，操作人员稍有不当，就会灼伤皮肤，使用寿命较短，增加了成本。新型硅溶胶使用方便、环保、安全可靠；其次，能够延长蓄电池的使用寿命、操作简单、高效，一次配置注入蓄电池内，可以用到电池报废，中途不需要再加酸，实用价值非常高。新材料、新技术的应用，减少了资源消耗，节约了成本投人，社会效益比较明显	国家能源集团宁夏煤业有限责任公司灵新煤矿 马桂云、雍治国、王小向、王安波、马云
738	制造维修	矿用机车监控装置在蓄电池电机车上的应用	矿用机车监控装置具有灵活的设备配套性和通用性。装置可对煤矿使用的架线电机车、矿用隔爆型蓄电池电机车、单轨吊等各类电力驱动运输设备的运行进行安全监控。该装置的智能控制技术针对电机车的安全使用管理和电机车司机的安全操作管理而设计，不但能够为电机车的安全管理及故障分析提供科学依据，而且为人员的安全操作保驾护航	国家能源集团宁夏煤业有限责任公司灵新煤矿 马桂云、王小向、雍治国、殷华、王国东
739	制造维修	一种多层自动伸缩货架的发明制作简介	该自动伸缩货架，可以实现自动控制。油缸行程达到1200 mm，配套油泵、控制箱，实现自动伸缩功能；该伸缩货架专用货箱用于存放精密贵重物资，防止物资丢失、被盗；该伸缩货架沿空间可多层布置，提高空间利用率。现制作货架分3层，可以摆放3个货箱，节约3倍存储空间，仓容率提高3倍。本类型电缆专用架为国内首创	国家能源集团宁夏煤业有限责任公司物资公司 赵延惠、王维峰、马斌云、朱列、王伟
740	制造维修	矿山机械制造维修分公司危废桶处置与利用项目	废桶回收、处置过程中，会产生废水、废气、固废等污染物，需要采取措施降低环境污染。本成果的关键技术主要为污染源的治理	国家能源集团宁夏煤业有限责任公司能源工程有限公司 曾繁杰、李铁军、童彦忠、冯海龙、王凤林
741	制造维修	WK－4W挖掘机拉紧轴断裂分析与修复工艺	采用焊接工艺对断裂的拉紧轴进行修复，修复后的拉紧轴在使用中不易发生断裂，既解决了原配件的缺陷，又节约了购买新配件的资金	黑龙江龙煤鹤岗矿业有限责任公司新岭煤矿 吴勤发
742	制造维修	铣挖机改造	改装掏槽机本机和铣挖头，实现铣挖头万向旋转	神木市锟源矿业有限公司 薛中平

（续）

序号	专业	成果名称	成果内容及创新点	推荐单位及发明人
743	制造维修	天信变频器逆变器测试盒	（1）直接检测，减少整机测试机时中间环节干扰，该测试盒接入 220 V 交流电源，经过电源模块直接转换成各种所需低压直流电，接入 ABB 分配板和主控板，减少整机测试时电源波动以及变频电路中的谐波干扰。 （2）提高 IGBT 检测的准确性，通过手操器给定频率，经过 RMIO 主板识别并转换成光通信信号，ABB 分配板接收信号后发出驱动输出，IGBT 动作后并通过通信向上端反馈信号。手操器能识别 IGBT 运行是否正常，模拟动态测试，较以前的静态测试，它测试的准确性大大提高。 （3）便携易用，此测试装置安装于手提箱里，大小质量均适合，不受场地限制。 （4）安全可靠，入线端装设空气过载保护开关、所有金属裸露外壳的接地保护等措施保证了作业人员安全	国能神东煤炭设备维修中心 陈飞、王程鹏、高冲、宋盛、段醒梦
744	制造维修	电动机磁场性能测试平台	本测试平台通过对维修电机定子进行检测，可以测量出电机定子磁场性强弱，实现了定子磁损程度直观的体现，从而可提前判定待维修电机定子有无维修价值，确保电机的维修质量。通过检测线圈，将磁场能转化为电能，通过检测线圈与电压表显示出电压值，并根据能量守恒定理，可判断出铁芯损耗率，进而判断磁场性能的下降率	国能神东煤炭设备维修中心 张晓东、宋盛、魏子良、魏占宽、李菲菲
745	制造维修	半自动直缝焊接变位机	该成果结构简单，操作方便，可在加工井下标准化作业使用的矿用单轨吊横梁时降低人员搬运、上料、焊接过程中的劳动强度，提高焊缝质量	国能神东煤炭设备维修中心 何宗道、胡娟、王彩燕、李鸿飞、何坤
746	制造维修	一种用于井下狭小空间拆卸销轴的装置	该成果有效解决了因巷道变形、底板松软、工作溜窜动等工况带来的诸多问题，能保证对顶板提供充足的支护强度，确保了生产安全，同时解决了转载机因端头支架无法正常使用所导致不能拉移的问题。该装置体积小、质量轻、负载能力强，有效解决了大型设备销轴在矿井、户外等复杂环境中的拆解问题，极大地简化了拆解过程，缩短了拆解时间，实现设备在特殊施工条件下的拆解或配件的更换	澄合矿业西安重装澄合煤矿机械有限公司 王奋雄、校丁亮、杨　杰、徐小凯
747	制造维修	SZZ900/400 型顺槽用转载机原设计	用价格及运行成本低的过渡支架和单体支柱代替价格昂贵、运行成本高、操作维护不方便的端头支架，更适应底板松软、巷道变形的工况，有效解决转载机无法拉移、三角煤截割困难的问题，同时过渡架与其余基本架零配件具有高度互换性，日常检修维护难度小，费用低、安全系数有较大提高，有力保障矿井正常生产	澄合矿业西安重装澄合煤矿机械有限公司 王奋雄、杨杰、毛富、路辉

（续）

序号	专业	成果名称	成果内容及创新点	推荐单位及发明人
748	制造维修	皮带帮梁替换钢筋梯梁	根据输送带抗拉强度大、韧性强这一特性，利用矿内退役的废旧输送带加工成卷帮支护帮梁，使用后能满足安全生产需要，既解决了环保问题，又降低了支护成本，此种方法在煤炭行业环保和修旧利废方面具有一定的推广意义	陕西陕煤韩城矿业有限公司桑树坪煤矿 张海义
749	制造维修	监测传感器线缆延伸、回收传输信号不中断工艺	通过改进接线工艺（基于监测监控传感器为总线式传输方式），建立新的发送和接收分流，实现通信双重双工冗余机制，达到线缆延伸、回收信号不中断的效果。因为不存在切换操作所产生的时间延迟，这对不能有时间延误的监测系统十分有利	陕西陕煤黄陵一号煤矿有限公司 齐雪峰、焦稳峰、朱元军、王军红
750	制造维修	烟雾传感器检测装置	矿井及地面选煤厂带式输送机运输系统的主驱动下风侧装有烟雾传感器保护系统，但缺少相应的检测设备，来测试该传感器的运行状态。该项目研发的装置旨在解决当前带式输送机烟雾传感器缺乏检测设备而造成的设备检修问题	陕西陕煤黄陵一号煤矿有限公司 李立军、齐雪峰、张永峰、张大勇
751	制造维修	半自动法兰焊接工具	本发明涉及机械领域，尤其涉及焊接工艺自动化。一项关于法兰与管件自动焊接的发明，其改进之处是将现有焊接工件放置在平台上，通过电控环节实现焊接件自动匀速旋转而连续焊接的一种半自动焊接工具	陕西陕煤黄陵一号煤矿有限公司 李东升
752	制造维修	钻孔激光精准定位落点装置	两组激光头水平安装夹角为90°，分别对准钻夹钻头垂直轴心位置，激光头打出的一字激光线交叉重合于钻头轴心，垂直交叉线始终与主轴旋转轴心重合，调整工件打孔位置与激光十字交叉点重合，便是钻头落点位置，可直接落钻打孔，精准度极高，经过两个月的钻孔测试，精准度达到100%，工件钻孔中心距测量误差很小	陕西陕煤黄陵一号煤矿有限公司 李东升
753	制造维修	钢板多功能划线气割工具	该成果适用于宽度小于1.5 m钢板划线或直接气割，带有刻度的滑轨悬挂于机架上，滑轨可以360°水平旋转，滑轨上的滑块可沿滑轨移动，选择划线尺寸，并具有手动锁死功能，滑块下方是固定划针的锁具，可夹持划针或气割枪夹具。滑轨悬挂组件可上下螺纹调节，并能自锁；滑轨两端有顶针组件，划直线时可固定滑轨	陕西陕煤黄陵一号煤矿有限公司 李东升
754	制造维修	锚索切割机冷却装置改造	将液压油散热片放在密闭的循环水箱内，循环水箱有导流板，可实现冷却水全方位带走散热片热量，外置散热装置配备0.85 kW轴流风扇，实现循环水机械散热，0.3 kW管道泵实现冷却水系统循环。循环水箱内置隔板，实现液压油散热片全面散热，水散热装置外设轴流风机，实现机械散热，管道泵实现水冷机械内循环，外接清水管路和放水管路，实现循环水更新、排污	陕西陕煤黄陵一号煤矿有限公司 徐胜利

（续）

序号	专业	成果名称	成果内容及创新点	推荐单位及发明人
755	制造维修	双梁桥式起重机钩头落点十字激光快速定位装置	在起重机双梁一端（靠操作室侧）安装1号激光发射装置，沿主、副钩向下运动的轨迹向地面投射一条激光射线，此条射线与起重机双梁平行。在起重机主钩正上方安装2号激光发射装置，副钩正上方安装3号激光发射装置，沿主、副钩向下运动的轨迹向地面投射一条激光射线，这两条射线互相平行。1号射线与2号和3号射线垂直相交，交叉点即为主、副钩的落点，司机操作时向交叉点 *A*、*B* 落钩，可实现一次操作精准到位。将激光发射装置的启停信号接入遥控器，实现地面遥控操作	陕西陕煤黄陵一号煤矿有限公司 张海斌
756	制造维修	全自动锚索切割机革新	为解决现有锚索切割机生产效率低，切割片浪费严重问题，在锚索送料管下方加装一个漫反射感应器，同时优化系统控制程序。提高切割机的有效切割时间，缩短切割过程中的无效浪费时间，使切割片发挥最大的使用效率和寿命。改善后较改造前单班节约了2张砂轮切割片；生产效率方面：单班生产量较之前提升了120根左右	陕西彬长矿业集团有限公司生产服务中心 黄海龙
757	制造维修	四肢可调节柔性吊具	为解决液压支架异型架吊装的安全问题，利用钢丝绳套和带有调节器的链环，进行组合使用，可调节链环根据异型架重心进行长度调整，钢丝绳通过垫块与侧护板紧密贴靠，保证液压支架异型架在吊装过程中重心稳定，运行平稳，不易滑动，该装置运用不仅能有效提高异型支架吊装作业的安全性，还能消除非标准结构件的吊装作业风险，提高吊装作业工作效率	陕西彬长矿业集团有限公司生产服务中心 魏传君、雷森、张超、池彬、齐江涛
758	制造维修	国Ⅲ防爆发动机智能化电控及检测系统平台	平台主要由显示器、电源管理模块、发动机控制模块、控制单元、外接电子模块和其他线路元件组成，全部使用快速接口，可以做到整车及单个电气元件即插即用即检测	陕煤集团神南产业发展有限公司 乔少波、温利刚、李帆、王祥、杜鹏
759	制造维修	预破碎滚筒润滑系统设计改造	设计改造完成后的预破碎滚筒，杜绝了在生产过程中，无法注入润滑油脂和更换齿轮油问题，提高了设备的使用寿命，降低了设备故障率	陕煤集团神南产业发展有限公司 孙绪斌、刘波、宋小鹏、张二军
760	制造维修	环保型设备循环清洗平台	该项目针对矿用五小电气设备零部件的清洗，设计环保型二级过滤循环系统，实现对清洗液的回收再利用，减少浪费，节约成本	陕煤集团神南产业发展有限公司 高强、樊磊、吴前、蔺子轩、贺秦鑫
761	制造维修	两用耦合器充液阀设计	该成果主系统主要由电磁先导阀、充液主阀及压力检测装置构成，电磁先导阀由华宁系统给予电磁信号进行控制通断。该成果的应用可极大地扩展阀控充液型液力耦合器的使用场合，不论何种控制方式，都可以在现场灵活改变，极大地方便了井下液力耦合器的供水配套，保证了刮板输送机的正常运行	陕煤集团神南产业发展有限公司 陈瑞、焦阳、郭锋、唐艳、纪小梅

（续）

序号	专业	成果名称	成果内容及创新点	推荐单位及发明人
762	制造维修	7 m大采高一级护帮千斤顶优化设计	液压支架一级护帮千斤顶是一种双作用油缸，其作用是使护帮板上下摆动以适应地质条件的变化，既有顶部连接性能，又有防片帮功能，在实际运行过程中要承受煤壁给予的推力，推力既有轴向力也有径向力	陕煤集团神南产业发展有限公司 焦阳、陈瑞、党帅、刘重阳、唐艳
763	制造维修	阀控型液力耦合器电枢杆辅助拆卸工装	对现有阀控型液力耦合器电枢杆进行分析研究，针对电枢杆结构及装配原理设计该辅助工具并绘制图纸；然后进行车床加工，并保证加工的精度	陕煤集团神南产业发展有限公司 陈瑞、冀旭昺、焦阳、唐艳、任胜利
764	制造维修	骨架油封安装工装	本项目设计了一种骨架油封安装工装，解决了骨架油封在安装过程中效率低及易损坏油封的问题，降低维修成本	陕煤集团神南产业发展有限公司 张挺、党帅、张帅、鬲国鹰、宋小鹏
765	制造维修	发动机教学实训台	发动机教学实训台能够将发动机的360°视角展现出来，有助于各个机构的工作原理学习，提高发动机零部件的理论认知以及实践操作技能，解决了发动机在装车情况下教学的弊端	陕煤集团神南产业发展有限公司 冯军飞、王国威、冯斌、王强、尚虎
766	制造维修	不安全行为积分管理	标准统一，分级执行，各车间结合各自特点实施不安全积分管理法，积分情况每月公布，排名一目了然，实现安全意识“实时在线”，不安全行为可控在线。 设立安全“红黑榜”，红榜激励、黑榜提醒，以“红”促进安全生产，以“黑”避免大小事故发生，让员工逐步养成了自觉把好安全关的习惯，减少不安全行为发生	陕煤集团神南产业发展有限公司 王继城、王占国、李卫东、冯立丽、吴健平
767	制造维修	机电设备闭环管理机制的实践应用	本项目“互检监督”制管理立足于“设备承包制”的基础之上，采用个人一对一互检、集体多对一监督的抽检模式，可以有效防止包机人漏检、误检的情况发生。在本项目的全过程管控上，采用定期互检、随时抽检的工作方法，让包机责任人随时处于警醒的状态，确保设备点检成为连续性、常态化的规范动作。设备“三级保养”为“互检监督”护航，使设备保持最佳技术状态	陕煤集团神南产业发展有限公司 任莉、蔺子轩、赵玉龙、乔良旭、白锐
768	制造维修	无轨辅助运输车辆气动系统快速连接装置的设计	气动系统中各个气动元部件的连接是用气动接头和气动胶管连接的，为了快速将气动系统中各个气动元部件组成完整的系统，解决快速连接气动接头和气动胶管是工作的关键。为此，针对气动接头和气动胶管的装配工艺，亟待开发设计无轨辅助运输车辆气动系统快速连接装置，要求装置可以大大提高连接气动接头和气动胶管的效率，为整车气动系统的装配提供了帮助	中国煤炭科工集团太原研究院有限公司 仇博

（续）

序号	专业	成果名称	成果内容及创新点	推荐单位及发明人
769	制造维修	矿用CAT-09防爆电喷柴油机喷油器线束优化设计	CAT-C9防爆电喷柴油机共6个喷油器，每个单独和电控箱连接。经常出现喷油器损坏，机油经过喷油器控制线窜入电控箱，损坏元器件。维护成本非常昂贵，检修难。该发明成果优化结构方式，集成6个喷油器线束，经过12芯线束连接至电控箱。改进后极大降低成本，一个大修周期内单台大修及维护成本节约31万元，彻底解决窜油故障、提高装配效率	中国煤炭科工集团太原研究院有限公司 岳超琦

附录二　2021年度煤炭企业“五小”技术创新成果三等奖获奖项目（排名不分先后）

序号	专业	项目名称	推荐单位	发明人
1	井工开采	定量仓排矸智能化控制系统	山西华阳集团新能股份有限公司一矿	赵华伟、栾乐乐、赵亮、袁红权
2	井工开采	泄露通讯系统在小巷的应用	山西华阳集团新能股份有限公司二矿	冯旭亮
3	井工开采	直流断路器取代熔断器在架线电机车上的应用	山西华阳集团新能股份有限公司二矿	杨文江
4	井工开采	智能数字化加工装置	山西华阳集团新能股份有限公司二矿	马杰、李国栋、王贵林、郝建涛、吕志强
5	井工开采	一种煤矿检修设备起吊装置	华阳集团寿阳开元矿业有限责任公司	李大明、史晋平
6	井工开采	转载机尾卸料挡板的改制与应用	铁法煤业（集团）有限责任公司晓明矿	姜海雨
7	井工开采	架空乘人装置换绳新工艺的应用	铁法煤业（集团）有限责任公司晓明矿	王建斌
8	井工开采	防跑偏托绳轮的设计与应用	铁法煤业（集团）有限责任公司晓明矿	邱铁
9	井工开采	洗产品仓门脱水槽装置机械自动化	铁法煤业（集团）有限责任公司大隆矿	高勇、刘健、邱晗、张涛、舒适
10	井工开采	瓦斯泵循环水二次气水分离系统	铁法煤业（集团）有限责任公司大隆矿	高长芳、高阳春、张金、郭孟嘉、唐悦
11	井工开采	一种皮带防飘带压带装置	铁法煤业（集团）有限责任公司大隆矿	屈海峰、孙健、张春雷、姬明飞、朱辉
12	井工开采	刨煤工作面 ZY5200－0818D 型液压支架优化方案	铁法煤业（集团）有限责任公司晓南矿	崔天龙、赵书远、李艳辉、王则行、王慧芝
13	井工开采	EBZ200A 掘进机的可调向小转载机的研制	铁法煤业（集团）有限责任公司晓南矿	王慧芝、张东卉、崔天龙、汪洋、李艳辉
14	井工开采	插板式作业平台的研制	铁法煤业（集团）有限责任公司晓南矿	赵书远、崔天龙、王维磊、陈德新、李艳辉

（续）

序号	专业	项目名称	推荐单位	发明人
15	井工开采	杠杆式钢丝绳插套机的研制	铁法煤业（集团）有限责任公司晓南矿	王洋、李艳辉、崔天龙、王庆林、赵书远
16	井工开采	ZY4800/06/16.5D 刨煤机液压支架弓板销改造	铁法煤业（集团）有限责任公司小青煤矿	赵铁成
17	井工开采	刨煤液压支架电磁阀过滤器反冲洗器	铁法煤业（集团）有限责任公司小青煤矿	李新伟
18	井工开采	胶带输送机前置清扫装置的研制	铁法煤业（集团）有限责任公司小青煤矿	王洋
19	井工开采	矿用机车弯道及岔道声光语音报警装置	铁法煤业（集团）有限责任公司小青煤矿	崔皓淇
20	井工开采	W3 材料上山架空人车与架空人车尾调度绞车闭锁的改造	铁法煤业（集团）有限责任公司小青煤矿	崔皓淇
21	井工开采	皮带跑偏开关专用固定架的研制与应用	铁法煤业（集团）有限责任公司小青煤矿	王超
22	井工开采	皮带尾防跑偏压辊的制作与应用	铁法煤业（集团）有限责任公司小青煤矿	白军
23	井工开采	三一 EBZ200 掘进机五联阀改造	铁法煤业（集团）有限责任公司小青煤矿	叶鹏
24	井工开采	尾端头主架侧挡板的研制	铁法煤业（集团）有限责任公司小青煤矿	叶鹏
25	井工开采	可伸缩式挡矸装置	铁法煤业（集团）有限责任公司大兴煤矿	王强
26	井工开采	空气喷雾炮的研制与应用	铁法煤业（集团）有限责任公司小康煤矿	黄晓辉
27	井工开采	煤矿井下洒水装置系统改造	铁煤集团内蒙古东林煤炭有限责任公司	杨贵春
28	井工开采	原煤仓皮带减速器冷却系统改造	准格尔旗荣祥煤焦化有限责任公司山不拉煤矿	赵志堂、董传春、柳海芳、刘宏宇、张云鹏
29	井工开采	MBC 波纹管联轴器应用	内蒙古蒙泰不连沟煤业有限责任公司	汪刚
30	井工开采	矿用排水泵空转自动检测及断电保护装置	内蒙古蒙泰不连沟煤业有限责任公司	汪刚
31	井工开采	综掘机后配套综合控制装置设计与制作	内蒙古蒙泰不连沟煤业有限责任公司	聂昭宇、白志雄、李利军、杜川川、周补
32	井工开采	便携式托辊拆卸器	内蒙古蒙泰不连沟煤业有限责任公司	王平、李江波、高梦男、程上、侯叶刚
33	井工开采	离心泵无人值守自动化排水	陕西华电榆横煤电有限责任公司	郑怀强、贾涛、王强、杨会均、贾振刚、高虎飞、李朋峰

（续）

序号	专业	项目名称	推荐单位	发明人
34	井工开采	矿井主通风机液压系统推拉装置改造	陕西华电榆横煤电有限责任公司	曹楠、乔汉锋、廉洁、王雪皓、折小军、刘建强
35	井工开采	四臂锚杆机液压油冷却器	陕西华电榆横煤电有限责任公司	侯兴山、王飞、杨旭、拓亚雄
36	井工开采	清污分流水仓	陕西华电榆横煤电有限责任公司	申文义、杨俊、马越、常皓
37	井工开采	219 工作面设计优化	神木县隆德矿业有限责任公司	李志华、冯宇、刘芳、李玺
38	井工开采	射流泵增压系统改造	神木县隆德矿业有限责任公司	张栓虎、魏志贵、辛保宏、田禾、武明
39	井工开采	双重预防机制智能管控平台项目	神木县隆德矿业有限责任公司	王建耀、董松、杨敏、梁亚航、呼天平
40	井工开采	高压动态无功补偿装置系统改造	山西锦兴能源有限公司	李思岩、侯成明、郭建、白彪、张旭
41	井工开采	大巷与风门交叉口行车安全语音灯光指示报警装置	山西锦兴能源有限公司	李思岩、张体岭、王政、武玉良、白旭光
42	井工开采	22 采区辅助运输下山巷道设计优化	山西锦兴能源有限公司	张瑾、任旭、石明明
43	井工开采	长距离输煤隧道照明和通风系统远程控制的改造	山西锦兴能源有限公司	李波、齐海龙、卫世兵、杨海瑞、刘建宝
44	井工开采	矿用组合开关联锁保护装置	山西石泉煤业有限责任公司	侯宇峰、樊宪宇、牛凯、李尧
45	井工开采	余热回收系统辅助电加热改造	山西石泉煤业有限责任公司	张永华、张友志、牛义军、史云飞
46	井工开采	电机线圈拆除机	山西石泉煤业有限责任公司	楚发起、刘惠斌、田传旭、郗俊祥
47	井工开采	接近开关在煤流转载点的创新应用	山西石泉煤业有限责任公司	李安原、牛凯、李雪刚、秦杰、秦飞、张小强、崔广军
48	井工开采	多功能喷射装置	山西石泉煤业有限责任公司	周彦斌、白树军、孙强、李芸
49	井工开采	自制堆煤保护装置	甘肃万胜矿业有限公司	徐振平、刘龙、李璐璐
50	井工开采	一种井下电动卷带回收装置	甘肃万胜矿业有限公司	李忠道、王智会

（续）

序号	专业	项目名称	推荐单位	发明人
51	井工开采	煤矿井下多部皮带转载运输系统改造	甘肃万胜矿业有限公司	朱长华、于海洋、杨国强、刘海军、苏天凤
52	井工开采	大倾角皮带挡矸装置	甘肃万胜矿业有限公司	徐刚、苏小山、杨攀国、范文杰
53	井工开采	交叉巷道运输提升系统改造	甘肃万胜矿业有限公司	徐刚、苏小山、薛禹、邓良佐
54	井工开采	软岩巷道复合顶板在线监测传感器供电装置	甘肃万胜矿业有限公司	田海波、陈源源
55	井工开采	一种探放水钻孔水压测定装置	甘肃万胜矿业有限公司	全向兵、何希兴、王琼、范双元
56	井工开采	基于提高29U型钢可缩性支架整体抗压性能的技术应用	甘肃万胜矿业有限公司	黄攀、李亮雄、张衡
57	井工开采	银星二号煤矿架空乘人装置系统优化设计与应用	北京天地华泰矿业管理股份有限公司	李华伟、王志刚、李帅帅、郑光辉、王波、苏继敏、刘凯文
58	井工开采	卷带机装置改造与应用	北京天地华泰矿业管理股份有限公司	谢金富、白玉虎、刘延和、马开、杜文辉、张国玉、王波
59	井工开采	变电站室内间隔除静电除尘装置	晋能控股煤业集团电业大同有限公司	张鹏斌、魏雅嫔
60	井工开采	短程可伸缩尾带式输送机	晋能控股煤业集团同家梁矿	孟彪
61	井工开采	暖风机电控柜改造	晋能控股煤业集团同家梁矿	张晓羽
62	井工开采	风动炮泥机	晋能控股煤业集团同家梁矿	赵立、郭聪、张国乐
63	井工开采	采掘皮带自动控制净化水幕	晋能控股煤业集团同家梁矿	杨志
64	井工开采	燕子山矿303盘区通风系统简化调整方案设计与实施	晋能控股煤业集团燕子山矿	贾亮、陆海涛、周晓瑾
65	井工开采	综采工作面静压水自行加装过滤终端系统	晋能控股煤业集团燕子山矿	罗飞
66	井工开采	工作面甲烷传感器缆线滑移伸缩装置的研发和应用	晋能控股煤业集团塔山煤矿	徐祥
67	井工开采	综采皮带机自移尾自动伸缩防护栏	晋能控股煤业集团塔山煤矿	李超
68	井工开采	贝克扩音电话语音回路三通外接改造及应用	晋能控股煤业集团塔山煤矿	陈建龙、王一、刘鹏
69	井工开采	综放工作面转载机破碎机自动注油报警系统	晋能控股煤业集团塔山煤矿	陈建龙、康庄、白秀峰

（续）

序号	专业	项目名称	推荐单位	发明人
70	井工开采	跟机自移升降式 PPR 净化水幕	晋能控股煤业集团塔山煤矿	解勇杰
71	井工开采	变电所开关跳闸语音发光提醒装置	晋能控股煤业集团雁崖煤业有限公司	孙磊、程明、闫宁
72	井工开采	福德哥利尔水处理法在矿井水循环利用中的推广	晋能控股煤业集团晋华宫矿	孙林
73	井工开采	柔性管卡	晋能控股煤业集团晋华宫矿	孙林
74	井工开采	自制压滤水防溅装置	晋能控股煤业集团精煤分公司马脊梁选煤厂	郭涛
75	井工开采	转破开关平台、电缆自移平台的设计应用革新	晋能控股煤业集团忻州窑矿	刑宏禄
76	井工开采	转载破碎机的改进	晋能控股煤业集团永定庄煤业公司	贺家忠
77	井工开采	煤矿胶带输送机急停拉力电缆超长段固定装置设计与应用	华亭煤业集团公司	孙武、刘鸿利、伏瑞林、黄安庭、张博
78	井工开采	智能化系统设备安装柜	中煤陕西榆林能源化工有限公司大海则煤矿	高晓成、赵浩渊、薛力源、杨波涛
79	井工开采	立井井筒智能巡检机器人本体充电装置	中煤陕西榆林能源化工有限公司大海则煤矿	郭刚、郭瑞、高晓成、赵浩渊、闫涛
80	井工开采	地面水泵房水位控制及恒压供水改造	中煤科工开采研究院有限公司	徐贵全、赵锡德、范謇、刘建东、李明轩
81	井工开采	钻孔注浆耐压试验装置改进计划	内蒙古银宏能源开发有限公司	黄晶、梁勇、陈阿峰、侯国飞
82	井工开采	泊江海子矿选煤厂原煤运输系统的优化改造	内蒙古银宏能源开发有限公司	张堃、李强、孙亮、杨龙顺、张立海
83	井工开采	掘进工作面皮带卷带机改造	内蒙古银宏能源开发有限公司	付帅、刘建军、刘志杰、程雁斌
84	井工开采	煤流整形导流罩改造	山东能源枣矿集团柴里煤矿	宋方才、井长辉、闫先勇、段成产、闫涛、李建国
85	井工开采	电液控液压支架压力传感器的柔性安装	山东能源枣矿集团滨湖煤矿	刘志鑫、姚永、尹岩、王端、陈建忠
86	井工开采	预制假顶在巷道过立交中的应用	山东能源枣矿集团滨湖煤矿	孙艳清、杨斌、杨建伟、房端强、韩枫
87	井工开采	立式皮带机滚筒拆装机研制与应用	枣庄矿业（集团）付村煤业有限公司	朱元生、王彦、李清富、孙良、杜学良
88	井工开采	废旧大油桶液压打包机	枣庄矿业（集团）付村煤业有限公司	彭立军、李强、魏韬、代胜杰、林学伟

（续）

序号	专业	项目名称	推荐单位	发明人
89	井工开采	同一回风侧两迎头风电互锁电路设计	枣庄矿业（集团）付村煤业有限公司	孙井彬、侯杰、张桂乾
90	井工开采	井下变电所减压式防火门	阜新矿业集团恒大煤矿	于宝民
91	井工开采	转载机推移座改造	阜新矿业集团恒大煤矿	李树权
92	井工开采	气水分离器	阜新矿业集团恒大煤矿	曹志林
93	井工开采	综掘机二运后方加设电缆筐	阜新矿业集团恒大煤矿	董彦国
94	井工开采	压风自救箱固定架	阜新矿业集团恒大煤矿	季海权
95	井工开采	报废车床改造内孔熔覆设备	阜矿机械制造有限公司	夏忠东、乔文、李海龙、付大伟、张兴忠
96	井工开采	对轮卡兰	露源水业生产指挥中心	田东兴
97	井工开采	钢结构安装精细偏差调整装置	辽宁开大建设集团有限公司	陈大卫
98	井工开采	建筑工程施工用电的小建议	辽宁开大建设集团有限公司	陈大卫、高雪、武笑艳
99	井工开采	综掘机电缆自移行走装置	白音华公司井工矿	王福泉
100	井工开采	减速机试运平台	白音华公司机电修配厂	关振武
101	井工开采	钢丝绳插扣机	白音华公司机电修配厂	关振武
102	井工开采	小型砸桩机	白音华公司机电修配厂	张仲海
103	井工开采	超前支护立柱千斤顶拆装机	白音华公司机电修配厂	王可新
104	井工开采	选煤厂风选车间原煤皮带机改造	白音华公司选煤厂	刘全、王玉国、闫立国、张红、姜国宇
105	井工开采	储运车间 401 皮带机机尾拉紧装置	白音华公司选煤厂	刘国辉、郑立军、范涛、杨继国、张立金
106	井工开采	选煤厂机修车间制作叠皮带床	白音华公司选煤厂	耿德强、吴限军、黄勇、郑闯
107	井工开采	选煤厂自带清货耙的新型接货槽制作	白音华公司选煤厂	刘艳华、王仁宝、王永、温鹏
108	井工开采	选煤厂皮带机手轮螺旋调偏装置制作安设	白音华公司选煤厂	何爱民、刘艳华、高岩、刘燕杰、霍明辉
109	井工开采	出煤立眼液压自动防护装置	淮南矿业（集团）有限责任公司潘三矿	邓明明、马汉涛、李长全、赵少华、苗建东
110	井工开采	大断面巷顶可伸缩喷浆机械装置研究与应用	鄂尔多斯市华兴能源有限责任公司	王成海、朱灿、赵弘鹏、高阳
111	井工开采	液压整形装置	鄂尔多斯市华兴能源有限责任公司	孟大志、高阳、陈旭兵、陈成、孔玉玺

2021年度煤炭企业“五小”技术创新成果三等奖获奖项目（排名不分先后）

（续）

序号	专业	项目名称	推荐单位	发明人
112	井工开采	桥形蛇式承载管缆槽	鄂尔多斯市华兴能源有限责任公司	孟大志、姜维、陈旭兵、陈成、任兴
113	井工开采	气动搅拌器	鄂尔多斯市华兴能源有限责任公司	祝星、郑根源、许正、叶龙庭、王举
114	井工开采	扇形闸板引水装置的设计与应用	鄂尔多斯市华兴能源有限责任公司	史衍、彭稼松、陈海生、陈强、聂永东
115	井工开采	1113采区胶带机上山除铁器行走限位装置	中煤新集能源股份有限公司口孜东矿	武正、郭学前、刘井文、董昌孝
116	井工开采	西翼主运胶带机大巷二部皮带机卸料槽及迎煤板改造优化	中煤新集能源股份有限公司口孜东矿	郭学前、武正、张学军、程二明
117	井工开采	皮带机硫化控制箱	中煤新集能源股份有限公司口孜东矿	王廷拥、郭学前、武正、钱威、程二明
118	井工开采	减速器防尘呼吸装置改造	中煤新集能源股份有限公司口孜东矿	姚朋朋、杨振、王锋、李帅、柏跃好
119	井工开采	运输机尾掐调节槽与支架的连接鱼口的改造	山东鲁泰控股集团有限公司鹿洼煤矿	谢群、秦显宾、宋迎春、朱东旭、胡珂
120	井工开采	矿用输送带修复平台的创新	山东鲁泰控股集团有限公司鹿洼煤矿	秦显宾、谢群、秦鲁生、宋迎春、巩振岭
121	井工开采	一种新型猴车支架	山东鲁泰控股集团有限公司鹿洼煤矿	王海永、刘涓、徐春和、王朝哲、陈学技、潘荣新
122	井工开采	一种水冷液压绞车油箱	山东鲁泰控股集团有限公司鹿洼煤矿	刘涓、王海永、徐春和、陈学技、潘荣新、张丙科
123	井工开采	对向喷洒幕墙式运煤公路降尘装置	山东鲁泰控股集团有限公司鹿洼煤矿	刘涓、王海永、刘化光、秦显宾
124	井工开采	一种井下压风油水分离装置	山东鲁泰控股集团有限公司鹿洼煤矿	刘涓、王海永、许春和、陈学技、潘荣新、张丙科
125	井工开采	一种旋进锁定式绳卡	山东鲁泰控股集团有限公司鹿洼煤矿	王海永、刘涓、徐春和、陈学技、李宪忠、张丙科
126	井工开采	一种新型猴车卡绳器	山东鲁泰控股集团有限公司鹿洼煤矿	刘涓、王海永、李振、徐春和、王朝哲、李宪忠

（续）

序号	专业	项目名称	推荐单位	发明人
127	井工开采	一种提升绞车盘形闸专用工具	山东鲁泰控股集团有限公司鹿洼煤矿	张利国、刘勇、马猛、郭连敏、朱海生、倪红健
128	井工开采	采煤工作面转载机调偏装置	山东唐口煤业有限公司	郭增辉
129	井工开采	电动单轨吊自移油缸的设计与应用	山东唐口煤业有限公司	张萌
130	井工开采	快速延接刮板溜槽的工艺优化	山东唐口煤业有限公司	杨阳
131	井工开采	带式液压卷带机制作应用	山东唐口煤业有限公司	杨阳
132	井工开采	煤量自动识别喷雾装置的研制与应用	山东唐口煤业有限公司	杨阳
133	井工开采	气动液压管路弯道器的研制与应用	山东唐口煤业有限公司	徐学永
134	井工开采	滑轮轴承装置在放线炮车上改造应用	山东唐口煤业有限公司	翟祥
135	井工开采	安装在手车式开关柜的高压电动机的换相装置	开滦股份范各庄矿业分公司	刘少辉、尹春辉、刘志斌、王继超、吴兰柱
136	井工开采	采空区束管监测系统保护装置	开滦矿山运营分公司	侯建波、李俊杰、董志强、李爽
137	井工开采	垂直剖面法设计煤柱线新方法研究	开滦股份吕家坨矿业分公司	李文东、王新水、张恒彬
138	井工开采	风动高压液压胶管压头机	开滦集团钱家营矿业分公司	张志国
139	井工开采	高压防爆开关保护器测试装置	开滦集团唐山矿业公司	郑锦龙、幺硕梁
140	井工开采	井下直流供电系统远控改革	开滦集团唐山矿业公司	刘国峰、王辉
141	井工开采	煤矿电力补偿站风道改造	开滦股份吕家坨矿业分公司	马宝华
142	井工开采	煤矿井下专用的除尘雾炮机	开滦股份吕家坨矿业分公司	马宝华
143	井工开采	煤矿井下专用的顶板找掉工具	开滦股份吕家坨矿业分公司	马宝华
144	井工开采	煤矿井下专用的破碎设备	开滦股份吕家坨矿业分公司	马宝华
145	井工开采	皮带盘型闸温度保护	开滦集团唐山矿业公司	张宏亚、张涛
146	井工开采	皮带托辊更换辅助装置	开滦集团范矿公司	高波、任宏超、韩立兵、张志强
147	井工开采	通用型液压支架铰接轴托举装置	开滦集团钱家营矿业分公司	张志国
148	井工开采	无线遥控轨道牵引车装置	开滦集团东欢坨矿业分公司	李永海、王玉祥、杨立民、吴英伟、孙久生
149	井工开采	洗煤厂自制清理弧形筛筛片装置	开滦股份吕家坨矿业分公司	范利广

2021年度煤炭企业“五小”技术创新成果三等奖获奖项目（排名不分先后）

（续）

序号	专业	项目名称	推荐单位	发明人
150	井工开采	一种新型提升容器运行位置检测装置	开滦股份吕家坨矿业分公司	张春良、杜海江、庞文龙、孙立国、王宇
151	井工开采	主通风机动力回路绝缘在线监视系统	开滦集团东欢坨矿业分公司	韩雅楠、丛金宝、刘超、郑威、张利军
152	井工开采	自制推移座溜槽的研究与应用	山东新巨龙能源有限责任公司	苗磊、范文昌、侯二国、别龙帅、马忠汉
153	井工开采	皮带跑偏器及急停保护安装支架	新汶矿业集团有限责任公司孙村煤矿	刘仲智、朱开昌、郑冲、李树昌
154	井工开采	新型“7 型”结构对回风各类传器感集中吊挂的应用	新汶矿业集团有限责任公司孙村煤矿	韩小钇、朱开昌、陈浩、赵书平
155	井工开采	一种适用于煤矿的可清理便捷式地轨挡车器装置	新汶矿业集团有限责任公司孙村煤矿	孙纪方、鲍庆伟、王乐、李东升
156	井工开采	气动抗绳器装置在矿井斜井辅助运输系统的应用	新汶矿业集团有限责任公司孙村煤矿	王乐、鲍庆伟、国秀亭、孙纪方
157	井工开采	无人机在智能安保的实践与应用	新汶矿业集团有限责任公司孙村煤矿	于军、尚传甫、高海磊、赵磊
158	井工开采	气动道岔气缸固定支架的应用	山东良庄矿业有限公司	刘灿新、武立新、王恒、刘坤、王峰
159	井工开采	提升绞车滑头绳皮防护延长使用的研究与应用	山东良庄矿业有限公司	牛进、李兴柱、王峰、杨永彬、丁盈宗
160	井工开采	手自一体式恒压纯净水供液的研究与应用	山东良庄矿业有限公司	牛进、王恒、丁杰、娄元柱、郭猛
161	井工开采	滑移式转载点挡矸板的研究与应用	山东泰山能源有限责任公司协庄煤矿	韩伟
162	井工开采	封闭式煤粉收集器改进与应用	山东泰山能源有限责任公司协庄煤矿	陈松
163	井工开采	大倾角工作面挡矸设施的研究与应用	山东泰山能源有限责任公司协庄煤矿	韩伟
164	井工开采	水池自动补水装置自主改造应用	山东泰山能源有限责任公司协庄煤矿	栾光亮、李强、王群、陶光跃
165	井工开采	新式风门闭锁绳装置研究与应用	山东泰山能源有限责任公司协庄煤矿	尹周、王强、赵义飞、张二平
166	井工开采	-550 暗井猴车驱动部电控断轴保护改造与应用	山东泰山能源有限责任公司协庄煤矿	田永生、徐希鹏、夏光峰、张庆
167	井工开采	恒压式皮带清扫器	山东泰山能源有限责任公司协庄煤矿	陈松
168	井工开采	电机车简易安全门的设计与应用	山东泰山能源有限责任公司协庄煤矿	张永全、谷明、赵朋、张成宝、马思强

（续）

序号	专业	项目名称	推荐单位	发明人
169	井工开采	21102乘人装置旋转座椅技术研究与应用	山东泰山能源有限责任公司协庄煤矿	庞会军、徐希鹏、夏光峰、张庆
170	井工开采	综掘机阶梯式拐弯二运在巷道拐弯中的研究与应用	山东泰山能源有限责任公司协庄煤矿	陈洪坤、高见、许明涛、徐继刚
171	井工开采	皮带机防偏保护新式固定装置的研究与应用	山东泰山能源有限责任公司协庄煤矿	王益
172	井工开采	压滤机取板自动“点滴”注油装置的研究与应用	山东泰山能源有限责任公司协庄煤矿	侯增芳、胡刚、焦刘军、谢保、李鹏、王德营
173	井工开采	浅槽系统合介液自循环解决介质桶内介质粉沉积问题	山东泰山能源有限责任公司协庄煤矿	刘新、尹亮、郭文涛、张新典
174	井工开采	放水孔防堵流量观测装置	山东泰山能源有限责任公司翟镇煤矿	张海龙、李晋忠、张宁、程涛
175	井工开采	井下材料车快速连接装置的优化改造	山东泰山能源有限责任公司翟镇煤矿	张鹏、徐西祥、刘玉水、曹富国
176	井工开采	胶带输送机煤流自动控制喷雾降尘装置	山东泰山能源有限责任公司翟镇煤矿	钟旭、马飞、张新明、周付祥、王恒
177	井工开采	井下立式煤仓上下口盘旋绕道联络设计优化	山东泰山能源有限责任公司翟镇煤矿	高坤、高德波、郭鑫、吴斌、孟兆彬
178	井工开采	N-J-7馈线接头快速修复技术在人员精确定位系统中的应用	山东泰山能源有限责任公司翟镇煤矿	闫宁、曲刚、张书华
179	井工开采	负压喷涂装置在井巷喷涂中的应用	鄂托克前旗长城煤矿有限责任公司	王超、姜向伟、张金锋、刘威
180	井工开采	掘进机液压临时支护煤壁护帮装置	内蒙古福城矿业有限公司	袁文生、张进、陈正江、林建、李志超
181	井工开采	管道窥视仪在切缝孔中的应用	内蒙古福城矿业有限公司	纪维员、马士金、王建鹏、贺强、李涛
182	井工开采	综掘机液压炮头护罩	内蒙古福城矿业有限公司	袁文生、李永图、林建、李成良、樊玉恒
183	井工开采	电缆存放自移装置	内蒙古福城矿业有限公司	纪维员、李成富、王建鹏、李涛、刘善来
184	井工开采	跟机电缆不落地装置	内蒙古福城矿业有限公司	袁文生、李永图、林建、李成良、樊玉恒
185	井工开采	一种自移隔爆装置	新矿内蒙古能源有限责任公司	刘忠、刘喆、吴德永、潘云飞

（续）

序号	专业	项目名称	推荐单位	发明人
186	井工开采	移动式挡煤板在下碳点的应用	巴州秦华工贸有限责任公司	王现平、刘凯、牛腾、任家勇、纪庆刚
187	井工开采	正压两小时呼吸循环系统改造	新汶矿业集团有限责任公司	梁朝廷
188	井工开采	井下采掘高强皮带托辊吊挂装置	平顶山天安煤业股份有限公司一矿	王明洋、王朝、胡建明、万宗帅、杨非凡
189	井工开采	一种用于煤矿井下皮带机托辊更换的皮带顶起装置	平顶山天安煤业股份有限公司一矿	王明洋、胡建明、吕波、朱连芳、张永强
190	井工开采	减速机对轮拔轮器	平顶山天安煤业股份有限公司一矿	王明洋、张孝卫、吕波、张永强、许卓立
191	井工开采	一种机电设备运输安装辅助装置	平顶山天安煤业股份有限公司二矿	刘岩、施毅、张本君、王智慧、刘晓亮
192	井工开采	一种便于机电设备移动的运输装置	平顶山天安煤业股份有限公司二矿	王智慧、施毅、刘岩、张本君、张志强
193	井工开采	一种机电设备用搬运抗震运输板车	平顶山天安煤业股份有限公司二矿	张本君、施毅、王智慧、刘岩、张志强
194	井工开采	一种煤矿用安全警示灯	平顶山天安煤业股份有限公司二矿	牛照辉、杨永锋、李鹏、贾晨磊、刘岩
195	井工开采	一种矿用光纤检测用红光笔	平顶山天安煤业九矿有限责任公司	靳文献、靳文瑞、徐慧芳、王二巍、曲仕达
196	井工开采	CST热交换器喷淋水散热改造	平顶山天安煤业九矿有限责任公司	靳文献、武志刚、靳文瑞、邢鹏显、吕文利
197	井工开采	滑索运柱器	国家能源集团宁夏煤业公司清水营煤矿	王志林
198	井工开采	副立井尾绳注油装置	国家能源集团宁夏煤业公司清水营煤矿	石天润
199	井工开采	回风斜井防爆风门自动压杠	国家能源集团宁夏煤业公司清水营煤矿	张莉
200	井工开采	箱式底链运输刮板输送机断链保护装置	国家能源集团宁夏煤业公司清水营煤矿	尤俊锋
201	井工开采	局部通风机升级改造	国家能源集团宁夏煤业有限责任公司灵新煤矿	殷华、王列、李卫亮、白耀宁、韩浦
202	井工开采	综采工作面末采铺网工艺优化	国家能源集团宁夏煤业有限责任公司灵新煤矿	黄辉、虎晓龙、杨建军、刘贺、何辉
203	井工开采	液压拔柱装置	国家能源集团宁夏煤业有限责任公司灵新煤矿	李志勇、于洪滨、何辉、王华、郭金梁
204	井工开采	安全监测传感器"T"型起吊架	国家能源集团宁夏煤业有限责任公司灵新煤矿	罗庆中

（续）

序号	专业	项目名称	推荐单位	发明人
205	井工开采	矿用锚索自动切割装置	国家能源集团宁夏煤业有限责任公司任家庄煤矿	马海军、衡二风、马骞、王立峰
206	井工开采	气割限位辅助器的研制与应用	国家能源集团宁夏煤业有限责任公司任家庄煤矿	韩永亮、霍春杰、孙文祥、唐军、张巧虎
207	井工开采	无极绳牵引绞车钢丝绳润滑装置	国家能源集团宁夏煤业有限责任公司任家庄煤矿	马成保、马学刚、郇昌宝、吴建兵、张辉
208	井工开采	综采工作面胶带输送机机头简易储带改造与实践	国家能源集团宁夏煤业有限责任公司任家庄煤矿	付国、李小荣
209	井工开采	风动氯化镁喷洒装置	国家能源集团宁夏煤业有限责任公司任家庄煤矿	马成保、袁文谦、杨金明、张辉、郇昌宝
210	井工开采	调度通信系统信号干扰解决工作法	国家能源集团宁夏煤业有限责任公司金家渠煤矿	杨洋
211	井工开采	井下无人值守变电所门禁自动化改造及应用	国家能源集团宁夏煤业有限责任公司金家渠煤矿	杨洋
212	井工开采	WC20R 型防爆人车气马达保护罩制作	国家能源集团宁夏煤业有限责任公司红柳煤矿	张斌
213	井工开采	管材装臂	国家能源集团宁夏煤业有限责任公司枣泉煤矿	杨涛、张超、褚坤生、孙涛、吴孝先
214	井工开采	钢丝绳涂油器改造与应用	内蒙古大雁矿业集团有限责任公司雁南煤矿	丁柏顺、郭洪喜、崔庆祥、周云峰、伊艳青
215	井工开采	复轨器的制作	内蒙古大雁矿业集团有限责任公司雁南煤矿	史忠宝、郭洪喜、赵树权、陈志彬、冯永
216	井工开采	胶带机压带装置	内蒙古大雁矿业集团有限责任公司雁南煤矿	高金良、黄震、马冬雪、罗斌、徐文健
217	井工开采	架空乘人装置安装横梁设计	内蒙古大雁矿业集团有限责任公司雁南煤矿	丁柏顺、郭洪喜、赵树权、陈志彬、郃彬彬
218	井工开采	短焊条利用装置	潞安化工集团公司王庄煤矿	冯书兵
219	井工开采	串口服务器技术在电力监控系统跨区建立中的应用	潞安化工集团五阳煤矿	郭永明
220	井工开采	防爆灯节能改造技术	潞安化工集团五阳煤矿	郭永明
221	井工开采	自制多功能“神奇”工具	潞安化工集团五阳煤矿	白永桂
222	井工开采	接地极拆除装置	潞安化工集团漳村煤矿	焦向宁
223	井工开采	一体便携式护帮装置	潞安化工集团漳村煤矿	贾江平
224	井工开采	立井主令手柄错向报警装置的创新设计	潞安化工集团漳村煤矿	王喜民

（续）

序号	专业	项目名称	推荐单位	发明人
225	井工开采	便携式简易起重器的创新设计	潞安化工集团漳村煤矿	冯艳杰
226	井工开采	一种快速拆连接销装置	潞安化工集团漳村煤矿	冯艳杰
227	井工开采	新元公司复合顶板结构复杂煤层高水材料巷旁充填沿空留巷技术研究与应用	山西新元煤炭有限责任公司	赵福兴
228	井工开采	一种支架底靴安装平台	潞安化工集团余吾煤业公司	王永祥、华明国、马玉龙、马勤雨、张宁、唐政廉
229	井工开采	一种简易退锚杆装置	潞安化工集团余吾煤业公司	武海涛、芦盛亮、华明国、崔志波
230	井工开采	废皮带裁剪装置	潞安化工集团余吾煤业公司	王平、李树德、华明国、崔志波、冯儒、许川
231	井工开采	一种支架侧护复位辅助装置	潞安化工集团余吾煤业公司	张宁、华明国、王建峰、李彦东、薛建新、许川
232	井工开采	掘进工作面临时材料集成自移架的设计及应用	山西潞安化工集团司马煤业有限公司	张留新
233	井工开采	浓缩机行走机构偷停报警装置的设计与应用	山西潞安化工集团司马煤业有限公司洗煤厂	焦青海
234	井工开采	选煤厂防冻液自动喷洒系统改造	潞安化工集团阳泉五矿	侯晨、翟继鹏、王耀清、王威、郝彦冰
235	井工开采	自制掘锚机稳定靴改造	国能神东煤炭设备管理中心	荣广清、吴家乐、运伟鹏、白笠言、张程
236	井工开采	一种保证采煤机截深的装置	国能神东煤炭哈拉沟煤矿	温大江、袁小春、祝强
237	井工开采	一种轻型气动喷砂除锈装置	国能神东煤炭乌兰木伦煤矿	李小军、张国恩、史洪恺、陈乐、丁文玉
238	井工开采	综采工作面超前支架全断面封闭式栅栏设计	国能神东煤炭榆家梁煤矿	王泰基、连刘平、闫寅山
239	井工开采	一种井字形轨道及其使用方法	陕西陕煤铜川矿业有限公司玉华矿柴家沟井	杨黎明
240	井工开采	主胶带机尾滚筒限位开关	陕西陕煤铜川矿业有限公司玉华矿柴家沟井	杨黎明

（续）

序号	专业	项目名称	推荐单位	发明人
241	井工开采	令克棒的巧用	欣荣配售电公司	高杰、田春道、胥铜莉
242	井工开采	锚索运输车	陕西陕煤铜川矿业公司陈家山煤矿	石伟、李永光、于立浩
243	井工开采	子母风门在矿井主要通风设施的应用	铜川矿业有限公司下石节煤矿	马德
244	井工开采	胶带一部皮带控制系统电液比例放大器	陕西陕煤铜川矿业有限公司玉华矿柴家沟井	牛三、徐刚
245	井工开采	自制液压拱矸机	陕西陕煤铜川矿业有限公司玉华矿柴家沟井	宋伟、仵海军
246	井工开采	动筛跳汰机水池蓄水控制	陕西陕煤铜川矿业有限公司玉华矿柴家沟井	屈浅红、赵旭涛
247	井工开采	综掘机加油改造	陕西陕煤铜川矿业有限公司玉华矿柴家沟井	李会元
248	井工开采	制水车间上水泵电机加油改造	陕西陕煤铜川矿业有限公司玉华矿柴家沟井	马小明
249	井工开采	压风机故障报警装置	陕西陕煤铜川矿业有限公司玉华矿柴家沟井	万平
250	井工开采	报废溜槽二次使用	陕西陕煤铜川矿业有限公司玉华矿柴家沟井	王西银
251	井工开采	电机车手动撒沙装置	陕西陕煤铜川矿业有限公司玉华矿柴家沟井	刘连成
252	井工开采	采样孔放水器	陕西陕煤铜川矿业有限公司玉华矿柴家沟井	王先磊
253	井工开采	自制“F”扳手定位器	陕西陕煤铜川矿业有限公司玉华矿柴家沟井	王先磊
254	井工开采	不锈钢扁嘴防尘洒水器	陕西陕煤铜川矿业有限公司玉华矿柴家沟井	梅涛
255	井工开采	风动风机过滤器装置	陕西陕煤铜川矿业有限公司玉华矿柴家沟井	王强
256	井工开采	连锁绳套管	陕西陕煤铜川矿业有限公司玉华矿柴家沟井	李琪
257	井工开采	风门限位器	陕西陕煤铜川矿业有限公司玉华矿柴家沟井	王强
258	井工开采	风门切割齿轮锯	陕西陕煤铜川矿业有限公司玉华矿柴家沟井	王先磊
259	井工开采	二部机尾缓冲床改造	陕西陕煤铜川矿业有限公司玉华矿柴家沟井	牛三、张伟

2021年度煤炭企业“五小”技术创新成果三等奖获奖项目（排名不分先后）

（续）

序号	专业	项目名称	推荐单位	发明人
260	井工开采	抽放管道篦子	陕西陕煤铜川矿业有限公司玉华矿柴家沟井	原晓辉
261	井工开采	破碎车间滑道筛电气改造	陕西陕煤铜川矿业有限公司玉华矿柴家沟井	屈浅红、赵旭涛、高健
262	井工开采	1 号皮带机头下料槽改造	陕西陕煤铜川矿业有限公司玉华矿柴家沟井	牛三、仵海军、乔睿
263	井工开采	124 皮带变频电气改造	陕西陕煤铜川矿业有限公司玉华矿柴家沟井	屈浅红、王辉、高登
264	井工开采	大块入储 115 皮带电气改造	陕西陕煤铜川矿业有限公司玉华矿柴家沟井	薛富伟、屈浅红、赵旭涛
265	井工开采	136 皮带电气改造	陕西陕煤铜川矿业有限公司玉华矿柴家沟井	赵旭涛、高登
266	井工开采	胶带托辊更换器	陕西煤业集团黄陵建庄矿业有限公司	石永红、李英军
267	井工开采	皮带保护装置的试验台	陕西煤业集团黄陵建庄矿业有限公司	刘献军
268	井工开采	探杆捕捞器	陕西煤业集团黄陵建庄矿业有限公司	任玉荣、闫波
269	井工开采	智能矿灯充电柜便携式瓦检仪充电装置	陕西煤业集团黄陵建庄矿业有限公司	刘峰波、马国庆、杨满囤
270	井工开采	变电所联络开关改造	陕西煤业集团黄陵建庄矿业有限公司	贺南
271	井工开采	带式输送机防跑偏装置	陕西蒲白煤矿运营公司	郝波、孙德琦
272	井工开采	快掘设备冷却水自动排水设施	陕西蒲白煤矿运营公司	赵改革、郑宏孝、孙德琦
273	井工开采	运锚机二运卸载滚筒挡煤装置	陕西蒲白煤矿运营公司	郑宏孝、孙德琦
274	井工开采	综掘机电缆自动伸缩索道	陕西蒲白煤矿运营公司	郝波、孙德琦
275	井工开采	多点自动注油装置	陕西建新煤化有限责任公司	门林、尉增强、刘利明、谢龙飞、张斌
276	井工开采	简易单体柱转移手推车	陕西建新煤化有限责任公司	闫猛
277	井工开采	简易地坪浇筑整平机	陕西建新煤化有限责任公司	李慧、石昆
278	井工开采	智能巡检机器人在变电所的应用	陕西建新煤化有限责任公司	门林、尉增强、温磊、霍博、王继斌
279	井工开采	便携式气水分离器	陕西建新煤化有限责任公司	王斌、王贵余、孙刘咏、闫星星、李文会
280	井工开采	马丽散在通风设施构筑中的巧妙应用	陕西陕煤澄合矿业董家河煤矿分公司	王飞龙

（续）

序号	专业	项目名称	推荐单位	发明人
281	井工开采	原煤皮带张紧力下降报警装置	陕煤澄合董东煤业公司	王刚
282	井工开采	煤矿井口副井操车推车机全自动润滑系统	陕西陕煤澄合矿业西卓煤矿	王胜杰
283	井工开采	2200 mm 刮杠液压校正装置	陕煤澄合王村榆林分公司	张承卿
284	井工开采	可升降移动式小吊车	澄合王村榆林分公司	张承卿
285	井工开采	煤泥上带系统改造（自主设计清淤皮带）	澄合王村榆林分公司	张承卿
286	井工开采	自锁式防护网固定装置	陕西澄合百良旭升煤炭有限责任公司	李保民
287	井工开采	定位螺丝刀	陕西澄合百良旭升煤炭有限责任公司	何阳
288	井工开采	多功能注浆炮头	陕西澄合山阳煤矿有限公司	刘金歌
289	井工开采	钢丝绳钩头顺绳器	陕煤澄合董东煤业公司	杜鑫
290	井工开采	钢丝绳在线监测改造	陕西澄合百良旭升煤炭有限责任公司	王辉
291	井工开采	井下双桶水泥电动搅拌注浆系统	陕西澄合华宇工程有限公司	赵彬、李栋
292	井工开采	矿用一般型开关柜改造瓦斯电闭锁	陕煤澄合合阳煤炭开发有限责任公司	马明
293	井工开采	手动选矸皮带去槽改造	澄合王村榆林分公司	张承卿
294	井工开采	压风机风包超温自动闭锁装置	陕煤澄合董东煤业公司	李景武
295	井工开采	液压式钢丝绳断绳器	陕西澄合山阳煤矿有限公司	余飞
296	井工开采	运输机齿条安装专用工具	陕西黄陵二号煤矿有限公司	张昆、任兴怀、倪月红
297	井工开采	掘进工作面除尘风机冷却水的复用	陕西黄陵二号煤矿有限公司	杜康
298	井工开采	应急广播系统优化升级改造	陕西陕煤黄陵一号煤矿有限公司	齐雪峰
299	井工开采	胶带机机尾架小滑靴的改造	陕西陕煤黄陵二号煤矿有限公司	杜康
300	井工开采	恒阻锚索托盘优化设计	黄陵矿业瑞能煤业公司	田超超、何文帅
301	井工开采	U 型档杆棚支护工艺优化	黄陵矿业瑞能煤业公司	田超超、王东宾、张雷

（续）

序号	专业	项目名称	推荐单位	发明人
302	井工开采	底部防跑偏装置	黄陵矿业瑞能煤业公司	赵盼望
303	井工开采	可调式扁铁折弯装置	黄陵矿业瑞能煤业公司	陈朋军
304	井工开采	攀登方钢装置	黄陵矿业瑞能煤业公司	陈朋军
305	井工开采	620工作面安装线路优化	陕西陕煤黄陵一号煤矿有限公司	薛国华、王飞、梁林、王绪强、陈博
306	井工开采	分层组装式胶带机托辊存放架	陕西陕煤黄陵一号煤矿有限公司	易辉
307	井工开采	综采工作面上偶角瓦斯管悬挂装置	陕西陕煤黄陵一号煤矿有限公司	符少华
308	井工开采	综掘机二运跟移卡轨式漏煤装置	陕西陕煤黄陵矿业一号煤矿有限公司	王忠实、成飞、贾世钊
309	井工开采	气水分离器串联改造	陕西陕煤黄陵矿业一号煤矿有限公司	上海涛
310	井工开采	可弯曲式掘机二运架子改造	陕煤彬长大佛寺矿业有限公司	张小宁、周营振、王李平、李红军、冯利琳
311	井工开采	皮带穿条退出器	陕煤彬长大佛寺矿业有限公司	张小宁、周营振、王李平、李红军、冯利琳
312	井工开采	ϕ108供风管路过滤装置	陕煤彬长大佛寺矿业有限公司	夏军亮、李宗泽、周长印
313	井工开采	可视单体注液枪	陕煤彬长大佛寺矿业有限公司	侯玉军、赵明东、王华瑞
314	井工开采	胶轮车液压扒轮器小发明	陕煤彬长胡家河矿业有限公司	陈立、申超、孙峰虎
315	井工开采	瓦斯泵站一号系统管路除渣器设计	陕煤彬长胡家河矿业有限公司	李向南、闵孟刚、江腾飞
316	井工开采	自制管道分合器	陕煤彬长孟村矿业有限公司	胡沛、李春瑞、葛志会
317	井工开采	ϕ108管路抱箍加工器	陕煤彬长孟村矿业有限公司	李金鹏、许仕勇
318	井工开采	井下胶轮车自动洗车装置	陕煤彬长孟村矿业有限公司	马小辉、曹文龙、马搏滔
319	井工开采	综放工作面转载机单边槽自动升降过桥装置	陕煤彬长小庄矿业有限公司	杨皓博、杨军鹏
320	井工开采	门式防跑偏架	陕煤榆北曹家滩公司	赵晋豫
321	井工开采	气割下料割轮	陕煤榆北曹家滩公司	马英辉、李智
322	井工开采	皮带一键顺煤流启动	陕煤榆北曹家滩公司	张铝镓、岳宏峰
323	井工开采	大巷、顺槽一键启动	陕煤榆北曹家滩公司	李冰冰

（续）

序号	专业	项目名称	推荐单位	发明人
324	井工开采	主斜井偷停程序检测	陕煤榆北曹家滩公司	田栓
325	井工开采	大巷皮带张紧压力下降保护优化	陕煤榆北曹家滩公司	岳宏峰
326	井工开采	远距离运输下无轨胶轮车轮胎刷洗工程设计	陕煤榆北曹家滩公司	冯裕堂
327	井工开采	维修煤机拖行链专用工具	陕煤榆北曹家滩公司	郑勇
328	井工开采	防火密闭墙采气装置优化	陕煤榆北曹家滩公司	王晓开
329	井工开采	自移机尾皮带架延伸平台	陕煤榆北曹家滩公司	赵燚
330	井工开采	“两级沉淀”清理水仓作业法	陕煤榆北小保当二号煤矿	屈升东
331	井工开采	艾柯夫采煤机链轮轴衬套油道改造	陕煤榆北小保当一号煤矿	陈真、王小勇、王小军、王晓鹏
332	井工开采	电缆铺设“好帮手”	陕煤榆北小保当一号煤矿	胡波、董立龙、程伟鹏、闫建军、刘冬冬
333	井工开采	电华宁控制器终端补压装置	陕煤榆北小保当一号煤矿	张斌权、马元元、程伟鹏、高伟、呼荣
334	井工开采	煤机齿套更换器	陕煤榆北小保当一号煤矿	张斌权、张树杰、马元元、张士发、翟路路
335	井工开采	连采机液压过滤系统改造	陕煤榆北小保当一号煤矿	张斌权、马元元、张树杰、高海江、刘冬冬
336	井工开采	高效喷雾风水联动装置	陕煤榆北小保当一号煤矿	贺圣林、惠旭、王小波、张林、张慧峰
337	井工开采	简化装车站温度监测装置	陕煤榆北选煤分公司	闫军军
338	井工开采	刮板输送机失速保护改造	陕煤榆北选煤分公司	陈旭
339	井工开采	皮带输送机清扫器升级改造	陕煤榆北选煤分公司	刘峰
340	井工开采	煤泥管道弯头创新	陕煤榆北选煤分公司	刘峰
341	井工开采	基于策略路由的双线外网出口配置的技术应用	陕煤榆北信息化运维分公司	李沛、刘绍铧
342	井工开采	CAN 模块与红绿灯模块集成	陕煤榆北信息化运维分公司	郭帅、张腾飞
343	井工开采	工作面推溜器临时支护装置	陕西煤业化工建设（集团）有限公司矿建二公司	王鑫涛、仇晓娟、孙见启、冯硕、喻国鹏
344	井工开采	空压机储气罐超温保护装置	陕西煤业化工建设（集团）有限公司矿建二公司	赵晓锋、冯硕、李铁川、袁亚茹、陈冬冬
345	井工开采	注浆稳杆扩孔器	陕西煤业化工建设（集团）有限公司矿建二公司	张叔胤、车发明、张玉昊、李忠森、温永亮
346	井工开采	皮带穿条拔取装置	陕西煤业化工建设（集团）有限公司矿建二公司	柴磊、姚开元、柏建渔、温永亮、朱小勇
347	井工开采	双速多功能绞车远程遥控系统设计应用	陕煤集团神南产业发展有限公司	白来平、杨晓斌、马志强、殷博超、高凡

（续）

序号	专业	项目名称	推荐单位	发明人
348	井工开采	一种高压电缆快速接头辅助安装架	陕西陕北矿业韩家湾煤炭有限公司	冯小成、杨恒、王太平、兰明明
349	井工开采	液压微调式起重器	陕煤集团神木柠条塔矿业有限公司	史振兵、李刚、张乐
350	井工开采	手动弯曲机	陕煤集团神木柠条塔矿业有限公司	刘杰、李刚、王俊清
351	井工开采	简易管路短途运输器	陕煤集团神木柠条塔矿业有限公司	陈生来、李建强、田筱
352	井工开采	综采工作面末采挂网技术改进升级	陕西煤业化工集团孙家岔龙华矿业有限公司	杨玉池、何虎军、高军、李彦云、梁瑜
353	井工开采	基于集控系统给煤机联锁装置的升级	陕西煤业化工集团孙家岔龙华矿业有限公司	王仲科、赵鹏晋、王振龙
354	井工开采	适用性皮带纵撕保护的设计与应用	陕西煤业化工集团孙家岔龙华矿业有限公司	马利平、赵鹏晋、尚蕾、刘艳朋、王仲科
355	井工开采	水上式底阀在井下中央水泵房主排水泵上的应用	陕西煤业化工集团孙家岔龙华矿业有限公司	陈平、赵鹏晋、杨宝军
356	井工开采	采煤机电磁阀插线板托架	陕煤集团神木柠条塔矿业有限公司	田筱
357	井工开采	防爆装载机排气支管进水装置优化	陕煤集团神木红柳林矿业公司	于云飞、刘晓峰、王佳
358	井工开采	梭车声光安全报警装置	陕煤集团神木柠条塔矿业有限公司	邢江、席志刚、呼剑
359	井工开采	锚杆机链条快速连接装置	陕煤集团神木柠条塔矿业有限公司	刘彪、马光明、王创、秦士宝
360	井工开采	皮带电机底座稳定装置	陕煤集团神木柠条塔矿业有限公司	刘彪、王创、李志荣、张海涛
361	井工开采	采煤机摇臂涨套拆卸专用工具	陕煤集团神木柠条塔矿业有限公司	贾艳成、贺哲、薛红军、丁金耀、杜学宏
362	井工开采	综采工作面设备列车缆线分层架创新项目	陕煤集团神木红柳林矿业公司	宋伟
363	井工开采	综采工作面更换采煤机电缆专用工具	陕煤集团神木红柳林矿业公司	张彦军、常波峰、王胜利、常英祥、张建杰、张新峰
364	井工开采	设备列车高压电缆滑移过桥装置	陕煤集团神木红柳林矿业公司	郭春生
365	井工开采	梭车驾驶室门主动安全联锁装置	陕煤集团神木红柳林矿业公司	刘世文
366	井工开采	支架多通块卡子挡板装置	陕煤集团神木柠条塔矿业有限公司	郑文峰、张伟毅、王建业、刘水龙、任新龙

（续）

序号	专业	项目名称	推荐单位	发明人
367	井工开采	光缆信号增大法	陕煤集团神木红柳林矿业公司	呼海龙
368	井工开采	综采工作面机头智能信号保护装置	陕煤集团神木柠条塔矿业有限公司	刘水龙、张伟毅、侯伟、路泽阳、郭强
369	井工开采	JH-20型回柱绞车远程控制系统的改造与应用	陕西陕北矿业韩家湾煤炭有限公司	王太平、冯小成、杨恒、欧启岗
370	井工开采	一种“压风自救箱”移动小车	陕煤集团神木柠条塔矿业有限公司	王建业、张伟毅、刘水龙、任新龙、路泽阳
371	井工开采	自移式隔爆装置	陕煤集团神木柠条塔矿业有限公司	张伟、郭正刚、张涛、孙标、陈文财
372	井工开采	可移动式管路安装调节架	陕西陕北矿业韩家湾煤炭有限公司	冯小成、杨恒
373	井工开采	华宁集控急停远程改造	陕西陕北矿业韩家湾煤炭有限公司	段敬伍、王鹏飞、张辉
374	井工开采	带式输送机张紧力下降保护装置	陕西陕北矿业韩家湾煤炭有限公司	王鹏飞、蒋鹏、赵利、白伟东、张辉
375	井工开采	双臂锚杆钻机临时支护设施加装网片保护装置	陕西陕北矿业韩家湾煤炭有限公司	常亮亮
376	井工开采	“嫁接”自移式隔爆水棚	陕西陕北矿业韩家湾煤炭有限公司	李慧刚
377	井工开采	吊挂式栅栏	陕西陕北矿业韩家湾煤炭有限公司	王孝平、张垒
378	井工开采	推拉式捕尘网	陕西陕北矿业韩家湾煤炭有限公司	刘起国
379	井工开采	大块矸石报警装置	陕西陕北矿业韩家湾煤炭有限公司	张琳、宋颜平
380	井工开采	皮带跑偏预警改造	陕西陕北矿业韩家湾煤炭有限公司	宋颜平、张琳
381	井工开采	锥形托辊龙门纠偏装置	陕煤集团神木柠条塔矿业有限公司	刘杰、王俊清、李刚、屈黎明、巩高峰
382	井工开采	储带仓强制调偏装置	陕煤集团神木张家峁矿业有限公司	王海、孙建卫、邵海洋、朱聿顺、高刚
383	井工开采	胶带机槽型过渡支架改造应用	陕煤集团神木柠条塔矿业有限公司	刘杰、王俊清、边凯中、张乐、巩高峰
384	井工开采	砂带磨床设计加工与应用	陕煤集团神木张家峁矿业有限公司	聂炜炜、何忠雄、齐洪磊
385	井工开采	太阳能光源警示牌设计加工与应用	陕煤集团神木张家峁矿业有限公司	聂炜炜、何忠雄、白恩杰
386	井工开采	位移式堆煤传感器的设计与应用	陕煤集团神木张家峁矿业有限公司	李玖安、邵海洋、朱聿顺、王海、张刚

（续）

序号	专业	项目名称	推荐单位	发明人
387	井工开采	新型托辊调偏托辊吊耳	陕煤集团神木张家峁矿业有限公司	李玖安、邵海洋、朱聿顺、王海、张刚
388	井工开采	一种弛张筛固定筛板拆卸装置	陕煤集团神木张家峁矿业有限公司	李旭、张喜君、陈宇鹏、郭艳雄
389	井工开采	感应式加热器应用	陕煤集团神木柠条塔矿业有限公司	刘杰、乔占军、吕平卫
390	井工开采	胶带机张紧钢丝绳保护装置	陕煤集团神木柠条塔矿业有限公司	刘杰、高德、史振兵、王俊清、边凯中
391	井工开采	甲带给料机上煤点重型托辊支架改造	陕煤集团神木柠条塔矿业有限公司	刘杰、高德、王俊清、巩高峰
392	井工开采	油漆桶压扁打包机	陕煤集团神木张家峁矿业有限公司	李兴民、聂炜炜、李波、杨旭荣、白恩杰
393	井工开采	油桶装卸推车	陕煤集团神木张家峁矿业有限公司	李兴民、聂炜炜、李波、杨旭荣、白恩杰
394	井工开采	圆切割工具的设计与应用	陕煤集团神木张家峁矿业有限公司	李玖安、邵海洋、朱聿顺、刘志文、刘宝明
395	井工开采	胶带机保护系统专用电缆检测仪	陕煤集团神木柠条塔矿业有限公司	刘杰
396	井工开采	无线测温报警装置在变电站高压设备上的应用	陕煤集团神木柠条塔矿业有限公司	焦悦峰
397	井工开采	风泵自动排水装置	陕西涌鑫矿业有限责任公司	陈永清
398	井工开采	架空线路爬杆器	陕煤集团神木柠条塔矿业有限公司	焦悦峰
399	井工开采	一种排矸车矸石覆盖装置	陕西涌鑫矿业有限责任公司	马子成、张敏、党国梁
400	井工开采	综采工作面三机冷却水缺水保护器	陕煤集团神木柠条塔矿业有限公司	马子成、张敏、党国梁
401	井工开采	洗选系统工艺优化	陕西涌鑫矿业有限责任公司	任双换、王长睿、刘彦军
402	井工开采	选煤厂多人交叉作业停送电安全插销创新	陕西涌鑫矿业有限责任公司	任双换、王长睿、刘彦军
403	井工开采	11201工作面过长距离倾斜空巷与长距离超高段技术方案创新	陕西中能煤田有限公司	付守飞、白云虎、张书堂
404	井工开采	简易机房火灾报警器	陕煤集团神木柠条塔矿业有限公司	焦悦峰
405	井工开采	自动更换齿油轮装置	大同煤矿集团王村煤业有限责任公司	李捷、刘志伟、王奇、唐文禹
406	井工开采	自制多功能材料打卷装置	大同煤矿集团铁峰煤业有限公司	董建

（续）

序号	专业	项目名称	推荐单位	发明人
407	露天开采	小型轴承取出器	国家能源集团陕西神延煤炭有限责任公司西湾露天煤矿	陈国华
408	露天开采	电缆卷放转盘	国家能源集团陕西神延煤炭有限责任公司西湾露天煤矿	高尚、王彦军、高喜亮、付金良、张国利
409	露天开采	自制污水处理厂煤泥水进水管路煤渣除污器	国家能源集团陕西神延煤炭有限责任公司西湾露天煤矿	张孝先、丁永加、连景奇、李明、高金刚
410	露天开采	胶带机驱动站防冻液喷洒装置	神华北电胜利能源有限公司	邢国宝、冀永臻、陈显闯
411	露天开采	除尘设备温度自动监测报警装置	神华北电胜利能源有限公司	邢国宝、冀永臻、陈显闯、孙小强、吕正国
412	露天开采	设备故障警示灯	神华北电胜利能源有限公司	邢国宝、冀永臻、陈显闯
413	露天开采	半自动可拆式包角滚筒更换小车	神华北电胜利能源有限公司	王超、朱凤鑫、杨晓磊、李东猛、荆宇鑫
414	露天开采	更换大型配件辅助复合型小车	神华北电胜利能源有限公司	胡志俊、张尧
415	露天开采	矿用洒水车喷淋系统优化	华能伊敏煤电有限责任公司伊敏露天矿	王玉龙、刘明、白迪、易勇伟、刘金强
416	露天开采	淤泥赋存区网格化，创造采掘作业平盘	华能伊敏煤电有限责任公司伊敏露天矿	胡鹏飞、张帅、臧杰勋、张波、李月强、李伟、袁金祥、蔡宝加、孙茂森、李伟亮、董帅
417	露天开采	一种可移动组合式露天煤矿标识牌	华能伊敏煤电有限责任公司伊敏露天矿	刘金强、王海军、田世明、李月强、吴洪阳、张根精、甘宏、王玉龙
418	煤炭化工	磨煤机检修池冲洗水改造成果	国能包头煤化工有限责任公司	孙斌、毛兆锋、代厚鑫、刘柱元、李颜清
419	煤炭化工	简易打胶刮平装置	平煤神马建工集团有限公司	梁亚伟、宋良、井飞飞、葛红缨、杨鹏
420	煤炭化工	蒸馏分析项目排放的冷却水回收再利用	国家能源集团宁夏煤业煤制油化工质检计量中心	王鹏斌、党红鸽、刘娟利、马耀川、赵艳茹
421	煤炭化工	对锅炉烟尘烟气采样测孔口加带孔隔板进行改进	国家能源集团宁夏煤业煤制油化工质检计量中心	刘娟利、胡学兴、吴立鹏、李晶、丁丽娟
422	煤炭化工	自主设计、制做便携式吸附柱支架	国家能源集团宁夏煤业煤制油化工质检计量中心	吕青苹、张永华、王璞、李紫薇、李媛
423	煤炭化工	木料、锚杆、锚索码放架	陕西陕煤韩城矿业集团桑树坪	焦方宇
424	企业管理	一种企业档案管理用升降式机密档案柜	辽宁铁法能源有限责任公司档案馆	吴显丰、王丹、张蕾、崔旭东、高爽

（续）

序号	专业	项目名称	推荐单位	发明人
425	企业管理	基于安全管理的北元特色电力安全生产管控体系	陕西北元化工集团热电分公司	赵飞
426	企业管理	档案借阅分析平台	国能神东煤炭档案馆	范海斌、李秋香、郝莉莉、李芳、白玉凤
427	企业管理	救护大队铃声系统改造及电动卷闸门联动系统	陕西陕煤澄合矿业公司	任晓明、杨博
428	企业管理	有水房间混凝土坎台防渗漏的施工方法的研究	陕煤集团建设集团韩城分公司	夏春燕
429	企业管理	自动盖章机	陕煤集团神南产业发展有限公司	朱志强、陈博、王宇、张二军、宋小鹏
430	企业管理	监控访问终端在物业巡查管理的应用	陕煤集团神南产业发展有限公司	徐元龙、宋小鹏、张二军
431	企业管理	“五标十步”零缺陷质量管理模式	陕煤集团神南产业发展有限公司	宋小鹏、张星
432	企业管理	基于“实名制”的油脂化验质量溯源管理体系建设	陕煤集团神南产业发展有限公司	张伟、张星
433	企业管理	远距离灾区气体测定仪回收装置	陕煤集团神南产业发展有限公司	张世龙
434	设计研究	一种高效气动吸尘系统	华阳集团兆丰电解铝分公司	赵爱军、姬九军、伍小军、李国佳
435	设计研究	一种带外置床的循环流化床锅炉管排固定新装置	辽宁调兵山煤矸石发电有限责任公司	孟祥成
436	设计研究	锅炉引风机风壳涂挂铸石内衬	铁法煤业（集团）有限责任公司后勤服务保障中心	毛金伟
437	设计研究	一种溃仓检测保护系统及方法	甘肃万胜矿业有限公司（搜华电煤业）	唐志章
438	设计研究	矿井地面原煤仓下运输系统的优化	甘肃万胜矿业有限公司	周俊利、刘龙、吴军
439	设计研究	大运量集中运输皮带中部破碎系统	晋能控股煤业集团朔州煤电有限公司机电装备制造公司	张涛、马挺、卢东森
440	设计研究	DOE在给水泵运行中节能降耗的应用	陕西北元化工集团热电分公司	王磊
441	设计研究	自动装车系统与称重给煤机的研究与应用	陕西中太能源投资有限公司朱家峁煤矿	李远清、张洪猛、陆美宁、葛夫贵、王树强
442	设计研究	洗煤厂电动机综合保护装置漏电及实验功能的改造	济宁市金桥煤矿	杨汶泉、徐爱民、李明、马元银
443	设计研究	E7501换热器装芯工装设计应用	陕西渭河煤化工集团有限责任公司	曹建新
444	设计研究	气动风炮连接液压扳手套筒头转换头设计制作应用	陕西渭河煤化工集团有限责任公司	曹建新

（续）

序号	专业	项目名称	推荐单位	发明人
445	设计研究	P1413 低压灰水泵甩油环结构改进	陕西渭河煤化工集团有限责任公司	石美亮
446	设计研究	胶管护套辅助穿装平台	陕煤集团神南产业发展有限公司	赵米玉、唐程理、高强、樊延东、苏小明
447	设计研究	一种矿用高压电缆接线盒监测装置	陕西中能煤田有限公司	豆腾飞
448	铁路运输	自制客车减速启动机驱动器齿轮拆装工具	铁法煤业（集团）有限责任公司	郑陈
449	铁路运输	铁路货车车体外涨测量工具的制作与应用	中煤集团上海大屯能源股份有限公司	王永、曹家华
450	铁路运输	ZLSZ-Ⅰ型语音记录仪接口改造	潞安化工集团铁路运营公司	祁有鑫
451	铁路运输	机车便携式移动充电装置	陕西陕煤蒲白矿业有限公司铁路运输公司	高建成、薛选平、郭志超、许宁军、王宴武
452	制造维修	革新工艺、精修配套，提高运输机中部槽使用寿命	铁法能源集团物资供应分公司	贾刚、白鹏
453	制造维修	锅炉 5 号、6 号捞渣机拖轮改造	铁法煤业集团公司热电厂	孟维春
454	制造维修	化学集中取样系统冷却器改造	铁法煤业集团公司热电厂	孟维春
455	制造维修	矿用钢绞线自动转盘机	准格尔旗荣祥煤焦化有限责任公司山不拉煤矿	栗海彬、徐小超、曹杰伟、温军
456	制造维修	减少环境影响的太阳能板研制	大同煤炭职业技术学院	王宏
457	制造维修	缸筒加工专用夹具的研制	晋能控股装备制造集团大同机电装备公司力泰公司	姚蕴慧
458	制造维修	皮带更换牵引方式设计	陕西渭河煤化工集团有限责任公司	姚飞
459	制造维修	烧嘴冷却水盘管外径测量工具	陕西渭河煤化工集团有限责任公司	于有德
460	制造维修	抛丸机系统的优化改造	新汶矿业集团有限责任公司生产服务分公司	陈吉伟、梁茂勇、徐西玉、郑鑫、王民平
461	制造维修	一种加工局部通风机风筒连接法兰的工装	平顶山市安科支护洗选设备有限公司	杨顺朝、张怀飞、徐峰、方艳峰、毛娜娜
462	制造维修	液压支架千斤顶金属件拆装工作平台	平煤神马机械装备集团河南矿机有限公司	胡滨、谭琳
463	制造维修	自制钢板折弯机设备技术创新改造	国家能源集团宁夏煤业有限责任公司任家庄煤矿	吴志刚、董宪成、孟留春
464	制造维修	一种活柱上进液孔快速修复装置	国能神东煤炭采购与招标管理中心	田建英、柳飞

（续）

序号	专业	项目名称	推荐单位	发明人
465	制造维修	井下污水处理场格栅溢水引流系统	玉华煤矿玉华井	贺周鹏、师永超、徐俊
466	制造维修	链轮增材修复技术	铜川欣盛煤机制造有限公司机电分公司	孙克亭
467	制造维修	齿套制作	铜川欣盛煤机制造有限公司机电分公司	艾平、孙克亭、刘兆军
468	制造维修	无压储能式电热供暖系统	铜川欣盛煤机制造有限公司机电分公司	孙克亭
469	制造维修	设备气密性试验装置	铜川欣盛煤机制造有限公司机电分公司	蒋佳琳
470	制造维修	水泵工况测试装置	铜川欣盛煤机制造有限公司机电分公司	张军
471	制造维修	龙门刨数控改造	铜川欣盛煤机制造有限公司机电分公司	刘兆军
472	制造维修	立式铣床数控改造	铜川欣盛煤机制造有限公司机电分公司	孙克亭
473	制造维修	双层刮板装车机开发	铜川欣盛煤机制造有限公司机电分公司	张印勃
474	制造维修	铜铝过渡设备线夹连接线路避雷器加固小改造	欣荣配售电公司	高杰
475	制造维修	车床遥控自移辅助小车	陕西陕煤黄陵一号煤矿有限公司	梅开雷
476	制造维修	多功能异形卡尺	陕煤集团神木柠条塔矿业有限公司	暴银江、史振兵、高德、王建林
477	制造维修	EKF 摄像头装置国产化改造	陕煤集团神南产业发展有限公司	李晓飞、李海雄、梁忠峰、王宇航、张宇航